高等院校“十四五”经济管理类课程实验指导丛书

MATLAB 实验教程与案例分析

MATLAB EXPERIMENTAL COURSE AND CASE ANALYSIS

主　编◎刘春艳　吕喜明　杨瑞成
副主编◎长　龙　李琳琳　毕远宏　曹京平
参　编◎何小燕　许　岩

经济管理出版社
ECONOMY & MANAGEMENT PUBLISHING HOUSE

图书在版编目（CIP）数据

MATLAB 实验教程与案例分析/刘春艳，吕喜明，杨瑞成主编 .—北京：经济管理出版社，2020. 12
ISBN 978-7-5096-5997-7

Ⅰ. ①M… Ⅱ. ①刘… ②吕… ③杨… Ⅲ. ①Matlab 软件—应用—高等数学—实验—高等学校—教材 Ⅳ. ①013-33

中国版本图书馆 CIP 数据核字（2020）第 247336 号

组稿编辑：王光艳
责任编辑：杜奕彤
责任印制：赵亚荣
责任校对：王淑卿

出版发行：经济管理出版社
（北京市海淀区北蜂窝 8 号中雅大厦 A 座 11 层 100038）
网 址：www. E-mp. com. cn
电 话：（010）51915602
印 刷：唐山昊达印刷有限公司
经 销：新华书店
开 本：787mm×1092mm/16
印 张：21. 5
字 数：476 千字
版 次：2022 年 7 月第 1 版 2022 年 7 月第 1 次印刷
书 号：ISBN 978-7-5096-5997-7
定 价：68. 00 元

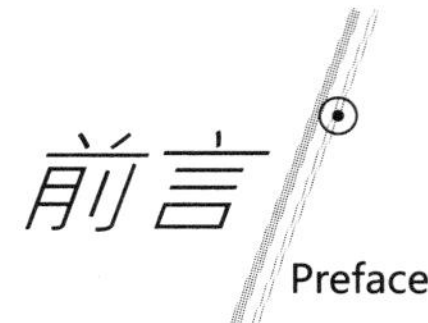

前言

本教材汲取了现有实验教材的精华，剔除了其冗余及不足，注重构建新的实验理念，知识面比较宽广，内容新颖且紧扣民族财经类院校专业特色，有机融合经典实验原理、经济管理方法和特色实验内容，突出重点，淡化难点，简化原理推演，强化直观引导，立足学以致用。

本教材最大的特点是所列实验均在最新版的 MATLAB R2017a 与 Microsoft Word 2016 全新的集成环境——Notebook 下完成的，充分利用 MATLAB 和 Word 两者的优点，实现软件的“强强联合”，达到图文并茂、动静结合的完美效果。

本教程共包括 15 个实验及 8 个案例，内容涉及图形图像、方程求解、数值分析、数值计算、数值模拟、工具箱的使用等诸多方面，其中预备实验、实验一、实验二、实验九、案例四由吕喜明执笔，实验三、实验四、案例一由曹京平执笔，实验五、实验六、案例二由李琳琳执笔，实验七、实验八由许岩执笔，实验十、实验十一、案例六、案例七由毕远宏执笔，实验十二、案例三、案例八由长龙执笔，实验十三由何小燕执笔，实验十四、实验十五、案例五由刘春艳执笔，全书由杨瑞成统稿。

每个实验包括六部分：实验目的、实验原理、实验内容、实验过程、实验小结、练习实验，内容充实，条理清晰，并配以大量的图表及截图，相当于“手把手”地教学生轻松实验。本教材让学生独立完成练习实验，不仅能培养学生的动手能力，而且能深化学生对实验原理的理解与把控，可供教师课堂教学使用，也可供学生自学。

本教材在撰写过程中得到了内蒙古财经大学杜金柱校长及统计与数学学院各位领导和老师的大力支持与帮助，经济管理出版社为编辑出版此书花了不少心血，在此一并表示衷心的感谢。

限于编者水平有限，加之时间仓促，书中难免存在疏漏之处，敬请广大读者对本书多提宝贵意见，对不妥之处多批评指正，以便进一步修改、完善。

编者

2020 年 11 月

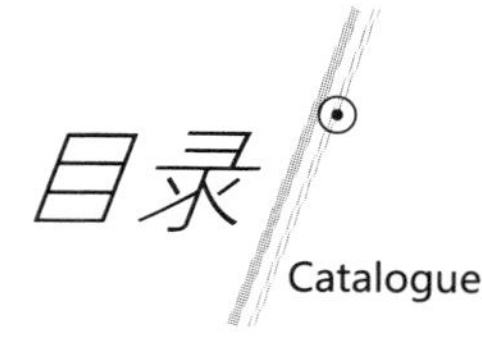

上篇　实验部分

下篇 案例部分

上篇

实验部分

预备实验
实验环境 Notebook 的创建

本节主要是让 MATLAB R2017a 与 Microsoft Word 2016 强强联合，把 MATLAB 的功能集成在 Word 中，构建一个最新的基于 MATLAB 的数学实验平台，使用者在 Word 中既可以进行文字编辑也可以实现 MATLAB 程序的运行，且可以随时修改命令，运行后计算结果会自动更新。构建的该集成环境将是本书统一的实验平台，编写者在每个实验中不再对 MATLAB 的版本进行说明。

Notebook 在某种意义上就是加载了 MATLAB 功能的一个模板文件，它是通过动态连接库和 MATLAB 交互的，交互的基本单位称为“细胞”（Cell），交换的信息称为“细胞（群）”。M-book 需要把在 Word 中输入的 MATLAB 命令或者语句组成细胞（群），传送到 MATLAB 中运行，运行输出结果再以细胞（群）的方式传送回 Notebook 中。这样，Word 中的输入细胞（群）下面会出现计算结果以及仿真图形。

一、MATLAB R2017a 的安装、激活与启动

（一）MATLAB R2017a 的安装

第一步：下载 MATLAB R2017a，并用 Winrar 解压到 MATLAB R2017a 文件夹中；

第二步：双击“setup. exe”，开始安装；

第三步：选择“不需要 Internet 连接”，点击“下一步”（见图 0-1）；

第四步：选择“是（Y）”，点击“下一步”（见图 0-2）；

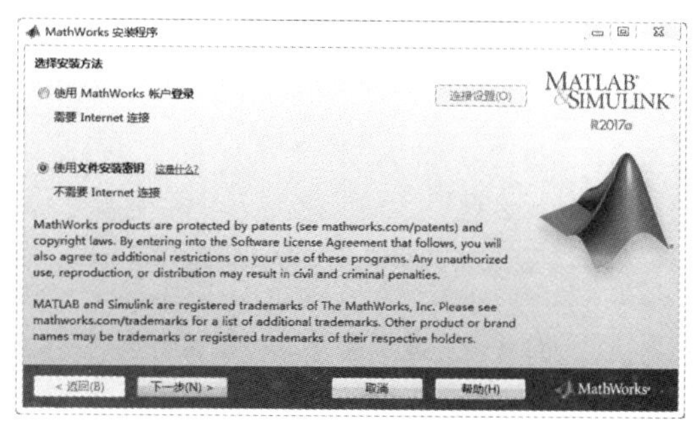

图 0-1 选择安装方法

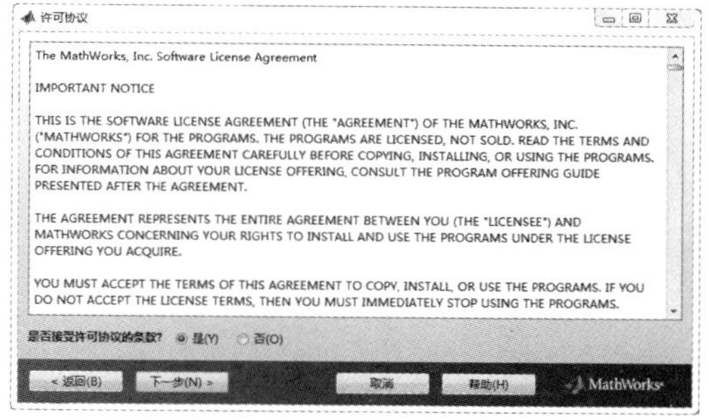

图 0-2 选择是否接受许可协议的条款

第五步：输入安装密钥：09806-07443-53955-64350-21751-41297，点击“下一步”（见图 0-3）；

第六步：选择安装目录，点击“下一步”（见图 0-4）；

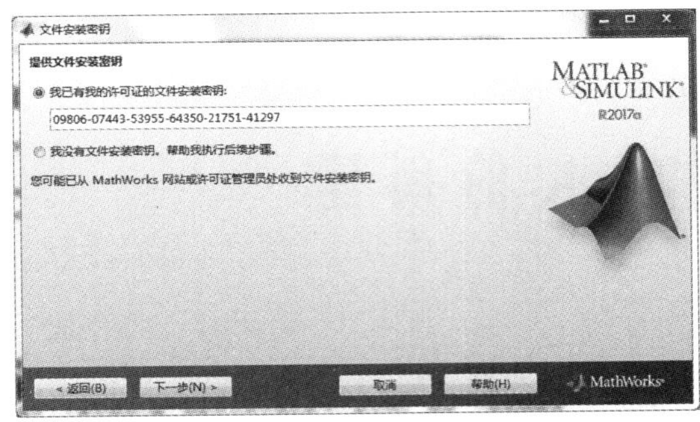

图 0-3　输入安装密钥

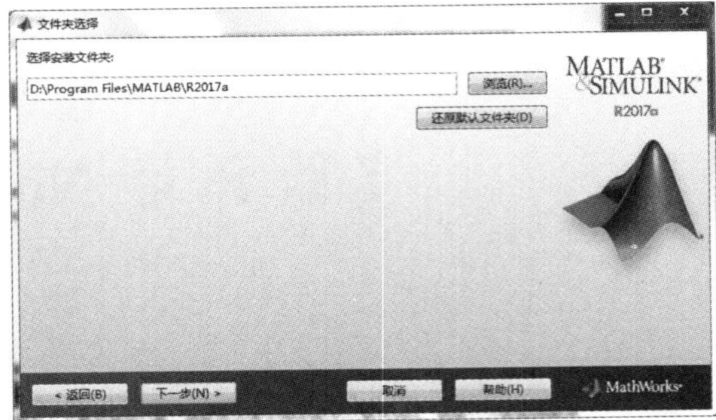

图 0-4　选择安装目录

第七步：选择安装的产品，点击“下一步”（见图 0-5）；

第八步：确认安装选项，点击“下一步”（见图 0-6）；

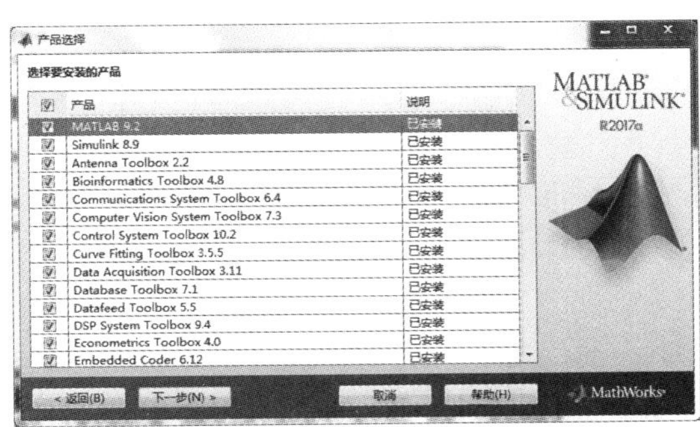

图 0-5　选择要安装的产品

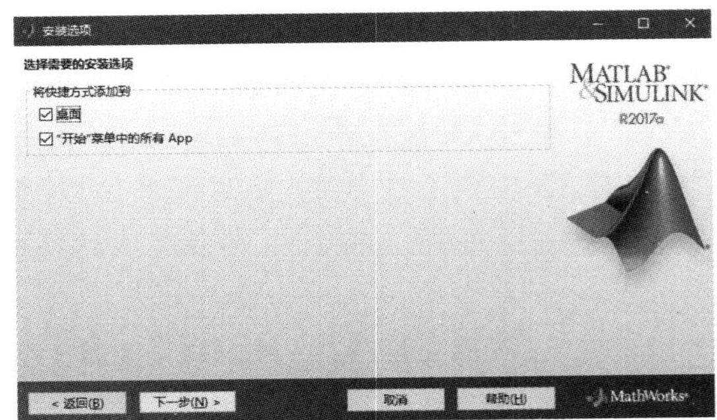

图 0-6　确认安装选项

第九步：安装开始，耐心等待，大约 25 分钟（见图 0-7）；

第十步：产品配置说明，点击“下一步”（见图 0-8）；

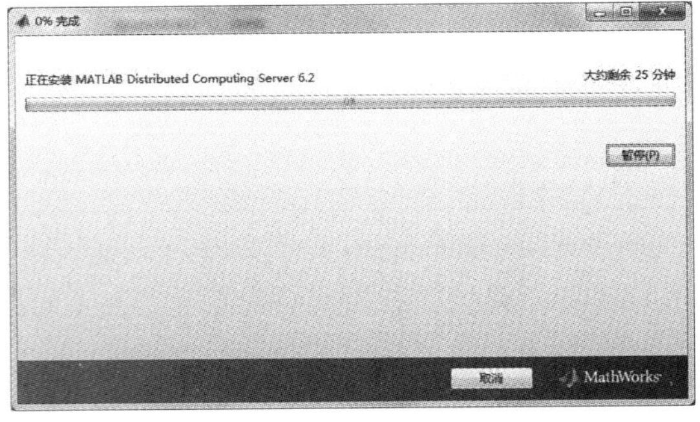

图 0-7　安装过程界面

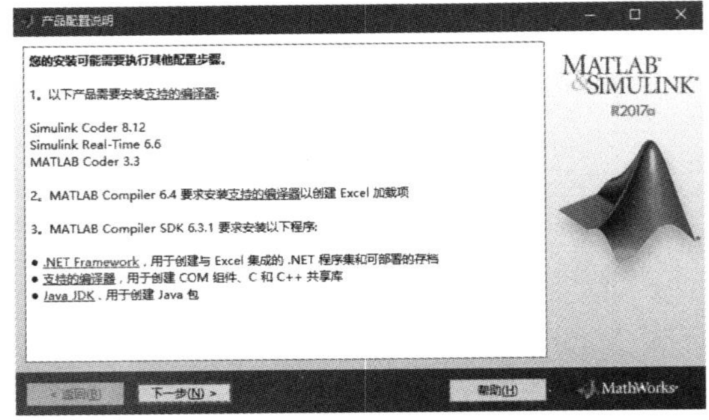

图 0-8　提示需要进行配置界面

第十一步：安装完成，等待激活（见图 0-9）。

（二）MATLAB R2017a 的激活

第一步：软件激活，选择“在不使用 Internet 的情况下手动激活”，点击“下一步”

（见图 0-10）；

第二步：离线激活，找到光盘目录下的：\ serial \ license. lic 激活；

第三步：激活已完成，点击“完成”（见图 0-12）。

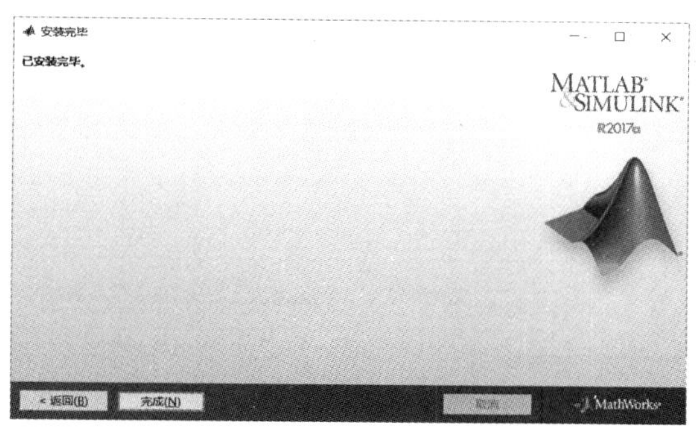

图 0-9　安装完成界面

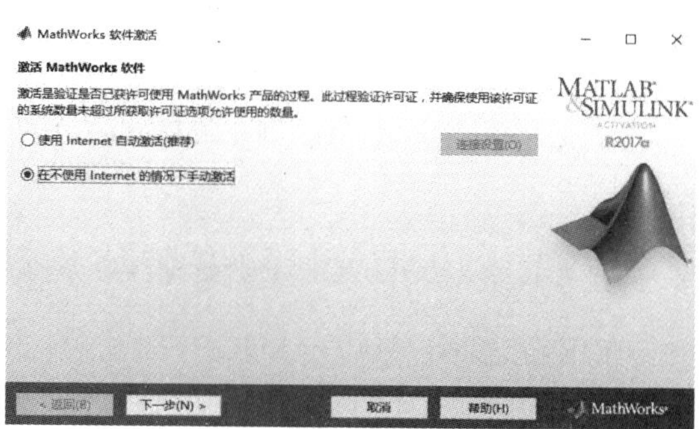

图 0-10　激活软件界面

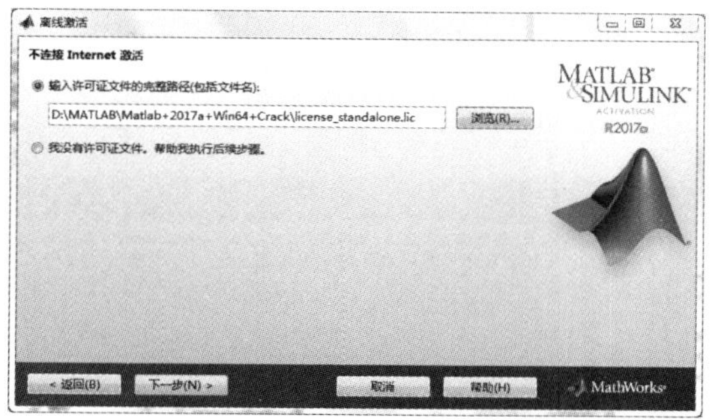

图 0-11　输入许可证文件路径

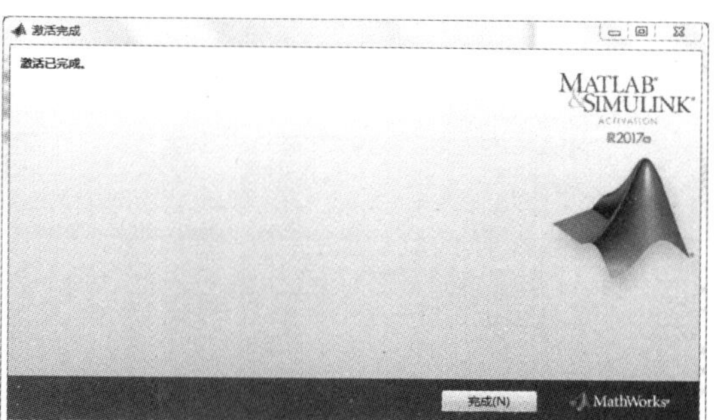

图 0-12　激活成功界面

（三）MATLAB R2017a 的启动

启动 MATLAB，点击桌面图标 matlab，即可启动 MATLAB（见图 0-13）。

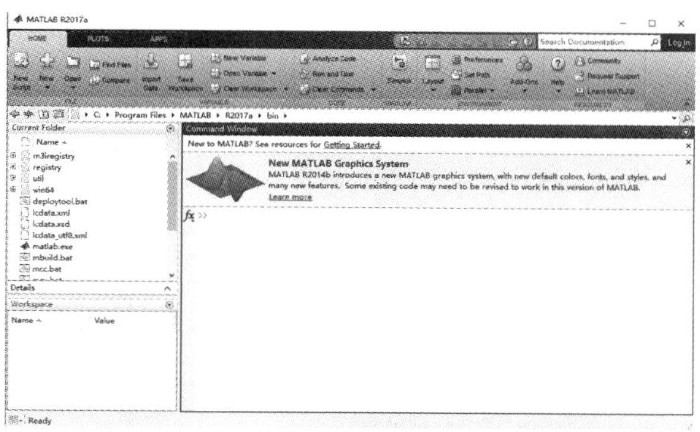

图 0-13　MATLAB R2017a 界面

二、Microsoft Office 2016 的安装

Microsoft Office 2016 的安装过程略。

三、实验环境 Notebook 的创建

（一）Notebook 的安装与启动

在正确安装了 MATLAB R2017a 和 Microsoft Office 2016 的机器上，安装 Notebook 主要有以下两种模式：

1. 模式 1：命令窗口安装

启动 MATLAB 后，在命令窗口运行函数命令：>>Notebook（见图 0-14），即可启动一个空白文档（见图 0-15）。

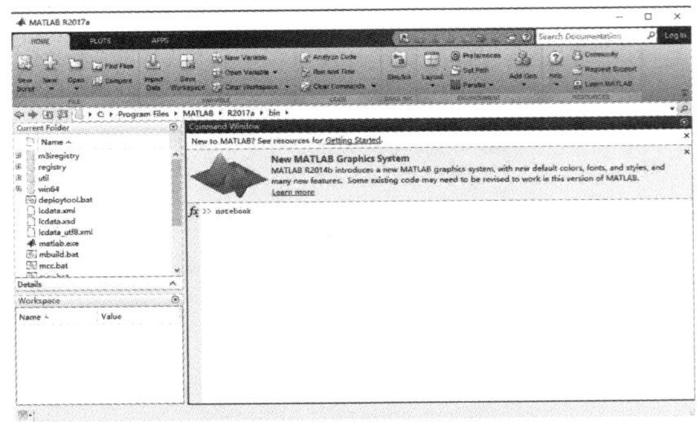

图 0-14　运行 Notebook 启动命令

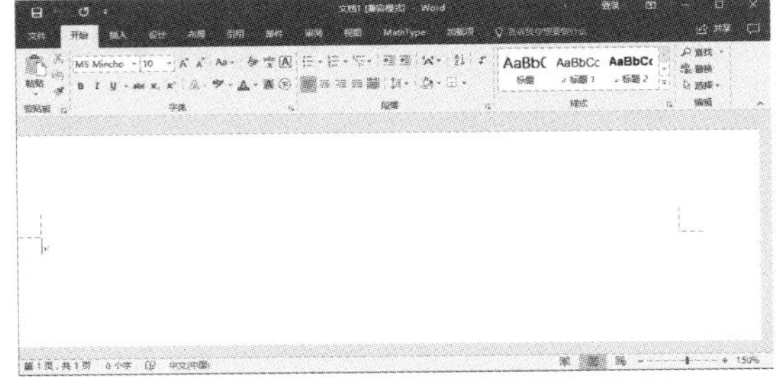

图 0-15　打开具有 Notebook 加载项的空白文档

点击菜单栏上的“加载项”，即可显示 Notebook 工具栏（见图 0-16）。

2. 模式 2：模板文件启动模式

进入 MATLAB R2017a 的安装位置“D：\ Program Files \ MATLAB \ R2017a \ notebook \ pc”，双击 Microsoft Word 模板文件“M-BOOK”（见图 0-17），即可启动具有 Notebook 加载项的空白文档（见图 0-18）。

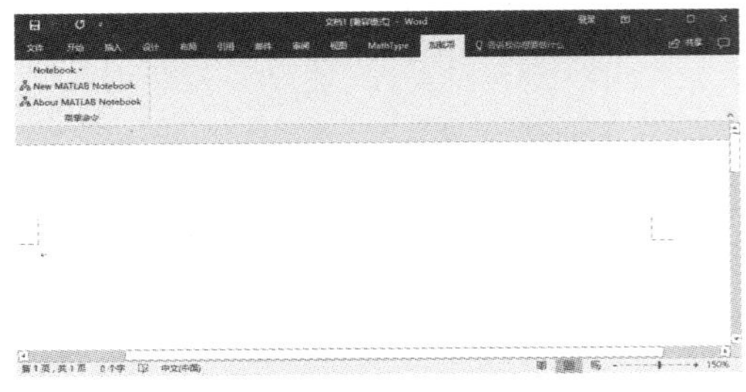

图 0-16　显示 Notebook 工具栏

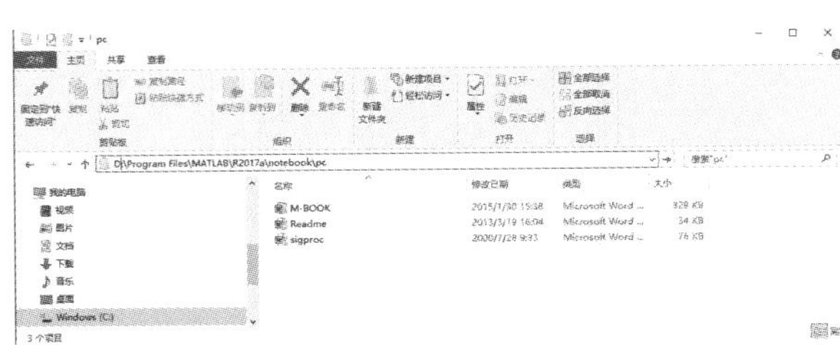

图 0-17　打开 M-BOOK 文件目录

（二）Notebook 的使用指令

点击工具栏上 Notebook 的下拉符，出现下拉菜单（见图 0-19）。

图 0-18　启动有 Notebook 加载项的空白文档

图 0-19　打开 Notebook 菜单

下拉菜单包含 15 个选项，其功能如表 0-1 所示。

表 0-1　Notebook 菜单功能

菜单项	功能
Define Input Cell	定义输入细胞
Define AutoInit Cell	定义自活细胞
Define Calc Zone	定义计算区
Undefine Cells	将细胞转为文本
Purge Selected Output Cells	从所选篇幅中删除所有输出细胞
Group Cells	生成细胞群
Ungroup Cells	将细胞群转换为输入细胞或自活细胞
Hide（Show）Cells Markers	隐藏（显示）生成细胞的中括号
Toggle Graph Output for Cell	是否嵌入生成图形
Evaluate Cell	运行输入细胞
Evaluate Calc Zone	运行计算区
Evaluate M-book	运行整个 M-book 中的所有输入细胞
Evaluate Loop	多次运行输入细胞
Bring MATLAB to Front	将 MATLAB 命令窗口调到前台
Notebook Options…	设置数值和图形输出格式

其中，“输入细胞”是由 M-book 传送给 MATLAB 的命令，可以多行，也可以是包含在文本中的命令或者一段 MATLAB 程序；“输出细胞”是由 MATLAB 回传给 M-book 的计算结果；“自活细胞”是用 Notebook 菜单中 Define AutoInit Cell 命令定义的输入细胞，它和输入细胞不同之处是：每次打开 M-book 时会自动运行自活细胞，而不会运行输入细胞，自活细胞字符用深蓝色标注，而输入细胞用绿色标注；“细胞群”是包含多句 MATLAB 命令的多行输入细胞或自活细胞。

生成输入细胞：在 Word 中，首先以文本格式输入指令，然后选中该部分，在 Notebook 菜单中用 Define Input Cell 命令或用组合键“ALT+D”，就可把该文本生成绿色的“输入细胞”。

运行输入细胞：把光标放在“输入细胞”之后，然后在 Notebook 菜单中用 Evaluate Cell 选项或用组合键“CTRL+ENTER”，就可以把生成细胞传送到 MATLAB 中运算，运算结果会自动回传到 M-book 中，运算结果标识为蓝色。细胞群和细胞的操作相似。

Notebook 还提供了计算区（Calc Zone），它把 M-book 分成几个相互独立的部分，包括：描述一个特定问题或特定操作的文本、输入细胞、输出细胞。当定义一个计算区时，Notebook 将该部分和 M-book 其他部分独立出来，它的定义以及运行和输入细胞的操作相似。

Notebook 还提供了细胞的循环运行，首先选定欲重复运行的输入细胞（一定要是绿色细胞），接着在 Notebook 菜单中选 Evaluate Loop 选项。

（三）Notebook 的用法举例

［例 0-1］ 以在［-7，7；-7，7］上绘制 $z=\frac{\sin\sqrt{x^2+y^2}}{\sqrt{x^2+y^2}}$ 的三维网线图形为例，给出 Notebook 的用法。

解 （1）启动：按模式 1 成功启动具有 Notebook 加载项的 Word 文档。

（2）输入：在 Word 文档中输入以下文字。

```
x=-7:.1:7;y=x;
[X,Y]=meshgrid(x,y);
R=sqrt(X.^2+Y.^2)+eps;
          Z=sin(R)./R;
          mesh(X,Y,Z)
```

（3）激活：选中该部分，在 Notebook 菜单中用 Define Input Cell 命令，把该程序段生成绿色的“输入细胞”。

```
x=-7:.1:7;y=x;
[X,Y]=meshgrid(x,y);
R=sqrt(X.^2+Y.^2)+eps;
          Z=sin(R)./R;
          mesh(X,Y,Z)
```

（4）运行：把光标放在该“输入细胞”之后，执行 Notebook 菜单中的 Evaluate Cell 选项或点击右键 Evaluate Cells，就可得到如图 0-20 所示的图形。

对上述输入细胞的部分语句进行编辑，就可得到一个新的程序，如把其中的函数表达式改为 Z=X.^2+Y.^2，运行如下细胞：

```
x=-7:.1:7;y=x;
[X,Y]=meshgrid(x,y);
        Z=X.^2+Y.^2;
```

```
mesh(X,Y,Z)
```

就可得到如图 0-21 所示的新图形。

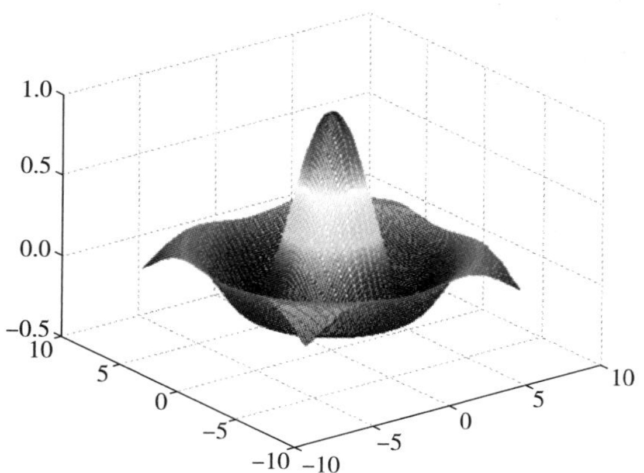

图 0-20　例 0-1 运行结果（1）

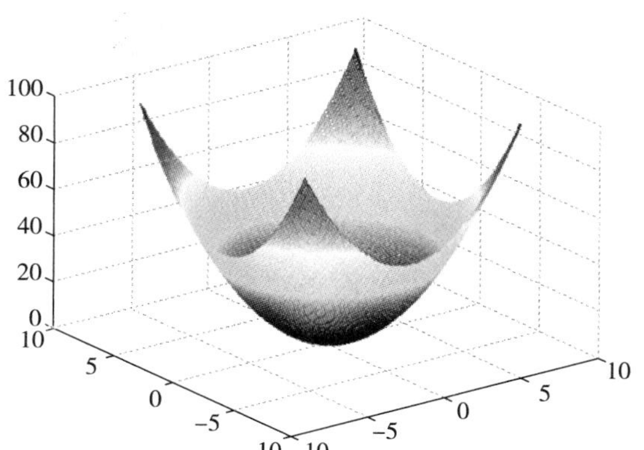

图 0-21　例 0-1 运行结果（2）

［例 0-2］　计算极限 $\lim\limits_{x\to\infty} x\left(1+\dfrac{a}{x}\right)^x \sin\dfrac{b}{x}$。

解　激活并运行如下细胞：

```
syms x a b;                    % 创建多个符号变量
f=x* (1+a/x)^x* sin(b/x);      % 输入函数
limit(f,x,inf)                 % inf 表示正无穷大
```

即可得到计算结果：

```
ans=
b*exp(a)
```

［例 0-3］　解二阶常微分方程 $y''+y=x-e^x$ 的通解及满足 $y(0)=0, y'(0)=1$ 的特解。

解　激活并运行如下细胞：

```
y_general=dsolve('D2y+y=x-exp(x)','x')
y_particular=dsolve('D2y+y=x-exp(x)','y(0)=0,Dy(0)=0','x')
```

即可得到以下计算结果：

```
y_general=
C2*cos(x)-cos(x)*(sin(x)+(exp(x)*cos(x))/2-(exp(x)*sin(x))/2-x*cos(x))+sin(x)*(cos(x)-(exp(x)*cos(x))/2-(exp(x)*sin(x))/2+x*sin(x))+C3*sin(x)
y_particular=
cos(x)/2-sin(x)/2-cos(x)*(sin(x)+(exp(x)*cos(x))/2-(exp(x)*sin(x))/2-x*cos(x))+sin(x)*(cos(x)-(exp(x)*cos(x))/2-(exp(x)*sin(x))/2+x*sin(x))
```

四、小结

由上可见，Notebook 将 MATLAB 与 Word 的无缝地结合起来。在科技报告、论文、著作和讲义教材的撰写过程中，Notebook 文档能够为作者营造文字语言思维和科学计算思维的和谐氛围，达到图文并茂、动静结合的完美效果。

MATLAB 和 Word 结合，可实现软件的“强强联合”，程序、计算结果以及仿真图像可以同时出现在 Word 文档中，并且可以随时修改计算命令，随时计算并绘制图形，给我们撰写科技报告、论文、专著以及电子教案提供了很大的便利。Notebook 环境是本书统一的实验平台，请读者自行安装并调试。

实验一
基于 MATLAB 的二维平面绘图

一、实验目的

1. 掌握 MATLAB 二维绘图命令 plot 的使用方法。
2. 掌握二维绘图基本元素的属性控制。
3. 掌握二维绘图的一般步骤。
4. 掌握二维图形标题与注释的添加。
5. 掌握特殊二维图形的绘制。

二、实验原理

MATLAB 作图的基本原理就是描点绘图，即在给定的区间上按照指定的步长产生一系列关于自变量 x 与因变量 y 的数据点，然后连点成线。通常步长愈小，产生的数据点就愈多，绘出的函数图形就愈加光滑细腻。常见的二维绘图命令包括 plot、fplot、ezplot 等基本绘图命令及 stem、stairs 等特殊绘图命令，本实验仅以 plot 为基本绘图命令，着重讲解 MATLAB 二维绘图的一般方法及步骤。

（一）基本二维绘图命令 plot 及调用格式

根据其功能的不同，plot 的调用格式如表 1-1-1 所示。

表 1-1-1　plot 调用格式及功能描述

调用格式	功能描述
plot（x）	向量绘图
plot（x，y）	默认格式（蓝色实线）单窗口单曲线绘图
plot（x，y，'cs'）	自定义格式单窗口单曲线绘图，c 代表颜色，s 代表线型
plot（x1，y1，x2，y2，…）	默认格式（蓝色实线）单窗口多曲线绘图
plot（x1，y1，'cs1'，x2，y2，'cs2'，…）	自定义格式单窗口多曲线绘图
subplot（m，n，p），plot（xp，yp，'cs'）	子图分割并绘图，其中 m、n 分别代表子图窗口的行和列，p 代表子图序号

（二）图形属性的控制

在调用 plot 进行二维绘图时，使用者常常需根据自己的作图需要，按照自定义格式进行绘图，即需自行设置 plot（x，y，'cs'）中 cs 的值，其中 cs 为自定义格式控制符，c 代表颜色，s 代表线型或点标，其值的设定如表 1-1-2 所示。

表 1-1-2　plot 绘图函数自定义格式参数

s：样式的设置参数				c：颜色设置参数	
线型	说明	点标	说明	颜色	说明
-	实线（默认）	+	加号	r	红色
:	虚线	o	空心圆	g	绿色
-.	点虚线	*	星号	b	蓝色（默认）
: .	点划线	.	点号	c	青色
--	波折线	x	叉号	m	品红
		s	正方形	y	黄色
		d	菱形	k	黑色
		^	上三角形	w	白色
		v	下三角形		
		>	右三角形		
		<	左三角形		
		p	五角星		
		h	六边形		

（三）图形的标题与注释

在绘图过程中，通常要给所绘图形进行标题、坐标轴名称、文字说明、图例等的加注，常见的命令、调用格式及其功能如表 1-1-3 所示。

表 1-1-3　图形标注的常用命令及功能描述

调用格式	功能描述
title（'图形标题'）	给图形加标题
xlabel（'x 轴名称'）	给 x 轴加标注
ylabel（'y 轴名称'）	给 y 轴加标注
legend（'图例名称'）	添加图例
gtext（'文字注释'）	用鼠标自助模式在图中任意位置添加注释
grid on（off）	打开（关闭）坐标网格线
axis on（off）	打开（关闭）坐标轴的刻度
hold on（off）	启动（关闭）图形保持功能

（四）二维绘图的一般步骤

二维绘图一般分为如下五步：

步骤一（必选）：输入自变量 x 的区间及间距，产生自变量坐标向量，通常有如下两种输入方式。

（1）x=[a：c：b]　%在［a，b］上以 c 为步长（跳跃间隔）产生数据点构成自变量坐标向量。

（2）x=linspace(a，b，n)　%在［a，b］上等距产生 n 个数据点构成自变量坐标向量。

步骤二（必选）：输入函数表达式，产生应变量坐标向量，如 y=f(x)。

步骤三（必选）：键入默认格式或自定义格式绘图命令，如 plot(x，y) 或 plot(x，y，'cs')。

步骤四（可选）：键入标题及注释加注命令，如 title（'图形标题'）、xlabel（'x 轴名称'）、ylabel（'y 轴名称'）、legend（'图例名称'）、gtext（'文字注释'）。

步骤五（可选）：打开（关闭）开关函数，如 grid on（off）、axis on（off）。

（五）特殊图形的绘制

利用 MATLAB 还可以绘制一些特殊二维图形，其常见的命令如表 1-1-4 所示。

表 1-1-4　MATLAB 常见特殊二维图形的绘图命令及功能

命令	功能	命令	功能
stem	火柴杆图	pie	饼图
stairs	阶梯图	feather	羽毛图
area	填充图	bar	垂直条形图
barh	水平条形图	comet	彗星图
errorbar	误差棒图	scatter	散射图
polar	极坐标图	plotmatrix	分散矩阵绘制
fill	多边形填充	compass	矢量图
hist	柱形图	quiver	向量场图
gplot	拓扑图	rose	柱状图

三、实验内容

（一）单窗口单曲线绘图

［例 1-1］　在［0，2π］上以默认格式绘制 $y=\sin(\tan(x))$ 的图形。

［例 1-2］　在［-π，π］上用蓝色、实线、星号点标绘制 $y=\tan(\sin(x))-\sin(\tan(x))$ 的图形，并加注标题、坐标轴等。

[例 1-3] 在 [-2π, 2π] 上用紫色、波折线、五角星点标绘制 $y=x^3\sin(x)\cos(x)$ 的图形，并加注标题、坐标轴等。

(二) 单窗口多曲线绘图

[例 1-4] 在同一个窗口于 [0, 2π] 上以自定义格式绘制 $y_1=\sin(2x)$，$y_2=e^{-x}$ 的图形，并给出图例及相关标注。

(三) 子图窗口绘图

[例 1-5] 在子图窗口于 [0, 2π] 上分别用你喜欢的颜色和线型绘制 $\sin(x)$、$\cos(x)$ 和 e^x 的图形。

(四) 特殊图形的绘制

[例 1-6] 在 [$-\pi$, π] 上绘制 $y=\tan(\sin(x))-\sin(\tan(x))$ 的火柴杆图。

[例 1-7] 在 [$-\pi$, π] 上绘制 $y=\tan(\sin(x))-\sin(\tan(x))$ 的阶梯图。

[例 1-8] 绘制 $r=\cos(\theta)\sin(\theta)$ 的极坐标图。

[例 1-9] 绘制 $r=\cos(\theta)+i\sin(\theta)$ 的矢量图。

四、实验过程

(一) 单窗口单曲线绘图

[例 1-1] 在 [0, 2π] 上以默认格式绘制 $y=\sin(\tan(x))$ 的图形。

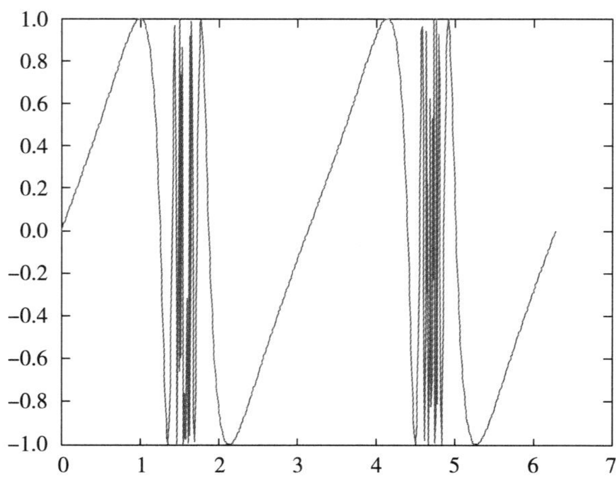

图 1-1-1 $y=\sin(\tan(x))$默认格式单曲线绘图

解 Notebook 环境下的程序代码如下：

```
x=0:0.01:2*pi;
y=sin(tan(x));
plot(x,y)
```

运行结果如图 1-1-1 所示。

[例 1-2] 在 [$-\pi$, π] 上用蓝色、实线、星号点标绘制 $y=\tan(\sin(x))-\sin(\tan(x))$ 的图形，并加注标题、坐标轴等。

解 Notebook 环境下的程序代码如下：

```
x=-pi:0.01:pi;
y=tan(sin(x))-sin(tan(x));
plot(x,y,'b*-')
title ('y=tan(sin(x))-sin(tan(x))')
xlabel('x'),ylabel('y')
```

运行结果如图 1-1-2 所示。

[例 1-3]　在 [-2π, 2π] 上用紫色、波折线、五角星点标绘制 $y=x^3\sin(x)\cos(x)$ 的图形，并加注标题、坐标轴等。

解　Notebook 环境下的程序代码如下：

```
x=-2*pi:0.1:2*pi;
y=x.^3.*sin(x).*cos(x);
plot(x,y,'mp--')
title ('y=x^3*sin(x)*cos(x)')
xlabel('x'),ylabel('y')
```

运行结果如图 1-1-3 所示。

注：当函数表达式里出现"*""/""^"时，必须在该符号前加"."才能完成坐标向量的生成，否则会出现如下报错：

```
??? Error using^
Inputs must be a scalar and a square matrix.
To compute elementwise POWER,use POWER (.^) instead.
```

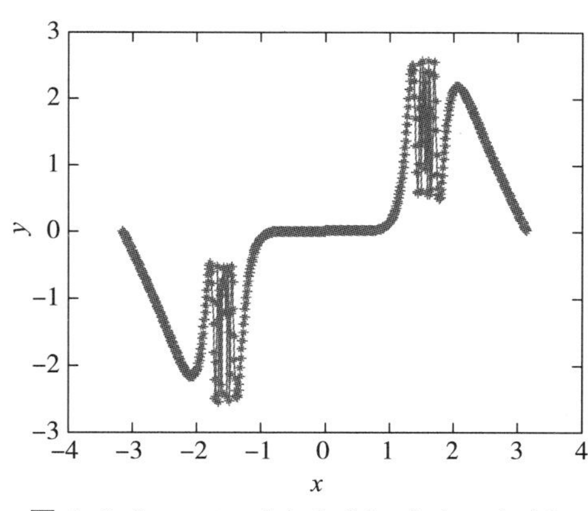

图 1-1-2　$y=\tan(\sin(x))-\sin(\tan(x))$ 自定义格式单曲线绘图

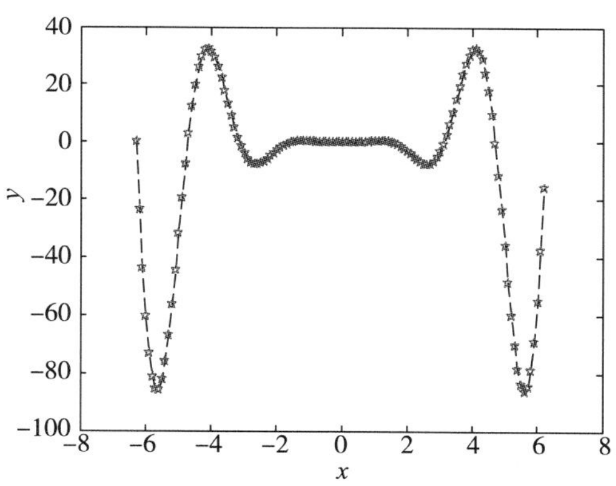

图 1-1-3　$y=x^3\sin(x)\cos(x)$ 自定义格式单曲线绘图加标注

(二) 单窗口多曲线绘图

[例 1-4]　在同一个窗口于 [0, 2π] 上以自定义格式绘制 $y_1=\sin(2x)$，$y_2=e^{-x}$ 的图形，并给出图例及相关标注。

解　Notebook 环境下的程序代码如下：

```
x=linspace(0,2*pi,100);
```

```
y1=sin(2*x);
y2=exp(-x);
plot(x,y1,'bp-',x,y2,'ro--');
title ('sin(2*x) and exp(-x)的图形')
legend ('sin(2x)','exp(-x)')
xlabel('x'),ylabel('y')
grid off
axis on
```

运行结果如图 1-1-4 所示。

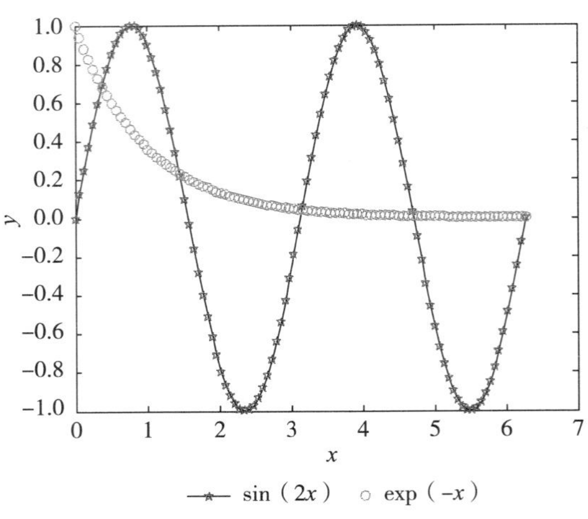

图 1-1-4　sin(2x)和 e^{-x}的单窗口多曲线绘图

(三) 子图窗口绘图

[例 1-5] 在子图窗口于 [0, 2π] 上分别用你喜欢的颜色和线型绘制 sin x、cos x 和 e^x 的图形。

解 Notebook 环境下的程序代码如下：

```
x=0:pi/100:2*pi;
y1=sin(x);
y2=cos(x);
y3=exp(x);
subplot(1,3,1);plot(x,y1,'bp')
subplot(1,3,2);plot(x,y2,'k*')
subplot(1,3,3);plot(x,y3,'ro')
```

运行结果如图 1-1-5 所示。

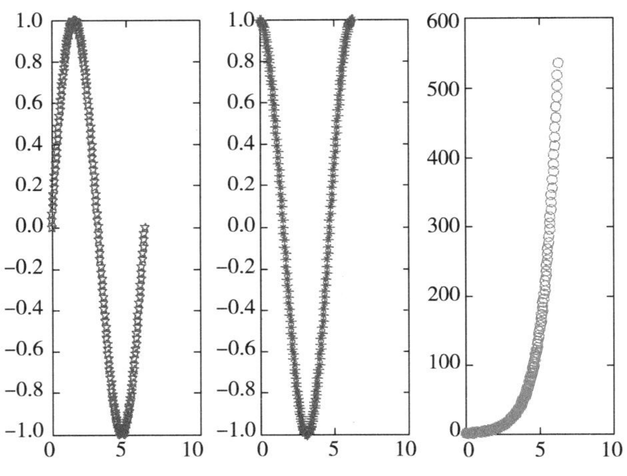

图 1-1-5　sin(x)、cos(x) 和 e^x 的子图窗口绘图

(四) 特殊图形的绘制

[例 1-6] 在 [-π, π] 上绘制 y=tan(sin(x))-sin(tan(x)) 的火柴杆图。

解 Notebook 环境下的程序代码如下：

```
x=-pi:pi/20:pi;
y=tan(sin(x))-sin(tan(x));
stem(x,y)
title ('y=tan(sin(x))-sin(tan(x))的火柴杆图')
```

运行结果如图 1-1-6 所示。

[例 1-7] 在 [-π, π] 上绘制 y=tan(xin(x))-sin(tan(x)) 的阶梯图。

解 Notebook 环境下的程序代码如下：

```
x=-pi:pi/20:pi;
y=tan(sin(x))-sin(tan(x));
stairs(x,y)
title ('y=tan(sin(x))-sin(tan(x))的阶梯图')
```

运行结果如图 1-1-7 所示。

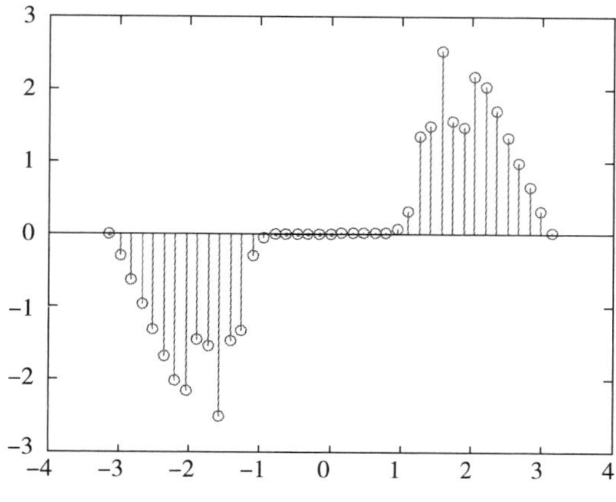

图 1-1-6　$y=\tan(\sin(x))-\sin(\tan(x))$ 的火柴杆图

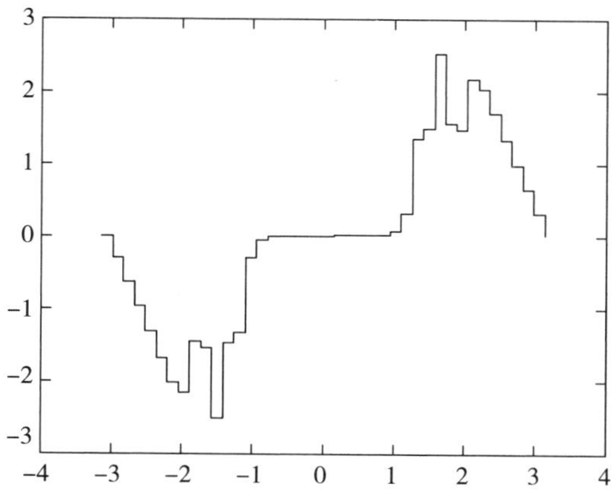

图 1-1-7　$y=\tan(\sin(x))-\sin(\tan(x))$ 的阶梯图

[例 1-8]　绘制 $r=\cos(\theta)\sin(\theta)$ 的极坐标图。

解　Notebook 环境下的程序代码如下：

```
clf
theta=0:pi/50:2*pi;
r=sin(theta).*cos(theta);
polar(theta,r,'-*');
title ('r=sin(theta).*cos(theta)的极坐标图')
```

运行结果如图 1-1-8 所示。

[例 1-9]　绘制 $r=\cos(\theta)+i\sin(\theta)$ 的矢量图。

解　Notebook 环境下的程序代码如下：

```
theta=linspace(0,2*pi,20);
r=cos(theta)+i*sin(theta);
compass(r);
title ('r=cos(theta)+i*sin(theta)的矢量图')
```

运行结果如图 1-1-9 所示。

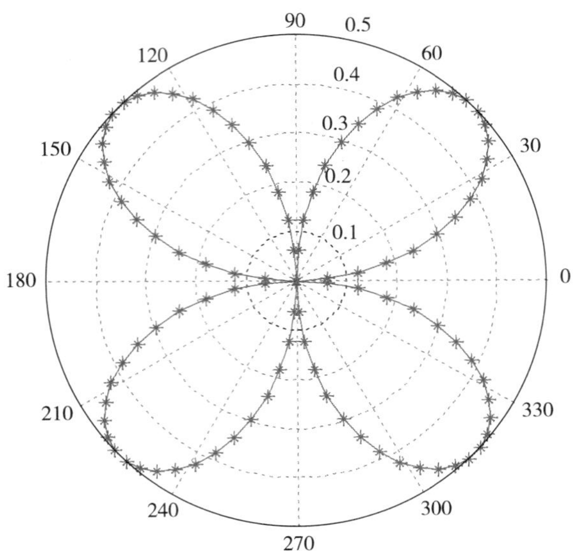

图 1-1-8　r=sin(thenta).＊cos(theta)的极坐标图

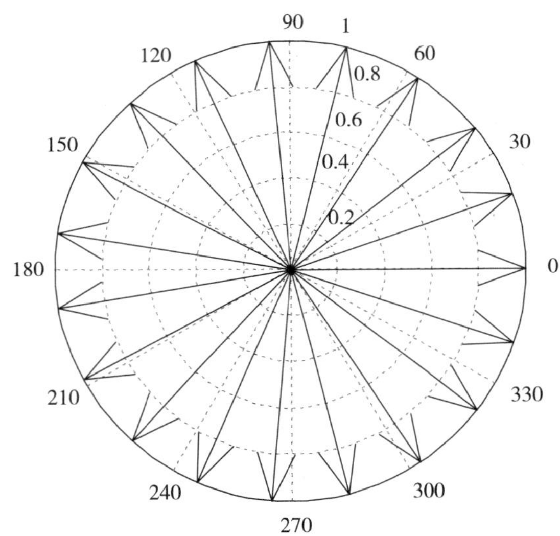

图 1-1-9　r=cos（theta）+i＊sin（theta）的矢量图

五、实验小结

1. 限于篇幅，本实验仅对基本绘图命令 plot 的用法进行了介绍和演示，对于 fplot、ezplot 的用法请读者自行了解与掌握。

2. 在输入含有“＊”“/”“^”的函数表达式时，读者切记在这些符号前加“.”，以表示向量间的运算。

3. 在程序语句的末尾添加“;”可以隐藏该语句的运行结果，若在作图过程中出现了大量不必要的数据，可在相应程序语句末尾添加“;”进行隐藏。

4. 当程序在运行过程中出现图形错位或类似异常情况时，可在程序首句加入“clf”或“clear”，进行画板清除重新绘图。

六、练习实验

1. 在［0，2π］上以默认格式绘制 $y=\sin(e^{2x})$ 的图形。

2. 在［-3，3］上用绿色、实线、菱形点标绘制 $y=x-\cos(x^3)-\sin(2x^2)$ 的图形，并加注标题、坐标轴等。

3. 在同一个窗口于［0，2π］上以自定义格式绘制 $y_1=e^{-x}$，$y_2=\sin(6x+x^2)$ 的图形，并给出图例及相关标注。

4. 在子图窗口于［0，2π］上分别用你喜欢的颜色和线型绘制 $y=\sin(x)$、$y=\sin(2x)$，$y=\sin(4x)$，$y=\sin(8x)$ 的图形。

5. 在［-π，π］上绘制 $y=e^{-x^2}$的火柴杆图。

6. 在［-π，π］上绘制 $y=e^{-x^2}$的阶梯图。

7. 绘制 $r=\cos(4\theta)\sin(\theta)$ 的极坐标图。

8. 绘制 $r=\cos(4\theta)+i\sin(\theta)$ 的矢量图。

实验二
基于 MATLAB 的三维空间绘图

一、实验目的

1. 掌握 MATLAB 三维绘图命令的使用方法。
2. 掌握三维绘图的属性控制。
3. 掌握三维绘图的一般步骤。
4. 掌握特殊三维图形的绘制。

二、实验原理

MATLAB 作图的基本原理就是把栅格数据连接成网格面或三维曲面，然后通过颜色、视角、透视、裁剪等修饰手段对其进行加工，展现逼真的图形效果。常见的三维绘图命令包括 plot3、mesh、surf 等基本绘图命令及 stem3、peaks 等特殊绘图命令，本实验重点以 mesh、surf 为基本绘图命令，着重讲解 MATLAB 三维绘图的一般方法及步骤。

（一）三维绘图常用命令及调用格式

根据其功能的不同，三维绘图常用命令及调用格式如表 1-2-1 所示。

表 1-2-1　三维绘图常用命令及调用格式

命令	调用格式	功能描述
plot3	plot3（x，y，z）	默认格式绘制三维曲线图
	plot3（x，y，z，'cs'）	自定义格式绘制三维曲线图
mesh	mesh（X，Y，Z）	默认格式绘制三维网格图
	meshc（X，Y，Z）	绘制带有等高线的三维网格图
	meshz（X，Y，Z）	绘制带有底座的三维网格图
surf	surf（X，Y，Z）	默认格式绘制三维曲面图
	surfc（X，Y，Z）	绘制带有等高线的三维曲面图
	surfz（X，Y，Z）	绘制带有底座的三维曲面图
	surfl（X，Y，Z）	绘制带有光照阴影的三维曲面图

(二) 三维图形属性的控制

三维图形颜色、视角、裁剪、消隐等效果不能像二维绘图中通过设置自定义格式控制符 cs 而实现，而是需调用相应功能的控制命令来实现，下面将从颜色、视角、裁剪、透视与消隐、水线修饰等方面介绍 MATLAB 三维图形的属性控制。

1. 颜色的控制

三维图形颜色的控制要通过调用颜色控制命令 colormap 及 shading 实现，其用法如表 1-2-2、表 1-2-3、表 1-2-4 所示。

表 1-2-2 三维图形颜色控制命令及功能描述

命令	调用格式	功能描述
colormap	colormap（［R，G，B］）	以自定义颜色着色
	colormap（MAP）	以色图控制方式着色
shading	shading faceted	以截面式颜色分布方式着色
	shading interp	以插补式颜色分布方式着色
	shading flat	以平面式颜色分布方式着色

表 1-2-3 ［R，G，B］值及其对应颜色

［R，G，B］值	颜色	［R，G，B］值	颜色
[0 0 0]	黑色	[0 0 1]	蓝色
[0 1 0]	绿色	[0 1 1]	浅蓝
[1 0 0]	红色	[1 0 1]	粉红
[1 1 0]	黄色	[1 1 1]	白色
[0.5 0.5 05]	灰色	[0.5 0 0]	暗红色
[1 0.62 0.4]	铜色	[0.49 1 0.8]	浅绿
[0.49 1 0.83]	宝石蓝		

表 1-2-4 色图函数及其色图类型

色图函数	色图类型	色图函数	色图类型
hsv	饱和值色图	jet	饱和值色图Ⅱ
hot	暖色色图	cool	冷色色图
bone	蓝色色图	copper	铜色色图
pink	粉红色图	prism	光谱色图
gray	灰度色图	flag	红、白、蓝交替色图

2. 视角的控制

三维图形因观察视角的不同，会呈现不同的图形效果。灵活掌握三维图形视角的调整是实现三维作图非常重要的一个环节，视角的调节需通过命令 view 来实现，其用法如表 1-2-5所示。

表 1-2-5　三维图形视角调节命令 view 的用法

命令	调用格式	功能描述
view	view（az，el）	设置视角位置在 azimuth 角度和 elevation 角度确定的射线上
	view（[x，y，z]）	设置视角位置在［x，y，z］向量所指示的方向
	view（2）	默认的二维视图视角，相当于 az=0，el=90
	view（3）	默认的三维视图视角，相当于 az=-37.5，el=30
	[az，el]=view	返回当前视图的视角 az 和 el

其中，参数 az 和 el 分别表示方位角（与 x=0 平面的夹角）和仰角（与 $z=0$ 平面所成的方向角），其默认值分别为-37.5°和 30°，其意义如图 1-2-1 所示。

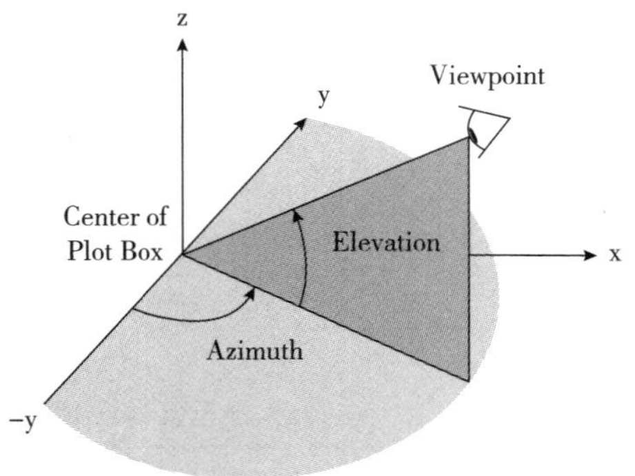

图 1-2-1　视角设置参数意义图示（来自 MATLAB 联机帮助）

3. 图形的裁剪

根据观察或研究的需要，通常需要对一个空间曲面进行适当的裁剪，该功能一般通过命令 nan 来实现，其用法如表 1-2-6 所示。

表 1-2-6　三维图形裁剪命令 nan 的调用格式及功能描述

命令	调用格式	功能描述
nan	p(a:b,c:d)= nan	把 p(a:b,c:d)部分裁减
	Z(（f(X,Y)<=m））= nan	从原图像中把 f(X,Y)<=m 部分裁减

4. 透视与消隐

在 MATLAB 的三维绘图中，常常需要显示（隐藏）被前面图形遮挡的图形部分，该功能的实现需借助命令 hidden 来实现，如表 1-2-7 所示。

表 1-2-7　透视与消隐命令 hidden 的调用格式及功能描述

命令	调用格式	功能描述
hidden	hidden on	去掉网格曲面的隐藏线
	hidden off	显示网格曲面的隐藏线

5. 水线修饰

调用 waterfall 函数绘制三维表面网格图，可以产生瀑布效果，其用法如表 1-2-8 所示。

表 1-2-8　waterfall 调用格式及功能描述

命令	调用格式	功能描述
waterfall	waterfall（X，Y，Z）	绘制三维瀑布图

（三）坐标轴的设置

三维图形坐标轴的设置和二维图形类似，都是通过带参数的 axis 命令设置坐标轴显示范围和显示比例，但在三维图形下其有更多的调用格式，如表 1-2-9 所示。

表 1-2-9　axis 调用格式及功能描述

命令	调用格式	功能描述
axis	axis（[xmin xmax ymin ymax zmin zmax]）	设置三维图形的显示范围
	axis auto	自动确定坐标轴的显示范围
	axis manual	锁定当前坐标轴的显示范围
	axis tight	设置坐标轴显示范围为数据所在范围
	axis equal	设置各坐标轴的单位刻度长度等长显示
	axis square	将当前坐标范围显示在正方形内
	axis vis3d	锁定坐标轴比例不随对三维图形的旋转而改变
	axis on（off）	打开（关闭）坐标轴的刻度

（四）图形的标题与标注

三维图形中标题、坐标轴名称的添加同二维绘图相似，都是通过添加标题命令及坐标轴标签命令来实现的，如表 1-2-10 所示。

表 1-2-10　图形标注的常用命令及功能描述

调用格式	功能描述
title（'图形标题'）	给图形加标题
xlabel（'x 轴名称'）	给 x 轴加标注
ylabel（'y 轴名称'）	给 y 轴加标注
zlabel（'z 轴名称'）	给 z 轴加标注
hold on（off）	启动（关闭）图形保持功能

（五）三维绘图的一般步骤

三维绘图一般分为如下七步。

步骤一（必选）：输入自变量x、y的区间及间距，产生自变量坐标向量，通常有如下两种输入方式。

（1）x=[a1 ：c1 ：b1]%在［a1，b1］上以c1为步长（跳跃间隔）产生数据点构成自变量坐标向量x，y=[a2 ：c2 ：b2]%在［a2，b2］上以c2为步长（跳跃间隔）产生数据点构成自变量坐标向量y；

（2）x=linspace（a1，b1，n）%在［a1，b1］上等距产生n个数据点构成自变量坐标向量x，y=linspace（a2，b2，n）%在［a2，b2］上等距产生n个数据点构成自变量坐标向量y。

步骤二（必选）：调用meshgrid，产生栅格数据X矩阵和Y矩阵，即［X，Y］=meshgrid（x，y）。

步骤三（必选）：输入函数表达式Z=f(X，Y)。

步骤四（必选）：调用三维绘图命令mesh或surf进行绘图，调用格式如表1-2-1所示。

步骤五（可选）：图形修饰，调用格式如表1-2-2～表1-2-8所示。

步骤六（可选）：设置坐标轴，调用格式如表1-2-9所示。

步骤七（可选）：添加标题及标注，常用命令及功能如表1-2-10所示。

（六）特殊三维图形的绘制

利用MATLAB还可以绘制一些特殊三维图形，其常见的命令如表1-2-11所示。

表1-2-11　MATLAB常见特殊三维图形的绘图命令及功能

命令	功能	命令	功能
peaks	多峰函数曲面	pie3	三维饼图
cylinder	圆柱面	sphere	球面
stem3	三维火柴杆曲面	bar3	三维直方图

三、实验内容

（一）绘制三维曲线图

［例2-1］　绘制函数$\begin{cases} \boldsymbol{x}=\sin \boldsymbol{t} \\ \boldsymbol{y}=\cos \boldsymbol{t} \\ z=\boldsymbol{t}\sin \boldsymbol{t}\cos \boldsymbol{t} \end{cases}$　$t\in(0,\ 20\boldsymbol{\pi})$ 的三维曲线图。

[例 2-2] 利用 plot3，将函数 $\begin{cases} x=\sin t \\ y=\cos t \\ z=\cos 2t \end{cases}$ $t\in(0,\ 2\pi)$ 的三维曲线制作成一串蓝宝石项链。

(二) 绘制三维网格图

[例 2-3] 绘制 $z=\dfrac{\sin\sqrt{x^2+y^2}}{\sqrt{x^2+y^2}}$ 在 [−7, 7; −7, 7] 上的三维网格图。

[例 2-4] 绘制 $z=\dfrac{x^2}{16}-\dfrac{y^2}{9}$ 在 [−4, 4; −3, 3] 上的带底座的三维网格图。

(三) 绘制三维曲面图

[例 2-5] 绘制 $z=5x^2+3y^2$ 在 [−15, 15; −15, 15] 上的带等高线三维曲面图。

(四) 三维图形属性控制

[例 2-6] 用红、白、蓝色图控制 $z=\dfrac{\sin\sqrt{x^2+y^2}}{\sqrt{x^2+y^2}}$ 在 [−7, 7; −7, 7] 上三维曲面图的颜色。

[例 2-7] 在子图窗口，分别绘制在不同视角多峰函数 peaks 的图形。

[例 2-8] 裁剪多峰函数图形中自变量落在（30:40, 20:30）的部分。

[例 2-9] 从 $z=\dfrac{x^2}{16}-\dfrac{y^2}{9}$ 在 [−4, 4; −3, 3] 上的带底座的三维网格图中挖去 $x^2+y^2\leqslant 2^2$ 部分。

[例 2-10] 绘制 $z=\dfrac{\sin\sqrt{x^2+y^2}}{\sqrt{x^2+y^2}}$ 在 [−7, 7; −7, 7] 上的瀑布图。

(五) 特殊三维图的绘制

[例 2-11] 绘制 $\begin{cases} x=\mathrm{e}^{-\frac{t}{10}}\cos t \\ y=\mathrm{e}^{-\frac{t}{10}}\sin t \end{cases}$ $t\in(0,\ 6\pi)$ 的三维火柴杆图。

[例 2-12] 绘制大小各异的一对同心球体，运用三维绘图的各种修饰手段，制作一个玲珑球。

四、实验过程

（一）绘制三维曲线图

［例 2-1］　绘制函数$\begin{cases} x=\sin t \\ y=\cos t \\ z=t\ \sin t\cos t \end{cases}$　$t\in(0,\ 20\pi)$ 的三维曲线图。

解　Notebook 环境下的程序代码如下：

```
t=0:pi/100:20*pi;
x=sin(t);
y=cos(t);
z=t.*sin(t).*cos(t);
plot3(x,y,z)
```

运行结果如图 1-2-2 所示。

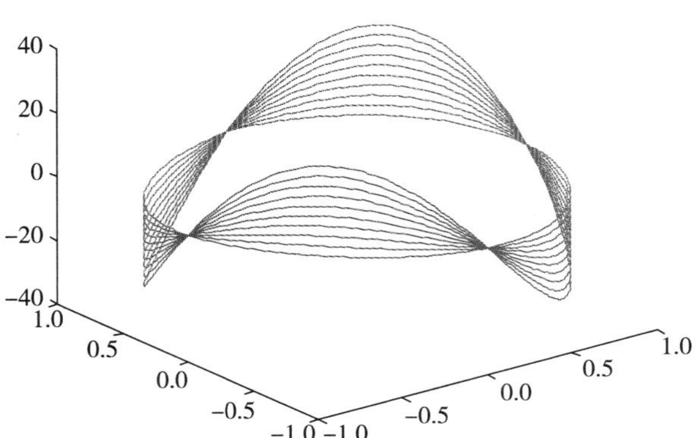

图 1-2-2　三维曲线图

［例 2-2］　利用 plot3，将函数$\begin{cases} x=\sin t \\ y=\cos t \\ z=\cos 2t \end{cases}$ $t\in(0,\ 2\pi)$ 的三维曲线制作成一串蓝宝石项链。

解　Notebook 环境下的程序代码如下：

```
t=(0:0.02:2)*pi;
x=sin(t);
y=cos(t);
z=cos(2*t);
plot3(x,y,z,'b-',x,y,z,'bd')
view(-82,58),
box on
xlabel('x'),
ylabel('y'),
zlabel('z')
legend('链','宝石','Location',
'best')
title ('蓝宝石项链')
```

运行结果如图 1-2-3 所示。

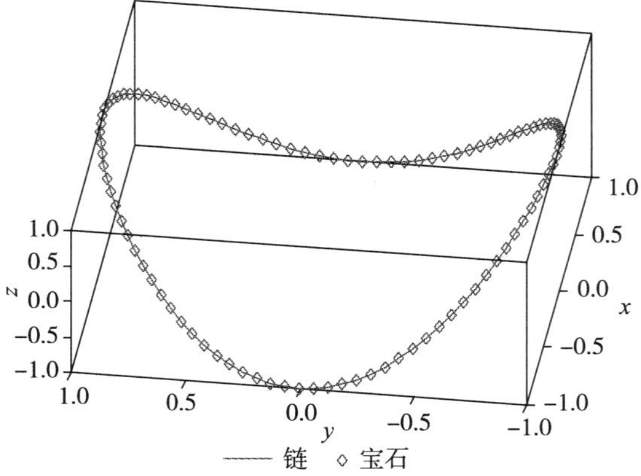

图 1-2-3　蓝宝石项链图

(二) 绘制三维网格图

[例 2-3] 绘制 $z=\frac{\sin\sqrt{x^2+y^2}}{\sqrt{x^2+y^2}}$在 [-7, 7; -7, 7] 上的三维网格图。

解 Notebook 环境下的程序代码如下:

```
clf
clear all
x=-7:0.1:7;                      % 输入自变量 x 的区间及步长
y=-7:0.05:7;                     % 输入自变量 y 的区间及步长
[X,Y]=meshgrid(x,y);             % 生成栅格数据 X 矩阵和 Y 矩阵
R=sqrt(X.^2+Y.^2)+eps;
Z=sin(R)./R;                     % 输入函数表达式
mesh(X,Y,Z)                      % 绘三维网格图
```

运行结果如图 1-2-4 所示。

[例 2-4] 绘制 $z=\frac{x^2}{16}-\frac{y^2}{9}$在 [-4, 4; -3, 3] 上的带底座的三维网格图。

解 Notebook 环境下的程序代码如下:

```
x=-4:.05:4;
y=-3:.05:3;
[X,Y]=meshgrid(x,y);
Z=(X.^2)/16-(Y.^2)/9;
meshz(X,Y,Z)                     % 绘带底座的三维网格图
```

运行结果如图 1-2-5 所示。

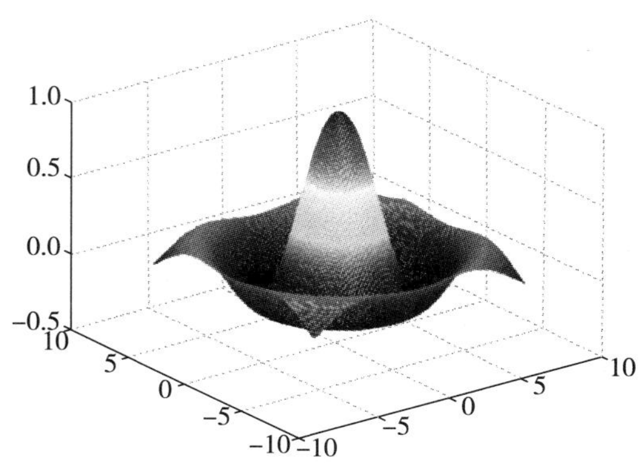

图 1-2-4 三维网格图

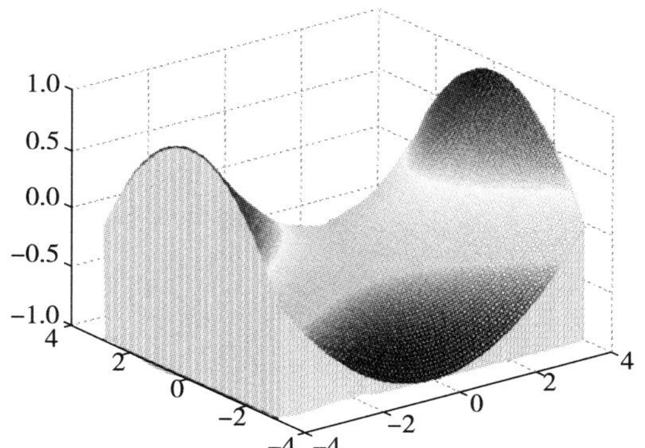

图 1-2-5 带底座的三维网格图

(三) 绘制三维曲面图

[例 2-5] 绘制 $z=5x^2+3y^2$ 在 [-15, 15; -15, 15] 上的带等高线三维曲面图。

解 Notebook 环境下的程序代码如下:

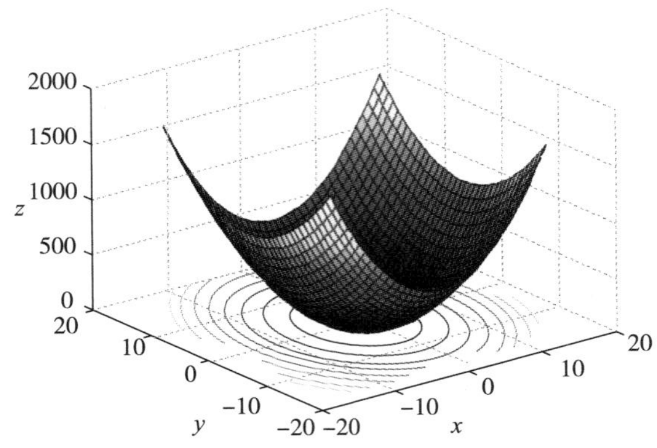

图 1-2-6　$Z=5*X^2+3*Y^2$ 带等高线曲面图

```
clf
x=-15:.8:15;y=x;
[X,Y]=meshgrid(x,y);
Z=5.*X.^2+3.*Y.^2;
surfc(X,Y,Z)
title('Z=5.*X.^2+3.*Y.^2 带等高线曲面图')
xlabel('x'),
ylabel('y')
zlabel('z')
axis on
```

运行结果如图 1-2-6 所示。

(四) 三维图形属性控制

[例 2-6]　用红、白、蓝色图控制 $z=\frac{\sin\sqrt{x^2+y^2}}{\sqrt{x^2+y^2}}$在 [-7, 7; -7, 7] 上三维曲面图的颜色。

解　Notebook 环境下的程序代码如下：

```
x=-7:0.5:7;
y=-7:0.8:7;
[X,Y]=meshgrid(x,y);
R=sqrt(X.^2+Y.^2)+eps;
Z=sin(R)./R;
surf(X,Y,Z)
colormap( flag)             % 色图控制
```

运行结果如图 1-2-7 所示。

[例 2-7]　在子图窗口，分别绘制在不同视角多峰函数 peaks 的图形。

解　Notebook 环境下的程序代码如下：

```
[X,Y,Z]=peaks;              % peaks 为系统提供的多峰函数
subplot(2,2,1);
mesh(X,Y,Z);
view(-37.5,30);             % 指定子图 1 的视角
title('azimuth=-37.5,elevation=30');
subplot(2,2,2);
mesh(X,Y,Z);
view(-17,60);               % 指定子图 2 的视角
title('azimuth=-17,elevation=60');
subplot(2,2,3);
```

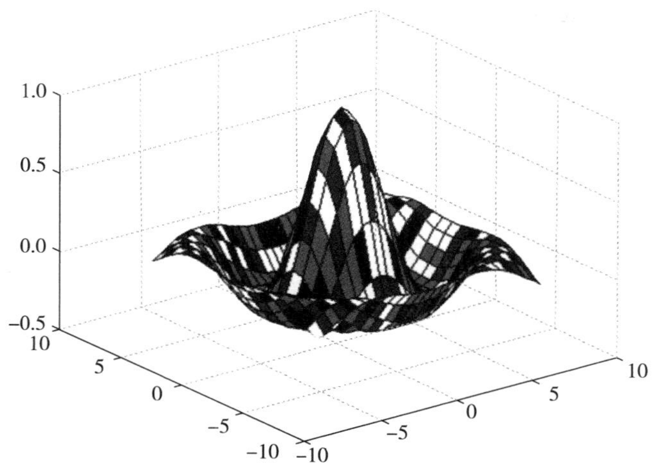

图 1-2-7　三维图形色图控制

```
mesh(X,Y,Z);
view(-90,0);                % 指定子图 3 的视角
title('azimuth=-90,elevation=0');
subplot(2,2,4);
mesh(X,Y,Z);
view(-7,-10);               % 指定子图 4 的视点
title('azimuth=-7,elevation=10');
```

运行结果如图 1-2-8 所示。

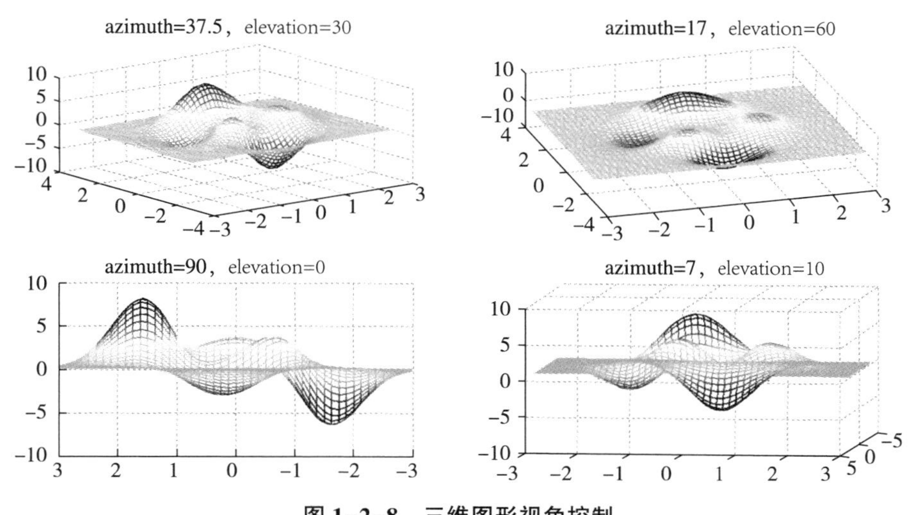

图 1-2-8　三维图形视角控制

[例 2-8]　裁剪多峰函数图形中自变量落在（30:40，20:30）的部分。

解　Notebook 环境下的程序代码如下：

```
clf
```

```
p=peaks;
p(30:40,20:30)=nan;
surf(p)
```

运行结果如图 1-2-9 所示。

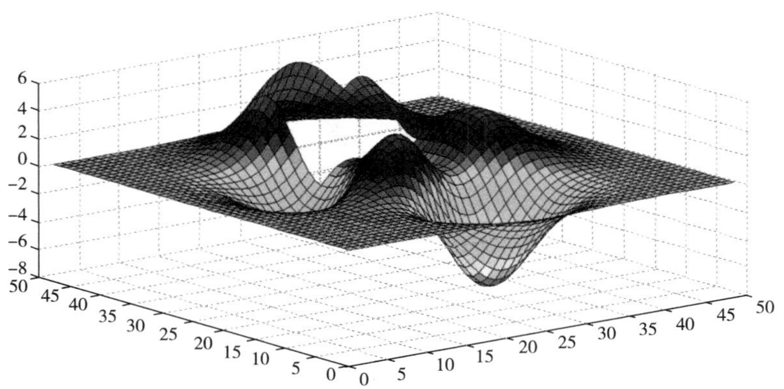

图 1-2-9　三维图形裁剪控制 I

[例 2-9]　从 $z=\frac{x^2}{16}-\frac{y^2}{9}$在［-4，4；-3，3］上的带底座的三维网格图中挖去 $x^2+y^2\leqslant 2^2$ 的部分。

解　Notebook 环境下的程序代码如下：

```
x=-4:.05:4;
y=-3:.05:3;
[X,Y]=meshgrid(x,y);  % meshgrid 网线坐标值计算函数,[X,Y]表示坐标矩阵
Z=(X.^2)/16-(Y.^2)/9; % Z 表示坐标矩阵
Z((X.^2+Y.^2 <=2.^2))=nan;
meshz(X,Y,Z)
```

运行结果如图 1-2-10 所示。

[例 2-10]　绘制 $z=\frac{\sin\sqrt{x^2+y^2}}{\sqrt{x^2+y^2}}$在［-7，7；-7，7］上的瀑布图。

解　Notebook 环境下的程序代码如下：

```
clf
x=-7:0.1:7;
y=-7:0.05:7;
[X,Y]=meshgrid(x,y);
R=sqrt(X.^2+Y.^2)+eps;
Z=sin(R)./R;
waterfall(X,Y,Z)
```

运行结果如图 1-2-11 所示。

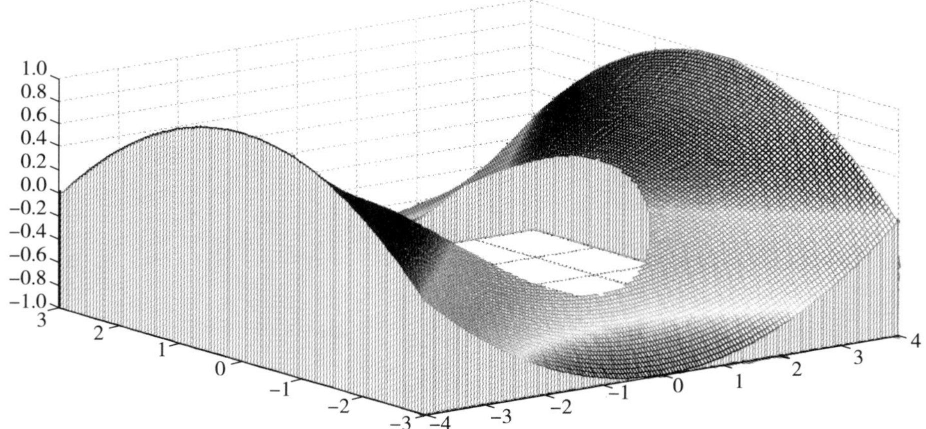

图 1-2-10　三维图形裁剪控制Ⅱ

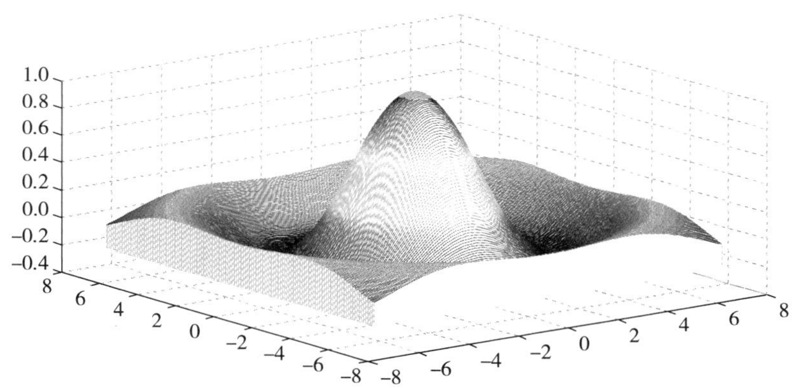

图 1-2-11　三维图形水线修饰

(五) 特殊三维图形的绘制

[例 2-11]　绘制 $\begin{cases} \boldsymbol{x}=\mathrm{e}^{-\frac{t}{10}}\cos \boldsymbol{t} \\ \boldsymbol{y}=\mathrm{e}^{-\frac{t}{10}}\sin \boldsymbol{t} \end{cases}$　$\boldsymbol{t}\in(0,\ 6\boldsymbol{\pi})$ 的三维火柴杆图。

解　Notebook 环境下的程序代码如下：

```
t=0:pi/10:6*pi;
x=exp(-t/10).*cos(t);
y=2*exp(-t/10).*sin(t);
stem3(x,y,t,'filled')
hold on
plot3(x,y,t)
xlabel('x'),
ylabel('y')
```

```
zlabel('z')
title('三维火柴杆图')
```

运行结果如图 1-2-12 所示。

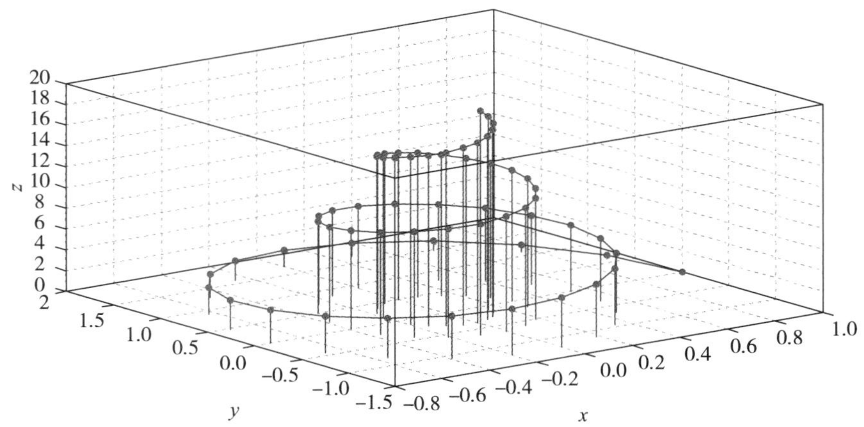

图 1-2-12　三维火柴杆图

[例 2-12]　绘制大小各异的一对同心球体，运用三维绘图的各种修饰手段，制作一个玲珑球。

图 1-2-13　玲珑球

解　Notebook 环境下的程序代码如下：

```
[X0,Y0,Z0]=sphere(30);
X=2*X0;Y=2*Y0;Z=2*Z0;
surf(X0,Y0,Z0);
shading interp
hold on
mesh(X,Y,Z)
colormap(hot)
hold off
hidden off
axis equal
axis off
title ('玲珑球')
```

运行结果如图 1-2-13 所示。

五、实验小结

1. 三维绘图中 plot3 的用法同 plot 相似，读者可以对比学习并掌握。

2. 三维网格面或曲面的绘图命令，无论 mesh 还是 surf 都不能直接对二元函数进行绘图，必须借助 meshgrid 才能实现其作图功能。

3. 三维图形的属性控制函数可以单独使用也可以根据作图需要组合使用，灵活运用多种图形修饰手段，可以达到更好的作图效果。

4. 当程序运行过程中出现图形错位或类似异常情况时，可在程序首句加入“clf”或“clear”，进行画板清除重新绘图。

5. 三维绘图的其他方法与技巧请参阅 MATLAB 自带的帮助文件。

六、练习实验

1. 绘制函数$\begin{cases} x = t\sin 2t \cos t \\ y = \sin t \\ z = \cos 3t \end{cases}$ $t \in (0,\ 10\pi)$ 的三维曲线图。

2. 分别绘制 $z=5x^2+3y^2$ 在［-15，15；-15，15］上的三维网状曲面、带等高线的三维网状曲面、带底座的网状曲面。

3. 在子图窗口，分别在［-7，7；-7，7］上绘制 $z=\frac{\sin(3\sqrt{x^2+y^2})}{\sqrt{x^2+y^2}}$的三维曲面图、带等高线三维曲面图、带光照阴影的三维曲面图。

4. 自定义颜色控制，用你最喜欢的颜色在［-7，7；-7，7］上给 $z=\frac{\sin(3\sqrt{x^2+y^2})}{\sqrt{x^2+y^2}}$的三维曲面图着色。

5. 在子图窗口，用 4 种不同的视角展示在［-7，7；-7，7］上 $z=\frac{\sin(3\sqrt{x^2+y^2})}{\sqrt{x^2+y^2}}$的三维曲面图。

6. 裁剪多峰函数图形中自变量落在（10:20，20:50）的部分。

7. 在［-1，1］上绘出 $z=\sin xy$ 的曲面图，并剪切下 $x^2+y^2\leqslant 1/4$ 的部分。

8. 绘制 $z=\frac{\sin(3\sqrt{x^2+y^2})}{\sqrt{x^2+y^2}}$在［-7，7；-7，7］上的瀑布图。

9. 绘制$\begin{cases} x = e^{-t} \cos 2t \\ y = e^{-t} \sin 3t \end{cases}$ $t \in (0,\ 8\pi)$ 的三维火柴杆图。

10. 绘制大小各异的一对同心柱体，运用三维绘图的各种修饰手段，制作一个可透视的同心柱体。

实验三
基于 MATLAB 的微积分问题数值计算

一、实验目的

1. 熟悉 MATLAB 软件的基本操作。

2. 掌握函数与极限、求导、偏导数、不定积分、定积分和重积分、级数求和、幂级数展开等问题有关 MATLAB 的操作命令及使用方法。

3. 学会利用 MATLAB 软件对微积分方面的问题进行分析研究。

4. 学会利用 MATLAB 软件解决一元和多元函数微积分方面的实际问题。

二、实验原理

总结和归纳微积分中所涉及的极限、导数、偏导数、不定积分、定积分和重积分、极值、级数求和、幂级数展开等计算常见的 MATLAB 命令及调用格式，给出其通用计算模板。

(一) 极限问题的求解

求一元函数和多元函数极限的命令语法如表 1-3-1 所示。

表 1-3-1　求一元函数和多元函数极限的命令及调用格式

命令	调用格式	功能
limit	limit (f)	计算一元函数极限$\lim\limits_{x\to 0}f(x)$
	limit (f,x,a) 或 limit (f,a)	计算一元函数极限$\lim\limits_{x\to a}f(x)$
	limit (f,x,inf) 或 limit (f,inf)	计算一元函数极限 $\lim\limits_{x\to\infty}f(x)$
	limit (f,x,a,'right') 或 limit (f,x,a,'left')	计算一元函数单侧极限 $\lim\limits_{x\to a^+}f(x)$ 或 $\lim\limits_{x\to a^-}f(x)$
	limit (limit (f,x,a),y,b) 或 limit (limit (f,y,b),x,b)	计算二元函数$\lim\limits_{\substack{x\to a\\ y\to b}}f(x,y)$

(二) 求函数的导数

求一元函数和多元函数导数或偏导数的命令及调用格式如表 1-3-2 所示。

表 1-3-2　求一元函数和多元函数导数或偏导数的命令及调用格式

命令	调用格式	功能
diff	diff（f）或 diff（f,x）	对函数 $f(x)$ 求关于变量 x 的导数
	diff（f,x,n）	对函数 $f(x)$ 求关于变量 x 的 n 阶导数
	diff（diff（f,x,m）,y,n）或 diff（diff(f,y,n）,x,m）	对二元函数 $f(x,y)$ 求 $\frac{\partial^{m+n} f}{\partial x^m \partial y^n}$ 求自变量个数大于等于 3 的多元函数偏导数的命令格式类似

（三）积分问题的求解

求一元函数和多元函数积分的命令及调用格式如表 1-3-3 所示。

表 1-3-3　求一元函数和多元函数积分的命令及调用格式

命令	调用格式	功能
int	int（f,x）	计算一元函数不定积分 $\int f(x)dx$，但输出只是一个原函数，而没有加上任意常数 C
	int（f,x,a,b）	计算一元函数定积分 $\int_a^b f(x)dx$，这里 a 和 b 是数值
	int（f,x,m,n）	计算一元函数定积分 $\int_m^n f(x)dx$，这里 m 和 n 是符号变量
	int（int（f,y1,y2）,x,a,b）	计算二重积分 $\int_a^b dx\int_{y_1(x)}^{y_2(x)} f(x,y)dy$
	int（int（int（f,z,z1,z2）,y,y1,y2）,x,a,b）	计算三重积分 $\int_a^b dx\int_{y_1(x)}^{y_2(x)} dy\int_{z_1(x,\ y)}^{z_2(x,\ y)} f(x,y,z)dz$

（四）函数的泰勒展开

求函数泰勒展开的命令及调用格式如表 1-3-4 所示。

表 1-3-4　求函数泰勒展开的命令及调用格式

命令	调用格式	功能
taylor	taylor（f）	求 f 关于默认变量或向量的五阶近似麦克劳林多项式
	Taylor（f,v）	求 f 关于变量或向量 v 的五阶近似麦克劳林展开
	Taylor（f,v,a）	求 f 关于变量或向量 v 在特定点或特定向量 a 处的五阶泰勒展开式
	Taylor（f,v,'ExpansionPoint',a）	求 f 关于变量或向量 v 在特定点或特定向量 a 处的五阶泰勒展开式
	Taylor（f,v,a,'order',n）	求 f 关于变量 v 在特定点或向量 a 处的 n-1 阶泰勒展开式

（五）级数求和

级数求和的命令及调用格式如表 1-3-5 所示。

表 1-3-5　级数求和的命令及调用格式

命令	调用格式	功能
symsum	symsum（一般项）	用默认变量求级数和
	symsum（一般项，变量）	用指定变量求级数和
	symsum（一般项，变量，起始，终止）	用默认变量从“起始”到“终止”求级数和

（六）函数的极值

1. 一元函数的极值

求一元函数极值的命令及调用格式如表 1-3-6 所示。

表 1-3-6　求一元函数极值的命令及调用格式

命令	调用格式	功能
fminbnd	[x，f]=fminbnd（fun,a,b）	x 返回一元函数 fun 在［a，b］内的局部极小值点，f 返回局部极小值，fun 为函数
fminsearch	[x，f]=fminsearch（fun,x0）	x 返回一元函数 fun 在 x_0 附近的局部极小值点，f 返回局部极小值，fun 为函数
min	[m，k]=min（y）	m 返回向量 y 的最小值，k 返回对应的编址
max	[m，k]=max（y）	m 返回向量 y 的最大值，k 返回对应的编址

（1）求一元函数极值的方法。求一元函数极值的方法很多，最基本的方法是用求极值的充分条件求极值，步骤如下：

1）求 $f'(x)=0$ 的根，即函数的驻点 x_0；

2）由 $f''(x_0)$ 的符号判断极值，若 $f''(x_0)>0$，则 x_0 为极小值点，反之，则 x_0 为极大值点；

3）代入极值点直接求极值。

（2）求一元函数极值的步骤。在现有 MATLAB 提供的功能函数应用下，可利用命令求极值，具体步骤如下：

1）绘制函数 $y=f(x)$ 的图形；

2）调用 fminbnd(f，a，b)，在（a，b）内搜索求得 f 的极小值；

3）令 $g=-f$，调用命令 fminbnd(f，a，b)，在（a，b）内搜索求得 f 的极大值。

2. 多元函数的极值

求多元函数极值的命令及调用格式如表 1-3-7 所示。

表 1-3-7　求多元函数极值的命令及调用格式

命令	调用格式	功能
fminsearch	[x,fmin]=fminsearch(f,x0)	单纯形法，以 x_0 为初始搜索点，x 是极小值点，fmin 是极小值，x_0 可以是标量、向量或矩阵
fminunc	[x,fmin]=fminunc(f,x0)	拟牛顿法（略）

注：f 为字符型，内联函数自变量必须写成 x(1)，x(2) …。

求多元函数极值，方法不是唯一的：

（1）根据多元函数极值的必要条件和充分条件来处理，具体步骤如下：

首先，定义多元函数 $z=f(x,\ y)$。

其次，求解方程组 $\begin{cases} f_x(x,\ y)=0 \\ f_x(x,\ y)=0 \end{cases}$，得到每一个驻点。

最后，对每个驻点 $(x_0,\ y_0)$，令 $A=f_{xx}(x_0,\ y_0)$，$B=f_{xy}(x_0,\ y_0)$，$C=f_{yy}(x_0,\ y_0)$。

若 $AC-B^2>0$，则 $z=f(x,\ y)$ 在 $(x_0,\ y_0)$ 有极值，且当 $A>0$ 时有极小值，当 $A<0$ 时有极大值；若 $AC-B^2<0$，则函数无极值。

（2）利用拉格朗日数值法求函数 $z=f(x,\ y)$ 在条件 $\phi(x,\ y)=0$ 下的可能极值点，构造函数：

$$F(x,\ y)=f(x,\ y)+\lambda\phi(x,\ y)$$

其中，λ 为某一常数。

联立解方程组：

$$\begin{cases} f_x(x,\ y)+\lambda\phi_x(x,\ y)=0 \\ f_y(x,\ y)+\lambda\phi_y(x,\ y)=0 \\ \phi(x,\ y)=0 \end{cases}$$

求出 x、y、λ，则 $(x,\ y)$ 就是可能的极值点。

（3）利用 MATLAB 命令求函数极值，其具体步骤为：①绘制曲面图形，观察极值点范围；②用命令求极值。

三、实验内容

分别给出求函数极限、导数、偏导数、不定积分、定积分和重积分、级数求和、幂级数展开等问题的例题。

[例 3-1]　计算极限：

（1）$\lim\limits_{x\to 0}\dfrac{\sin 2x}{x}$　　（2）$\lim\limits_{x\to +\infty}x\left(1+\dfrac{2}{x}\right)^x\sin\dfrac{3}{x}$　　（3）$\lim\limits_{x\to 0^+}\dfrac{\ln\cot x}{\ln x}$

（4）$\lim\limits_{(x,y)\to(0,0)}\dfrac{xy}{\sqrt{x^2+y^2}}$

[例 3-2] 计算：

(1) 求 $y=(x^3-5x-8)\cos x$ 的导数 y'、$y^{(2)}$ 和 $y^{(10)}$。

(2) 求 $z=x^3y^2-3xy^3-xy+1$ 的二阶偏导数。

(3) 已知 $z=x\ln(xy)$，求 $\frac{\partial z}{\partial x}$、$\frac{\partial^2 z}{\partial x^2}$、$\frac{\partial^3 z}{\partial x^2 \partial y}$。

[例 3-3] 求下列积分：

(1) $\int \cos 3x \cos 2x \mathrm{d}x$； (2) $\int_0^{\pi} \sqrt{\sin^3 x - \sin^5 x}\,\mathrm{d}x$ (3) $\int_1^2 \mathrm{d}x \int_{\sqrt{x}}^{x^2} \mathrm{d}y \int_{\sqrt{xy}}^{x^2 y} (x^2+y^2+z^2)\,\mathrm{d}z$

[例 3-4] 计算：

(1) 把 $\cos x$ 在 0 点展开到 7 次。

(2) 将函数 $f(x)=e^x$ 展成 $x-3$ 的 8 次幂级数。

[例 3-5] 计算：

(1) 求级数 $1-\frac{1}{2}+\frac{1}{3}-\frac{1}{4}+\cdots+\frac{(-1)^{n+1}}{\mathrm{n}}+\cdots$ 的和。

(2) 求级数 $\sum_{n=0}^{\infty} \frac{x^n}{n!}$ 的和函数。

[例 3-6] 计算：

(1) 求函数 $y=x^3-3x^2-9x+6$ 在 [-2，4] 上的极值。

(2) 求函数 $f(x, y)=x^3-y^3+3x^2+3y^2-9x+1$ 的极值。

(3) 某公司可通过电台及报纸两种方式销售某种商品，根据统计销售收入 z（万元）与电台广告费 x（万元）及报纸广告费 y（万元）之间的关系：$z=16x+22y-(x^2+2xy+2y^2)+50$，现投入 10 万元，求最优的广告策略。

四、实验过程

对上述例题分别给出 MATLAB 命令及运行结果。

[例 3-1] 计算极限：

(1) $\lim\limits_{x\to 0}\frac{\sin 2x}{x}$ (2) $\lim\limits_{x\to +\infty} x\left(1+\frac{2}{x}\right)^x \sin\frac{3}{x}$ (3) $\lim\limits_{x\to 0^+}\frac{\ln\cot x}{\ln x}$ (4) $\lim\limits_{(x,y)\to(0,0)}\frac{xy}{\sqrt{x^2+y^2}}$

解 (1) Notebook 环境下的程序代码如下：

```
x=-2*pi:0.1:2*pi;
y=sin(2*x)./x;
plot(x,y);
syms x;                    % 创建符号变量
y=sin(2*x)/x;              % 定义函数
lim0=limit(y,x,0)          % 求极限
```

得到如图 1-3-1 所示的曲线。

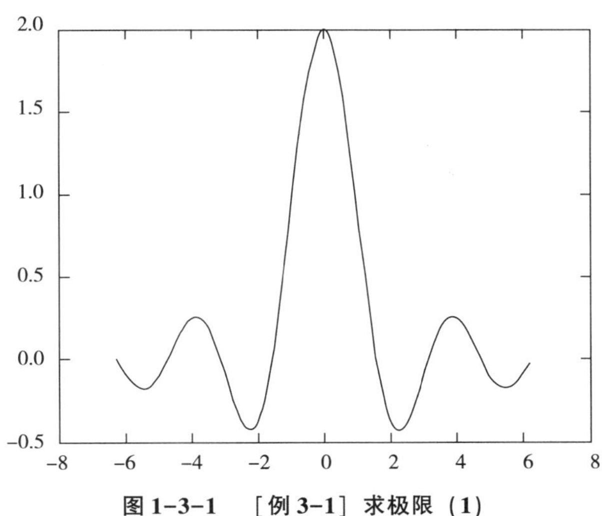

图 1-3-1　［例 3-1］求极限（1）

运行结果如下：

```
lim0=
2
```

由计算结果可知$\lim\limits_{x\to 0}\frac{\sin 2x}{x}=2$，从图形中也可看到当 $x\to 0$，函数 $y=\frac{\sin 2x}{x}$的图形无限接近 2。

（2）Notebook 环境下的程序代码如下：

```
syms x;                         % 创建多个符号变量
f=x*(1+2/x)^x*sin(3/x);
limit(f,x,inf)                  % inf 表示正无穷大
```

运行结果如下：

```
ans=
3*exp(2)
```

（3）Notebook 环境下的程序代码如下：

```
syms x;                         % 创建一个符号
f=log(cot(x))/log(x);
limit(f,x,0,'right')            % 求 x 趋
x=0:0.001:0.3;                  % 在[0,0.
f=log(cot(x))./log(x);          % 定义函数
plot(x,f)                       % 画图
```

运行结果如下，并得到如图 1-3-2 所示的曲线

```
ans=
-1
```

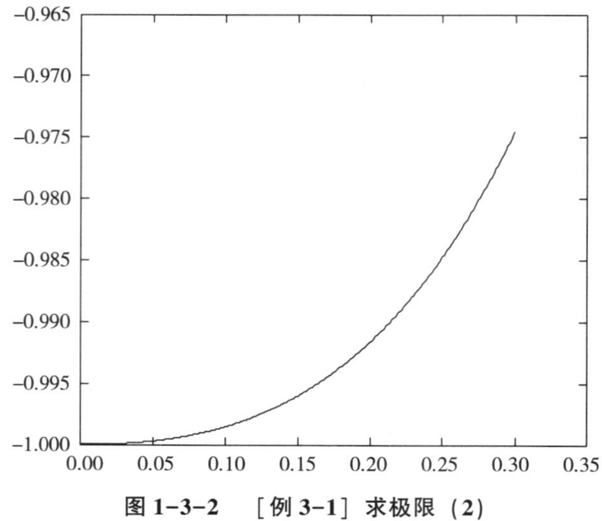

图 1-3-2　[例 3-1] 求极限（2）

利用命令可知$\lim\limits_{x\to 0^+}\dfrac{\ln\cot x}{\ln x}=-1$，由函数的图形可知这个结果是正确的。

（4）Notebook 环境下的程序代码如下：

```
syms x y;                          % 创建多个符号变量
f=(x*y)/sqrt(x^2+y^2);
limit(limit(f,x,0),y,0)            % 求 x→0 y→0 时的极限
```

运行结果如下：

```
ans=
0
```

[例 3-2]　计算：

（1）求 $y=(x^3-5x-8)\cos x$ 的导数 y'、$y^{(2)}$ 和 $y^{(10)}$。

（2）求 $z=x^3y^2-3xy^3-xy+1$ 的二阶偏导数。

（3）已知 $z=x\ln(xy)$，求$\dfrac{\partial z}{\partial x}$、$\dfrac{\partial^2 z}{\partial x^2}$、$\dfrac{\partial^3 z}{\partial x^2\partial y}$。

解　（1）Notebook 环境下的程序代码如下：

```
syms x;                          % 创建一个符号变量
y=cos(x)*(x^3-5*x-8);
y1=diff(y,x)
y2=diff(y,x,2)
0=diff(y,x,10)
```

结果如下：

```
-x^3+5*x+8)+cos(x)*(3*x^2-5)
```

```
cos(x)*(-x^3+5*x+8)+6*x*cos(x)-2*sin(x)*(3*x^2-5)
y10=
720*sin(x)+cos(x)*(-x^3+5*x+8)+270*x*cos(x)-10*sin(x)*(3*x^2-5)
```

(2) Notebook 环境下的程序代码如下：

```
syms x y;                        % 定义多个符号变量
z=x^3*y^2-3*x*y^3-x*y+1;
zxx=diff(diff(z,x),x)            % 先对 x 再对 x 求偏导
zxy=diff(diff(z,x),y)            % 先对 x 再对 y 求偏导
zyx=diff(diff(z,y),x)            % 先对 y 再对 x 求偏导
zyy=diff(diff(z,y),y)            % 先对 y 再对 y 求偏导
```

运行结果如下：

```
zxx=
6*x*y^2
zxy=
6*x^2*y-9*y^2-1
zyx=
6*x^2*y-9*y^2-1
zyy=
2*x^3-18*y*x
```

(3) Notebook 环境下的程序代码如下：

```
syms x y;                        % 定义多个符号变量
z=x*log(x*y);                    % 定义函数
zx=diff(z,x,1)                   % 求对 x 的一阶偏导
zxx=diff(z,x,2)                  % 求对 x 的二阶偏导
zx2y=diff(diff(z,x,2),y,1)       % 求导
```

运行结果如下：

```
zx=
log(x*y)+1
zxx=
1/x
zx2y=
0
```

[例 3-3]　求下列积分：

(1) $\int\cos3x\cos2x\mathrm{d}x$　　(2) $\int_0^{\frac{1}{2}}\arcsin x\mathrm{d}x$　　(3) $\int_1^2\mathrm{d}x\int_{\sqrt{x}}^{x^2}\mathrm{d}y\int_{\sqrt{xy}}^{x^2y}(x^2+y^2+z^2)\mathrm{d}z$

解　(1) Notebook 环境下的程序代码如下：

```
syms x C;                        % 创建符号变量
y=cos(3*x)*cos(2*x);
```

```
yj=int(y,x)+C                          % 求不定积分
```

运行结果如下:

```
yj=
C+sin(5*x)/10+sin(x)/2
```

(2) Notebook 环境下的程序代码如下:

```
syms x;
y=asin(x);
I=int(y,x,0,1/2)
```

运行结果如下:

```
I=
pi/12+3^(1/2)/2-1
```

(3) Notebook 环境下的程序代码如下:

```
syms x y z
F2=int(int(int(x^2+y^2+z^2,z,sqrt(x*y),x^2*y),y,sqrt(x),x^2),x,
1,2)
VF2=vpa(F2)                   % 积分结果用 32 位数字表示
```

运行结果如下:

```
F2=
(14912*2^(1/4))/4641-(6072064*2^(1/2))/348075+(64*2^(3/4))/225+
1610027357/6563700
VF2=
224.92153573331143159790710032805
```

[例 3-4] 计算:

(1) 把 $\cos x$ 在 0 点展开到 7 次。

(2) 将函数 $f(x)=e^x$ 展成 $x-3$ 的 8 次幂级数。

解 (1) Notebook 环境下的程序代码如下:

```
syms x;
y=cos(x);
m7=taylor(y,x,0,'order',8)
```

运行结果如下:

```
m7=
-x^6/720+x^4/24-x^2/2+1
```

(2) Notebook 环境下的程序代码如下:

```
syms x;
y=exp(x);
m8=taylor(y,x,3,'order',9)
```

运行结果如下:

```
m8=
```

```
exp(3)+exp(3)*(x-3)+(exp(3)*(x-3)^2)/2+(exp(3)*(x-3)^3)/6+(exp(3)*(x-3)^4)/24+(exp(3)*(x-3)^5)/120+(exp(3)*(x-3)^6)/720+(exp(3)*(x-3)^7)/5040+(exp(3)*(x-3)^8)/40320
```

[例 3-5] 计算：

(1) 求级数 $1-\frac{1}{2}+\frac{1}{3}-\frac{1}{4}+\cdots+\frac{(-1)^{n+1}}{n}+\cdots$ 的和。

(2) 求级数 $\sum_{n=0}^{\infty}\frac{x^n}{n!}$ 的和函数。

解 (1) Notebook 环境下的程序代码如下：

```
syms n;
un=(-1)^(n+1)/n;                              % 级数的通项
s=symsum(un,n,1,inf)                          % 求级数的和
```

运行结果如下：

```
s=
log(2)
```

(2) Notebook 环境下的程序代码如下：

```
syms n x;
un=x^n /factorial(n);                         % 级数的通项
J=symsum(un,n,0,inf)
```

运行结果如下：

```
J=
exp(x)
```

[例 3-6] 计算：

(1) 求函数 $y=x^3-3x^2-9x+6$ 在 $[-2, 4]$ 上的极值。

(2) 求函数 $f(x, y)=x^3-y^3+3x^2+3y^2-9x+1$ 的极值。

(3) 某公司可通过电台及报纸两种方式销售某种商品，根据统计销售收入 z（万元）与电台广告费 x（万元）及报纸广告费 y（万元）之间的关系为 $z=16x+22y-(x^2+2xy+2y^2)+50$，现投入 10 万元，求最优的广告策略。

解 (1) **[解法 1]** 使用 fminbnd 命令求极值。

Notebook 环境下的程序代码如下：

```
y1=inline('x^3-3*x^2-9*x+6');                         % 定义内联函数
ezplot(y1,[-2,4])                                     % 作图
[xmin,ymin]=fminbnd('x^3-3*x^2-9*x+6',2,4)            % 搜索极小值
y2=inline('-x^3+3*x^2+9*x-6');                        % 定义内联函数
[xmax,y]=fminbnd('-x^3+3*x^2+9*x-6',-1.5,0)
                                             % y2 的极小值也即 y1 的极大值
ymax=-y
```

得到如图 1-3-3 所示的函数图形。

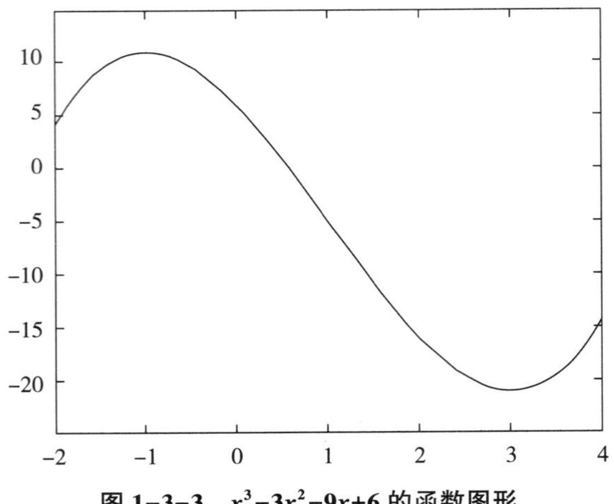

图 1-3-3　x^3-3x^2-9x+6 的函数图形

运行结果如下：

```
xmin=
    3.0000
ymin=
  -21.0000
xmax=
  -1.0000
y=
  -11.0000
ymax=
  11.0000
```

说明：上面的步骤是先画出函数图形，大致了解极值点所在的位置，然后再在极值点附近搜索极值点。

[**解法 2**] 利用极值的充分条件求极值。Notebook 环境下先输入如下程序代码：

```
syms x;
f=x^3-3*x^2-9*x+6;              % 定义函数
fx=diff(f)                      % 求导
x0=solve(fx)                    % 求驻点
fx2=diff(fx)                    % 求函数的二阶导数
fx20=subs(fx2,x,x0)             % 计算 f"(x0),判断是否为极值点
```

得到如下结果：

```
fx=
3*x^2-6*x-9
x0=
   3
  -1
```

```
fx2 =
6*x-6
fx20 =
  12
  -12
```

再输入如下程序代码：

```
fmax=subs(f,x,-1)          % 根据 f"(x0)的符号,判断出-1 为极大值点
fmin=subs(f,x,3)           % 根据 f"(x0)的符号,判断出 3 为极小值点
```

得到如下结果：

```
fmax =
11
fmin =
-21
```

(2) [**解法 1**] 利用 fminsearch 命令求极值。

Notebook 环境下的程序代码如下：

```
[X,Y]=meshgrid(-4:0.5:4,-4:0.5:4);              % 生成作图交叉数据矩阵
f=X.^3-Y.^3+3*X.^2+3*Y.^2-9*X+1;                % 生成函数值
surf(X,Y,f)                                     % 作图
xlabel('x')                                     % 显示坐标轴
ylabel('y')                                     % 显示坐标轴
zlabel('z')                                     % 显示坐标轴
f1='x(1)^3-x(2)^3+3*x(1)^2+3*x(2)^2-9*x(1)+1';  % 搜索最小值
[x1,f1min]=fminsearch(f1,[2,0])
f2='-x(1)^3+x(2)^3-3*x(1)^2-3*x(2)^2+9*x(1)-1';
[x2,f2min]=fminsearch(f2,[-2,4])
fmax=-f2min
```

得到如图 1-3-4 所示的二元函数曲面图。

具体运行结果如下：

```
x1 =
    1.0000    0.0000
f1min =
    -4.0000                  % 在(1,0)处得到极小值为-4
x2 =
    -3.0000    2.0000
f2min =
    -32.0000
fmax =
    32.0000                  % 在(-3,2)处得到极大值为 32
```

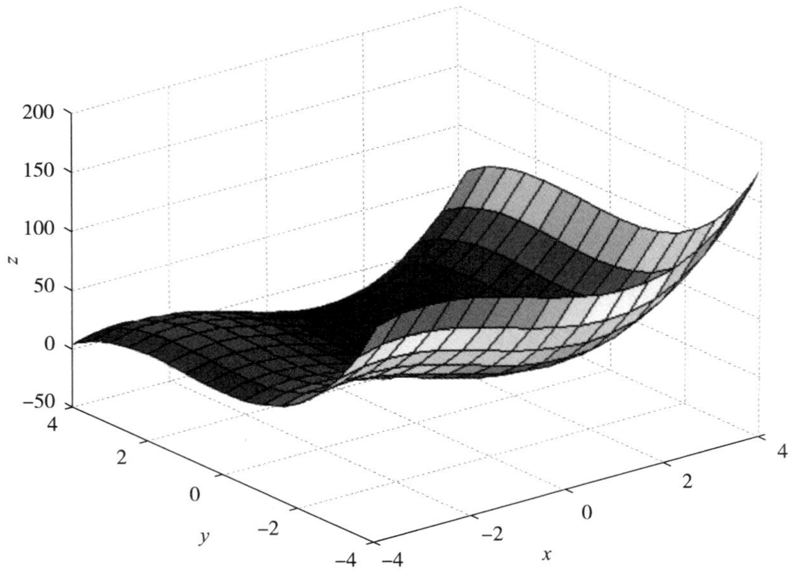

图 1-3-4　二元函数曲面图

［**解法 2**］ 利用极值的充分和必要条件求极值。

Notebook 环境下的程序代码如下：

```
syms x y
z=x^3-y^3+3*x^2+3*y^2-9*x+1;               % 定义函数
s=solve(diff(z,x),diff(z,y));              % 解偏导数为零的方程组
s=eval([s.x,s.y])                          % 求出所有驻点
a=diff(z,x,2);                             % 利用充分条件,求函数的二阶偏导数
b=diff(diff(z,x),y);
c=diff(z,y,2);
p=a*c-b^2;
p=subs(p,{x,y},{s(1:4,1),s(1:4,2)})
% 判断驻点处 ac-b^2 是否大于零,大于零的点为极值点,否则就不是极值点
A=eval(subs(a,{x,y},{s(1:4,1),s(1:4,2)}))       % 求出所有驻点处的 a 值
zmin=subs(z,{x,y},{s(1,1),s(1,2)})              % 求出极小值
zmax=subs(z,{x,y},{s(4,1),s(4,2)})              % 求出极大值
```

运行结果如下：

```
s=
     1     0
    -3     0
     1     2
    -3     2
p=
```

```
    72
   -72
   -72
    72
A=
     12
    -12
     12
    -12
zmin=
-4
zmax=
32
```

(3) 这是一个条件极值问题，是求 $z=16x+22y-(x^2+2xy+2y^2)+50$ 在 $x+y=10$ 条件下的最大值。

构造辅助函数：$L=16x+22y=(x^2+2xy+2y^2)+50+r(x+y-10)$。

Notebook 环境下的程序代码如下：

```
syms x y r
f=16*x+22*y-(x^2+2*x*y+2*y^2)+50;              % 定义函数
L=f+r*(x+y-10);                                % 构造拉格朗日函数
s=solve(diff(L,x),diff(L,y),x+y-10);           % 解方程组
s=double([s.x s.y s.r])                        % 求驻点
fmax=double(subs(f,{x,y},{s(1,1),s(1,2)}))     % 求函数最大值
xmax=s(1,1)                                    % 求最大值点的横坐标
ymax=s(1,2)                                    % 求最大值点的纵坐标
```

运行结果如下：

```
s=
    7    3    4
fmax=
  119
xmax=
    7
ymax=
    3
```

由上面的结果可知，当投入 $x=7$ 万元、$y=3$ 万元时，可得到最优销售收入为 119 万元。

五、实验小结

1. 利用 MATLAB 计算二元函数的极限时，其只有计算功能，没有判断功能，如计算极限 $\lim\limits_{\substack{x\to 0\\ y\to 0}}\frac{xy}{x^2+y^2}$。

由微积分知识易知该函数在（0，0）点无极限，但若不加分析地直接利用 MATLAB 计算会产生收敛且极限为零的错误结果。其在 Notebook 环境下的程序代码如下：

```
syms x y;                          % 创建多个符号变量
f=(x*y)/(x^2+y^2);
limit(limit(f,x,0),y,0)            % 求 x→0, y→0 时的极限
```

运行结果如下：

```
ans=
0
```

2. 利用 MATLAB 计算高阶导数时，只能计算有限阶，不能计算符号阶，如求 $y=\sin x$ 的 n 阶导数 $y^{(n)}$。

其在 Notebook 环境下的程序代码及运行结果如下：

```
syms x n;                          % 创建多个符号对象
y=sin(x);
yn=diff(y,x,n)
??? Error using sym/diff (line 29)
The second or third argument must be a positive integer.
```

这个结果显然是错误的。

3. 利用 MATLAB 计算不定积分时，输出的结果没有加上任意常数 C，需要加入命令时自己要加上，如计算 $\int 2x\mathrm{d}x$。

其在 Notebook 环境下的程序代码及运行结果如下：

```
sym x;
int(2*x,x)
ans=
x^2
```

由上面的结果可以看到计算结果为 x^2，少了任意常数 C，这是错误的。正确的程序代码及运行结果如下：

```
sym x;
y=C+int(2*x,x)
y=
x^2+C
```

4. MATLAB 没有专门提供求函数最大值的命令，可先求出 $-f(x)$ 在区间 $[a, b]$ 上的最小值，当然其负值也是 $f(x)$ 的最大值。

六、练习实验

1. 计算下列极限：

（1）$\lim\limits_{x\to 0}\frac{1-\cos x}{x\sin x}$。　　（2）$\lim\limits_{(x,y)\to(0,0)} e^{-\frac{a}{x^2}}\sin\frac{1}{x^2+y^2}$，其中 a 为某常数。

2. 求下列函数的导数、高阶导数或高阶偏导数：

（1）$y=\frac{1-\cos x}{x\sin x}$，求$\frac{\mathrm{d}y}{\mathrm{d}x}$。　　（2）$z=e^{x^2}\arctan xy$，求$\frac{\partial z}{\partial x}$、$\frac{\partial^3 z}{\partial x^2\partial y}$。

3. 求下列函数的积分：

（1）$\int \csc x\mathrm{d}x$　　（2）$\int_0^{\pi} e^x\sin x\mathrm{d}x$　　（3）$\int_0^{+\infty} e^{-\sqrt{x}}\mathrm{d}x$

4. 计算：

（1）计算 $\iint\limits_D e^{x+y}\mathrm{d}x\mathrm{d}y$，其中 D 是由 $y^2 = x$ 与 $y = x - 2$ 围成的图形。

（2）计算 $\iint\limits_D xy\mathrm{d}x\mathrm{d}y$，其中 $D=\left\{(x,\ y)\mid 1\leqslant x^2+y^2\leqslant 2x,\ y>0\right\}$。

5. 求下列函数在指定点处的泰勒级数，并求其收敛域：

$f(x)=e^x$，$x_0=1$

6. 求下列级数的和：

（1）$\sum\limits_{n=1}^{\infty}\left(\frac{n}{3n+2}\right)^n$　　（2）$\sum\limits_{n=1}^{\infty}\frac{n^3}{3^n}$

7. 求下列函数的极值：

（1）$y=2x^3-6x^2-18x+7$　　（2）$f(x,\ y)=e^{2x}(x+y^2+2y)$

实验四
基于 MATLAB 的方程（组）数值求解

一、实验目的

1. 掌握用 MATLAB 命令求解一元高次方程和解线性方程组的方法。

2. 掌握用 MATLAB 命令求解特征方程及特征向量的计算。通过学习，加深对线性代数知识的理解，并会解决一些简单的实际应用问题。

二、实验原理

总结和归纳以下三类问题：一元高次方程求解；线性方程组的求解；特征方程的求解及特征向量的计算。对上述问题给出常见的 MATLAB 命令及调用格式以及通用计算模板。

（一）一元高次方程求解

求解一元高次方程用到的命令、调用格式及功能如表 1-4-1 所示。

表 1-4-1　求解一元高次方程用到的命令及调用格式

命令	调用格式	功能
solve	solve（Fun，x）	返回一元函数 Fun 的所有符号解或精确解
roots	roots（p）	p 为多项式系数（按降幂排列），返回多项式方程所有复数根

（二）线性方程组的求解

含有 m 个方程，n 个未知量 x_1，x_2，…，x_n 的线性方程组：

$$\begin{cases} a_{11}x_1+a_{12}x_2+\cdots+a_{1n}x_n=b_1 \\ a_{21}x_1+a_{22}x_2+\cdots+a_{2n}x_n=b_2 \\ \qquad\cdots \\ a_{m1}x_1+a_{m2}x_2+\cdots+a_{mn}x_n=b_m \end{cases}$$

可以写为 $AX=b$ 的矩阵形式，其中：

$$A=\begin{pmatrix} a_{11} & a_{12} & \cdots & a_{1n} \\ a_{21} & a_{22} & \cdots & a_{2n} \\ \vdots & \vdots & \ddots & \vdots \\ a_{m1} & a_{m2} & \cdots & a_{mn} \end{pmatrix},\ X=\begin{pmatrix} x_1 \\ x_2 \\ \vdots \\ x_n \end{pmatrix},\ b=\begin{pmatrix} b_1 \\ b_2 \\ \vdots \\ b_m \end{pmatrix}$$

A 为方程组的系数矩阵，X 为未知矩阵，b 为常数列。将系数矩阵 A 与常数矩阵 b 结合在一起构成的矩阵

$$(Ab)=\begin{pmatrix} a_{11} & a_{12} & \cdots & a_{1n} & b_1 \\ a_{21} & a_{22} & \cdots & a_{2n} & b_2 \\ \vdots & \vdots & \ddots & \vdots & \vdots \\ a_{m1} & a_{m2} & \cdots & a_{mn} & b_m \end{pmatrix}$$

称为线性方程组的增广矩阵。

若 $b=0$，则称该方程组为齐次的；若 $b\neq0$，则称该方程组为非齐次的。

线性方程组的解将是下面三种情况之一：无解、有唯一解和有无穷多解。这取决于系数矩阵 A 的秩 $R(A)$ 与增广矩阵（Ab）的秩 $R(Ab)$ 及未知量个数 n 间的关系：

若 $R(A)\neq R(Ab)$，则方程组无解，方程组称为超定方程组。

若 $R(A)=R(Ab)$，则方程组有解。其中，若 $R(A)=R(Ab)=n$（n 为自变量的个数），则方程组有唯一解，方程组称为恰定方程组；若 $R(A)=R(Ab)<n$（n 为自变量的个数），则方程组有无穷多解，方程组称为欠定方程组。

求解非齐次线性方程组的方法有很多，下面仅介绍几种常用的 MATLAB 实现方法。

第一种，矩阵除法。矩阵除法是快速解线性方程组的方法，它会根据系数矩阵 A 的特点自动选定合适的算法求解，然后尽可能给出一个有意义的结果。所用命令为“\”，调用格式如表 1-4-2 所示。

当 A 为方阵时，$A\backslash b$ 结果与 inv(A)＊b 一致。但用除法求解时，无须求矩阵 A 的逆，这样可以保证求解时的计算精度，还能节省大量的计算时间。

当 A 不是方阵时，通过比较 rank(A) 与 rank(Ab) 得出 $AX=b$ 存在唯一解，$A\backslash b$ 将给出这个解。

当 A 不是方阵，$AX=b$ 为欠定方程（方程有无穷多解）时，$A\backslash b$ 将给出具有最多零元素的一个特解。

当 A 不是方阵，$AX=b$ 为超定方程（方程无解）时，$A\backslash b$ 将给出最小二乘意义下的近似解，即使向量 $AX-b$ 的范数达到最小。

第二种，高斯消元法。高斯消元法是用手工计算的方式求解线性方程组时常用的一种方法，基本思路是利用方程之间的加减运算逐行减少变量个数，再进行求解。MATLAB 将高斯消元法的过程封装在了函数 linsolve（）中，利用该函数命令，可求得方程组的一个特解，调用格式如表 1-4-2 所示。

第三种，初等变换法。该方法是将非齐次线性方程组的增广矩阵化为行最简矩阵，再写出该行最简矩阵所对应的方程组，逐步回代，求出方程组的解，而此解与原方程组同解，从而得出原方程组的解，这种方法称为初等变换法。这种方法本质上与高斯消元法一致，它是高斯消元法的矩阵表示，所用命令为 rref（），可方便地求出增广矩阵的行最简

型，从而判断出方程组解的形式，如方程组有解，也可立即求出方程组的通解和特解，调用格式如表 1-4-2 所示。

解方程组是求出其全部解，而非其中的一个或若干个解。上面的前两种方法只是求出了非齐次方程组的一个特解，若方程组有无穷多个解时，仅用上述命令，结果显然有错误。因此需要求出方程组 $AX=b$ 的通解，它等于该方程组所对应的齐次方程组 $AX=0$ 的通解，再加上该非齐次线性方程组的一个特解。特解可利用前两种方法解决。由线性代数知识可知，齐次线性方程组 $AX=0$ 至少有一个零解，若 rank（A）小于未知量个数，则有无穷多组解。利用命令 null（A），可以求出矩阵 A 的零空间（即齐次线性方程 $AX=0$ 的解空间）的一组标准正交基组成的矩阵 B，B 的列向量实际上就是 $AX=0$ 的一组基础解系。命令 null 的调用格式如表 1-4-2 所示。

表 1-4-2　求解线性方程组用到的命令及调用格式

命令	调用格式	功能
\	X=A \ b	应用左除运算计算满足 $AX=b$ 的一个解
inv	X=inv（A）＊b	采用求逆运算计算满足 $AX=b$ 的一个解
rank	rank（A）	返回矩阵 A 的秩
null	null（A）	返回系数矩阵为 A 的齐次线性方程组的基础解系
	null（A，'r'）	系数矩阵为 A 的齐次线性方程组有理形式的基础解系
linsolve	linsolve（A，b）	利用高斯消元法对线性方程组 $AX=b$ 进行求解
rref	rref（[A b]）	用初等变换将增广矩阵（A b）化为行最简型

（三）特征方程的求解及特征向量的计算

设矩阵 A 是 n 阶方阵，求数 λ 和非零向量 α，使 $A\alpha=\lambda\alpha$，则称 λ 是矩阵 A 的特征值、非零向量 α 为矩阵 A 的属于特征值 λ 的特征向量，该问题称为矩阵特征值问题。MATLAB 求解特征值问题的命令是 eig，所用的命令及调用格式和功能如表 1-4-3 所示。

表 1-4-3　求矩阵特征值及特征向量用到的命令及调用格式

命令	调用格式	功能
eig	eig（A）	返回矩阵 A 的所有特征值
eig	[V，D] =eig（A）	返回矩阵 A 的特征列向量矩阵 V 和对应特征值组成的对角阵 D
trace	trace（A）	计算矩阵 A 的迹（A 的所有特征值之和）
poly	poly（A）	返回矩阵 A 的特征多项式系数
orth	B=orth（V）	正交化空间，即矩阵 B 的列向量正交且生成的线性空间与矩阵 V 的列向量生成的线性空间等价

三、实验内容

[例 4-1]　用两种方法求解下列方程

（1）$x^3-3x^2+2x-6=0$　　（2）$x^8-6x^7+8x^6-5x^2=0$

［例 4-2］　解下列方程组，若有无穷多解，请写出通解，若无解，请求出其最小二乘解：

（1）$\begin{cases} x_1 + 2x_2 + x_3 = 3 \\ -2x_1 + x_2 - x_3 = -3 \\ x_1 - 4x_2 + 2x_3 = -5 \end{cases}$

（2）$\begin{cases} x_1 + x_2 - 3x_3 - x_4 = 1 \\ 3x_1 - x_2 - 3x_3 + 4x_4 = 4 \\ x_1 + 5x_2 - 9x_3 - 8x_4 = 0 \end{cases}$

（3）$\begin{cases} 3x_1 + 4x_2 + 5x_3 = 3 \\ 6x_1 + x_2 + 2x_3 = 2 \\ 4x_1 - 5x_2 + 7x_3 = 4 \\ 8x_1 + 2x_2 + 4x_3 = 6 \end{cases}$

［例 4-3］　（1）已知矩阵 $A = \begin{pmatrix} 2 & -4 & 3 & 9 & 2 \\ 21 & 5 & 0 & -3 & 2 \\ 1 & 3 & -2 & 1 & 3 \\ 5 & 9 & -8 & 3 & 3 \\ -7 & 4 & 1 & 2 & 20 \end{pmatrix}$，求矩阵 A 的特征值和迹。

（2）求矩阵 $A=\begin{pmatrix} 1 & -2 & 2 \\ -2 & -2 & 4 \\ 2 & 4 & -2 \end{pmatrix}$的特征值和特征向量及 A 的特征多项式。

（3）已知矩阵 $A = \begin{pmatrix} 1 & 2 & 0 \\ 2 & 2 & 2 \\ 0 & 2 & 3 \end{pmatrix}$，求一个正交矩阵 P，使 $P^{-1}AP=P^tAP=B$ 为对角矩阵。

［例 4-4］　判断下列矩阵是否可以对角化：

（1）$A = \begin{pmatrix} -1 & 1 & 0 \\ -4 & 3 & 0 \\ 1 & 0 & 2 \end{pmatrix}$　　（2）$A = \begin{pmatrix} 1 & -3 & 3 \\ 3 & -5 & 3 \\ 6 & -6 & 4 \end{pmatrix}$

四、实验过程

对上述实验对象给出程序指令、求解结果、结果说明。

［例 4-1］　用两种方法求解下列方程：

（1）$x^3 - 3x^2 + 2x - 6 = 0$　　（2）$x^8 - 6x^7 + 8x^6 - 5x^2 = 0$

解　（1）［**解法 1**］Notebook 环境下的程序代码如下：

```
syms x;
x=solve('x^3-3*x^2++2*x-6=0','x')
```

运行结果如下：

```
x=
      3
 2^(1/2)*i
-2^(1/2)*i
```

[**解法2**] Notebook 环境下的程序代码如下：

```
p=[1-3 2-6];
 x1=roots(p);
```

运行结果如下：

```
x1=
   3.0000+0.0000i
  -0.0000+1.4142i
  -0.0000-1.4142i
```

(2) [**解法1**] Notebook 环境下的程序代码如下：

```
syms x;
f2=x^8-6*x^7+8*x^6-5*x^2;
x=solve(f2,x)
```

运行结果如下：

```
x=
0
0
4.00962585675716371346997939420085
1.77265479936170057090318340979944
1.24533836710290008573016005294485
-0.78288212760175808423558102703331
-0.12236844781000314293387091495899+
0.84057263136843860141728280380209*i
-0.12236844781000314293387091495899
-0.84057263136843860141728280380209*i
```

[**解法2**] Notebook 环境下的程序代码如下：

```
p=[1-6 8 0 0 0-5 0 0];
x2=roots(p)
```

运行结果如下：

```
x2=
 0.0000+0.0000i
 0.0000+0.0000i
 4.0096+0.0000i
 1.7727+0.0000i
```

```
 1.2453+0.0000i
-0.1224+0.8406i
-0.1224-0.8406i
-0.7829+0.0000i
```

[例 4-2] 解下列方程组，若有无穷多解，请写出通解，若无解，请求出其最小二乘解：

(1) $\begin{cases} x_1 + 2x_2 + x_3 = 3 \\ -2x_1 + x_2 - x_3 = -3 \\ x_1 - 4x_2 + 2x_3 = -5 \end{cases}$

(2) $\begin{cases} x_1 + x_2 - 3x_3 - x_4 = 1 \\ 3x_1 - x_2 - 3x_3 + 4x_4 = 4 \\ x_1 + 5x_2 - 9x_3 - 8x_4 = 0 \end{cases}$

(3) $\begin{cases} 3x_1+4x_2+5x_3=3 \\ 6x_1+x_2+2x_3=2 \\ 4x_1-5x_2+7x_3=4 \\ 8x_1+2x_2+4x_3=6 \end{cases}$

[分析] 利用 MATLAB 解线性方程组 $AX=b$ 可按如下步骤进行：

第一步，先计算 rank（A）和 rank（Ab），或利用 rref（Ab），据此可知方程组是否有解；

第二步，根据上面的结果，若方程组无解，利用 $A\backslash b$ 得到最小二乘解；若方程组有唯一解，可利用 $A\backslash b$、inv（A）$*b$ 或 linsolve（A，b）求出其解；若方程组有无穷多解，可利用 null（A）求出所对应的齐次方程组的一组基础解系，再利用 $A\backslash b$、inv（A）$*b$ 或 linsolve（A，b）求出其一个特解即可。

解　(1)［**解法 1**］Notebook 环境下的程序代码如下：

```
A=[1 2 1;-2 1-1;1-4 2];          % 给出系数矩阵 A
b=[3;-3;-5];                     % 给出常数列 b
B=[A,b];                         % 给出增广矩阵 B=[A,b]
RA=rank(A),RB=rank(B)            % 计算系数矩阵和增广矩阵的秩
X=A\b                            % 利用矩阵的除法
```

运行结果如下：

```
RA=
    3
RB=
    3
X=
      3
      1
```

```
    -2
```

由显示结果可知，系数矩阵 A 的秩与增广矩阵 B 的秩相等且等于未知量的个数 3（$RA=RB=3$），故方程组有唯一解，且唯一解为：

$$X=\begin{pmatrix}3\\1\\-2\end{pmatrix}$$

［**解法 2**］ Notebook 环境下的程序代码如下：

```
A=[1 2 1;-2 1-1;1-4 2];            % 给出系数矩阵 A
b=[3;-3;-5];                       % 给出常数列 b
B=[A,b];                           % 给出增广矩阵 B=[A,b]
RA=rank(A),RB=rank(B)              % 计算系数矩阵和增广矩阵的秩
X=linsolve(A,b)                    % 利用高斯消元法
```

运行结果如下：

```
RA=
  3
RB=
  3
X=
     3
     1
    -2
```

［**解法 3**］ Notebook 环境下的程序代码如下：

```
A=[1 2 1;-2 1-1;1-4 2];            % 给出系数矩阵 A
b=[3;-3;-5];                       % 给出常数列 b
B=[A,b];                           % 给出增广矩阵 B=[A,b]
C=rref(B)                          % 求增广矩阵的行最简型
X=A\b
```

运行结果如下：

```
C=
     1   0   0   3
     0   1   0   1
     0   0   1  -2
X=
     3
     1
    -2
```

（2）［**解法 1**］ Notebook 环境下的程序代码如下：

```
A=[1 1-3-1;3-1-3 4;1 5-9-8];      % 给出系数矩阵 A
```

```
b=[1;4;0];                      % 给出常数列 b
B=[A,b];                        % 给出增广矩阵 B=[A,b]
rank(A),rank(B)                 % 计算系数矩阵和增广矩阵的秩
X0=null(A)                      % 求齐次方程组的基础解系
X1=A\b                          % 求非齐次方程组的特解
```

运行结果如下：

```
ans=
    2
ans=
    2
X0=
    0.8308    -0.1937
    0.2534     0.8783
    0.4384     0.0853
    -0.2310    0.4288
Warning: Rank deficient, rank=2, tol=  3.826647e-15.
X1=
         0
         0
   -0.5333
    0.6000
```

由上面的显示结果可知，系数矩阵与增广矩阵的秩相等且小于未知量的个数 4，故方程组有无穷多解且该方程组的通解为：

$$\gamma = k_1\eta_1 + k_2\eta_2 + \gamma_0 = k_1\begin{pmatrix} 0.8308 \\ 0.2534 \\ 0.4384 \\ -0.2310 \end{pmatrix} + k_2\begin{pmatrix} -0.1937 \\ 0.8783 \\ 0.0853 \\ 0.4288 \end{pmatrix} + \begin{pmatrix} 0 \\ 0 \\ -0.5333 \\ 0.6000 \end{pmatrix}$$

其中，k_1、k_2 为任意实数。

[**解法 2**] Notebook 环境下的程序代码如下：

```
A=[1 1-3-1;3-1-3 4;1 5-9-8];    % 给出系数矩阵 A
b=[1;4;0];                      % 给出常数列 b
B=[A,b];                        % 给出增广矩阵 B=[A,b]
rref(B)                         % 得到增广矩阵的行最简形式
X0=null(A,'r')                  % 得到齐次方程组的一个有理形式基础解系
X1=linsolve(A,b)                % 求非齐次方程组的特解
```

运行结果如下：

```
ans=
```

```
     1.0000       0     -1.5000   0.7500    1.2500
          0  1.0000     -1.5000  -1.7500   -0.2500
          0       0           0        0         0
X0 =
     1.5000  -0.7500
     1.5000   1.7500
     1.0000        0
          0   1.0000
Warning: Rank deficient, rank=2, tol=  3.826647e-15.
  X1 =
        0
        0
  -0.5333
   0.6000
```

由增广矩阵的行最简型可知方程组的系数矩阵的秩与增广矩阵的秩相等且小于未知量的个数4，故方程组有无穷多解，且其通解可表示为：

$$\gamma = k_1\eta_1 + k_2\eta_2 + \gamma_0 = k_1\begin{pmatrix}1.50000\\1.50000\\1.0000\\0\end{pmatrix} + k_2\begin{pmatrix}-0.1937\\0.8783\\0.0853\\0.4288\end{pmatrix} + \begin{pmatrix}0\\0\\-0.5333\\0.6000\end{pmatrix}$$

其中，k_1、k_2为任意实数。

[解法3] Notebook环境下的程序代码及运行结果如下：

```
A=[1 1-3-1;3-1-3 4;1 5-9-8];        % 给出系数矩阵 A
b=[1;4;0];                          % 给出常数列 b
B=[A,b];                            % 给出增广矩阵 B=[A,b]
r=[rank(A) rank(B)]                 % 求系数矩阵和增广矩阵的秩
X0=null(sym(A))                     % 得到齐次方程组的一个符号解的基础解系
X1=sym(pinv(A)*b)                   % 得到一个符号化特解
r =
   2    2
X0 =
[ 3/2,-3/4]
[ 3/2,  7/4]
[   1,    0]
[   0,    1]
X1 =
  130/371
  -34/371
```

```
-144/371
157/371
```

由上面的结果知 rank(A)= rank(B)= 2<4，故方程组有无穷多解，且方程组的通解为：

$$\gamma = k_1\eta_1 + k_2\eta_2 + \gamma_0 = k_1\begin{pmatrix}\frac{3}{2}\\ \frac{3}{2}\\ 1\\ 0\end{pmatrix} + k_2\begin{pmatrix}-\frac{3}{4}\\ \frac{7}{4}\\ 0\\ 1\end{pmatrix} + \begin{pmatrix}\frac{130}{371}\\ -\frac{34}{371}\\ -\frac{144}{371}\\ \frac{157}{371}\end{pmatrix}$$

(3) [**解法 1**] Notebook 环境下的程序代码如下：

```
A=[3 4 5;6 1 2;4-5 7;8 2 4];
b=[3; 2; 4; 6];                  % 给出系数矩阵和常数列
r=[rank(A),rank([A,b])]          % 求出系数矩阵和增广矩阵的秩
X=A\b                            % 求解
A*X-b                            % 两个矩阵的秩不同,计算误差
```

运行结果如下：

```
r=
   3    4
X=
   0.4149
   0.0448
   0.3737
ans=
   0.2924
   1.2815
   0.0516
  -1.0966
```

由显示结果可知，系数矩阵与增广矩阵的秩不相等，故该方程组为超定方程组，X=A\b得到的是最小二乘意义下的解，并得到误差。

[**解法 2**]　Notebook 环境下的程序代码如下：

```
A=[3 4 5;6 1 2;4-5 7;8 2 4];
b=[3; 2; 4; 6];             % 给出系数矩阵和常数列
rref([A b])                 % 利用初等变换得到行最简型
X=linsolve(A,b)             % 利用高斯消元法求解
Y=A*X-b                     % 求误差
```

运行结果如下：

```
ans=
     1     0     0     0
     0     1     0     0
     0     0     1     0
     0     0     0     1
X=
    0.4149
    0.0448
    0.3737
Y=
    0.2924
    1.2815
    0.0516
   -1.0966
```

由显示结果可知，rank（A，b）>rank（A），故方程组无解，利用高斯消元法与利用矩阵除法得到的解是一致的。

[例 4-3] （1）已知矩阵 $A=\begin{pmatrix}2&-4&3&9&2\\21&5&0&-3&2\\1&3&-2&1&3\\5&9&-8&3&3\\-7&4&1&2&20\end{pmatrix}$，求矩阵 A 的特征值和迹。

（2）求矩阵 $A=\begin{pmatrix}1&-2&2\\-2&-2&4\\2&4&-2\end{pmatrix}$ 的特征值和特征向量以及 A 的特征多项式。

（3）已知矩阵 $A=\begin{pmatrix}1&2&0\\2&2&2\\0&2&3\end{pmatrix}$，求一个正交矩阵 P，使得 $P^{-1}AP=P'AP=B$ 为对角矩阵。

解 （1）Notebook 环境下的程序代码如下：

```
A=[2-4 3 9 2;21 5 0-3 2;1 3-2 1 3;5 9-8 3 3;-7 4 1 2 20];     % 给出 A
eig(A)                          % 求 A 的特征值
trace(A)                        % 求 A 的迹
```

运行结果如下：

```
ans=
  -2.2983+11.6790i
  -2.2983-11.6790i
  11.7421+0.0000i
  20.7448+0.0000i
```

```
  0.1098+0.0000i
ans=
   28
```

由显示结果可知，矩阵A有五个特征值，它们的和等于A的迹28。

（2）Notebook环境下的程序代码如下：

```
A=[1-2 2;-2-2 4;2 4-2];        % 给出矩阵A
[V,D]=eig(A)                   % 得到特征列向量组成的矩阵V和由特征值组成的对角阵D
Y=poly(A)                      % 得到A的特征多项式
roots(Y)                       % 验证特征值
```

运行结果如下：

```
V=
    0.3333    0.9339   -0.1293
    0.6667   -0.3304   -0.6681
   -0.6667    0.1365   -0.7327
D=
   -7.0000         0         0
         0    2.0000         0
         0         0    2.0000
Y=
    1.0000    3.0000  -24.0000   28.0000
ans=
   -7.0000
    2.0000
    2.0000
```

由显示结果可知，A有−7和2两个特征值，其中2是A的特征多项式的二重根，矩阵V的特征多项式为$y=\lambda^3+3\lambda^2-24\lambda+28$，可以求出$A$的迹为−3，等于三个特征值的和。由线性代数知识可知，三个特征值的乘积为特征多项式的常数项的$(-1)^n$倍，此处$n=3$。

（3）Notebook环境下的程序代码如下：

```
A=[1 2 0;2  2 2;0 2 3 ];       % 给出A
[V,D]=eig(A)                   % 给出特征列向量组成的矩阵和特征值构成的对角阵
P=orth(V)                      % 对特征列向量进行正交化,得到正交矩阵
B=inv(P)*A*P                   % 对角化后的结果是一个对角阵,主对角线上的元素是特征值
P'*P                           % 验证P是正交矩阵
```

运行结果如下：

```
V=
```

```
     0.6667   -0.6667   0.3333
    -0.6667   -0.3333   0.6667
     0.3333    0.6667   0.6667
D=
    -1.0000        0         0
          0   2.0000         0
          0        0    5.0000
P=
    -0.6667   -0.6667   -0.3333
    -0.3333    0.6667   -0.6667
     0.6667   -0.3333   -0.6667
B=
     2.0000   -0.0000   -0.0000
     0.0000   -1.0000    0.0000
    -0.0000    0.0000    5.0000
ans=
     1.0000   -0.0000         0
    -0.0000    1.0000   -0.0000
          0   -0.0000    1.0000
```

由线性代数知识可知，任何实对称矩阵 A 都有与它同阶的正交矩阵 P，使 $P'AP=P^{-1}AP$ 为对角形，且主对角线上的元素为 A 的特征值。

[例 4-4] 判断下列矩阵是否可以对角化：

(1) $A=\begin{pmatrix}-1 & 1 & 0\\ -4 & 3 & 0\\ 1 & 0 & 2\end{pmatrix}$　　　(2) $A=\begin{pmatrix}1 & -3 & 3\\ 3 & -5 & 3\\ 6 & -6 & 4\end{pmatrix}$

[分析] 一个 n 阶方阵可对角化的充要条件是该矩阵有 n 个线性无关的特征向量，因此判断一个矩阵是否可对角化，只需验求出其特征向量是否线性无关即可。

解 (1) Notebook 环境下的程序代码如下：

```
A=[-1 1 0;-4 3 0;1 0 2];
[V,D]=eig(A)
if det(V)==0
disp('该矩阵不可对角化');
else disp('该矩阵可对角化');
end
```

运行结果如下：

```
V=
          0    0.4082    0.4082
          0    0.8165    0.8165
```

```
    1.0000  -0.4082  -0.4082
D=
    2    0    0
    0    1    0
    0    0    1
```

该矩阵不可对角化

由显示结果可知，该矩阵不可对角化，实际上，从矩阵 V 中就可看出，V 的第二个列向量与第三个列向量是相同的，即它们是线性相关的，故 A 不可对角化。

（2）Notebook 环境下的程序代码如下：

```
A=[1-3 3;3-5 3;6-6 4];
[P,D]=eig(A)
if det(P)==0
disp('该矩阵不可对角化');
else disp('该矩阵可对角化'),B=inv(P)*A*P
end
```

运行结果如下：

```
P=
  -0.4082+0.0000i   0.2440-0.4070i   0.2440+0.4070i
  -0.4082+0.0000i  -0.4162-0.4070i  -0.4162+0.4070i
  -0.8165+0.0000i  -0.6602+0.0000i  -0.6602+0.0000i
D=
  4.0000+0.0000i   0.0000+0.0000i   0.0000+0.0000i
  0.0000+0.0000i  -2.0000+0.0000i   0.0000+0.0000i
  0.0000+0.0000i   0.0000+0.0000i  -2.0000-0.0000i
该矩阵可对角化
B=
   4.0000+0.0000i  -0.0000+0.0000i  -0.0000-0.0000i
  -0.0000+0.0000i  -2.0000+0.0000i   0.0000+0.0000i
  -0.0000+0.0000i  -0.0000-0.0000i  -2.0000-0.0000i
```

由显示结果可知，该矩阵有三个线性无关的特征向量（组成了矩阵 P），故可相似对角化，且对角矩阵 $B=P^{-1}AP=D$。

五、实验小结

1. 解方程的两个命令是不同的，solve 是符号解（解析解），返回符号类型；roots 是数值解，返回 double 类型。roots 只能解多项式方程，solve 可解别的方程（只要它解得出的话）和方程组。例如，求解方程 $x^2+2x+3=0$。

使用 solve 在 Notebook 环境下的程序代码及运行结果如下：

```
syms x;
solve('x^2+2*x+3')
ans=
2^(1/2)*i-1
-2^(1/2)*i-1
```

使用 roots 在 Notebook 环境下的程序代码及运行结果如下：

```
roots(1:3)
ans=
-1.0000+1.4142i
-1.0000-1.4142i
```

2. 当线性方程组有唯一解，系数矩阵为方阵时，还可以利用 Cramer 法则，但这种方法存在很大的局限性，且耗时是矩阵除法的数十倍。

六、练习实验

1. 求解下列方程：

（1）$x^3+6x^2-5x+9=0$　　（2）$5x^{23}-6x^7+8x^6-5x^2=0$

2. 求解下列线性方程组，若无解，请求出其最小二乘解，若有无穷多解，请写出其通解：

（1）$\begin{cases}4x_1+2x_2-3x_3=12\\3x_1-x_2+2x_3=10\\7x_1+3x_2=6\end{cases}$　　（2）$\begin{cases}2x_1+x_2-2x_3+x_4=1\\3x_1-2x_2+x_3-3x_4=4\\x_1+3x_2-3x_3+2x_4=-2\end{cases}$

3. 求出下列矩阵的全部特征值和特征向量：

（1）$A=\begin{pmatrix}-1&1&1&1\\1&1&1&1\\1&-1&1&-1\\-1&1&-1&1\end{pmatrix}$　　（2）$A=\begin{pmatrix}3&1&0\\-4&-1&0\\4&-8&-2\end{pmatrix}$

4. 判断下列矩阵是否可以相似对角化，若可相似对角化，求可逆矩阵 P，使 $P^{-1}AP$ 为对角形矩阵。

（1）$A=\begin{pmatrix}1&-3&3\\3&-5&3\\6&-6&4\end{pmatrix}$　　（2）$A=\begin{pmatrix}19&-9&-6\\25&-11&-9\\17&-9&-4\end{pmatrix}$

实验五
基于MATLAB的非线性方程（组）数值求解

一、实验目的

1. 介绍迭代法的思想以及迭代法收敛的充分条件。
2. 掌握求解非线性方程近似解的 MATLAB 命令。
3. 学会二分法、迭代法、牛顿法、弦截法等方法的编程计算。

二、实验原理

（一）方程的概念

科学和工程计算中的许多问题常归结为求解方程：

$$f(x)=0 \tag{5-1}$$

当函数 $f(x)$ 是 n 次多项式时，称方程（5-1）为 n 次代数方程。当 $n=1$ 时，称方程（5-1）为线性方程。若 $f(x)$ 中包含三角函数、指数函数等超越函数时，称方程（5-1）为超越方程。超越方程和 n（$n \geqslant 2$）次代数方程统称为非线性方程。

若存在 x^* 使 $f(x^*)=0$，则称 x^* 为方程（5-1）的根，或为 $f(x)$ 的零点。

（二）求解方程根的 MATLAB 命令

1. 方程（组）符号解的 MATLAB 命令

求方程（组）符号解的命令调用格式功能描述如表 1-5-1 所示。

表 1-5-1　solve 命令的调用格式及功能描述

命令	功能
x=solve（F，x）	输出一元方程 F 所有符号解或精确解
[x1，x2，…，xn] =solve（F1，F2，…，Fn，x1，x2，…，xn）	输出方程组的所有符号解或精确解

注：此命令的缺点是不能求出周期函数 $f(x)$ 对应的方程 $f(x)=0$ 的全部根。

2. 方程（组）数值解的 MATLAB 命令

求方程（组）数值解的命令调用格式及功能描述如表 1-5-2 所示。

表 1-5-2　求方程（组）数值解的命令调用格式及功能描述

命令	功能
x=fzero（f，x0）	输出一元函数 f 在 x_0 附近的一个零点
x=fzero（f，[a，b]）	输出一元函数 f 在［a，b］中的一个零点，要求 f（a）$*f$（b）<0
[x，ff，h] =fsolve（f，x0）	这个命令使用的是最小二乘法。输出：x 为一元函数或多元函数 f 在 x_0 附近的一个零点；ff 为对应的函数值；h 返回值大于零说明结果可靠，否则不可靠

3. 求解多项式方程（组）的 MATLAB 命令

求解多项式方程（组）的命令调用格式及功能描述如表 1-5-3 所示。

表 1-5-3　root 命令的调用格式及功能描述

命令	功能
x=roots（fa）	输入：fa 为多项式系数（按降幂排列）；输出多项式方程所有的根

（三）迭代法思想

迭代法是求解方程根基本且重要的方法。将已知的方程 $f(x)=0$ 改写为：

$$x=\phi(x)\quad(\phi(x)\text{ 称为迭代函数})\tag{5-2}$$

的形式，选择合适的初始值 x_0，代入式（5-2）右端，得到 $x_1=\phi(x_0)$，再将 x_1 代入式（5-2）右端得到 $x_2=\phi(x_1)$，如此反复迭代，得到迭代公式：

$$x_{k+1}=\phi(x_k)\ (k=0,\ 1,\ 2,\ \cdots)\tag{5-3}$$

由此得到迭代序列 x_0，x_1，…，x_k，…，若迭代序列 $\{x_k\}$ 收敛到 x^*（即 $\lim\limits_{k\to\infty}x_k=x^*$），则称迭代过程（5-3）收敛，其中 x^* 为原方程 $f(x)=0$ 的根。一般情况下，迭代有限次就可得到具有一定精度的近似根，这种求方程根的方法称为迭代法。

（四）Newton（牛顿）法

牛顿法的迭代函数为 $\phi(x)=x-\dfrac{f(x)}{f'(x)}$，其迭代公式为：

$$x_{k+1}=x_k-\frac{f(x_k)}{f'(x_k)}(k=0,\ 1,\ 2,\ \cdots)\tag{5-4}$$

修正牛顿迭代公式为：

$$x_{k+1}=x_k-\frac{u(x_k)}{u'(x_k)},\ \text{其中 } u(x_k)=\frac{f(x_k)}{f'(x_k)}(k=0,\ 1,\ 2,\ \cdots)\tag{5-5}$$

带参数的牛顿迭代公式为：

$$x_{k+1}=x_k-m\frac{f(x_k)}{f'(x_k)}(k=0,\ 1,\ 2,\ \cdots)\tag{5-6}$$

其中，m 为根的重数。

（五）弦截法

弦截法的迭代公式为：

$$x_{k+1}=x_k-\frac{f(x_k)}{f(x_k)-f(x_{k-1})}(x_k-x_{k-1}),\ (k=1,\ 2,\ \cdots) \tag{5-7}$$

注意，利用弦截法时必须先给出两个初值 x_0、x_1。

三、实验内容

［例 5-1］ 求二次方程 $ax^2+bx+c=0$ 的根。

［例 5-2］ 解下列方程：

（1）$\cos(\sin(x^3))=0$　（2）$x^5-2x^3+1=0$

［例 5-3］ 求下列方程组的根：

（1）$\begin{cases}x_1+2x_2-2x_3=1\\x_1+x_2+x_3=1\\2x_1+2x_2+x_3=1\end{cases}$　（2）$\begin{cases}x^2+4xy+z=0\\3yz+x=3\\z^2+5\sin z-y=0\end{cases}$　（3）$\begin{cases}x^3-y^4=0\\e^{-x}-y=0\end{cases}$

［例 5-4］ 利用图示法判断方程 $x^4=2^x$ 在闭区间 $[-1.5,\ 1.5]$ 上有几个根，且用二分法求出根的近似值。

［例 5-5］ 利用一般迭代法求方程 $f(x)=x^3-x-1=0$ 在 $x_0=1.5$ 附近的根 x^*。

［例 5-6］ 利用一般迭代法求 $x^4=2^x$ 在 $x_0=0.5$ 附近的根 x^*。

［例 5-7］ 用牛顿法求 $x^4=2^x$ 在 $x_0=0.5$ 附近的根 x^*。

［例 5-8］ 判断 $x^*=0$ 是方程 $e^{2x}-1=2x(1+x)$ 的几重根，并在 $[0,\ 1]$ 上用牛顿法、带参数的牛顿法及修正的牛顿法求此根的近似值，并进行比较。

［例 5-9］ 利用弦截法求 $x^4=2^x$ 在 $x_0=0.5$ 附近的根 x^*。

四、实验过程

［例 5-1］ 求二次方程 $ax^2+bx+c=0$ 的根。

解　Notebook 环境下的程序代码如下：

```
syms x a b c                  % 定义符号变量
f=sym('a*x^2+b*x+c=0');      % 定义符号方程
x=solve(f,x)
```

运行结果如下：

```
x=
 -(b+(b^2-4*a*c)^(1/2))/(2*a)
      -(b-(b^2-4*a*c)^(1/2))/(2*a)
```

很明显得到的是我们熟知的一元二次方程的求根公式。

[例5-2] 解下列方程：

(1) $\cos(\sin(x^3))=0$　　　　(2) $x^5-2x^3+1=0$

解　(1) Notebook 环境下的程序代码如下：

```
x1=solve('cos(sin(x^3))=0','x')
y1=double(x1) % 将上面得到的精确解取近似值
```

运行结果如下：

```
x1=
                                          asin(pi/2)^(1/3)
                                      (pi-asin(pi/2))^(1/3)
                     asin(pi/2)^(1/3)*((3^(1/2)*i)/2-1/2)
                    -asin(pi/2)^(1/3)*((3^(1/2)*i)/2+1/2)
                ((3^(1/2)*i)/2-1/2)*(pi-asin(pi/2))^(1/3)
           -((3^(1/2)*i)/2+1/2)*(pi-asin(pi/2))^(1/3)
y1=
                     1.2103-0.2358i
                     1.2103+0.2358i
                    -0.4009+1.1660i
                    -0.8094-0.9302i
                    -0.8094+0.9302i
                    -0.4009-1.1660i
```

(2) **[解法1]** Notebook 环境下的程序代码如下：

```
x2=solve('x^5-2*x^3+1=0','x')
y2=double(x2)
```

运行结果如下：

```
x2=
                              1
          1.178724176105221792565668718459 9
         -1.5128763968640948137699088322082
        -0.33292388962056348939787994312586+
         0.67076907653960551126690374170425*i
        -0.33292388962056348939787994312586+
         0.67076907653960551126690374170425*i
y2=
                     1.0000+0.0000i
```

```
1.1787+0.0000i
-1.5129+0.0000i
-0.3329-0.6708i
-0.3329+0.6708i
```

［解法 2］ Notebook 环境下的程序代码如下：

```
fa=[1,0,-2,0,0,1];
x3=roots(fa)
```

运行结果如下：

```
x3=
        -1.5129+0.0000i
         1.1787+0.0000i
         1.0000+0.0000i
        -0.3329+0.6708i
        -0.3329-0.6708i
```

［例 5-3］　求下列方程组的根：

(1) $\begin{cases} x_1 + 2x_2 - 2x_3 = 1 \\ x_1 + x_2 + x_3 = 1 \\ 2x_1 + 2x_2 + x_3 = 1 \end{cases}$　　(2) $\begin{cases} x^2 + 4xy + z = 0 \\ 3yz + x = 3 \\ z^2 + 5\sin z - y = 0 \end{cases}$　　(3) $\begin{cases} x^3 - y^3 = 0 \\ e^{-x} - y = 0 \end{cases}$

解　(1) Notebook 环境下的程序代码如下：

```
f1=sym('x1+2*x2-2*x3=1');
f2=sym('x1+x2+x3=1');
f3=sym('2*x1+2*x2+x3=1');
[x1,x2,x3]=solve(f1,f2,f3)
```

运行结果如下：

```
x1=-3
x2=3
x3=1
```

(2) Notebook 环境下的程序代码如下：

```
f1=sym('x^2+4*x*y+z=0');
f2=sym('3*y*z+x=3');
f3=sym('z^2+5*sin(z)-y=0');
[x,y,z]=solve(f1,f2,f3)
x1=double(x)
y1=double(y)
z1=double(z)
```

运行结果如下：

```
x=
```

```
    2.72357707875027650619895858 05873
y=
    -0.66823751738808258767593643769512
z=
    -0.13788656181720556936532298380376
x1=
        2.7236
y1=
        -0.6682
z1=
        -0.1379
```

(3) 步骤一：先画图，确定方程组解的位置。

输入如下程序代码：

```
clear
h=ezplot('x^3-y^4=0');
set(h, 'Color', 'm');
grid on
hold on
h1=ezplot('exp(-x)=y');
set(h1, 'Color', 'b');
```

得到图 1-5-1。

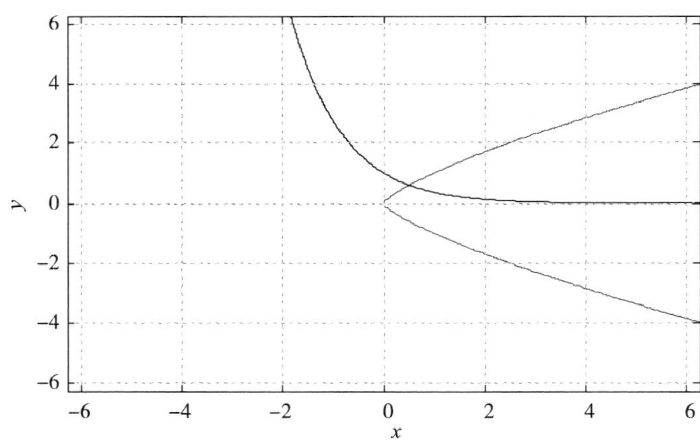

图 1-5-1　方程组根的位置图

从图 1-5-1 中可以看出两曲线的交点在（1，1）附近，那我们可以取初值为（1，1）。

步骤二：定义 Fun. m 文件，把函数和变量都写成向量的形式。

```
function [ F ]=Fun( X)
        x=X(1);
        y=X(2);
```

```
        F(1)=x^3-y^4;
        F(2)=exp(-x)-y;
end
```

步骤三：求解方程组。

输入如下程序代码：

```
X0=[1,1];
[X,ff,h]=fsolve('Fun',X0)
```

运行结果如下：

```
Equation solved.
fsolve completed because the vector of function values is near zero
as measured by the default value of the function tolerance, and
the problem appears regular as measured by the gradient.
X=
    0.5080    0.6017
ff=
  1.0e-09*0.3386    0.071
h=1
```

注意：求解非线性方程 $f(x)=0$ 根的近似值时，首先需要判断方程有没有根、有几个根。如果有根，需要搜索根所在的区间或确定根的初始近似值。搜索根的近似位置常用的方法为作图法、根的搜索法等；其次是精确化近似解。

［例 5-4］ 利用图示法判断方程 $x^4=2^x$ 在闭区间 $[-1.5,\ 1.5]$ 上有几个根，且用二分法求出根的近似值。

解 步骤一：作图确定初值。

画出 $y=f(x)$ 的图，曲线 $y=f(x)$ 与横轴交点就是方程 $f(x)=0$ 的根 x^*，根据 x^* 的大概位置确定有根区间或者近似解的初值。或者把 $y=f(x)$ 改写为 $g(x)=\phi(x)$ 的形式，画出 $y=g(x)$ 和 $y=\phi(x)$ 的曲线，两曲线的交点的横坐标就是 $f(x)=0$ 的根 x^*。

［解法 1］ 画出曲线 $y=x^4$ 和 $y=2^x$，找它们的交点。

输入程序代码：

```
x=-1.5:0.01:1.5;
y1=x.^4;
y2=2.^x;
plot(x,y1,x,y2)
grid on
title('y=x^4 与 y=2^x 的图形')
```

得到图 1-5-2。

从图 1-5-2 中可以看出两曲线的交点有两个，即在 $[-1.5,\ 1.5]$ 内有方程 $x^4=2^x$ 的两个根。

［解法 2］ 画出 $y=x^4-2^x$ 的曲线，找出它与 $y=0$ 的交点。

输入程序代码：

```
y3=x.^4-2.^x;
plot(x,y3)
grid on
title('y=x^4-2^x 的图形')
```

得到图 1-5-3。

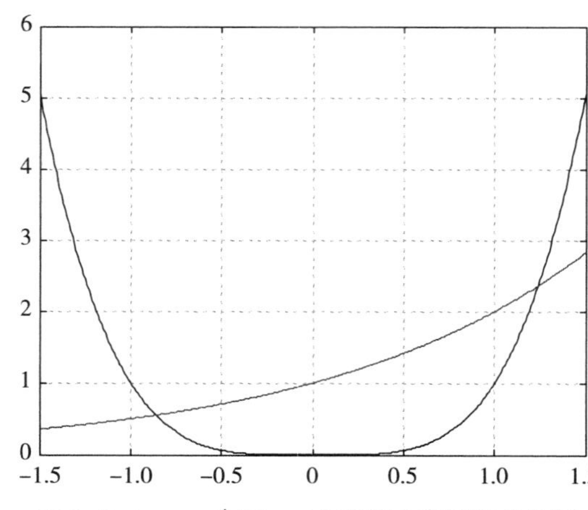

图 1-5-2　$y=x^4$ 与 $y=2^x$ 确定方程根的位置图

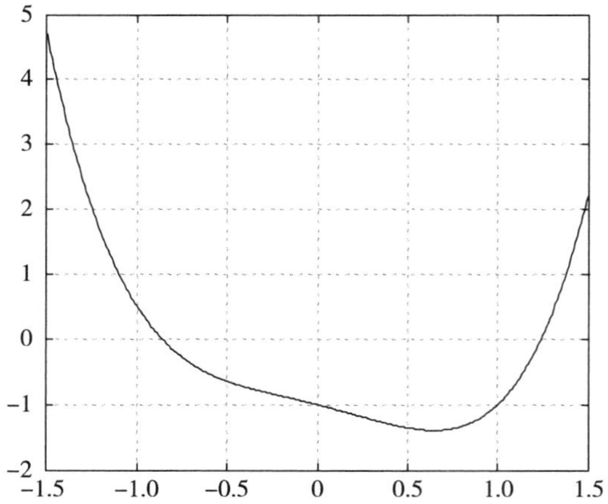

图 1-5-3　$y=x^4-2^x$ 的图形

从图 1-5-3 中可以看出，曲线 $y=x^4-2^x$ 与 $y=0$（x 轴）有两个交点，即方程 $x^4-2^x=0$ 在 $[-1.5, 1.5]$ 内有两个根。

步骤二：建立二分法程序。

求解方程 $f(x)=0$ 在开区间 (a, b) 内的一个根的前提条件是 $f(x)$ 在闭区间 $[a, b]$ 上连续且 $f(a)\cdot f(b) < 0$。

下面是二分法建立 M 文件 EFmethod.m 的程序：

```
function [ x,k ]=EFmethod( a,b,c )
% 这是二分法的程序
% 输入的量:a、b 分别为区间的端点,c 为预先给定的误差限;
% 输出的量:x 为根 x* 的近似值,即方程 f(x)=0 的近似值;k 为二分次数;
fa=Fun(a);
fb=Fun(b);
if fa*fb>0
    disp('fa*fb>0,请重新确定区间'),return
end
maxk=-1+ceil((log(b-a)-log(c))/log(2));% 估计满足预先给定误差的二分
次数
for k=1:maxk+1
     x=(a+b)/2;
     fx=Fun1(x);
```

```
      if fx==0
              a=x;b=x;
      else if fx*fx>0
                      b=x;fb=fx;
            else
                      a=x;fa=fx;
            end
            if b-a<c,return
            end
             end
     k=k+1;
end
end
```

步骤三：建立 M 文件 Fun. m（功能是求$f(x)$ 的值）。

```
function [ fx]=Fun(x )
fx=x^4-2^x;
end
```

步骤四：用二分法求 $x=-1.5$ 和 $x=1.5$ 附近的近似根。

输入程序代码：

```
[x1,k1]=EFmethod(-1.5,0,0.0001)
[x2,k2]=EFmethod(0,1.5,0.0001)
```

运行后得到结果：

```
x1=-0.8614    k1=14
x2=1.2397     k2=14
```

利用二分法我们就得到了在［-1.5，1.5］内有方程 $x^4=2^x$ 的两个根 $x_1=-0.8614$、$x_2=1.2397$，迭代次数 14 次。

但是当输入这样的命令：

```
EFmethod(-1,1.5,0.0001)
```

则会得到这样的结果：

```
fa*fb>0,请重新输入区间端点
```

这是因为 f（-1）＊f（1.5）>0，不满足二分法的前提条件。

注意：虽然在［-1.5，1.5］内有方程的两个根，但是因为不满足二分法的$f(a)\cdot f(b)<0$ 的条件，所以也不能求出根的近似值。因此，当出现“fa＊fb>0，请重新输入区间端点”这样的结果时，我们不能判别在这个区间内是否有根。

［例 5-5］ 利用一般迭代法求方程$f(x)=x^3-x-1=0$ 在 $x_0=1.5$ 附近的根 x^*。

解 步骤一：建立迭代法的 M 文件 DDmethod. m。

```
function [ x,k,wuc ]=DDmethod( x0,c,maxk )
% 这是迭代法的程序
```

```
% 输入的量:x0 为初始值,c 为预先设定的精度,maxk 为最大迭代次数
% 输出的量:x 为近似解,k 为迭代次数,wuc 为近似解的绝对误差
for k=1:maxk
    x=Fun3(x0);
    wuc=abs(x-x0);
    if wuc<c
        return;
    end
    x0=x;
    k=k+1;
end
if k>maxk
    disp('超出最大迭代次数')
    k=k-1;
end
end
```

步骤二：作出函数 $f(x)=x^3-x-1$ 的图形，给出迭代初始值 x_0。

输入程序代码：

```
x=0:0.01:2;
y=x.^3-x-1;
plot(x,y)
grid on
title('y=x^3-x-1 的图形')
```

得到图 1-5-4。

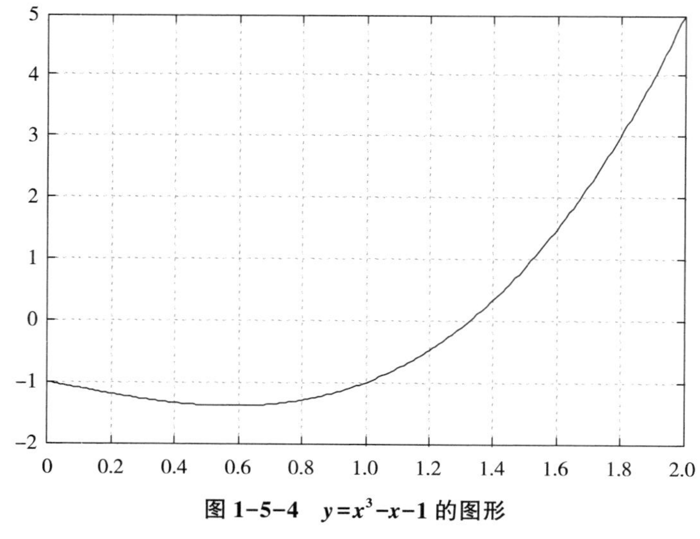

图 1-5-4　$y=x^3-x-1$ 的图形

从图 1-5-4 中可以看出根在［1.2，1.4］范围内。

步骤三：［**解法 1**］利用第一种迭代函数 $\phi(x)=\sqrt[3]{1+x}$ 求方程的近似解。

输入程序代码：

```
function [ fx ]=Fun( x )
fx=(x+1)^(1./3);
end
[x1,k1,wuc1]=DDmethod(1.5,0.0001,30)
```

运行后得到结果：

```
x1=1.3247    k1=6    wuc1=3.4066e-05
```

可以看出，迭代 6 次之后得到了近似解 $x_1=1.3247$，这和图形中的根是吻合的。

［**解法 2**］利用第二种迭代函数 $\phi(x)=x^3-1$ 求方程的近似解。

输入程序代码：

```
function [ fx ]=Fun(x )
fx=x^3-1;
end
[x2,k2,wuc2]=DDmethod(1.5,0.0001,15)
```

运行后得到结果：

```
x=
    2.3750
x=
    12.3965
x=
    1.9040e+03
x=
    6.9024e+09
x=
    3.2886e+29
x=
    3.5565e+88
x=
    4.4986e+265
x=
    Inf
x=
    Inf
x=
    Inf
x=
```

```
    Inf
x=
    Inf
x=
    Inf
x=
    Inf
x=
    Inf
迭代次数超过给定的最大值：
x2=
      Inf
k2=
      15
wuc2=
      NaN
```

从结果来看，用第二种迭代函数 $\phi(x)=x^3-1$ 时，这个迭代序列是发散的，不能计算出方程根的近似解。

注意：对于同一个方程来说，选择不同的迭代函数有不同的迭代结果，可能收敛，可能发散，所以在用迭代法之前先要判断迭代法的收敛性（见下面的定理）。除此之外，迭代法的收敛性还和初值的选择有关，应尽量选择方程根附近的初值。

定理（迭代法收敛的充分条件） 设函数 $\phi(x)$ 在闭区间 $[a, b]$ 上可导，且对于任意 $x\in[a, b]$ 时 $a\leqslant\phi(x)\leqslant b$，若存在正数 $L<1$，使对任意的初值 $x\in[a, b]$ 有：

$$|\phi'(x)|\leqslant L$$

则

(1) 方程 $x=\phi(x)$ 在 $[a, b]$ 上有唯一解 x^*；

(2) 对于任意的初始值 $x_0\in[a, b]$，迭代公式 $x_{k+1}=\phi(x_k)(k=0, 1, 2, \cdots)$ 产生的迭代序列 $\{x_k\}$ 收敛到 x^*。

[例 5-6] 用一般迭代法求 $x^4=2^x$ 在 $x_0=0.5$ 附近的根 x^*。

解 **[解法 1]** 利用第一种迭代函数 $\phi(x)=\sqrt[4]{2^x}$ 求方程 $x^4=2^x$ 的近似解。

输入程序代码：

```
    function[ fx]=Fun(x)
            fx=(2^x)^(1/4);
    end
[x,k,wuc]=DDmethod(-0.5,0.0001,20)
```

运行后得到结果：

```
x=1.2396     k=8     wuc=2.4027e-05
```

与［例 5-4］的结果比较，在精度相同的情况下，二分法计算次数为 14 次，而迭代法只用了 8 次，说明迭代法的收敛速度比二分法快。

用另外的初值代入计算：

```
[x,k,wuc]=DDmethod(-10,0.001,20)
```

得到的结果是：

```
x=1.2395     k=7     wuc=3.4076e-04
```

我们选择了不同的初值，但都只能求出 $x=1.2395$ 这个近似解，而得不到 $x=0.8614$ 这个近似解。

[解法 2] 利用第二种迭代函数 $\phi(x)=\log_2^{x^4}$ 求方程 $x^4=2^x$ 的近似解。

输入程序代码：

```
function [ fx ]=Fun( x )
        fx=log2(x^4);
end
[x,k,wuc]=DDmethod(-0.5,0.0001,30)
```

运行后得到结果：

```
x=16.0000     k=15     wuc=4.3081e-05
```

从结果来看，得到的近似解是 $x=16.0000$，并不是［-1.5，1.5］之间的那两个根，那究竟它是不是方程 $x^4=2^x$ 的根呢？我们从图形上来观察一下。

输入程序代码：

```
x=-2:0.1:18;y=x.^4-2.^x;
plot(x,y)
grid on
title('y=x^4-2^x 在[-2,18]上的图形')
```

得到图 1-5-5。

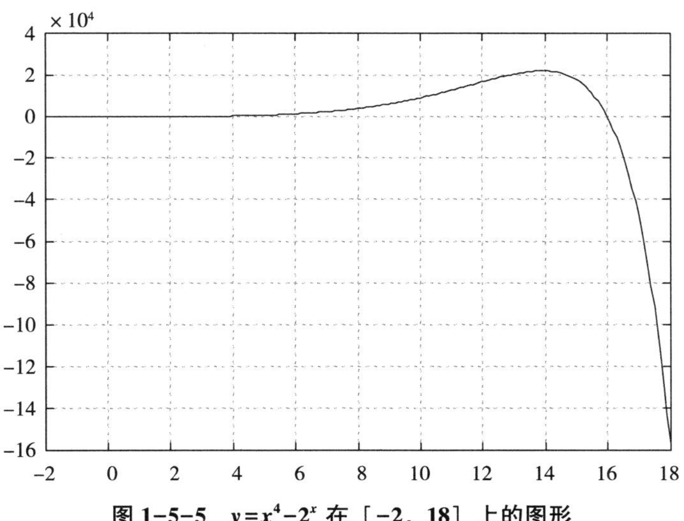

图 1-5-5　$y=x^4-2^x$ 在［-2，18］上的图形

当我们选择第二种迭代公式时，虽然初值取的是 $x=-0.5$，但却得到了离 $x_0=-0.5$ 很远的 $x=16$ 这个近似解。从图 1-5-5 中可以看出 $x=16$ 的确是方程 $x^4=2^x$ 的根。从这个例子可以看出，迭代法和它的迭代函数的选择是有很大关系的。

[例 5-7] 用牛顿法求 $x^4=2^x$ 在 $x_0=0.5$ 附近的根 x^*。

[分析] 为保证牛顿法的收敛性和收敛速度，首先要用作图法画出函数 $f(x)$ 的图形，确定根的位置，并取初值 x_0 满足条件 $|x_0-x^*|<1$；其次要判别 $|\phi'(x_0)|=\left|\frac{f(x_0)f''(x_0)}{(f'(x_0))^2}\right|<1$。若以上两个条件都满足，一般情况下牛顿法都收敛到方程的根 x^*。

解 步骤一：建立牛顿法的 M 文件 NDmethod. m。

```
function [ x,k,wuc]=NDmethod(x0,c,maxk)
% 这是牛顿迭代法的程序
% 输入输出的参数含义同 DDmethod.m 中的参数
for k=1:maxk
    x=x0-Fun(x0)/dFun(x0);
    wuc=abs(x-x0);
    xdwuc=wuc/abs(x);
    if (wuc<c) |(xdwuc<c)
        return;
    end
    x0=x;
    k=k+1;
end
if k>maxk
    disp('超出最大迭代次数')
    k=k-1;
end
end
```

步骤二：建立函数 $f(x)=x^4-2^x$ 的 M 文件。

```
function [ fx]=Fun(x )
        fx=x^4-2^x;
end
```

步骤三：建立函数 $f(x)=x^4-2^x$ 的导数的 M 文件。

```
function [ fx ]=dFun(x)
        fx=4*x^3-2^x*log(2);
end
```

步骤四：求解。

输入程序代码：

```
[x,k,wuc]=NDmethod(-0.5,0.0001,20)
```

运行后得到结果：

```
x=-0.8613    k=6    wuc=2.7982e-08
```

输入程序代码：

```
[x,k,wuc]=NDmethod(1,0.0001,20)
```

运行后得到结果：

```
x=1.2396    k=5    wuc=8.5444e-07
```

选取不同的初值，得到了在 [-1.5, 1.5] 内有方程 $x^4 = 2^x$ 的两个根 $x_1=-0.8613$、$x_2=1.2396$。比较［例 5-4］［例 5-6］的结果发现，牛顿法的收敛速度更快，收敛精度更高。

注意：当 x^* 是方程 $f(x)=0$ 的单根时牛顿法收敛速度很快，但若 x^* 是二重根时，牛顿法的收敛速度很慢，且重数越高收敛越慢。所以对于方程的重根，应选择修正的牛顿法。

［例 5-8］　判断 $x^*=0$ 是方程 $e^{2x}-1=2x(1+x)$ 的几重根，并在［0, 1］上用牛顿法、带参数的牛顿法及修正的牛顿法求此根的近似值，并进行比较。

解　当方程根的重数未知时，利用修正牛顿迭代公式（5-5）修正牛顿迭代法的 M 文件，建立 XZNDmethod. m：

```
function [ x,k,wuc ]=XZNDmethod( x0,c,maxk )
% 这是未知根的重数的修正牛顿迭代法的程序
% 输入的量:x0 为初值,c 为预先给定的精度,maxk 为最大迭代次数
% 输出的量:x 为方程近似解,k 是迭代次数,wuc 是 x 的绝对误差
for k=1:maxk
    u=Fun7(x0)/dFun7(x0);
    du=1-Fun7(x0)*ddFun7(x0)/(dFun7(x0))^2;
    x=x0-u/du;
    wuc=abs(x-x0);
    xdwuc=wuc/abs(x);
    if (wuc<c)|(xdwuc<c)
        return;
    end
    x0=x;
    k=k+1;
end
if k>maxk
    disp('超过最大的迭代次数')
    k=k-1;
end
end
```

当已知方程根的重数时，利用带参数牛顿迭代法的迭代公式（5-6）修正带参数的牛

顿法程序，建立 XZNDmethod1.m：

```
function [ x,k,wuc ]=XZNDmethod1( x0,m,c,maxk )
% 这是已知根的重数的带参数的牛顿迭代法
% 输入的量:x0 为初值,m 为根的重数,c 为预先给定的精度,maxk 为最大迭代次数
% 输出的量:x 为方程近似解,k 是迭代次数,wuc 是 x 的绝对误差
for k=1:maxk
     x=x0-m*Fun7(x0)/dFun7(x0);
     wuc=abs(x-x0);
     xdwuc=wuc/abs(x);
     if (wuc<c) |(xdwuc<c)
          return;
     end
     x0=x;
     k=k+1;
end
if k>maxk
     disp('超过最大迭代次数')
     k=k-1;
end
end
```

估计方程根的重数时，用估计方程根的重数的牛顿迭代法程序，建立 NDGmethod.m：

```
function [ x,k,m,wuc ]=NDGmethod( x0,c,maxk )
% 这个程序可以一边迭代一边估计方程根的重数
% 输入的量:x0 为初值,c 为预先给定的精度,maxk 为最大迭代次数
% 输出的量:x 为方程近似解,k 是迭代次数,
% m 是方程根的重数,wuc 是 x 的绝对误差
x1=x0-Fun7(x0)/dFun7(x0);
for k=2:maxk
     x=x1-Fun7(x1)/dFun7(x1);
     wuc=abs(x-x1);
     xdwuc=wuc/abs(x);
     if (wuc<c) |(xdwuc<c)
          return;
     end
     % bet=(x-x1)/(x1-x0);
     % m=1/(1-bet);
     m=(x1-x0)/(2*x1-x0-x);
     [x wuc m]
```

```
        x0=x1;
        x1=x;
        k=k+1;
end
if k>maxk
        disp('超出最大迭代次数')
        k=k-1;
end
```

步骤一：用作图法确定根所在的位置。

Notebook 环境下的程序代码如下：

```
x=-3:0.01:3;
y=exp(2.*x)-2.*x.^2-2.*x-1;
plot(x,y)
grid on
title('y=exp(2*x)-2*x^2-2*x-1 的图形')
```

得到图 1-5-6。

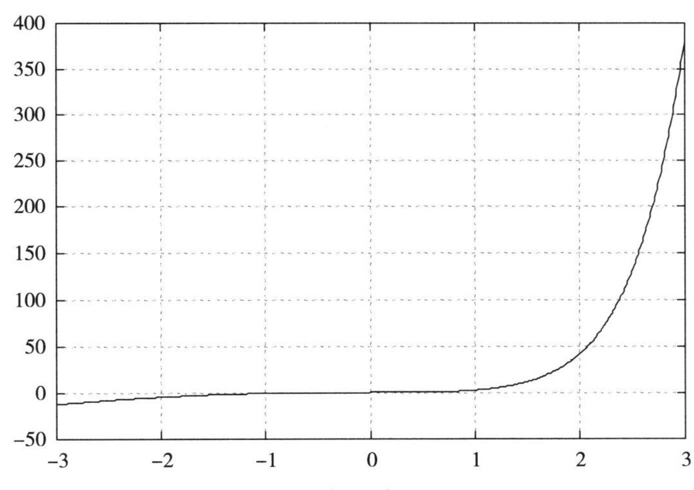

图 1-5-6　$y=e^{2x}-2x^2-2x-1$ 的图形

步骤二：运行牛顿迭代法估计根的重数。

输入程序代码：

```
[x,k,m,wuc]=NDGmethod(1,0.0001,30)
```

输出结果：

k	x	wuc	m
2.0000	0.5170	0.2108	4.4347
3.0000	0.3605	0.1566	3.8886
4.0000	0.2479	0.1126	3.5612
5.0000	0.1688	0.0791	3.3599

```
    6.0000    0.1141    0.0546    3.2335
    7.0000    0.0768    0.0373    3.1527
    8.0000    0.0515    0.0253    3.1005
    9.0000    0.0345    0.0170    3.0664
   10.0000    0.0231    0.0114    3.0440
   11.0000    0.0154    0.0077    3.0292
   12.0000    0.0103    0.0051    3.0194
   13.0000    0.0069    0.0034    3.0129
   14.0000    0.0046    0.0023    3.0086
   15.0000    0.0031    0.0015    3.0057
   16.0000    0.0020    0.0010    3.0038
   17.0000    0.0014    0.0007    3.0025
   18.0000    0.0009    0.0005    3.0017
   19.0000    0.0006    0.0003    3.0011
   20.0000    0.0004    0.0002    3.0008
   21.0000    0.0003    0.0001    3.0005
x=1.7885e-04   k=22   m=3.0005   wuc=8.9421e-05
```

从结果可以看出，迭代次数22次，根的重数是3，显然牛顿迭代法在这个时候迭代的速度很慢。

步骤三：运行已知根重数的带参数的牛顿迭代法。

输入程序代码：

```
[x,k,wuc]=XZNDmethod1(1,3,0.0001,30)
```

输出结果：

```
x=1.5321e-08    k=4    wuc=5.4915e-06
```

非常明显，这次迭代只用了4次，迭代速度显著提高，而且精度也很高。

步骤四：运行未知根重数的修正牛顿迭代法。

输入程序代码：

```
[x,k,wuc]=XZNDmethod(1,0.0001,30)
```

输出结果：

```
x=2.0218e-07    k=4    wuc=2.9797e-05
```

从上述三种方法的结果看，牛顿法在计算重根的时候收敛速度很慢，迭代了22次，而用带参数的牛顿法和修正牛顿迭代法计算重根的时候收敛速度很快，只迭代4次就得到了精度比牛顿法更好的结果。

牛顿法突出的优点是收敛速度快，但是它公式中含有导数，当 $f(x)$ 比较复杂时，使用起来不方便，为了避免计算导数值，现引入弦截法。

[例5-9] 利用弦截法求 $x^4 = 2^x$ 在 $x_0 = 0.5$ 附近的根 x^*。

解 利用弦截法建立XJmethod.m文件：

```
function [ x2,k,wuc ]=XJmethod(x0,c,maxk)
```

```
x1=Fun1(x0);
for k=1:maxk
    x2=x1-Fun(x1)*(x1-x0)/(Fun(x1)-Fun(x0));
    wuc=abs(x2-x1);
    xdwuc=wuc/abs(x2);
    if (wuc<c)|(xdwuc<c)
        return;
    end
    x0=x1;
    x1=x2;
    k=k+1;
end
if k>maxk
    disp('超过最大迭代次数')
    k=k-1;
end
end
```

Notebook 环境下输入程序代码：

```
[x,k,wuc]=XJmethod(-0.5,0.0001,20)
```

得到输出结果：

```
x=-0.8613   k=6    wuc=1.5711e-05
```

输入程序代码：

```
[x,k,wuc]=XJmethod(1.6,0.0001,20)
```

得到输出结果：

```
x=1.2396    k=7    wuc=8.4597e-05
```

从［例5-7］和［例5-9］的结果可以看出，弦截法和牛顿法的收敛速度相当，但是弦截法省去了计算导数的麻烦。

五、实验小结

1. 二分法的优点是对函数的要求低（只要求函数$f(x)$满足零点定理），方法简单可靠，事先估计迭代次数容易，收敛速度恒定；缺点是不能求出方程的偶重根，收敛速度较慢。

2. 牛顿法在求方程单根时收敛速度很快，求重根时收敛速度较慢，带参数牛顿迭代法和修正的牛顿迭代法则弥补了这一缺点，不但收敛速度非常快，而且精度也很高。

3. 就迭代法来说，迭代函数的选择影响迭代法的收敛性，所以要选择满足收敛充分条件的迭代函数。

4. 初值的选取对迭代法的收敛性影响很大，所以要选择离根x^*很近的初值。

六、练习实验

1. 用三种 MATLAB 命令求解方程 $9x^{11}-12x^{8}+x^{5}-3x^{2}-12=0$。

2. 求方程 $x-\sin x-\ln x=1$ 的两个实根。

3. 求方程组 $\begin{cases}7\sin x+2\cos y=10x\\7\cos x-2\sin y=10y\end{cases}$ 的一个实根，初始点取（0.5，0.5）。

4. 用二分法、迭代法和弦截法求方程 $e^{x}\sin x=4$ 的近似根，并和牛顿法的结果作比较。

5. 用牛顿法求方程 $e^{x}\sin x=4$ 的近似根，初值分别取 $x_0=-1$、$x_0=0$、$x_0=1$、$x_0=2$、$x_0=5.5$、$x_0=8$，运行后分析迭代的收敛性，比较输出近似解和迭代次数，深刻理解初值的选取对收敛性和收敛速度的影响。

6. 判断 $x^{*}=\sqrt{2}$ 是方程 $f(x)=x^{4}-4x^{2}+4=0$ 的几重根，并用牛顿法、带参数的牛顿法及修正的牛顿法求此根的近似值，使其精确到 10^{-4}，并对结果进行比较。

实验六
基于 MATLAB 的数据插值与曲线拟合

一、实验目的

1. 理解插值的基本原理，学会常用算法的设计及程序实现，掌握用 MATLAB 插值命令，实现插值。

2. 理解曲线拟合的基本原理，掌握最小二乘法，学会运用相关的 MATLAB 曲线拟合命令及编程计算。

3. 学会运用 MATLAB 曲线拟合工具箱。

4. 了解人工神经网络的原理，重点理解 BP 神经网络和 RBF 神经网络，学会运用神经网络工具箱进行非线性曲线拟合。

二、实验原理

（一）数据插值原理

已知一组数据 $(x_i, y_i)(i=0, 1, 2, \cdots, n)$，插值问题就是构造一个相对简单的函数 $y=p(x)$，使

$$y_i = p(x_i)(i=0, 1, 2, \cdots, n)$$

即求曲线 $y=p(x)$ 使其通过这 $n+1$ 个点，再用 $y=p(x)$ 计算所求点 $x_i^*(i=0, 1, 2, \cdots, m)$ 处的插值 $y_i^*=p(x_i^*)(i=0, 1, 2, \cdots, m)$。

一般地，插值法分为拉格朗日插值、牛顿插值、埃尔米特插值、三次样条插值、分段低次插值等。

（二）曲线拟合问题

已知一组实验数据 $(x_i, y_i)(i=0, 1, 2, \cdots, n)$，要从中寻找自变量 x 和因变量 y 之间的函数关系 $y=f(x)$，使在给定点 x_i 处的误差

$$\delta_i = f(x_i) - y_i(i=0, 1, 2, \cdots, n)$$

按某种标准最小，这个过程称为曲线拟合。通常会采用最小二乘法，即使误差的平方和最小：

$$\min \sum_{i=0}^{n} \delta_i^2 = \min \sum_{i=0}^{n} (f(x_i) - y_i)^2$$

（三）一维插值的 MATLAB 命令

一维插值 MATLAB 命令的调用格式及功能描述如表 1-6-1 所示。

表 1-6-1 一维插值 MATLAB 命令的调用格式及功能描述

命令	功能
YI=interp1（X，Y，XI，'method'）	一维多项式插值函数
YI=spline（X，[df0，Y，dfn]，XI）	输入端点约束条件的三次样条插值函数
YI=spline（X，Y，XI）	不输入端点约束条件的三次样条插值函数
pp=spline（X，Y）	返回由向量 X 与 Y 确定的分段样条多项式的系数矩阵 pp，可用于 ppval（）、unmkpp（）

其中：

（1）X = （x_0，x_1，…，x_n），Y = （y_0，y_1，…，y_n）是已知数据横纵坐标构成的向量；XI = （x_0^*，x_1^*，…，x_m^*），YI = （y_0^*，y_1^*，…，y_m^*）是所求点横纵坐标构成的向量。

（2）'method'表示采用的插值方法，MATLAB 提供的插值方法包括：①'linear'表示分段线性插值；②'spline'表示分段三次样条插值；③'cubic'表示分段三次插值；④'nearest'表示最邻近插值；⑤'pchip'表示分段三次 Hermite 插值。'method'缺省时为线性插值。

（3）df0、dfn 分别表示在 x_0 和 x_n 处的一阶导数值。

注意：上面所涉及的插值命令都是内插方法，都要求 X 单调，即 $x_0<x_1<\cdots<x_n$，并且 $x_i^* \in [x_0, x_n]$（$i=0, 1, 2, \cdots, m$）。若是 x_i^*（$i=0, 1, 2, \cdots, m$）中含有区间 $[x_0, x_n]$ 外的点，则采用下面的命令：

```
YI=interp1(X,Y,XI,'method','extrap')
```

这个命令的功能是对于 $[x_0, x_n]$ 外的点 x_i^* 执行外插算法。

（四）二维插值 MATLAB 命令

二维插值在图像处理和数据可视化方面有着非常重要的应用。

MATLAB 还提供高维插值函数 interpN（），其中 $N=2, 3, \cdots$。$N=2$，以二维插值为例，其调用格式为：

```
ZI=interp2(X,Y,Z,XI,YI,'method')
```

其中：

（1）X=（x_0，x_1，…，x_{n_1}），Y=（y_0，y_1，…，y），Z 是 $n_2 \times n_1$ 的矩阵；XI=（x_0^*，x_1^*，…，$x_{m_1}^*$），YI=（y_0^*，y_1^*，…，$y_{m_2}^*$），ZI 是 $m_2 \times m_1$ 的矩阵。

（2）'MATLAB'表示采用的插值方法，MATLAB 提供的插值方法包括：①'linear'表示双线性插值；②'spline'表示二元样条插值；③'cubic'表示双三次插值；④'nearest'表示二元最邻近插值。'method'缺省时为双线性插值。

注意：（1）在用 interp2 这个函数之前，必须利用数据点（X，Y）用网格化命令：

```
[X,Y]=meshgrid(X,Y)
```

将 X、Y 化为二元网格坐标；

（2）interp2（）这个命令也是数据内插值且要求数据点（X，Y）的元素是单调的，即 $x_0 < x_1 < \cdots < x_n$，$y_0 < y_1 < \cdots < y_n$；

（3）如果数据点是非单调的，则要用 griddata（）函数，作用是对二维随机数据点的插值，其调用格式为：

```
ZI=griddata(X,Y,Z,XI,YI,'method')
```

'method'表示采用的插值方法，可用的插值方法有：'linear'表示基于三角形的线性插值；'cubic'表示基于三角形的三次插值；'nearest'表示最邻近插值法；'v4'。

（五）曲线拟合命令

设有一组数据 $(x_i, y_i)(i=1, 2, \cdots, n)$，且已知该组数据满足某一函数原型 $y(X)=f(a, X)$，其中 a 为待定系数向量。曲线拟合 MATLAB 命令的调用格式及功能描述如表 1-6-2 所示。

表 1-6-2　曲线拟合 MATLAB 命令的调用格式及功能描述

命令	功能
pp=polyfit（X，Y，m）	多项式拟合函数，返回拟合多项式的系数向量
YI=polyval（pp，XI）	计算多项式 pp 在 XI 的值，与 polyfit 配合使用
a=lsqcurvefit（Fun，a0，X，Y）	非线性最小二乘拟合，返回该拟合函数的参数向量 a
a=lsqnonlin（Fun1，a0）	

其中：

（1）$X=(x_0, x_1, \cdots, x_n)$，$Y=(y_0, y_1, \cdots, y_n)$ 是已知数据横纵坐标构成的向量；$XI=(x_0^*, x_1^*, \cdots, x_m^*)$，$YI=(y_0^*, y_1^*, \cdots, y_m^*)$ 是所求点横纵坐标构成的向量；

（2）m 为拟合多项式的次数，输出参数 pp 为拟合多项式 $y = a_0x^m + a_1x^{m-1} + \cdots + a_{m-1}x + a_m$ 的系数向量，pp $=(a_0, a_1, \cdots, a_m)$；

（3）Fun 为拟合函数的 MATLAB 表示，Fun1 $=f(a, X)-Y$，a_0 是 a 的近似值，作为迭代的初值。

（六）曲线拟合工具箱

1. 曲线拟合工具箱简介

MATLAB 的曲线拟合工具箱（Curve Fitting Tool）界面是一个可视化的图形界面，具有强大的图形拟合功能：

（1）对数据进行输入、查看、平滑分析等预处理；

（2）可用 MATLAB 内部库函数或用户自定义的方程对参变量进行多项式、指数、有理数等形式的数据拟合，还可以使用样条法等插值方法对非参变量进行数据拟合；

（3）用残差和置信区间可视化估计拟合结果的优劣。

2. 启动曲线拟合工具箱的方式

（1）通过 cftool 命令启动曲线拟合工具箱；

（2）通过 Matlab 菜单—>apps—>图标 curve fitting。

3. 曲线拟合工具箱的界面简介

图 1-6-1 是曲线拟合工具箱的界面，包含以下几个部分：

（1）数据对话框，可以输入数据，如图 1-6-2 所示。

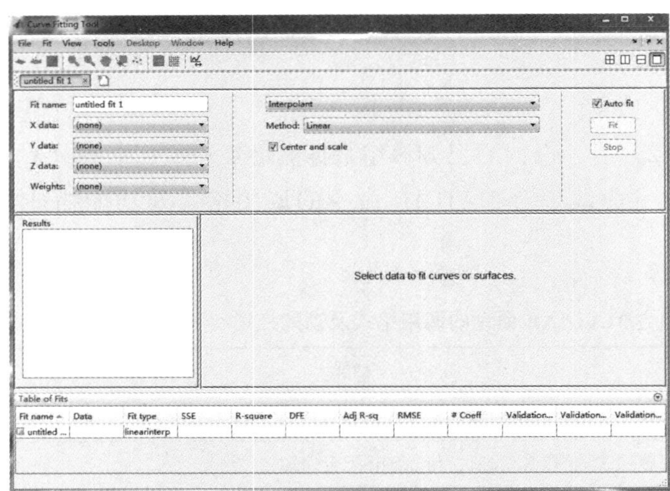

图 1-6-1　曲线拟合工具箱界面

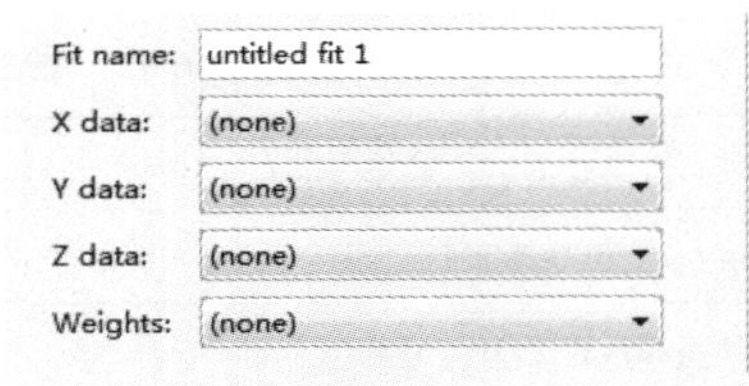

图 1-6-2　数据对话框

（2）曲线拟合类型对话框（见图 1-6-3），设置拟合函数形式。

图 1-6-3　曲线拟合类型对话框

曲线拟合工具箱提供的拟合方式有：

Custom Equations 代表用户自定义函数类型；

Exponential 代表指数逼近，有两种类型，分别为 ae^{bx}、$ae^{bx}+ce^{dx}$；

Fourier 代表傅里叶逼近，有七种类型，基础型为 $a_0+a_1\cos(wx)+b_1\sin(wx)$；

Guassian 代表高斯逼近，有八种类型，基础型为 $a_1 e^{-(\frac{x-b_1}{c_1})^2}$；

Interpolant 代表插值逼近，有四种类型，为 linear、nearest 、cubic spline、shape-preserving；

Polynomial 代表多项式逼近，有九种类型，从一次多项式到九次多项式；

Power 代表幂逼近，有两种类型，分别为 ax^b、ax^b+c；

Rational 代表有理数逼近，分子、分母可以是一次多项式到五次多项式，分子还包括常数；

Smoothing Spline 代表平滑样条逼近；

Sum of Sine 代表正弦逼近，有八种类型，基础型为 $a_1\sin(b_1x+c_1)$；

Weibull 代表只有一种类型，为 $abx^{b-1}e^{-ax^b}$。

（3）图形对话框（见图 1-6-4），显示数据散点图及拟合函数的图形。

（4）Results 对话框（见图 1-6-5），显示拟合函数的表达式、拟合参数及评价拟合曲线优劣的各种指标值。

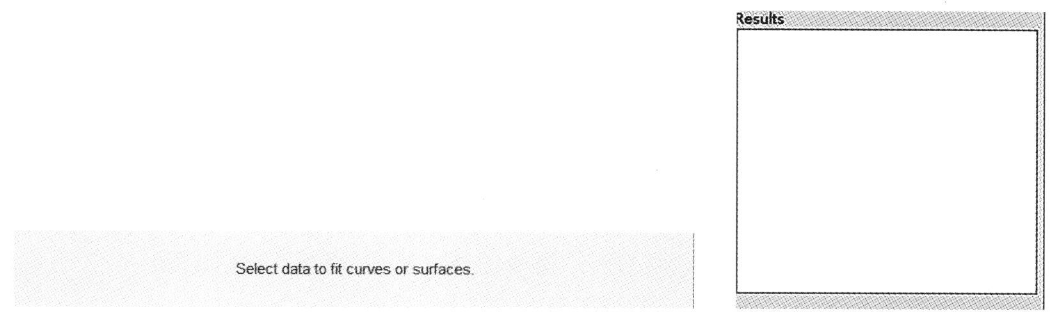

图 1-6-4　图形对话框　　**图 1-6-5　结果对话框**

（5）Table of Fits 对话框（见图 1-6-6），显示各种拟合曲线的相关信息，有利于比较各种方式的优劣。

Table of Fits

Fit name	Data	Fit type	SSE	R-square	DFE	Adj R-sq	RMSE	# Coeff	Validation...	Validation...	Validation...
untitled ...		linearinterp									

图 1-6-6　Table of Fits 对话框

（七）BP 神经网络和神经网络简介

1. BP 神经网络简介

人工神经网络是一种模仿生物神经网络行为特征，进行分布式并行信息处理的一种数学模型，具有很强的自适应、自学习功能。BP（Back Propagation）神经网络是一种按照误差逆向传播算法训练的多层前馈网络，是目前应用较广泛的神经网络模型。这种神经网络包含有输入层、输出层、隐含层，隐含层可以是一层或多层，隐含层每层上的神经元称为节点（见图 1-6-7）。BP 网络的神经元采用的传递函数通常是 Sigmoid 型函数，所以可以实现输入和输出间的任意非线性映射，这使 BP 神经网络在函数逼近、模式识别、信息分类及数据压缩等领域有着广泛的应用。这里主要讨论基于 BP 神经网络的曲线拟合。

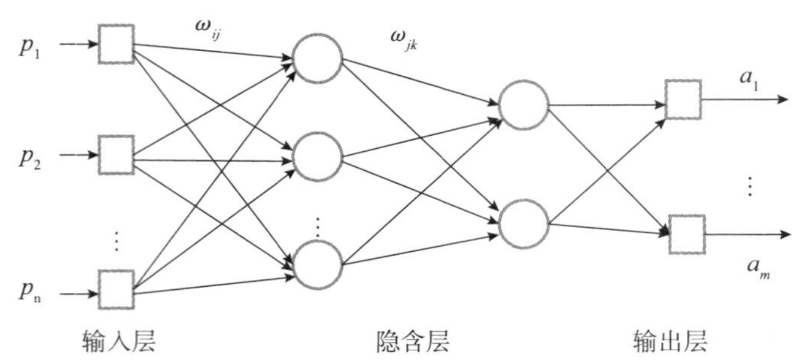

图 1-6-7　BP 神经网络拓扑结构

图 1-6-7 中，p_1，p_2，…，p_n 是 BP 神经网络的输入值；a_1，…，a_m 是 BP 神经网络的预测值；ω_{ij} 、ω_{jk} 为 BP 神经网络的权值。

2. 基于 BP 神经网络的函数拟合算法流程

基于 BP 神经网络的函数拟合算法流程包括批量输入学习样本并对输入和输出量进行归一化处理、BP 神经网络构建、BP 神经网络训练及 BP 神经网络预测。

3. BP 神经网络的常用函数

MATLAB 神经网络工具箱中包含了许多用于 BP 网络分析与设计的函数，这里只给出与曲线拟合相关的函数。BP 神经网络常用命令的调用格式及功能描述如表 1-6-3 所示。

表 1-6-3　BP 神经网络常用命令的调用格式及功能描述

调用格式	功能描述
net=newff（P，T，S，TF，BTF，BLF）	构建一个 BP 神经网络
[Y，PS] =mapminmax（X）	数据归一化函数
Y=mapminmax（'apply'，X，PS）	测试数据归一化
Y=mapminmax（'reveres'，X，PS）	网络预测数据反归一化
[net，tr] =train（NET，X，T）	BP 神经网络训练函数
y=sim（net，x）	用训练好的 BP 神经网络预测函数输出

其中，P 代表输入数据矩阵；T 代表输出数据矩阵；S 代表隐含层可以是单层或多层，所以 S 是不同隐含层包含的节点数向量；TF 代表节点传递函数；BTF 代表训练函数；BLF 代表网络学习函数；X 代表输入数据矩阵；Y 代表归一化后的数据；PS 代表数据归一化后得到的结构体，其包含了数据最大值、最小值和平均值等信息；NET 代表待训练网络；T 代表输出数据矩阵；net 代表训练好的网络；tr 代表训练过程记录；x 代表输入数据；y 代表网络预测数据。

（八）RBF 神经网络简介

1. RBF 神经网络简介

径向基函数（RBF）神经网络是一种三层前向网络，由感知单元组成的输入层、计算节点的隐含层和计算节点的输出层组成。其基本思想是用径向基函数作为隐单元的“基”构成隐藏层空间，隐含层对输入矢量进行变换，将低维的模式输入数据变换到高维空间。RBF 神经网络结构简单、训练简洁且学习收敛速度快，能够逼近任意非线性函数，因此它已被广泛用于曲线拟合、模式识别、非线性控制及图形处理等领域。这里主要讨论基于 RBF 神经网络的曲线拟合问题。

2. RBF 神经网络的常用函数

RBF 神经网络常用命令的调用格式及功能描述如表 1-6-4 所示。

表 1-6-4　RBF 神经网络常用命令的调用格式及功能描述

调用格式	功能描述
net=newrb（P，T，goal，spread，MN，DF）	创建一个 RBF 网络
net=newrbe（P，T，spread）	创建一个准确的 RBF 网络
A=radbas（N） Info=radbas（code）	径向基传递函数

其中，P 代表 Q 组输入向量组成的 R＊Q 维矩阵；T 代表 Q 组目标分类向量组成的 S＊Q 维矩阵；goal 代表径向基函数的扩展速度，默认为 1；spread 代表传播的径向基函数，默认为 1；MN 代表神经元的最大数目，默认为 1；DF 代表两次显示之间所添加的神经元数目，默认为 25；N 代表输入列向量的 S＊Q 维矩阵；A 代表函数返回矩阵，即 N 中的每个元素通过径向基函数得到 A；Info 代表根据 code 值的不同返回有关函数的不同信息，包括 code=derive 时返回导函数的名称，code=name 时返回函数的全称，code=output 时返回输入范围，code=active 时返回可用于输入范围。

（九）神经网络工具箱

1. 神经网络工具箱简介

MATLAB 中的神经网络工具箱（Neural Network Toolbox）以人工神经网络理论为基础，提供可视化的图形用户界面，从而使用户在图形界面上，通过与计算机的交互操作设计和仿真神经网络。

2. 神经网络工具箱界面简介

在命令窗口（Commond Window）中输入 nntool 命令，启动神经网络工具箱。图 1-6-8 是神经网络工具箱的可视化界面，即 Neural Network/Data Manager 窗口。

在 Neural Network/Data Manager 窗口中有七个显示区域，分别为：

（1）输入数据区（Input Data），存放输入变量，包括训练样本和测试样本；

（2）目标数据区（Target Data），存放目标变量，即与输入的训练样本相对应的期望输出；

（3）输入延迟状态区（Input Delay States），存放表示输入延迟的变量；

（4）网络区（Networks），存放用户定义的网络；

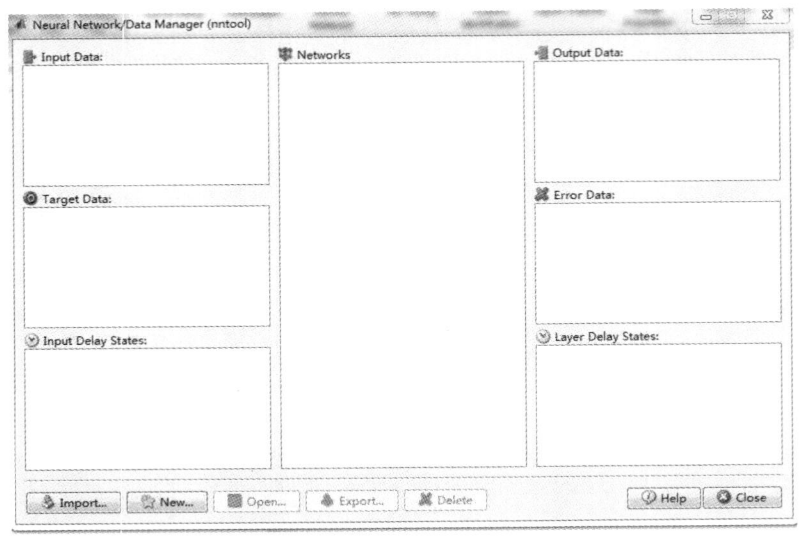

图 1-6-8　神经网络工具箱可视化界面

（5）输出数据区（Output Data），存放输出数据，及测试仿真时的实际输出；

（6）误差数据区（Error Data），存放误差数据，误差数据=目标数据-实际输出数据；

（7）层延迟状态区（Layer Delay States），存放表示网络层延迟的变量。

3. 神经网络拟合工具箱

神经网络工具箱提供了拟合工具，可解决数据拟合问题，即神经网络拟合工具（Neural Net Fitting）。神经网络拟合工具可用来收集数据，建立和训练网络，并用均方误差和回归分析来评价网络拟合的效果。工具箱采用前向神经网络来完成数据拟合，包括两层神经元，隐藏层使用 ssigmoid 传输函数，输出层则是线性的。在 MATLAB 命令窗口中输入 nftool，即可启动神经网络拟合工具对话框（Neural Network Fitting Tool），如图 1-6-9 所示。

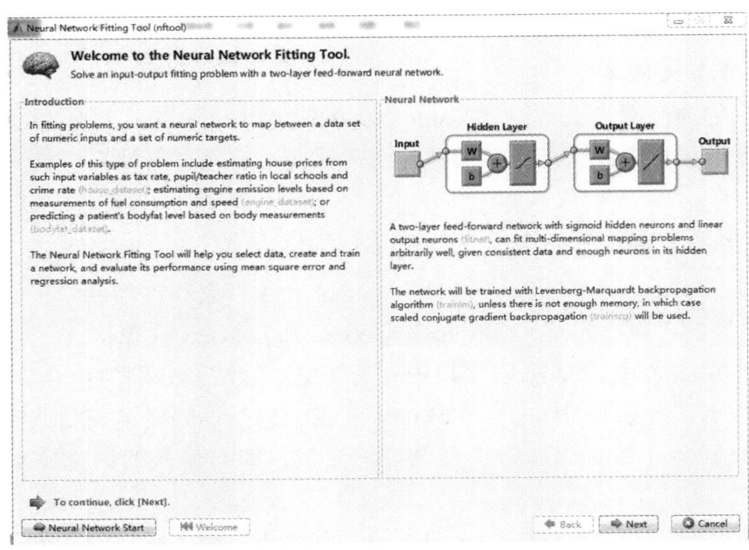

图 1-6-9　神经网络拟合工具箱可视化界面

三、实验内容

［例 6-1］ 一年中哪一天白天最长（应用拉格朗日插值法）。

［例 6-2］ 机动车刹车问题。

［例 6-3］ 已知函数 $z=(\sin x\sin y)e^{-x^2-y^2}$ 在某些点处的函数值，利用这些值对整个函数曲面进行各种插值，并比较插值效果。

［例 6-4］ 给出一组数据点（见表 1-6-7），用最小二乘法多项式拟合求拟合曲线。

［例 6-5］ 血液酒精含量问题。

［例 6-6］ 曲线拟合工具箱的运用。

［例 6-7］ 利用神经网络工具箱对函数 $y=\dfrac{1}{1+x^2}$，$x\in[-5,5]$ 进行曲线拟合。

［例 6-8］ 在 MATLAB 中生产一段加入了均匀噪声的余弦函数数据，然后用 nftool 进行拟合。

［例 6-9］ 利用径向基函数神经网络对函数 $z=7-3x^3e^{-x^2-y^2}$，$x\in[-3,3]$，$y\in[-3,3]$ 进行曲线拟合。

四、实验过程

［例 6-1］ 一年中哪一天白天最长（应用拉格朗日插值法）。

每年的 6 月 21 日或 22 日，太阳到达黄经 90°，是夏至节气。夏至这天，太阳直射地面的位置到达一年的最北端，几乎直射北回归线，此时北半球的白昼达最长；夏至以后，阳光直射地面的位置逐渐南移，北半球的白昼日渐缩短。根据某地实测数据（见表 1-6-5），验证每年 6 月 21 日或 22 日哪天白昼时间最长。

表 1-6-5　日期和对应的白天时长

	5 月 1 日	5 月 31 日	6 月 30 日
日出时间	4：51	4：17	4：16
日落时间	19：04	19：38	19：50
白天长度	14.13 小时	15.21 小时	15.34 小时

［分析］ 设由 5 月 1 日开始计算天数 x，则 5 月 1 日是第 0 天，5 月 31 日是第 30 天，6 月 30 日是第 60 天；再设相对于 5 月 1 日白天时长的增加量为 y，则 5 月 31 日和 6 月 30 日

白天时长相对 5 月 1 日分别增加了 68 分钟和 81 分钟，那就可得到天数和白天时长的增加量所对应的数据 (x_i, y_i)，$i=0, 1, 2$——(0，0)、(30，68)、(60，81)。根据已给的数据构造拉格朗日插值多项式 $y=L(x)$，再求出 $y=L(x)$ 在 [0，60] 上的最大值，即求出在哪一天白天时长增加最大。

解　建立 Lagrangepoly. m 文件：

```
function  [ L,C]=Lagrangepoly(X,Y)
   % 这是 Lagrange 插值法的计算程序
   % 输入量是数据点的横、纵坐标的向量
   % 输出的量 L 是 Lagrange 插值多项式,C 是这个多项式按降幂的系数
   m=length(X);
   L=ones(m,m);
   for  k=1:m
            v=1;
        for  i=1:m
         if  k~=i
                      v=conv(v,poly(X(i))/(X(k)-X(i)));
        end
     end
   L1(k,:)=v;
   L2(k,:)=poly2sym(v);
   end
   C=Y*L1;
   L=Y*L2;
end
```

Notebook 环境下的程序代码及运行结果如下：

步骤一：求二次插值多项式。

输入程序代码：

```
X=[0 30 60];
Y=[0 68 81];
L=Lagrangepoly(X,Y)
```

得到二次插值多项式：

$$L=(191*x)/60-(11*x^2)/360$$

3

输入程序代码：

```
[x,f]=fminbnd('-(191*x)/60+(11*x^2)/360',0,60)
```

输出结果：

```
x=52.0909        f=-82.9114
```

所以一年中白天最长的一天应该是自 5 月 1 日算起的第 52 天也就是 6 月 22 日，白天

时长达到 14. 13+1. 23=15. 36 小时。

[例 6-2]　机动车刹车问题。

表 1-6-6 是一组机动车的刹车距离 d 与速度 v 的测试数据（速度单位为 mile/h，距离单位为 ft（英尺））。利用插值方法分析刹车距离 d 与速度 v 的关系，为了使刹车距离限制在 328ft 以内，行驶速度必须限制在多少 mile/h 之内？若使刹车距离限制在 540ft 以内，行驶速度必须限制在多少 mile/h 之内？（1ft=0. 3048m，1mile=1609m）。

表 1-6-6　机动车刹车距离与速度的测试数据

v	20	25	30	35	40	45	50	55	60	65	70	75	80
d	42	56	73. 5	91. 5	116	142. 5	173	209. 5	248	292. 5	343	401	464

解　这是一维插值问题。分别用 Y1、Y2、Y3、Y4、Y5 表示五种不同插值法的插值结果。

步骤一：绘制五种插值法的被插值点和插值曲线示意图。

Notebook 环境下的程序代码如下：

```
Y=20:5:80;
X=[42 56 73.5 91.5 116 142.5 173 209.5 248 292.5 343 401 464];
XI=42:20:442;
Y1=interp1(X,Y,XI,'linear');
Y2=interp1(X,Y,XI,'nearest');
Y3=interp1(X,Y,XI,'cubic');
Y4=interp1(X,Y,XI,'spline');
Y5=interp1(X,Y,XI,'pchip');
plot(XI,Y1,'*',XI,Y2,'-',XI,Y3,'+',XI,Y4,'.',XI,Y5,'s',X,Y,'o')
legend('线性插值','最邻近插值','三次多项式插值','三次样条插值','分段埃尔米特插值','样本点')
title('五种插值方法被插值点示意图')
```

得到如图 1-6-10 所示的被插值点示意图。

输入程序代码：

```
plot(XI,Y1,XI,Y2,XI,Y3,XI,Y4,XI,Y5,X,Y,'o')
legend('线性插值','最邻近插值','三次多项式插值','三次样条插值','分段埃尔米特插值','样本点')
title('五种插值方法插值曲线示意图')
```

得到如图 1-6-11 所示的插值曲线。

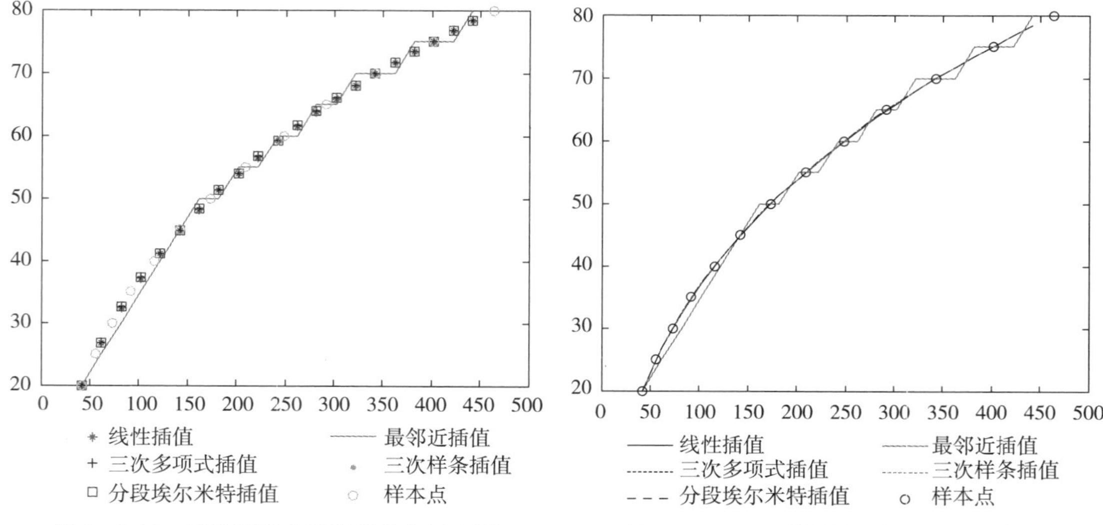

图 1-6-10　五种插值方法被插值点示意图　　**图 1-6-11　五种插值法插值曲线示意图**

从上面两个图可以直观地看出，'nearest'插值效果不好，误差较大。

步骤二：解答题目中的问题，即为了使刹车距离限制在 328ft 以内，行驶速度必须限制在多少 mile/h 之内。

输入命令：

```
XI=328;
Y1=interp1(X,Y,XI,'linear');
Y2=interp1(X,Y,XI,'nearest');
Y3=interp1(X,Y,XI,'cubic');
Y4=interp1(X,Y,XI,'spline');
Y5=interp1(X,Y,XI,'pchip');
Y=[Y1 Y2 Y3 Y4 Y5]
```

得到这五种插值方式下的结果：

```
Y=68.5149   70.0000   68.5845   68.5802   68.5845
```

从这组数据中我们可以看出，为了使刹车距离限制在 328ft 以内，行驶速度必须限制在 68.58mile/h 之内。

步骤三：计算在 464ft 以外的距离，如刹车距离限制在 540ft，这时要用外插法，命令如下：

```
Y=20:5:80;
X=[42 56 73.5 91.5 116 142.5 173 209.5 248 292.5 343 401 464];
XI=540;
Y1=interp1(X,Y,XI,'linear','extrap');
Y2=interp1(X,Y,XI,'nearest','extrap');
Y3=interp1(X,Y,XI,'cubic','extrap');
Y4=interp1(X,Y,XI,'spline','extrap');
```

```
Y5=interp1(X,Y,XI,'pchip','extrap');
Y=[Y1 Y2 Y3 Y4 Y5]
```

得到如下结果：

```
Y=86.0317   80.0000   85.3867   86.3707   85.3867
```

所以插值法也可以预测数据范围以外的情况，刹车距离限制在 540ft 以内，行驶速度必须限制在 85.38mile/h 之内。

[例 6-3] 已知函数 $z=\sin x\sin y e^{-x^2-y^2}$ 在某些点处的函数值，利用这些值对整个函数曲面进行各种插值，并比较插值效果。

解 步骤一：绘制原始数据网格图。

Notebook 环境下的程序代码如下：

```
[X,Y]=meshgrid(-2:0.4:2,-2:0.4:2);
Z=sin(X).*sin(Y).*exp(-X.^2-Y.^2);
surf(X,Y,Z);
title('原始数据图示')
```

得到如图 1-6-12 所示的原始数据网格图。

步骤二：绘制二维双线性插值图形。

Notebook 环境下的程序代码如下：

```
[XI,YI]=meshgrid(-2:0.1:2,-2:0.1:2);Z1=interp2(X,Y,Z,XI,YI);
surf(XI,YI,Z1);  title('双线性插值图形')
```

得到如图 1-6-13 所示的二维双线性插值图形。

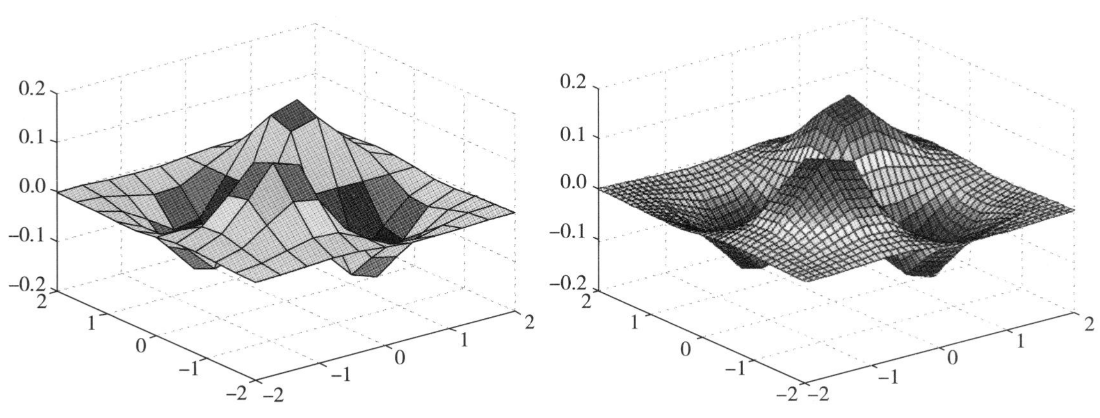

图 1-6-12 原始数据图示　　**图 1-6-13 二维双线性插值图形**

步骤三：绘制二元样条插值图形。

Notebook 环境下的程序代码如下：

```
[XI,YI]=meshgrid(-2:0.1:2,-2:0.1:2);
Z2=interp2(X,Y,Z,XI,YI,'spline');
surf(XI,YI,Z2);title('二元样条插值')
```

得到如图 1-6-14 所示的二元样条插值图。

步骤四：运行二维随机插值 griddata 命令。

输入命令：

```
clear;
X=-2+4*rand(199,1);Y=-2+4*rand(199,1);
Z=sin(X).*sin(Y).*exp(-X.^2-Y.^2);
plot(X,Y,'*');title('随机样本点二维分布');
```

得到如图 1-6-15 所示的随机样本点二维分布图。

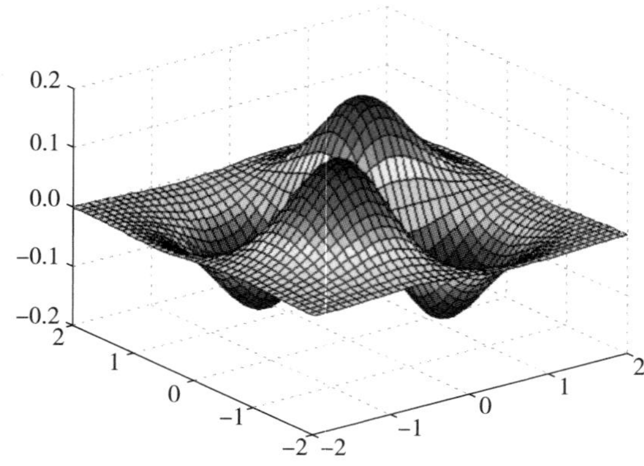

图 1-6-14　二元样条插值图

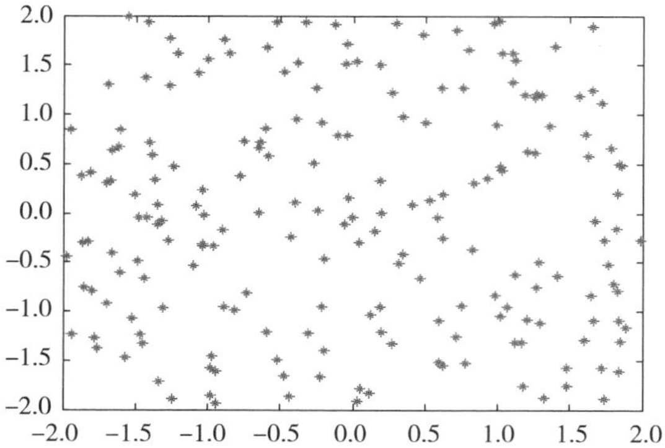

图 1-6-15　随机样本点二维分布图

输入命令：

```
plot3(X,Y,Z,'*');title('随机样本点的三维分布')
```

得到如图 1-6-16 所示的随机样本点三维分布图。

输入命令：

```
[XI,YI]=meshgrid(-2:0.1:2,-2:0.1:2);
ZI=griddata(X,Y,Z,XI,YI,'linear');
surf(XI,YI,ZI);title('双线性插值')
```

得到如图 1-6-17 所示的双线性插值图。

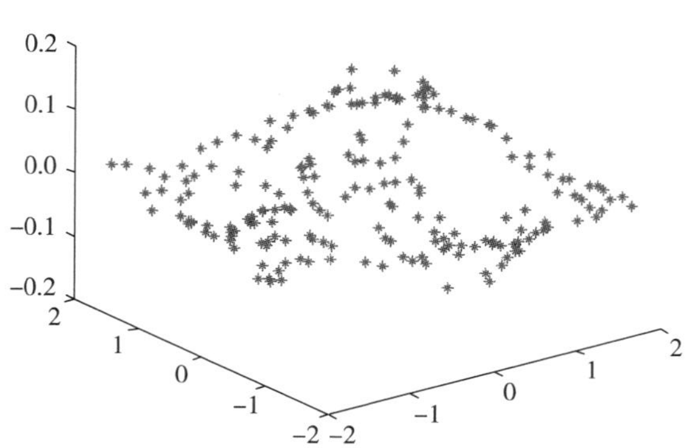

图 1-6-16　随机样本点三维分布图

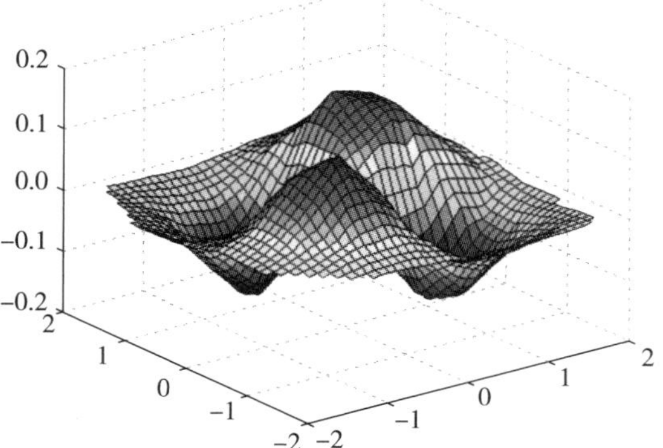

图 1-6-17　双线性插值图

输入命令：

```
Z2=griddata(X,Y,Z,XI,YI,'v4');surf(XI,YI,Z2);title('v4 插值')
```

得到如图 1-6-18 所示的 V4 插值图。

输入命令：

```
Z3=griddata(X,Y,Z,XI,YI,'cubic');
surf(XI,YI,Z3);title('三次插值')
```

得到如图 1-6-19 所示的三次插值图。

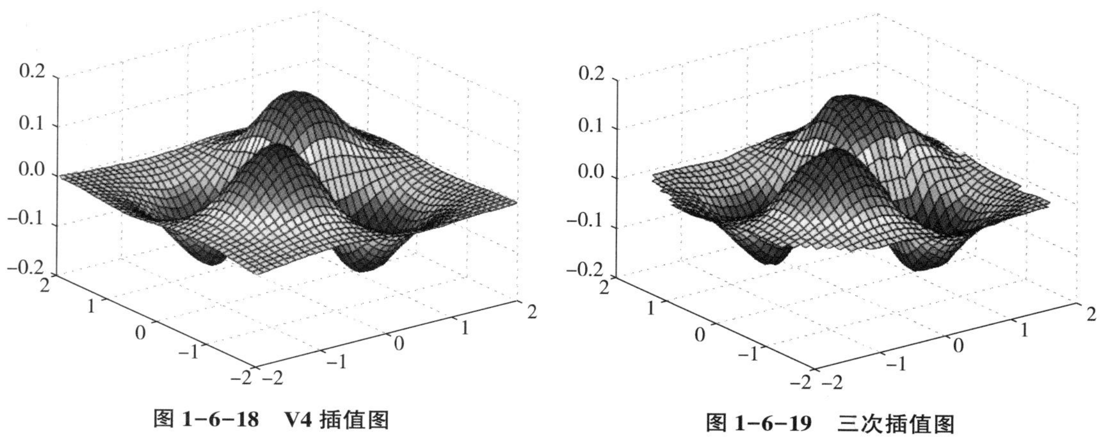

图 1-6-18 V4 插值图　　图 1-6-19 三次插值图

由上面的图形可以看出，双线性插值的效果不好，曲线不光滑，而样条插值和三次插值的效果很好，得到的插值曲线非常光滑。

[**例 6-4**] 给出一组数据点（见表 1-6-7），用最小二乘法多项式拟合求拟合曲线。

表 1-6-7 数据列表

x	-3.5	-2.7	-1.1	-0.8	0	0.1	1.5	2.7	3.6
y	-92.9	-85.56	-36.15	-26.52	-9.16	-8.43	-13.12	6.59	68.64

解 步骤一：画出样本点，观察样本点的走势，预测拟合函数的形式。

输入程序代码：

```
clear;X=[-3.5-2.7-1.1-0.8 0 0.1 1.5 2.7 3.6];
Y=[-92.9-85.56-36.15-26.52-9.16-8.43-13.12 6.59 68.64];
plot(X,Y,'*');
title('样本点示意图)
```

得到如图 1-6-20 所示的样本点示意图。

从图中可观察出，样本点的分布与三次多项式相似，于是采用三次多项式拟合。

步骤二：用三次多项式拟合。

输入程序代码：

```
p1=polyfit(X,Y,3);tt=-4:0.1:4;s1=polyval(p1,tt);
plot(tt,s1,X,Y,'*');title('三次多项式曲线拟合')
```

得到如图 1-6-21 所示的三次多项式拟合曲线。

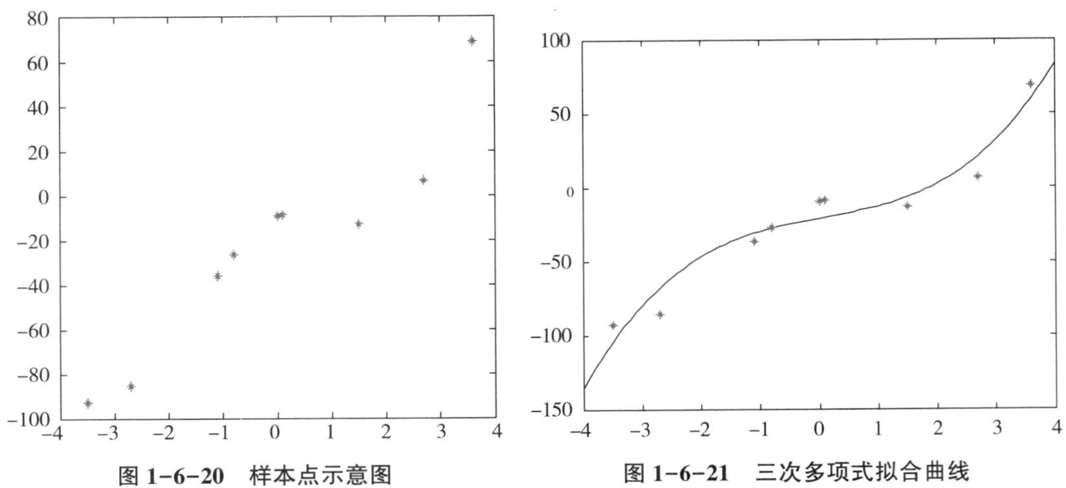

图 1-6-20 样本点示意图

图 1-6-21 三次多项式拟合曲线

步骤三：作二次多项式拟合和四次多项式拟合，并与三次拟合的效果比较。

输入程序代码：

```
p1=polyfit(X,Y,2);tt=-4:0.1:4;s1=polyval(p1,tt);
plot(tt,s1,'o',X,Y,'*');title('二次多项式曲线拟合')
```

得到如图 1-6-22 所示的二次多项式拟合曲线。

输入程序代码：

```
p1=polyfit(X,Y,4);tt=-4:0.1:4;s1=polyval(p1,tt);
plot(tt,s1,'o',X,Y,'*'); title('四次多项式曲线拟合')
```

得到如图 1-6-23 所示的四次多项式拟合曲线。

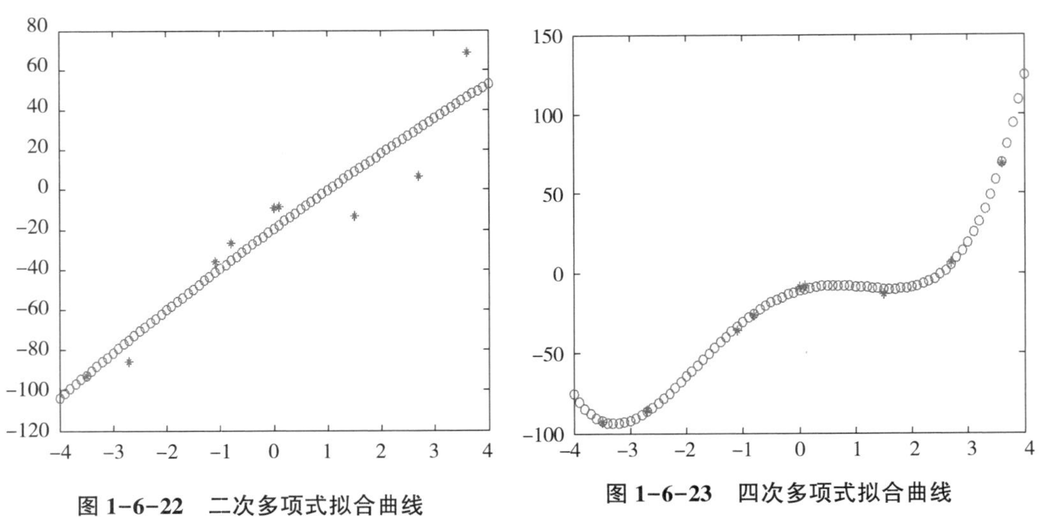

图 1-6-22 二次多项式拟合曲线

图 1-6-23 四次多项式拟合曲线

可以观察出，用二次多项式拟合时误差较大，是欠拟合的状态；用三次多项式拟合的效果较好，比较适宜；用四次多项式拟合时拟合曲线几乎经过所有的数据点，是过拟合的状态。

[例 6-5] 体重约 70kg 的某人在短时间内喝下 2 瓶啤酒后，隔一定时间（单位：h）测量他血液中的酒精含量 h(mg/100ml)，得到数据如表 1-6-8 所示。试用所给数据用函数 $f(t)=at^be^{ct}$ 进行拟合，求出常数 a、b、c。

表 1-6-8　一定时间内测量某人血液中的酒精含量

t	0.25	0.5	0.75	1	1.5	2	2.5	3	3.5	4	4.5	5
h	30	68	75	82	82	77	68	68	58	51	50	41
t	6	7	8	9	10	11	12	13	14	15	16	
h	38	35	28	25	18	15	12	10	7	7	4	

[分析] 这是非线性拟合，很多情况下都会把非线性曲线拟合转化为线性曲线拟合来解决。现在对函数 $f(t)=at^be^{ct}$ 取对数得 $\phi(t)=\ln f(t)=\ln a+b\ln t+ct$，这样对参数 $\ln a$、b、c 是线性的。

解　Notebook 环境下的程序代码如下：

```
t=[0.25:0.25:1 1.5:0.5:5 6:1:16 ];
h=[30 68 75 82 82 77 68 68 58 51 50 41 38 35 28 25 18 15 12 10 7 7 4];
h1=log(h);                % 把数据进行对数变换
f=inline('a(1)+a(2).*log(t)+a(3).*t','a','t');
[x,r]=lsqcurvefit(f,[1,0.5,-0.5],t,h1)
```

运行后得到如下结果：

```
Local minimum found.
Optimization completed because the size of the gradient is less thanthe default value of the function tolerance.
x=4.4834    0.4709   -0.2663
r=0.4097
```

即得到 $\ln a=4.4834$，$b=0.4079$，$c=0.2663$，所以拟合函数为：

$$\phi(t)=\ln f(t)=4.4834+0.4079\ln t-0.2663t$$

因此

$$f(t)=88.5352\cdot t^{0.4079}\cdot e^{-0.2663t}$$

且误差平方和为 0.4097。

[例 6-6] 曲线拟合工具箱的运用。

[例 6-4]、[例 6-5] 是以函数的形式，使用命令对数据进行拟合，这种方法比较烦琐，需要对拟合函数有比较好的了解。MATLAB 有一个功能强大的曲线拟合工具箱 cftool，用图形窗口进行操作，能实现多种类型的线性、非线性曲线拟合，具有简便、快速、可操作性强的优点。仍使用 [例 6-5] 的数据，用 cftool 工具拟合。

解　步骤一：输入数据。

在命令行输入数据：

```
t=[0.25:0.25:1 1.5:0.5:5 6:1:16 ];
h=[30 68 75 82 82 77 68 68 58 51 50 41 38 35 28 25 18 15 12 10 7 7 4];
```

注意：如果输入数据非常大，可以建立一个 M 文件，把数据存放在 M 文件中，执行该文件，导入数据。

步骤二：再输入 cftool 命令，启动曲线拟合工具箱，进入曲线拟合工具箱界面“Curve Fitting Tool”，如图 1-6-24 所示。

步骤三：在数据对话框中导入数据。点击“X data”和“Y data”的下拉菜单，选择“X data”为时间 t，“Y data”为酒精含量 h（见图 1-6-25）。

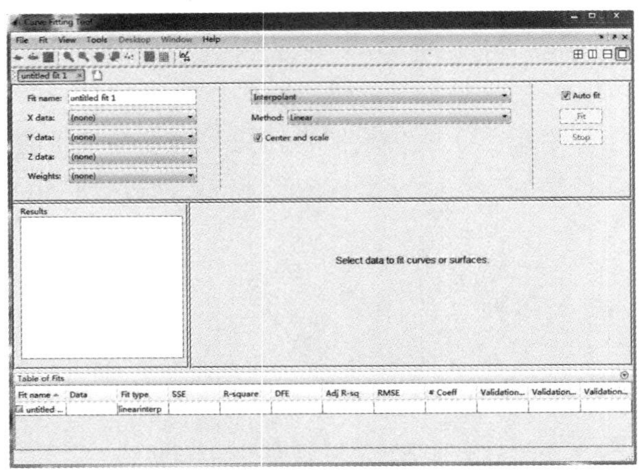

图 1-6-24　曲线拟合工具箱界面

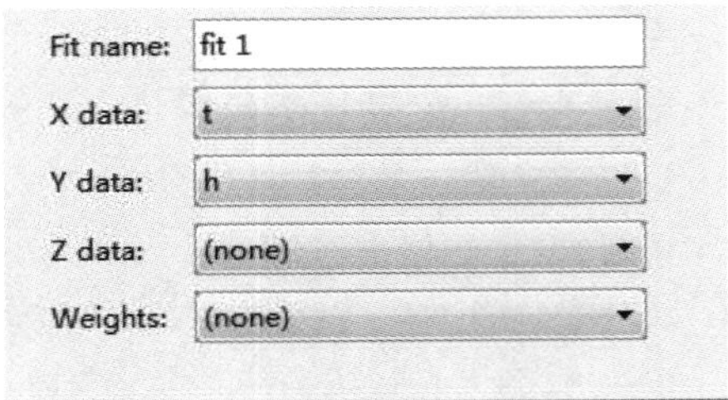

图 1-6-25　导入数据

此时在图形对话框里就会显示出数据散点图，如图 1-6-26 所示。

步骤四：通过观察散点图的数据走势或者是建立数学模型，选择合适的拟合方式。在曲线拟合类型对话框中通过下拉菜单选择拟合方式“Type of fit”。

这里我们选择用户自定义的函数类型“Custom Equation”，并输入函数表达式（见图 1-6-27）。

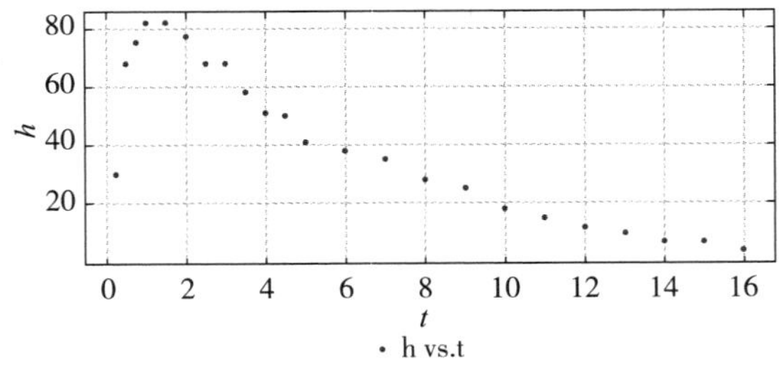

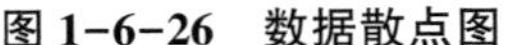

图 1-6-26　数据散点图

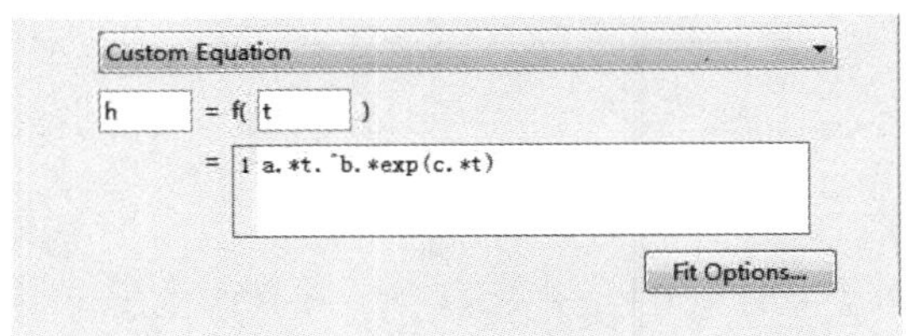

图 1-6-27　用户自定义函数类型界面

然后，可以选择自动拟合（见图 1-6-28），或单击‘Fit’按钮手动拟合。

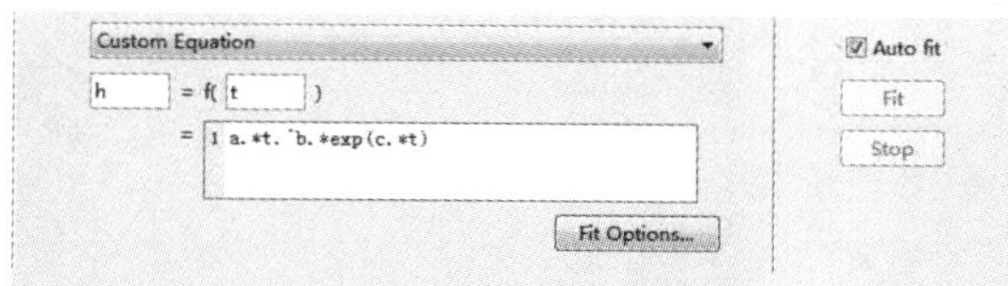

图 1-6-28　自动拟合界面

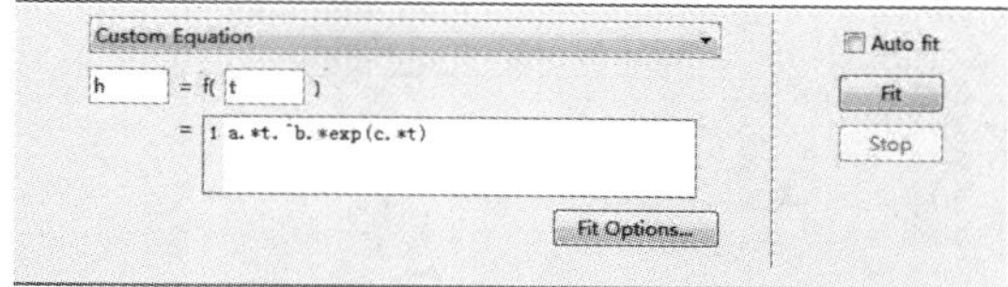

图 1-6-29　手动拟合界面

步骤五：显示结果。图形窗口显示拟合曲线，Result 窗口里显示拟合函数（见图 1-6-30、图 1-6-31）。

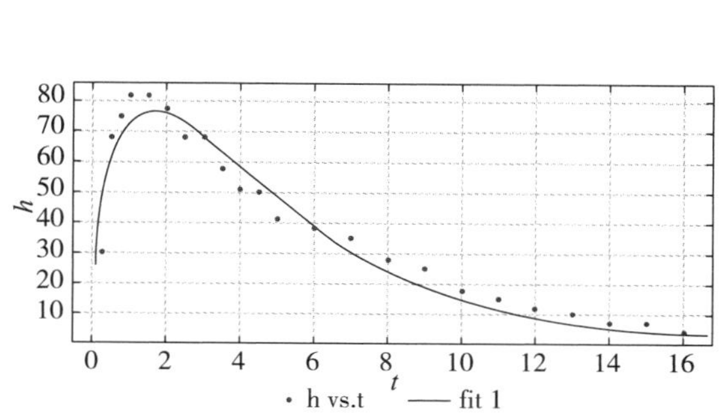

图 1-6-30　Fit1 拟合曲线

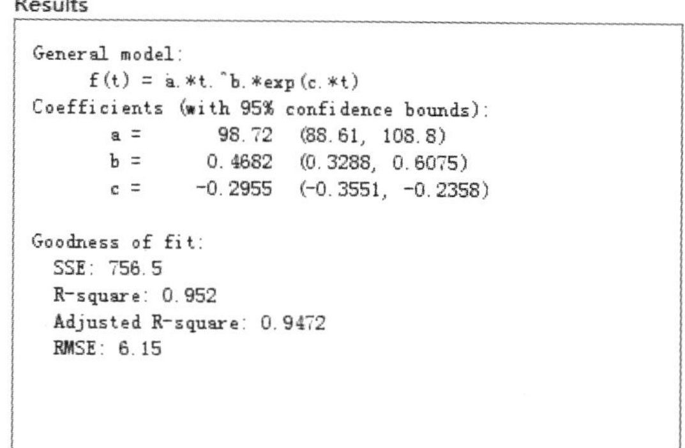

图 1-6-31　Fit1 拟合函数信息

在曲线拟合工具箱的“view”下拉菜单中点击“Residuals plot”，显示残差曲线图，如图 1-6-32 所示。

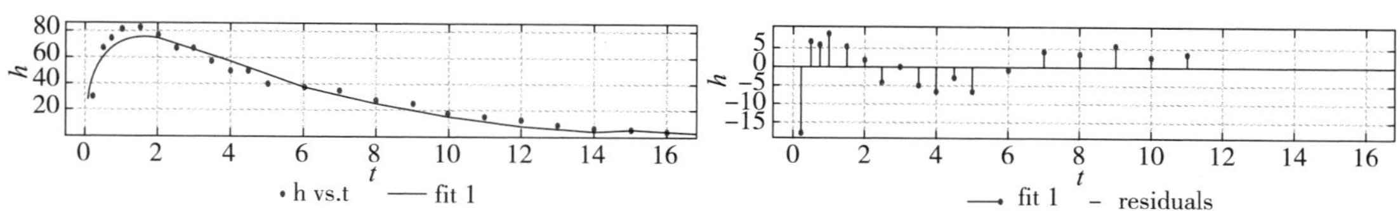

图 1-6-32　残差曲线

还可以选择非用户自定义的函数类型。在“Fit”下拉菜单中点击“new fit”，建立 fit2。这次在曲线拟合对话框中选择“Fourier”（见图 1-6-33）。

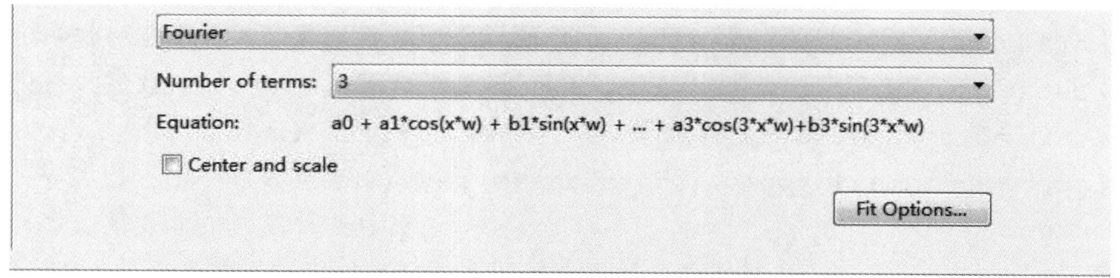

图 1-6-33　选择新的拟合函数

得到结果如图 1-6-34、图 1-6-35、图 1-6-36 所示。

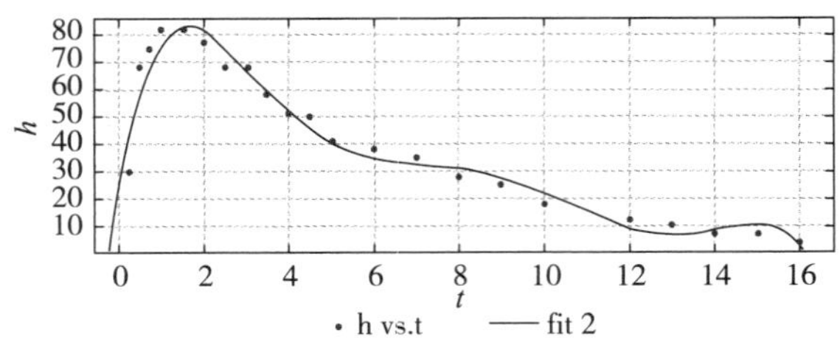

图 1-6-34 Fourier 拟合曲线

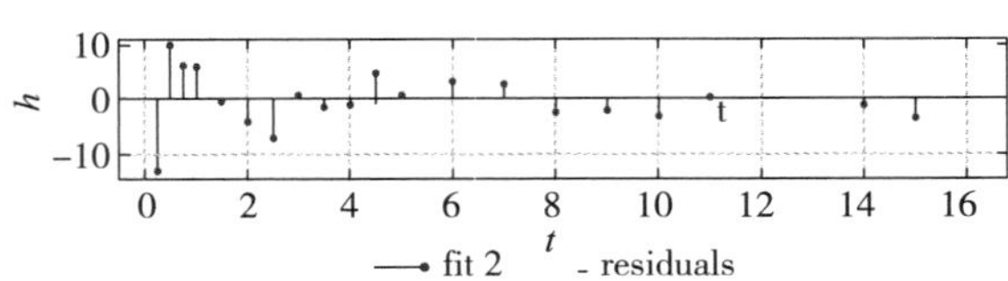

图 1-6-35 误差曲线

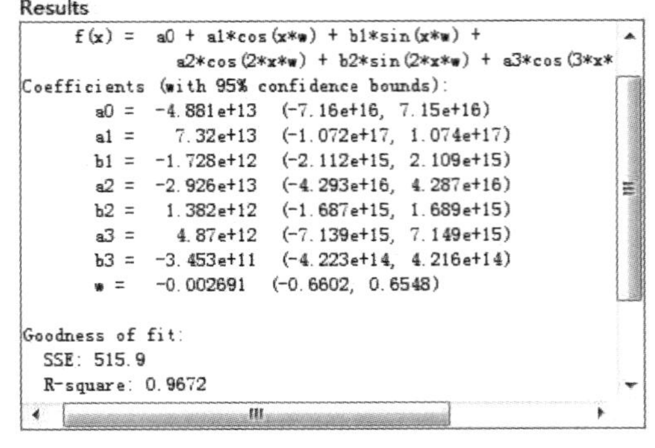

图 1-6-36 Fit2 拟合函数信息

最后，在 Table of Fits 对话框中比较这两种拟合方式的优劣，如图 1-6-37 所示。

Table of Fits

Fit name	Data	Fit type	SSE	R-square	DFE	Adj R-sq	RMSE	# Coeff	Validation...	Validation...	Validation...
fit 1	h vs. t	a.*t.^b.*ex...	756.4551	0.9520	20	0.9472	6.1500	3			
fit 2	h vs. t	fourier3	515.8915	0.9672	15	0.9520	5.8645	8			

图 1-6-37 两种拟合方式的比较

在 Table of Fits 对话框中，出现了 SSE、R-square 等名词：SSE（和方差）表示该统计参数计算的是拟合数据和原始数据对应点的误差的平方和，SSE 越接近于 0，说明模型选择和拟合越好，数据预测也越成功。R-square（确定系数）的正常取值范围是 [0, 1]，越接近于 1，表明方程的变量对 y 的解释能力越强，这个模型对数据拟合得也越好。

[例 6-7] 利用神经网络工具箱对函数 $y=\dfrac{1}{1+x^2}$，$x\in[-5,5]$ 进行曲线拟合。

解 准备训练样本数据，并将数据归一化处理，打开神经网络工具箱（见图 1-6-38）。

```
data=linspace(-5,5,101);                       % 产生训练输入样本数据
out=1./(1+data.^2);                            % 计算训练输出样本数据
[train,datas]=mapminmax(data);                 % 将训练输入样本数据归一化
[outtrain,outs]=mapminmax(out);                % 将训练输出样本数据归一化
tdata=linspace(-5,5,31);                       % 产生测试数据
test=mapminmax('apply',tdata,datas);           % 测试数据归一化
nntool                                         % 打开神经网络工具箱
```

点击“Import”按钮（此按钮用于从工作空间或数据文件中导入数据变量），打开 Import to Network/Data Manager 对话框，如图 1-6-39、图 1-6-40、图 1-6-41 所示分别导入训练输入数据、训练输出数据和测试数据，并选择对应的训练类型。

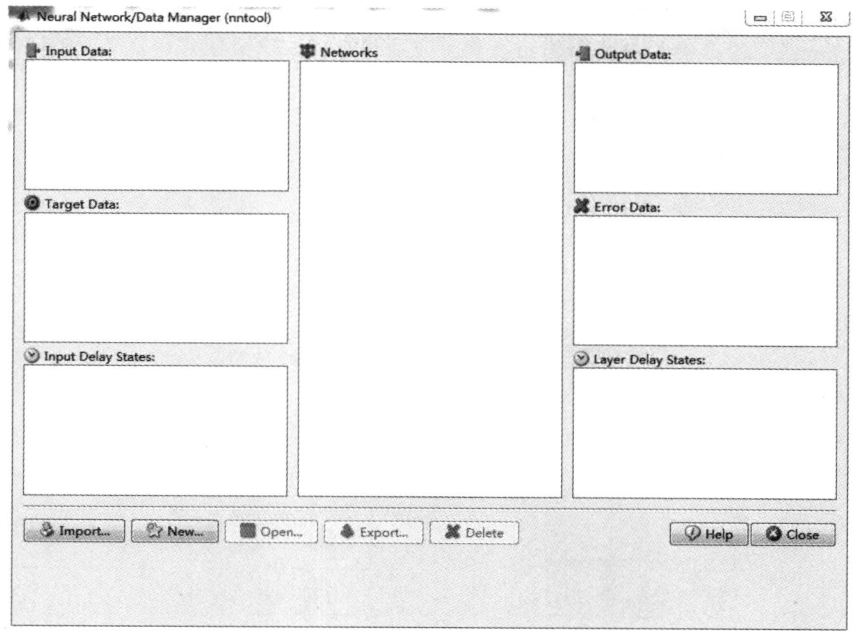

图 1-6-38　神经网络工具箱界面

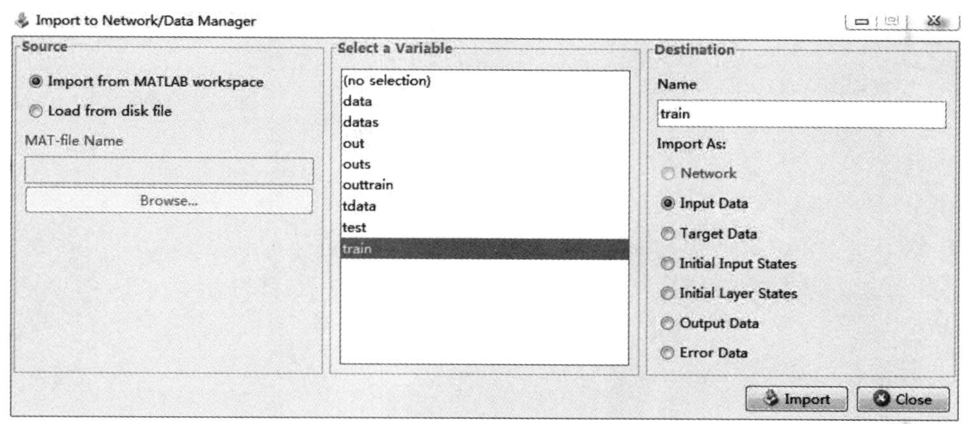

图 1-6-39　导入训练输入数据，选择 Input Data

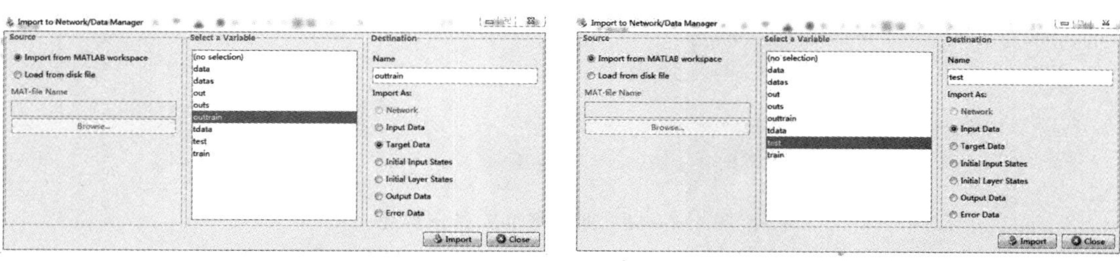

图 1-6-40　导入训练输出数据，选择 Target Data　　图 1-6-41　导入测试数据，选择 Input Data

点击“Close”，关闭该对话框。回到神经网络工具箱界面，点击“New...”按钮，弹出

Create Network or Data 对话框（见图 1-6-42），定义网络名称“fit”，选择网络类型“Feed-forward backprop”，选择输入数据和输出数据，点击“Create”按钮就建立了 BP 神经网络 fit。

接着，点击“View”按钮，就可以看见所创建的神经网络的示意图（见图 1-6-43）。

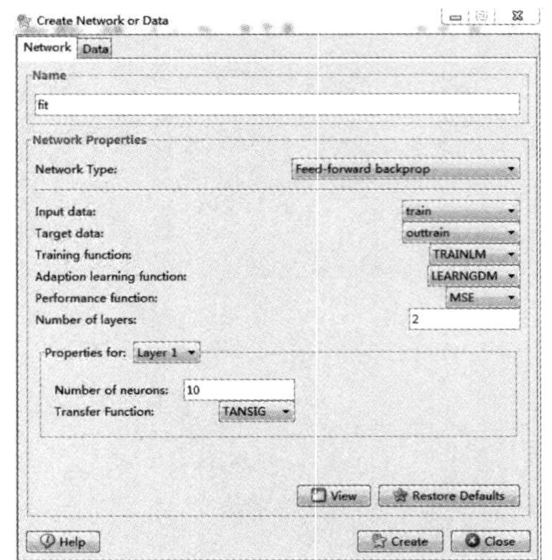

图 1-6-42　创建 BP 神经网络 fit 的界面

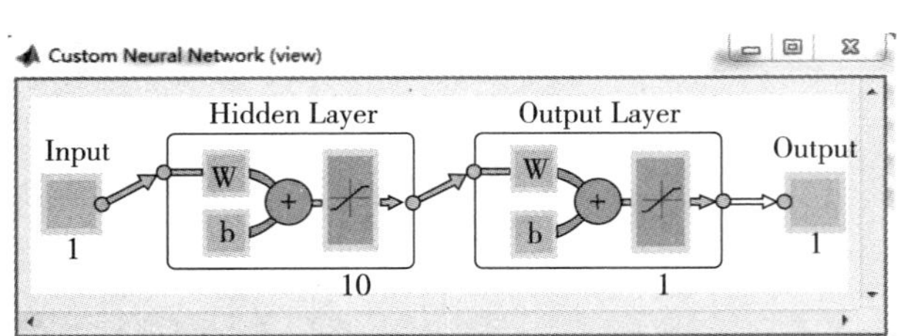

图 1-6-43　fit 网络示意图

回到神经网络工具箱界面，选中网络 fit（见图 1-6-44）。

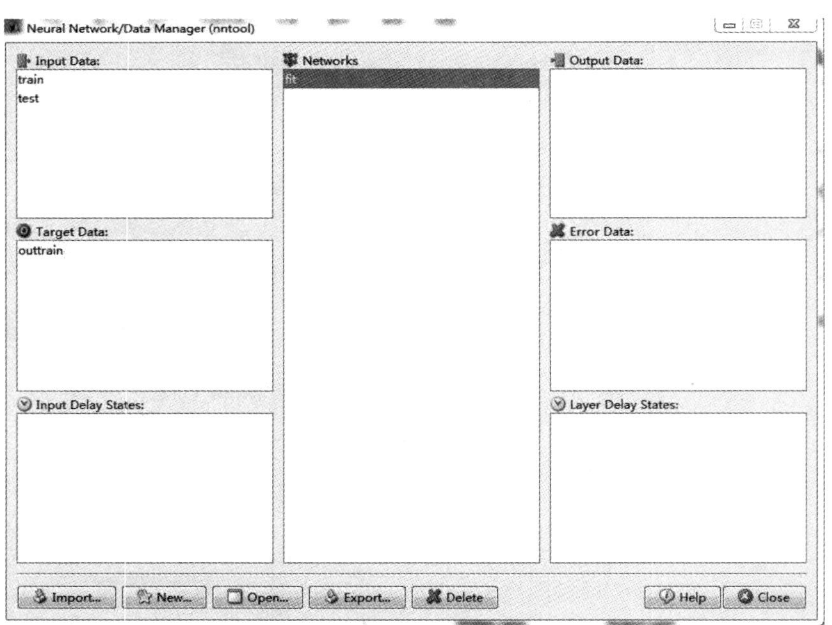

图 1-6-44　神经网络工具箱界面

点击“Open”按钮，弹出 Network：fit 对话框（见图 1-6-45）。

在如图 1-6-45 所示的对话框中，点击“Train”按钮，导入训练数据，准备开始训练网络（见图 1-6-46）。

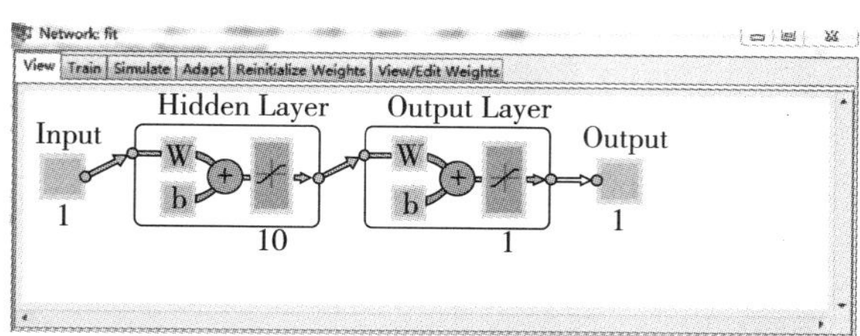

图 1-6-45　BP 神经网络 fit 示意图

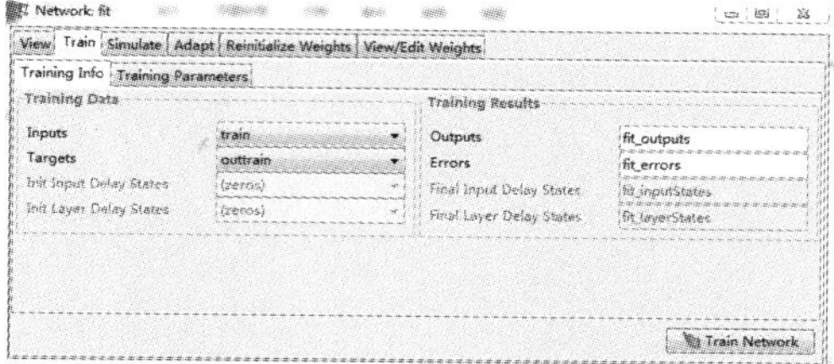

图 1-6-46　导入训练数据

在如图 1-6-46 所示的界面中点击“Train Newwork”按钮，得到训练好的网络（见图 1-6-47）。

点击“Simulate”选项，开始用训练好的网络进行数据预测，导入测试数据（见图 1-6-48）。

然后点击“Simulate Network”按钮，开始进行仿真测试，测试完毕弹出如图 1-6-49 所示的对话框。

观察仿真结果。可以在主窗口中选中变量名，单击“Open...”按钮查看变量值，也可将变量导出到工作空间观察，即单击“Export...”按钮，在弹出的窗口（Export from Network/Data Manager）中选择“fit”“fit_outputs”“fit_errors”，单击“Export”按钮即可把神经网络 fit 及仿真结果 fit_outputs、fit_errors 导出到工作空间（见图 1-6-50）。

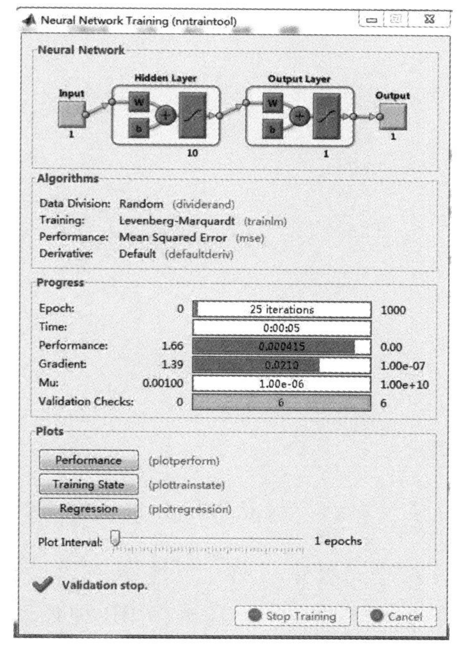

图 1-6-47　训练好的网络

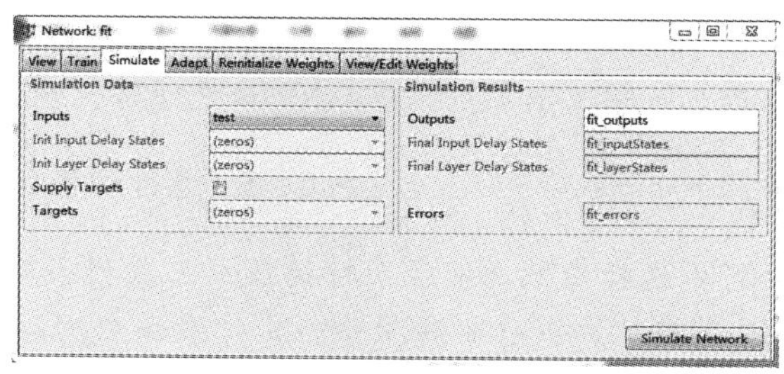

图 1-6-48　导入测试数据

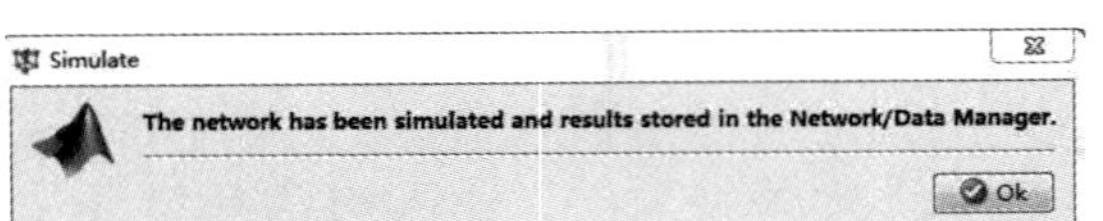

图 1-6-49　仿真测试

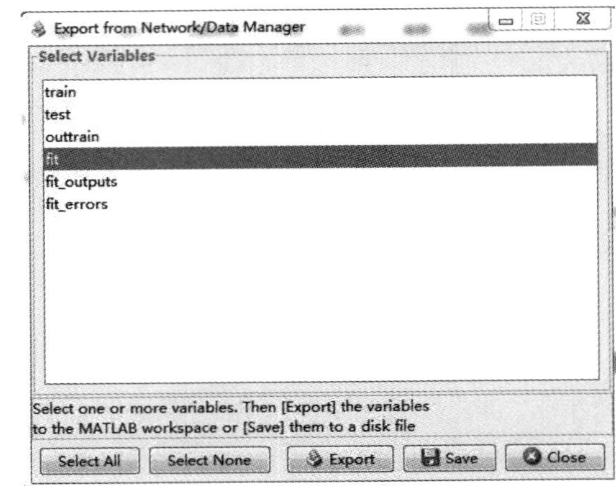

图 1-6-50　仿真结果导出

```
preout=mapminmax('reverse',fit_outputs,outs);% 仿真结果反归一化
toutdata=1./(1+tdata.^2);                     % 期望输出结果
error=preout-toutdata;                        % 计算误差
figure(1)                                     % 网络预测结果图形
plot(data,out,tdata,preout,'*')
legend('期望输出','预测输出')
title('BP 神经网络曲线拟合')
xlabel('x')
ylabel('y')
```

得到如图 1-6-51 所示的 BP 神经网络预测输出图形界面。

在 Notebook 环境下的程序代码及运行结果如下：

```
figure(2)                                     % 网络预测误差图形
plot(error,'-*')
title('BP 网络预测误差')
ylabel('误差')
xlabel('样本')
```

得到如图 1-6-52 所示的 BP 神经网络预测误差界面。

函数 $y=\dfrac{1}{1+x^2}$，$x\in[-5,\ 5]$ 进行拉格朗日插值时在两个端点附近会出现震荡的情形，可以选择用低次埃尔米特插值或三次样条插值，拟合的效果较好。从本例可以看出，用 BP 神经网络进行曲线拟合，其效果和三次样条插值相当，而且如果选择 BP 神经网络优化算法，会得到更好的预测结果。

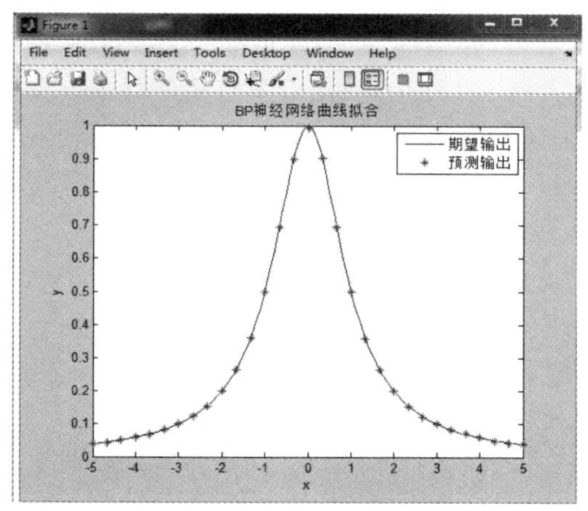

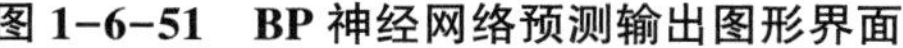

图 1-6-51　BP 神经网络预测输出图形界面

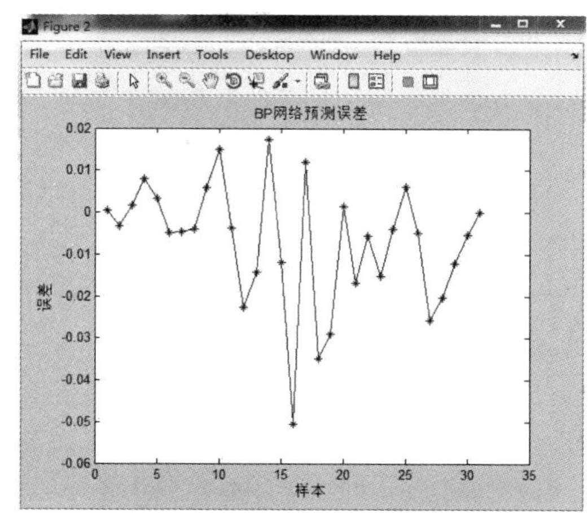

图 1-6-52　BP 神经网络预测误差界面

［例 6-8］　在 MATLAB 中生产一段加入了均匀噪声的余弦函数数据，然后用 nftool 进行拟合。

解　%准备训练输入、输出数据

```
x=0:0.2:2*pi+0.2;
rng(2);
y=cos(x)+rand(1,length(x))*0.2;% 加入均匀噪声扰动
xx=0:0.1:2*pi+0.2;              % 测试数据
yy=cos(xx);                     % 期望输出
nftool                          % 启动神经网络拟合工具箱
```

在神经网络拟合工具箱界面（见图 1-6-53）中，单击“Next”按钮，弹出 Select Data 对话框，选择训练输入和训练目标样本数据，如图 1-6-54 所示。

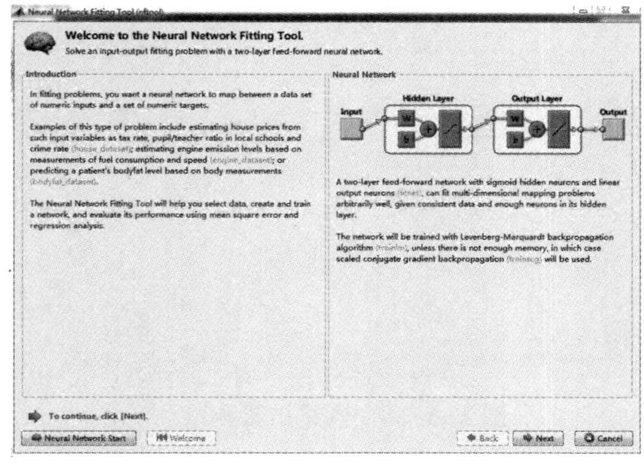

图 1-6-53　神经网络拟合工具箱界面

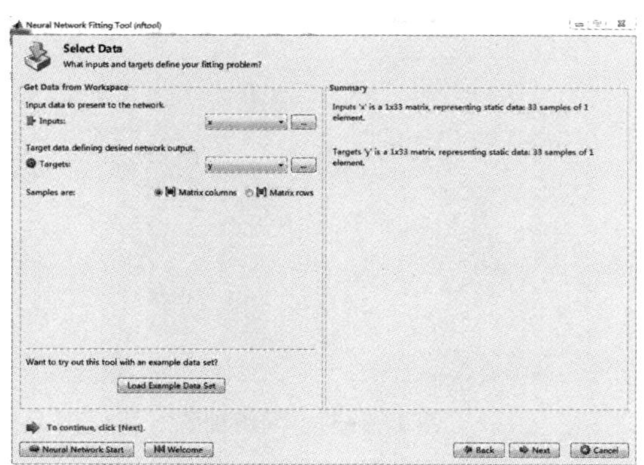

图 1-6-54　Select Data 对话框，导入数据

单击“Next”按钮，弹出 Validation and Test Data 窗口（见图 1-6-55）。系统将把数据分为三部分：训练数据、验证数据和测试数据，其功能分别为：①训练样本，用于网络

训练，网络根据训练样本的误差调整网络权值和阈值；②验证样本，用于调整网络结构，比如隐含层神经元个数；③测试样本，用于测试网络的性能。一般默认随机地将70%的数据划分为训练样本，15%的数据划分为验证样本，剩下15%的数据划分为测试样本。用户也可自己修改这个比例。

单击“Next”按钮，进入Network Architecture对话框（见图1-6-56）。需要在“Number of Hidden Neurons”编辑框中输入隐含层神经元的个数。

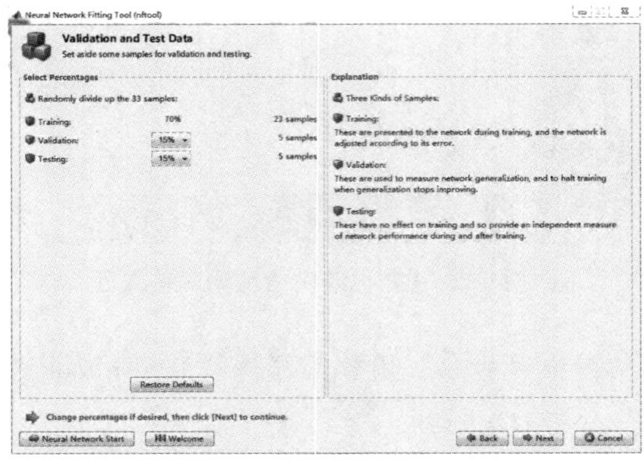

图1-6-55　样本数据的划分

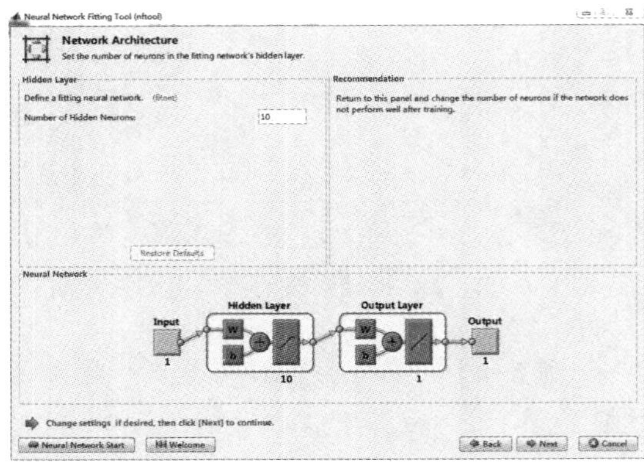

图1-6-56　设置隐含层神经元个数

单击“Next”按钮，弹出Train Network对话框（见图1-6-57）。单击“Train”按钮进行网络训练，训练完毕后对话框的右侧会显示训练样本、验证样本和测试样本的均方误差（MSE）和R值。同时，对话框右侧的三个按钮被激活，分别为Plot Fit（显示适应度）、Plot Error Histogram（误差直方图）和Plot Regression（回归图）。

单击“Next”按钮，进入Evaluate Network对话框。在这里，选择测试数据及其期望输出（见图1-6-58），然后单击“Test Network”按钮，即进行网络仿真测试。

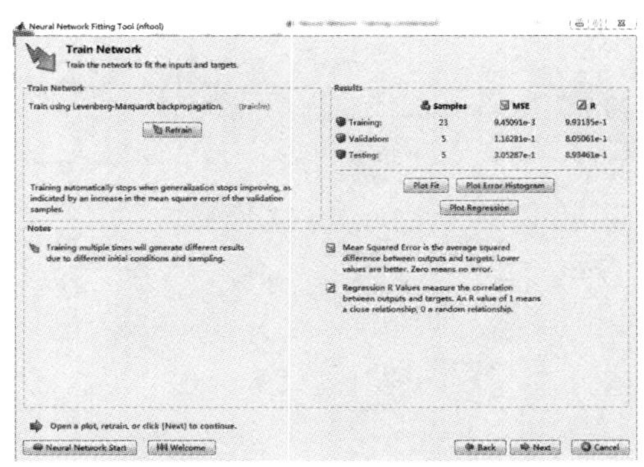

图1-6-57　网络训练

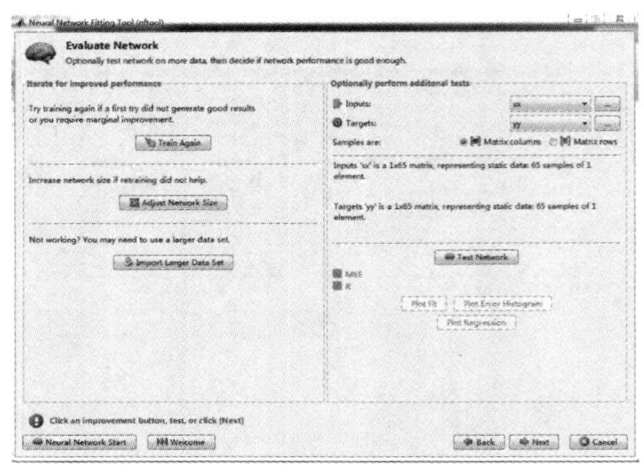

图1-6-58　网络仿真测试

单击“Next”按钮，进入Save Results对话框（见图1-6-59），可将网络、输出数据、输入数据和目标数据等都导出到工作空间。

最后单击“Finish”按钮，结束数据的拟合。

输入程序代码：

```
tout=net(xx);                               % 产生网络预测值
figure(1)
plot(x,y,'ro',xx,yy,xx,tout,'*')
title('训练样本、余弦函数、网络预测值图形比较')
legend('训练样本','余弦函数','网络预测')
```

得到如图 1-6-60 所示的训练样本、余弦函数、网络预测值的比较的图形。

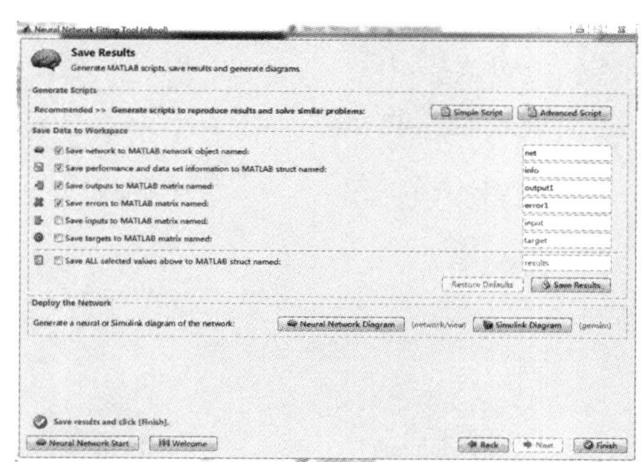

图 1-6-59　导出结果

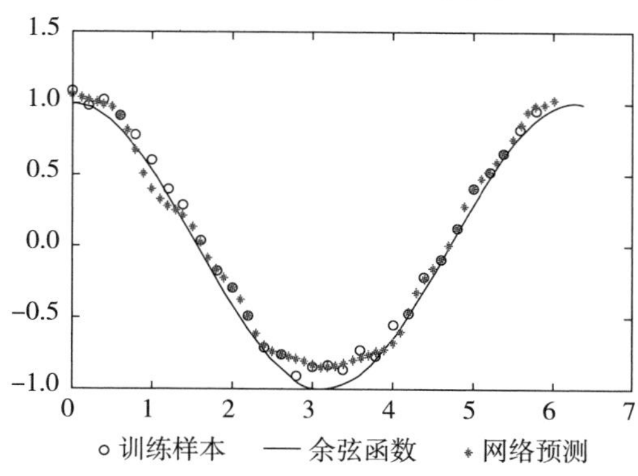

图 1-6-60　训练样本、余弦函数、网络预测值的比较

[例 6-9]　利用径向基函数神经网络对函数 $z=7-3x^3e^{-x^2-y^2}$，$x\in[-3,\ 3]$，$y\in[-3,\ 3]$ 进行曲线拟合。

解　产生训练输入、输出数据。

输入程序代码：

```
x=rand(200,1);                                        % 随机产生 200 个数据
y=rand(200,1);
trainx=-3+3*2*x;                                      % 将 x 转换到[-3,3]之间
trainy=-3+3*2*y;                                      % 将 y 转换到[-3,3]之间
trainz=7-3*trainx.^3.*exp(-trainx.^2-trainy.^2);    % 计算相应的函数值
net=newrb([trainx';trainy'],trainz');                 % 建立 RBF 神经网络
[x1,y1]=meshgrid(-3:0.1:3);
row=size(x1);
tx=x1(:);
tx=tx';
ty=y1(:);
ty=ty';
test=[tx;ty];                                         % 产生测试样本
toutput=sim(net,test);                                % 得到网络预测输出
TZ=7-3*x1.^3.*exp(-x1.^2-y1.^2);                      % 期望输出
figure(1)
mesh(x1,y1,TZ)
title('z=7-3*x^2*exp(-x^2-y^2)函数图形')
```

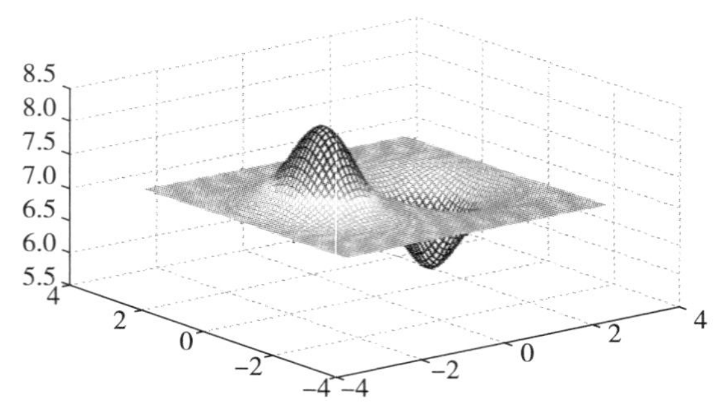

图 1-6-61　$z=7-3*x^2*\exp(-x^2-y^2)$ 函数图形

得到如图 1-6-61 所示的函数图形。

输入程序代码：

```
v=reshape(toutput,row);
figure(2)
mesh(x1,y1,v)
title('RBF 神经网络预测结果')
```

得到如图 1-6-62 所示的 RBF 神经网络预测结果。

输入程序代码：

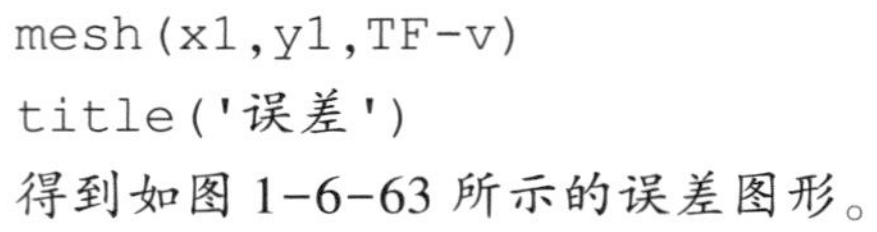

```
figure(3)
mesh(x1,y1,TF-v)
title('误差')
```

得到如图 1-6-63 所示的误差图形。

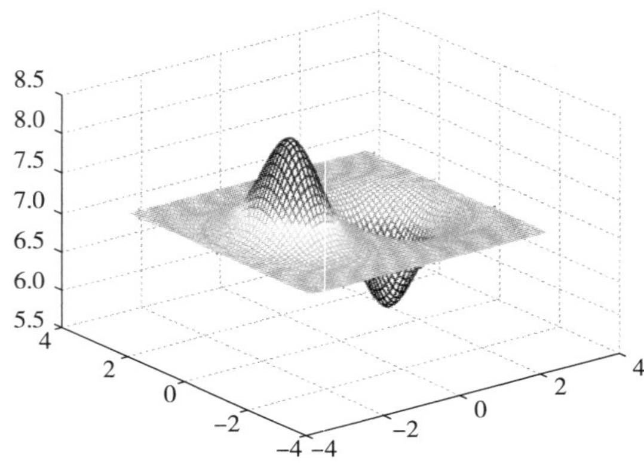

图 1-6-62　RBF 神经网络预测结果

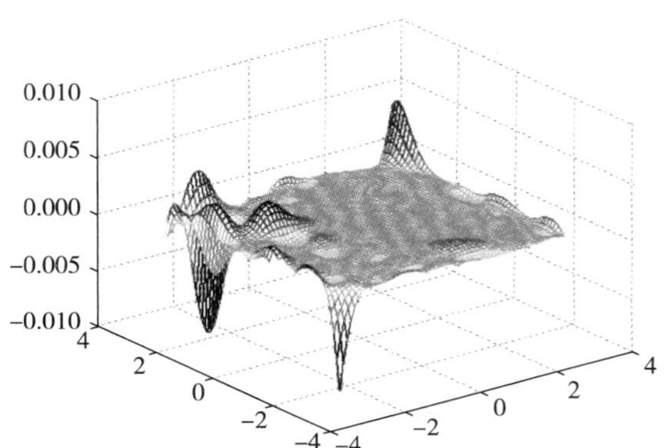

图 1-6-63　误差示意图

五、实验小结

1. 拉格朗日插值常用的是低次插值，高次的拉格朗日插值一般会出现震荡现象（见练习实验 1），收敛性不能保证。分段低次插值和三次样条插值是低次多项式插值，简单实用，收敛性有保证。

2. 插值法虽然在一定程度上可以解决根据数据表求函数近似表达式的问题，但数据若是由实验得来的，往往带有实验误差，个别数据误差可能很大，这时若还用插值法让曲线严格经过所有数据点，就会使曲线保留这些误差，从而失去原有数据的规律，所以这种情况下应选择用最小二乘法进行曲线拟合。

3. 神经网络具有很强的非线性拟合能力，可以映射任意复杂的非线性关系，具有强大的自学习能力，并且学习规则简单，便于计算机实现。在人工神经网络应用中，大部分的神经网络模型都采用 BP 神经网络及其变化形式，但 BP 网络仍然存在一定的局限性，如训练过程中容易陷入局部最优、学习速率的选择缺乏有效的方法、没有确定隐含层神经元个数的有效方法。而 RBF 神经网络具有全局逼近能力，从而解决了 BP 网络的局部最优问题，并且拓扑结构紧凑，结构参数可以实现分离学习，收敛速度快。

六、练习实验

1. 对函数 $y=\frac{1}{1+2x^2}$，$x\in[-5,5]$，将区间［-5，5］十等分，即取 11 节点数据分别进行拉格朗日插值、分段线性插值、三次样条插值等，并在［-5，5］上自己选择 21 个或 31 个点，计算这些点处的值，并画出图形，对这几个插值结果进行比较，给出结论。

2. 利用 BP 神经网络和 RBF 神经网络对 $y=\frac{1}{1+2x^2}$，$x\in[-5,5]$ 进行曲线拟合，并将结果和第 1 题中的结论做比较。

3. 已知某型号飞机机翼断面下缘轮廓上的部分数据（见表 1-6-9），假设需要得到表中 x 坐标每隔 0.1 时的 y 坐标，分别用三种插值方法对机翼断面下缘轮廓线上的部分数据加细，并作出插值函数的图形。

表 1-6-9　某型号飞机机翼断面下缘轮廓上的部分数据

x	0	3	5	7	9	11	12	13	14	15
y	0	1.2	1.7	2.0	2.1	2.0	1.8	1.2	1.0	1.6

4. 绘制山区地貌图：

在某山区［平面区域（0，2800）×（0，2400）内，单位：m］测得一些地点的高度（单位：m）如表 1-6-10 所示，试作出该山区的地貌图和等高线图。

表 1-6-10　某山区一些地点的高度

X/Y	0	400	800	1200	1600	2000	2400
0	1180	1230	1270	1370	1460	1450	1430
400	1320	1390	1500	1500	1500	1480	1450
800	1450	1500	1200	1200	1550	1550	1470
1200	1420	1500	1100	1100	1600	1550	1320
1600	1400	1400	1350	1550	1550	1510	1280
2000	1300	900	1450	1600	1600	1430	1200
2400	700	1100	1200	1550	1600	1300	1080
2800	900	1060	1150	1380	1600	1200	940

5. 已知某产品 1900~2000 年每隔 10 年的产量如表 1-6-11 所示，选择适当的曲线对

数据进行拟合。

表 1-6-11　某产品 1900~2000 年每隔 10 年的产量

年份	1900	1910	1920	1930	1940	1950
产量	85. 998	93. 378	103. 781	122. 2103	130. 609	148. 607
年份	1960	1970	1980	1990	2000	
产量	165. 303	210. 002	230. 0205	2351. 614	256. 344	

6. 电容器充电后，电压达到 100V，然后开始放电，测得时刻 t（单位：s）的电压 U（单位：V）如表 1-6-12 所示，用函数命令和曲线拟合工具箱两种方式进行曲线拟合，用函数 $U = ae^{-bt}$ 作出这组数据的拟合曲线，求参数 a、b。

表 1-6-12　充电器某一时刻的电压

t	0	1	2	3	4	5	6	7	8	9	10
U	100	75	55	40	30	20	15	10	10	5	5

7. 利用 BP 神经网络和 RBF 神经网络作出函数 $z=2+xe^{-x^2-y^2}$ 在区域 $-2\leqslant x\leqslant 2$，$-2\leqslant y\leqslant 2$ 上的图形。

实验七
基于 MATLAB 优化工具箱求解线性规划问题

一、实验目的

1. 了解 MATLAB 优化工具箱中的 linprog 函数。
2. 掌握利用 MATLAB 优化工具箱求解线性规划问题。

二、实验原理

线性规划是指目标函数和约束条件是关于决策变量的线性函数、线性等式或线性不等式的数学规划模型。

在 MATLAB 中，可以调用 linprog 函数求解如下形式的线性规划问题：

$$\min_{\boldsymbol{x}} \boldsymbol{f}^{\mathrm{T}}\boldsymbol{x}$$

$$\text{s. t.}\begin{cases}\boldsymbol{A}\cdot\boldsymbol{x}\leqslant\boldsymbol{b}\\ \mathbf{Aeq}\cdot\boldsymbol{x}=\mathbf{beq}\\ \mathbf{lb}\leqslant\boldsymbol{x}\leqslant\mathbf{ub}\end{cases}$$

其中，$\boldsymbol{f}$、$\boldsymbol{x}$、$\boldsymbol{b}$、**beq**、**lb** 和 **ub** 为向量；$\boldsymbol{A}$、**Aeq** 为矩阵。

linprog 函数有下列调用格式：

```
x=linprog(f,A,b)
x=linprog(f,A,b,Aeq,beq)
x=linprog(f,A,b,Aeq,beq,lb,ub)
x=linprog(f,A,b,Aeq,beq,lb,ub,x0)
x=linprog(f,A,b,Aeq,beq,lb,ub,x0,options)
[x,fval]=linprog(…)
[x,fval,exitflag]=linprog(…)
[x,fval,exitflag,output]=linprog(…)
[x,fval,exitflag,output,lambda]=linprog(…).
```

输入部分的 $\boldsymbol{f}$ 是目标函数中决策变量的系数向量；$\boldsymbol{A}$、$\boldsymbol{b}$ 分别是不等式约束的系数矩阵和右端项；**Aeq**、**beq** 分别是等式约束的系数矩阵和右端项；**lb**、**ub** 是决策变量 $\boldsymbol{x}$ 的下界和上界；x_0为初值；options 指定的优化参数可用来进行最小化（表 1-7-1 给出了 options

等参数的描述)。输出部分的 **x** 是线性规划的最优解，**fval** 是 **x** 处的目标函数值；exitflag 是描述退出条件；output 是包含优化信息的输出变量；lambda 是 **x** 处的 Lagrange 乘子（具体描述见表 1-7-1)。对于相应的调用格式，如果输入参数中有缺省项需用“［］”代替。例如，对于线性规划问题：

$$\min_{x} f^{T}x$$

$$\text{s.t.}\begin{cases}A\cdot x\leqslant b\\ lb\leqslant x\leqslant ub\end{cases}$$

由于该问题约束条件不包含等式约束，所以等式约束的系数矩阵 Aeq 和右端项 beq 用“［］”代替，应使用调用格式［x，fval］=linprog（f，A，b，［］，［］，lb，ub）来求解。调用格式中的输出部分省略了 exitflag、output 和 lambda 三个参数，所以结果将只输出最优解和最优值。

表 1-7-1　linprog 函数的部分参数描述

参数	描述	
Display	选择 off，不显示输出 选择 iter，显示每一步迭代过程的输出 选择 final，显示最终结果	
MaxFunEvals Maxiter TolX	函数评价的最大允许次数 最大允许迭代次数 x 处的终止容限	
exitflag	>0 表示目标函数收敛于解 x 处 =0 表示已经达到函数评价或迭代的最大次数 <0 表示目标函数不收敛	
output	output. iterations output. cgiterations output. algorithm	迭代次数 PCG（预处理共轭梯度）迭代次数 所采用的算法
lambda	lambda. lower lambda. upper lambda. ineqlin lambda. eqlin	lambda 的下界 lambda 的上界 lambda 的线性不等式 lambda 的线性等式

三、实验内容

［例 7-1］　求线性规划问题：

$$\max z=2x_1+3x_2$$

$$\text{s.t.}\begin{cases}x_1+2x_2\leqslant 8\\ 4x_1\leqslant 16\\ 4x_2\leqslant 12\end{cases}$$

[例 7-2] 求线性规划问题：

$$\min z=-3x_1-2x_2$$

$$\text{s. t.}\begin{cases}-x_1+2x_2\leqslant 4\\3x_1+2x_2\leqslant 14\\x_1-x_2=3\\x_1+x_2=5\\x_1,\ x_2\geqslant 0\end{cases}$$

[例 7-3] 求线性规划问题：

$$\min z=10x_1+6x_2+3x_3+2x_4$$

$$\text{s. t.}\begin{cases}1000x_1+800x_2+900x_3+200x_4\geqslant 3000\\50x_1+60x_2+20x_3+10x_4\geqslant 55\\400x_1+200x_2+300x_3+500x_4\geqslant 800\\x_j\geqslant 0\ (j=1,\ 2,\ 3,\ 4)\end{cases}$$

[例 7-4] 求线性规划问题：

$$\min z=-3x_1-x_2-3x_3$$

$$\text{s. t.}\begin{cases}2x_1+x_2+x_3\leqslant 2\\x_1+2x_2+3x_3\leqslant 5\\2x_1+2x_2+x_3\leqslant 6\\x_1,\ x_2,\ x_3\geqslant 0\end{cases}$$

四、实验过程

[例 7-1] 求线性规划问题：

$$\max z=2x_1+3x_2$$

$$\text{s. t.}\begin{cases}x_1+2x_2\leqslant 8\\4x_1\leqslant 16\\4x_2\leqslant 12\end{cases}$$

解 Notebook 环境下的程序代码如下：

```
f=[-2;-3];                                        % 目标函数向量
A=[1 2;4 0;0 4];                                  % 不等式约束条件的系数矩阵
b=[8;16;12];                                      % 不等式约束的右端项
[x,fval,exitflag,output,lambda]=linprog(f,A,b)   % 调用函数格式
```

运行结果如下：

```
Optimization terminated.
x=
4.0000
```

```
2.0000
fval=
  -14.0000
exitflag=
       1
output=
          iterations:5
            algorithm:'large-scale:interior point'
       cgiterations:0
              message:'Optimization terminated.'
constrviolation:0
lambda=
ineqlin :[3x1 double]
        eqlin:[0x1 double]
        upper:[2x1 double]
        lower:[2x1 double]
```

[例 7-2] 求线性规划问题：

$$\min z=-3x_1-2x_2$$

$$\text{s. t.}\begin{cases}-x_1+2x_2\leqslant 4\\3x_1+2x_2\leqslant 14\\x_1-x_2=3\\x_1+x_2=5\\x_1,\ x_2\geqslant 0\end{cases}$$

解 Notebook 环境下的程序代码如下：

```
f=[-3;-2];                                   % 目标函数向量
A=[-1 2;3 2];                                % 不等式约束条件的系数矩阵
b=[4;14];                                    % 不等式约束的右端项
Aeq=[1 -1;1 1];                              % 等式约束条件的系数矩阵
beq=[3;5];                                   % 等式约束的右端项
lb=zeros(3,1);                               % 决策变量 x 的下界
[x,fval,exitflag,output,lambda]=linprog(f,A,b,Aeq,beq,lb)
                                             % 调用函数格式
```

运行结果如下：

```
Warning:Length of lower bounds is > length(x);ignoring extra bounds.
> In checkbounds at 27
  In linprog at 198
Optimization terminated.
```

```
x=
4.0000
1.0000
fval=
  -14.0000
exitflag=
       1
output=
         iterations:3
           algorithm:'large-scale:interior point'
      cgiterations:0
             message:'Optimization terminated.'
constrviolation:6.0751e-011
lambda=
ineqlin :[2x1 double]
        eqlin:[2x1 double]
        upper:[2x1 double]
        lower:[2x1 double]
```

[例 7-3]　求线性规划问题：

$$\min z=10x_1+6x_2+3x_3+2x_4$$

$$\text{s.t.}\begin{cases}1000x_1+800x_2+900x_3+200x_4\geqslant 3000\\50x_1+60x_2+20x_3+10x_4\geqslant 55\\400x_1+200x_2+300x_3+500x_4\geqslant 800\\x_j\geqslant 0\ (j=1,\ 2,\ 3,\ 4)\end{cases}$$

解　Notebook 环境下的程序代码如下：

```
f=[10;6;3;2];                                            % 目标函数向量
A=-[1000 800 900 200;50 60 20 10;400 200 300 500];% 不等式约束条件的系数矩阵
b=-[3000;55;800];                                        % 不等式约束的右端项
lb=zeros(4,1);                                           % 决策变量 x 的下界
[x,fval,exitflag,output,lambda]=linprog(f,A,b,[],[],lb)
                                                         % 调用函数格式
```

运行结果如下：

```
Optimization terminated.
x=
0.0000
0.0000
3.3333
0.0000
```

```
fval=
    10.0000
exitflag=
       1
output=
         iterations:6
           algorithm:'large-scale:interior point'
        cgiterations:0
             message:'Optimization terminated.'
constrviolation:0
lambda=
ineqlin:[3x1 double]
eqlin:[0x1 double]
upper:[4x1 double]
lower:[4x1 double]
```

[例 7-4] 求线性规划问题：

$$\min z=-3x_1-x_2-3x_3$$

$$\text{s. t.}\begin{cases}2x_1+x_2+x_3\leqslant 2\\x_1+2x_2+3x_3\leqslant 5\\2x_1+2x_2+x_3\leqslant 6\\x_1,\ x_2,\ x_3\geqslant 0\end{cases}$$

解 Notebook 环境下的程序代码如下：

```
f=[-3;-1;-3];                              % 目标函数向量
A=[2 1 1;1 2 3;2 2 1];                     % 不等式约束条件的系数矩阵
b=[2;5;6];                                 % 不等式约束的右端项
lb=zeros(3,1);                             % 决策变量 x 的下界
[x,fval,exitflag]=linprog(f,A,b,[],[],lb)% 调用函数格式
```

运行结果如下：

```
Optimization terminated.
x=
0.2000
0.0000
1.6000
fval=
   -5.4000
exitflag=
       1
```

五、实验小结

linprog 函数要求目标函数最小化，如果目标函数是最大化，可以通过目标函数的负值实现最小化。不等式约束条件左端的项要小于等于右端的项，如果大于等于右端的项，两端则要乘上-1 转换成左端的项小于等于右端的项进行求解。

六、练习实验

求解下列线性规划问题：

（1）$\min z=-3x_1-5x_2$

$$\text{s. t.}\begin{cases}2x_1\leqslant 8\\x_2\leqslant 6\\3x_1+2x_2\leqslant 18\end{cases}$$

（2）$\max z=-5x_1+5x_2+13x_3$

$$\text{s. t.}\begin{cases}-x_1+x_2+3x_3\leqslant 20\\12x_1+4x_2+10x_3\leqslant 90\\x_1,\ x_2,\ x_3\geqslant 0\end{cases}$$

（3）$\max z=x_1-2x_2+x_3$

$$\text{s. t.}\begin{cases}-x_1+x_2+x_3\geqslant 4\\-2x_1-x_2+2x_3\geqslant 3\\x_1\geqslant 0,\ x_2\leqslant 0,\ x_3\geqslant 0\end{cases}$$

（4）$\max z=15x_{11}+20x_{21}+30x_{31}$

$$\text{s. t.}\begin{cases}x_{11}+x_{12}=3\\x_{21}+x_{22}=3\\x_{31}+x_{32}=1\\15x_{11}+20x_{21}+30x_{31}-20x_{12}-30x_{22}-55x_{32}=0\\x_{ij}\geqslant 0\ (i=1,\ 2,\ 3;\ j=1,\ 2)\end{cases}$$

实验八
基于 MATLAB 优化工具箱求解非线性规划问题

一、实验目的

1. 了解 MATLAB 优化工具箱的 fminbnd、fminsearch、fminunc、fmincon 等函数。
2. 掌握利用 MATLAB 优化工具箱求解非线性规划问题。

二、实验原理

非线性规划是具有非线性的目标函数或约束条件的数学规划，是研究一个 n 元实函数在一组等式或不等式约束条件下的极值问题，且目标函数和约束条件至少有一个是决策变量的非线性形式。

MATLAB 求解优化问题的主要函数如表 1-8-1 所示。

表 1-8-1　MATLAB 求解优化问题的主要函数

优化问题	调用函数
线性规划	linprog
非线性规划	fminbnd
非线性一元函数最小值	fminbnd
无约束非线性规划	fminunc，fminsearch
有约束非线性规划	fmincon
二次规划	quadprog

（一）非线性一元函数优化问题

调用 **fminbnd** 函数求解如下形式的非线性规划问题：

$$\min f(x)$$
$$s.t.\ x_1 \leqslant x \leqslant x_2$$

fminbnd 函数有下列调用格式：

[x，fval，exitflag，output] =fminbnd（fun，x1，x2，options）

其中，输入部分的 **fun** 是非线性一元函数优化问题的目标函数，［**x1**，**x2**］是 **x** 的优化区间。函数 **fminbnd** 的算法基于黄金分割法和二次插值法，它要求目标函数必须是连续函数，而且可能给出局部最优解。

fun 函数需要输入参数 **x**，返回 **x** 处的目标函数值 **f**。可以将 **fun** 函数指定为命令行，如

```
x= fminbnd (inline ('sin (x*x)'),,,)
```

同样，**fun** 函数可以是一个包含函数名的字符串，对应的函数可以是 **M** 文件、内部函数或 **MEX** 文件。若 **fun** = 'myfun'，则

```
x= fminbnd(@myfun,,,)
```

其中，**M** 文件函数 **myfun. m** 必须为下面的形式：

```
function f= myfun (x)
f = …          % 计算 x 处的函数值
```

（二）非线性无约束优化问题

调用 **fminsearch** 或 **fminunc** 函数求解如下形式的非线性无约束优化问题：

$$\min_{x} f(\boldsymbol{x})$$

其中，$\boldsymbol{x}$ 为向量，f 是非线性函数。

fminsearch 和 fminunc 函数的调用格式为：

```
[x,fval,exitflag,output]= fminsearch (fun,x0,options)
[x,fval,exitflag,output]= fminunc (fun,x0,options)
```

其中，x_0为初值，可以是标量、向量或矩阵。

fminunc 为无约束优化提供了大型优化和中型优化算法，由 options 中的参数 LargeScale 控制算法规模：LargeScale = 'on'（默认值），使用大型算法；LargeScale = 'off'（默认值），使用中型算法。

fminunc 为中型优化算法的搜索方向提供了以下几种算法，由 options 中的参数 Hess Update 控制：

（1）HessUpdate = 'bfgs'（默认值），拟牛顿法的 BFGS 公式。

（2）HessUpdate = 'dfp'，拟牛顿法的 DFP 公式。

（3）HessUpdate = 'steepdesc'，最速下降法。

fminunc 为中型优化算法的步长一维搜索提供了两种算法，由 options 中的参数 LineSearchType 控制：

（1）LineSearchType = 'quadcubic'（缺省值），混合的二次和三次多项式插值。

（2）LineSearchType = 'cubicpoly'，三次多项式插值。

（三）非线性有约束优化问题

调用 **fmincon** 函数求解如下形式的非线性有约束优化问题：

$$\min_{x} f(\boldsymbol{x})$$

$$\text{s. t.}\begin{cases}\mathrm{c}(\boldsymbol{x})\leqslant 0\\ \mathbf{ceq}(\boldsymbol{x})=0\\ \boldsymbol{A}\cdot\boldsymbol{x}\leqslant\boldsymbol{b}\\ \mathbf{Aeq}\cdot\boldsymbol{x}=\mathbf{beq}\\ \mathbf{lb}\leqslant\boldsymbol{x}\leqslant\mathbf{ub}\end{cases}$$

其中，$\boldsymbol{x}$、$\boldsymbol{b}$、**beq**、**lb** 和 **ub** 为向量；$\boldsymbol{A}$ 和 **Aeq** 为矩阵；$\mathrm{c}(\boldsymbol{x})$ 和 $\mathrm{ceq}(\boldsymbol{x})$ 为函数，返回标量；$\mathrm{f}(\boldsymbol{x})$、$\mathrm{c}(\boldsymbol{x})$ 和 $\mathrm{ceq}(\boldsymbol{x})$ 可以是非线性函数。

fmincon 函数的调用格式为：

```
[x,fval,exitflag,output,lambda,grad,hessian] = fmincon(fun,x0,A,b,
Aeq,beq,lb,ub,nonlcon,options)
```

fmincon 函数常用于有约束非线性优化问题，是求多变量有约束非线性函数的最小值。nonlcon 参数中提供非线性不等式 c(x) 或等式 ceq(x)。fmincon 函数要求 $\mathrm{c}(\boldsymbol{x})\leqslant 0$ 且 ceq(x)= 0。当无边界存在时，令 **lb** =[ ] 和（或）**ub** =[ ]。若不需要参数 $\boldsymbol{A}$、$\boldsymbol{b}$、**Aeq**、**beq**、**lb**、**ub**，nonlcon 和 options 可将它们设置为空矩阵。grad 是解 $\boldsymbol{x}$ 处 fun 函数的梯度，hessian 是解 $\boldsymbol{x}$ 处 fun 函数的 Hessian 矩阵。

nonlcon 参数计算非线性不等式约束 $\mathrm{c}(\boldsymbol{x})\leqslant 0$ 和非线性等式约束 $\mathrm{ceq}(\boldsymbol{x})=0$。nonlcon 参数是一个包含函数名的字符串，可以是 M 文件、内部文件或 MEX 文件。它要求输入一个向量 $\boldsymbol{x}$，返回两个变量，即解 $\boldsymbol{x}$ 处的非线性不等式向量 $\boldsymbol{c}$ 和非线性等式向量 **ceq**。例如，若 nonlcon = 'mycon'，则 M 文件 mycon. m 具有下面的形式：

```
function [c,ceq] = mycon (x)
  c = …                % 计算 x 处的非线性不等式
  ceq =…               % 计算 x 处的非线性等式
end
```

其他参数的意义同实验七。

(四) 二次规划

调用 **quadprog** 函数求解如下形式的二次规划问题：

$$\min z=\frac{1}{2}\boldsymbol{X}^{\mathrm{T}}\boldsymbol{H}\boldsymbol{X}+\boldsymbol{C}^{\mathrm{T}}\boldsymbol{X}$$

$$\text{s. t.}\begin{cases}\boldsymbol{A}\boldsymbol{X}\leqslant\boldsymbol{b}\\ \mathbf{Aeq}\cdot\boldsymbol{X}=\mathbf{beq}\\ \mathbf{lb}\leqslant\boldsymbol{X}\leqslant\mathbf{ub}\end{cases}$$

其中，$\boldsymbol{X}$ 是决策变量的向量，$\boldsymbol{H}$ 是二次项的二次型矩阵，$\boldsymbol{C}$ 是一次项的系数向量。

quadprog 函数的调用格式为：

```
[x,fval,exitflag,output] = quadprog(H,C,A,b,Aeq,beq,lb,ub,x0,op-
tions)
```

输入部分的 $\boldsymbol{H}$、$\boldsymbol{C}$ 分别是目标函数中二次项的二次型矩阵和一次项的系数向量。其他参数的意义同实验七。

三、实验内容

[例 8-1] 对边长为 3m 的正方形铁板，在四个角处剪去相等的小正方形以制成方形无盖盒子，问采用何种剪法使盒子容积最大。

[例 8-2] 求最小化问题：

$$\min x \in \mathbf{R}^2 f(x)=e^{x_1}(4x_1^2+2x_2^2+4x_1x_2+2x_2+1)$$

[例 8-3] 求最小化问题：

$$\min x \in \mathbf{R}^2 x_1^2-2x_1x_2+4x_2^2+x_1-3x_2$$

取初值 $x_0=[1,\ 1]$。

[例 8-4] 求解二次规划：

$$\min f(x_1,\ x_2)=\frac{1}{2}x_1^2+\frac{1}{2}x_2^2-x_1-2x_2$$

$$\text{s. t.}\begin{cases}2x_1+3x_2\leqslant 6\\x_1+4x_2\leqslant 5\\x_1,\ x_2\geqslant 0\end{cases}$$

[例 8-5] 求解下面优化问题：

$$\min -x_1x_2^2x_3$$

$$\text{s. t.}\begin{cases}2x_1+5x_2+x_3=4\\x_1,\ x_2,\ x_3\geqslant 0\end{cases}$$

[例 8-6] 求解下面优化问题：

$$\min\ 2x_1^2+2x_2^2-2x_1x_2-4x_1-6x_2$$

$$\text{s. t.}\begin{cases}-x_1-5x_2\geqslant -5\\-2x_1^2+x_2\geqslant 0\\x_1,\ x_2\geqslant 0\end{cases}$$

初始点 $x_0=[0,\ 0.75]$。

[例 8-7] 求解下面优化问题：

$$\min f(x)=e^{x_1}(4x_1^2+2x_2^2+4x_1x_2+2x_2+1)$$

$$\text{s. t.}\begin{cases}x_1+x_2=0\\1.5+x_1x_2-x_1-x_2\leqslant 0\\-x_1x_2-10\leqslant 0\end{cases}$$

四、实验过程

[例 8-1] 对边长为 3m 的正方形铁板，在四个角处剪去相等的小正方形以制成方形

无盖盒子，问采用何种剪法使盒子容积最大。

解 设剪去的正方形的边长为 x，则盒子容积为：

$$f(x)=(3-2x)^2x$$

现在要求在区间（0，1.5）上确定 x，使 f(x) 最大化。因为优化工具箱中要求目标函数最小化，所以需要对目标函数进行转换，即要求-f(x) 最小化。

Notebook 环境下的程序代码如下：

```
[x,fval]=fminbnd('-(3-2*x)^2*x',0,1.5)
```

运行结果如下：

```
x=
0.5000
fval=
    -2.0000
```

[例 8-2] 求最小化问题：

$$\min x\in \mathbf{R}^2 f(x)=ex_1(4x_1^2+2x_2^2+4x_1x_2+2x_2+1)$$

Notebook 环境下的程序代码如下：

```
[x,fval,exitflag,output]=fminunc('exp(x(1))*(4*x(1)^2+2*x(2)^2+
4*x(1)*x(2)+2*x(2)+1)',[-1,1])
```

运行结果如下：

```
Warning:Gradient must be provided for trust-region algorithm;using
line-search algorithm instead.
> In fminunc at 347
Local minimum found.
Optimization completed because the size of the gradient is less than
the default value of the function tolerance.
x=
0.5000   -1.0000
fval=
  3.6609e-015
exitflag=
       1
output=
      iterations:8
        funcCount:66
         stepsize:1
firstorderopt:1.2284e-007
            algorithm:'medium-scale:Quasi-Newton line search'mes-
sage:[1x438 char]
```

[**例 8-3**]　求最小化问题：

$$\min x\in \mathbf{R}^2 x_1^2-2x_1x_2+4x_2^2+x_1-3x_2$$

取初值 x_0= [1, 1]。

Notebook 环境下的程序代码如下：

```
[x,fval,exitflag,output]=fminsearch('(x(1)^2-2*x(1)*x(2)+4*x(2)^
2+x(1)-3*x(2))',[1,1])
```

运行结果如下：

```
x=
  -0.1667    0.3334
fval=
  -0.5833
exitflag=
       1
output=
iterations:41
        funcCount:79
        algorithm:'Nelder-Mead simplex direct search'message:[1x196
char]
```

[**例 8-4**]　求解二次规划：

$$\min f(x_1, x_2)=\frac{1}{2}x_1^2+\frac{1}{2}x_2^2-x_1-2x_2$$

$$\text{s. t.}\begin{cases}2x_1+3x_2\leqslant 6\\ x_1+4x_2\leqslant 5\\ x_1,\ x_2\geqslant 0\end{cases}$$

解　将目标函数和约束条件写成下面的矩阵形式：

$$\boldsymbol{H}=\begin{bmatrix}1&0\\0&1\end{bmatrix},\ \boldsymbol{f}=\begin{bmatrix}-1\\-2\end{bmatrix},\ \boldsymbol{x}=\begin{bmatrix}x_1\\x_2\end{bmatrix},\ \boldsymbol{A}=\begin{bmatrix}2&3\\1&4\end{bmatrix},\ \boldsymbol{b}=\begin{bmatrix}6\\5\end{bmatrix}$$

Notebook 环境下的程序代码如下：

```
H=[1 0;0 1];% 二次项的二次型矩阵 H
f=[-1;-2];% 一次项系数向量 f
A=[2 3;1 4];
b=[6;5];
lb=zeros(2,1);
[x,fval,exitflag,output,lambda]=quadprog(H,f,A,b,[],[],lb)
```

运行结果如下：

```
Warning:Large-scale algorithm does not currently solve this problem
formulation,using medium-scale algorithm instead.
> In quadprog at 291
```

```
Optimization terminated。
x=
0.7647
1.0588
fval=
   -2.0294
exitflag=
       1
output=
       iterations:2
constrviolation:-2.2204e-016
              algorithm:'medium-scale:active-set'
       firstorderopt:[]
        cgiterations:[]
               message:'Optimization terminated.'
lambda=
       lower:[2x1 double]
       upper:[2x1 double]
       eqlin:[0x1 double]
ineqlin:[2x1 double]
```

[例 8-5] 求解下面优化问题：

$$\min -x_1x_2^2x_3$$
$$\text{s.t.}\begin{cases}2x_1+5x_2+x_3=4\\x_1,\ x_2,\ x_3\geq 0\end{cases}$$

解 易知 **Aeq**=［2 5 1］，**beq**=［4］。

Notebook 环境下的程序代码如下：

```
x0=[0,1,1];% 决策变量的初始向量
Aeq=[2,5,1];
beq=4;
lb=zeros(3,1);
[x,fval,exitflag,output,lambda]=fmincon('-x(1)*x(2)^2*x(3)',x0,
[],[],Aeq,beq,lb,[],[])
```

运行结果如下：

```
Warning:Trust-region-reflective algorithm does not solve this type of problem,using active-set algorithm. You could also try the interior-point or sqp algorithms:set the Algorithm option to 'interior-point'or 'sqp'and rerun. For more help,see Choosing the Algorithm in the documentation.
```

```
> In fmincon at 472
Local minimum possible. Constraints satisfied.
fmincon stopped because the predicted change in the objective function is less than the default value of the function tolerance and constraints were satisfied to within the default value of the constraint tolerance.
No active inequalities.
x=
0.4999    0.4000    1.0001
fval=
    -0.0800
exitflag=
       5
output=
          iterations:9
           funcCount:36
       lssteplength:1
            stepsize:9.9959e-005
           algorithm:'medium-scale:SQP,Quasi-Newton,line-search'
      firstorderopt:2.1642e-005
constrviolation:0
             message:[1x777 char]
lambda =
           lower:[3x1 double]
           upper:[3x1 double]
           eqlin:0.0800
       eqnonlin:[0x1 double]
        ineqlin:[0x1 double]
ineqnonlin:[0x1 double]
```

[例 8-6] 求解下面优化问题：

$$\min\ 2x_1^2+2x_2^2-2x_1x_2-4x_1-6x_2$$

$$\text{s. t.}\begin{cases}-x_1-5x_2\geqslant -5\\ -2x_1^2+x_2\geqslant 0\\ x_1,\ x_2\geqslant 0\end{cases}$$

初始点 $\boldsymbol{x}_0$= [0; 0.75]。

解 易知 $\boldsymbol{A}$= [1 5]，$\boldsymbol{b}$=5，$\boldsymbol{x}_0$= [0; 0.75]。

Notebook 环境下的程序代码如下：

```
function [c,ceq] = mycon(x)
```

```
c=2*x(1)^2-x(2);
ceq=[];
end  % 非线性不等式和等式约束的M文件形式
x0=[0;0.75];
A=[1 5];
b=5;
lb=zeros(2,1);
[x,fval,exitflag,output,lambda]=fmincon('2*x(1)^2+2*x(2)^2-2*x(1)*x(2)-4*x(1)-6*x(2)',x0,A,b,[],[],lb,[],'mycon')
```

运行结果如下：

```
Warning:Trust-region-reflective algorithm does not solve this type of problem,using active-set algorithm. You could also try the interior-point or sqp algorithms:set the Algorithm option to 'interior-point'or 'sqp'and rerun. For more help,see Choosing the Algorithm in the documentation.
> In fmincon at 472
Local minimum found that satisfies the constraints.
Optimization completed because the objective function is non-decreasing in feasible directions,to within the default value of the function tolerance,and constraints were satisfied to within the default value of the constraint tolerance.
Active inequalities (to within options.TolCon= 1e-006):
lower      upper     ineqlin   ineqnonlin
                        1           1
x=
0.6589
0.8682
fval=
    -6.6131
exitflag=
       1
output=
          iterations:5
           funcCount:20
        lssteplength:1
             stepsize:4.3952e-005
            algorithm:'medium-scale:SQP,Quasi-Newton,line-search'
       firstorderopt:2.1117e-007
```

```
constrviolation:3.7162e-009
                message:[1x788 char]
lambda =
        lower:[2x1 double]
        upper:[2x1 double]
        eqlin:[0x1 double]
     eqnonlin:[0x1 double]
      ineqlin:0.9335
ineqnonlin:0.8224
```

[例 8-7]　求解下面优化问题：

$$\min f(x)=ex_1(4x_1^2+2x_2^2+4x_1x_2+2x_2+1)$$

$$\text{s. t.}\begin{cases}x_1+x_2=0\\1.5+x_1x_2-x_1-x_2\leqslant 0\\-x_1x_2-10\leqslant 0\end{cases}$$

解　易知 **Aeq**= [1 1]，**beq**= [0]。

Notebook 环境下的程序代码如下：

```
function [c,ceq] = mycon1(x)
c=[1.5+x(1)*x(2)-x(1)-x(2);-x(1)*x(2)-10];
ceq=[];
end
x0=[-1;1];
Aeq=[1 1];
beq=0;[x,fval,exitflag,output,lambda]=fmincon('exp(x(1))*(4*x(1)^
2+2*x(2)^2+4*x(1)*x(2)+2*x(2)+1)',x0,[],[],Aeq,beq,[],[],'mycon1')
```

运行结果如下：

```
Warning:Trust-region-reflective algorithm does not solve this type
of problem,using active-set algorithm. You could also try the interior-
point or sqp algorithms:set the Algorithm option to 'interior-point'or
'sqp'and rerun. For more help,see Choosing the Algorithm in the documen-
tation.
> In fmincon at 472
Local minimum found that satisfies the constraints.
Optimization completed because the objective function is non-decrea-
sing in feasible directions,to within the default value of the function
tolerance,and constraints were satisfied to within the default value of
the constraint tolerance.
Active inequalities (to within options.TolCon= 1e-006):
lower      upper     ineqlin   ineqnonlin
```

```
                                          1
x=
  -1.2247
1.2247
fval=
1.8951
exitflag=
       1
output=
        iterations:4
         funcCount:12
      lssteplength:1
           stepsize:3.7569e-008
         algorithm:'medium-scale:SQP,Quasi-Newton,line-search'
     firstorderopt:3.5086e-009
constrviolation:0
               message:[1x788 char]
lambda=
        lower:[2x1 double]
        upper:[2x1 double]
        eqlin:0.4677
    eqnonlin:[0x1 double]
      ineqlin:[0x1 double]
ineqnonlin:[2x1 double]
```

五、实验小结

1. 非线性优化函数进行优化运算时对目标函数和约束条件有严格的要求。fmincon 函数的目标函数和约束函数必须是连续的；fminbnd 和 fminunc 函数要求目标函数必须是实数变量且连续；fminsearch 函数的优化变量必须是实数，如果 x 为复数，则必须将它分为实数部和虚数部两部分。

2. fminbnd、fmincon、fminsearch 等函数可能只给出局部最优解。当优化问题的解位于区间边界上时，fminbnd 函数的收敛速度往往很慢。此时，fmincon 函数的计算速度更快，计算精度更高。

3. 对于求解二次以上的问题，fminunc 函数比 fminsearch 函数有效，但对于高度非线性不连续问题时，fminsearch 函数更具稳健性。

4. quadprog 函数对于大型优化问题，若没有提供初值 x_0或 x_0不是严格可行，则 quadprog 函数会选择一个新的初始可行点进行运算。

六、练习实验

1. 求二次规划的最小值：

$$\min f(x_1, x_2) = -2x_1-6x_2+x_1^2-2x_1x_2+2x_2^2$$

$$\text{s. t.}\begin{cases}x_1+x_2\leqslant 2\\ -x_1+2x_2\leqslant 2\\ x_1\geqslant 0,\ x_2\geqslant 0\end{cases}$$

2. 求解非线性规划问题：

（1）$\min f(x_1, x_2) = x_1^2+x_2$

$$\text{s. t.}\begin{cases}x_1+x_2^2\leqslant 1\\ x_1+x_2\leqslant 1\\ x_1^2+x_2^2=9\end{cases}$$

（2）$\min f(x_1, x_2) = x_1^2-x_1x_2+2x_2^2-x_1-x_2$

$$\text{s. t.}\begin{cases}x_1-x_2\geqslant 3\\ x_1+x_2=4\\ x_1,\ x_2\geqslant 0\end{cases}$$

实验九
常微分方程（组）的解析解与数值解

一、实验目的

1. 掌握 MATLAB 求解常微分方程解析解的一般方法。
2. 掌握 MATLAB 求解常微分方程数值解的一般方法。
3. 掌握 MATLAB 求解含参数问题的微分方程数值解的一般方法。
4. 掌握内联函数 inline 的使用方法。

二、实验原理

常微分方程是描述动态系统最常用的数学工具，也是科学与工程领域很多数学建模的基础。线性常微分方程和低阶非线性常微分方程往往可以通过解析解的方法求解，但诸多非线性微分方程是没有解析解的，故需设法求解其数值解。本实验将重点介绍和演示基于 MATLAB 的常微分方程边值问题的解析解、数值解的一般方法。

（一）常微分方程（组）的解析解

常微分方程的解析解也称为常微分方程的符号解，即满足给定方程的精确的函数表达式。手工求解效率低且准确率不高，调用 MATLAB 内置的求解函数 dsolve，可以快捷地求出常微分方程的解析解，其调用格式如表 1-9-1 所示。

表 1-9-1　dsolve 的调用格式及功能描述

调用格式	功能描述
dsolve（'equation'，'condition'，'variable'）	求常微分方程的解析解
［y1，y2，…］=dsolve（'eq1，eq2，…'，'cond1，cond2，…'，'variable'）	求常微分方程组的解析解

其中，equation 为微分方程的表达式，eqi 表示微分方程组中第 i 个方程；condition 为微分方程的初始条件，condi 表示微分方程组中第 i 个初值条件（初始条件若缺省则为求通解）；variable 为微分方程（组）的自变量（缺省变量为 t）。

原始方程（组）无法直接调用，须按约定对其进行改写后才能被 dsolve 识别并运行，改写约定如下：Dy 表示 y′，D2y 表示 y″，依次类推；初始条件 Dy(0)= 1 表示 y′(0)= 1，

D2y(0)=1 表示 y″(0)=1，以此类推。

（二）常微分方程（组）的数值解

并非所有的常微分方程都存在解析解，除常系数线性微分方程可用特征根法求解，少数特殊方程可用初等积分法求解外，大部分微分方程根本不存在解析解，所以探究和寻找常微分方程（组）的数值解已成为解决和应用方程问题一个不可或缺的环节，下面介绍 MATLAB 方程求解器 solver 的使用方法。

1. 常微分方程（组）的数值解求解器 solver 的使用

MATLAB 具有强大的方程求解功能，借助 MATLAB 内置的求解器 solver 可快捷地得到给定的一阶常微分方程的数值解或图示解，其调用格式如表 1-9-2 所示。

表 1-9-2　求解器 solver 的调用格式及功能描述

调用格式	功能描述
[**x**，**y**] =solver（'Fun'，Tspan，**y**0）	求常微分方程（组）的数值解
solver（'Fun'，Tspan，**y**0）	求常微分方程（组）的图示解

其中，solver 为常微分方程数值解求解器，即 MATLAB 内置的求解函数，常见的有 ode23、ode45、ode113、ode15s、ode23s 等，这些命令各有特点，具体如表 1-9-3 所示；Fun 为定义微分方程（组）的 M 函数的文件名；Tspan 为求解区间；**y**0 表示初始条件向量；输出参数 [**x**，**y**] 为微分方程组解函数的列向量，当输出参数缺省时输出解函数的曲线。

表 1-9-3　求解器 solver 的类型及特点

Solver	ODE 类型	特点	说明
ode45	非刚性	一步算法，采用龙格-库塔四阶算法，用五阶公式做误差估计来调节步长，具有中等的精度	大部分场合的首选算法
ode23	非刚性	一步算法，采用龙格-库塔二阶算法，用三阶公式做误差估计来调节步长，具有低等的精度	使用于精度较低的情形
ode113	非刚性	多步法，Adams 算法，高低精度均可达到 $10^{-3}\sim10^{-6}$	计算时间比 ode45 短
ode23t	适度刚性	采用梯形算法	适度刚性情形
ode15s	刚性	多步法，Gear's 反向数值积分，精度中等	若 ode45 失效时，可尝试使用
ode23s	刚性	一步法，二阶 Rosebrock 算法，低精度	当精度较低时，计算时间比 ode15s 短

2. 高阶常微分方程的一阶化

由于 MATLAB 常微分方程（组）的数值解求解器 solver 仅限于求解一阶常微分方程的

数值解，所以在欲求高阶的常微分方程（组）的数值解前，须把其化为一阶常微分方程组。

对于给定的 n 阶常微分方程：

$$y^{(n)}=f(t, y', y'', \cdots, y^{(n-1)})$$

设 $y_1=y$，$y_2=y'$，…，$y_n=y^{(n-1)}$，可化为一阶方程组：

$$\begin{cases} y_1'=y_2 \\ y_1'=y_3 \\ \cdots \\ y_{n-1}'=y_n \\ y_n'=f\ (t,\ y_1,\ y_2,\ \cdots,\ y_n) \end{cases}$$

然后调用 solver 即可求解。

3. 内联函数 inline 的使用

在调用求解器 solver 去求常微分方程（组）的数值解时，原方程（组）通常被编写成 M 文件并命名后，才能被 solver 成功识别并调用。由于 M 文件无法作为求解程序的一部分内嵌在程序中，所以管理起来极不方便，尤其对于 MATLAB 的初学者而言，在编写和使用 M 文件时，经常会出现无法成功调用的现象。本实验将借助 inline 函数来实现原方程（组）的快速定义，比如，你想定义函数 f(x, y)= sin(x * y)，直接输入命令 f=inline('sin(x * y)', 'x', 'y') 即可，更多用法详见其后的实验过程及 MATLAB 关于 inline 的帮助文件。

4. 带参数的常微分方程（组）的数值解

在系统动态分析中常常需要求解带参数的常微分方程（组）的数值解，按如表 1-9-4 所示的格式调用 MATLAB 求解器 solver 即可实现。

表 1-9-4　求解器 solver 求解含参方程（组）的调用格式及功能描述

调用格式	功能描述
[**x**, **y**] =solver（fun, Tspan, **y**0, [ ], b1, r1, s1）	求解含参数 b1、r1、s1 的常微分方程（组）的数值解
solver（fun, Tspan, **y**0, [ ], b1, r1, s1）	求解含参数 b1、r1、s1 的常微分方程（组）的图示解

其中，fun 为所求常微分方程（组）的内联函数，b1、r1、s1 为所求常微分方程（组）所含参数，Tspan、**y**0 含义同表 1-9-2 的参数说明。

三、实验内容

（一）求常微分方程（组）的解析解

[例 9-1]　求方程 $\dfrac{\mathrm{d}^3x}{\mathrm{d}t^3}-3\dfrac{\mathrm{d}^2x}{\mathrm{d}t^2}+4x=0$ 的通解。

［例 9-2］　求方程 $y''-2ay'+5y=e^x\sin x$ 的通解。

［例 9-3］　求方程 $\begin{cases}\dfrac{\mathrm{d}^2y}{\mathrm{d}x^2}+4\dfrac{\mathrm{d}y}{\mathrm{d}x}+29y=0\\ y(0)=0,\ y'(0)=15\end{cases}$ 的特解。

［例 9-4］　求微分方程组 $\begin{cases}\dfrac{\mathrm{d}x}{\mathrm{d}t}=2x-3y+3z\\ \dfrac{\mathrm{d}y}{\mathrm{d}t}=4x-5y+3z\\ \dfrac{\mathrm{d}z}{\mathrm{d}t}=4x-4y+2z\end{cases}$ 的通解。

［例 9-5］　求微分方程组 $\dot{\boldsymbol{x}}=\begin{bmatrix}2 & 0 & 0\\ 3 & 2 & 0\\ 5 & -2 & -1\end{bmatrix}\boldsymbol{x}$ 的通解及满足初始条件 $\boldsymbol{x}(0)=\begin{bmatrix}0\\ 1\\ 0\end{bmatrix}$ 的特解。

（二）求常微分方程（组）的数值解

［例 9-6］　解常微分方程 $\dfrac{\mathrm{d}y}{\mathrm{d}t}+2xy=1$，$y(-2,\ 5)=0$ 的数值解。

［例 9-7］　求解微分方程初值问题 $\begin{cases}\dfrac{\mathrm{d}y}{\mathrm{d}t}=-2y+2x^2+2x\\ y(0)=1\end{cases}$ 的数值解，求解区间为 [0, 0.5]。

［例 9-8］　求微分方程组 $\begin{cases}y_1'=y_2y_3\\ y_2'=-y_1y_3\\ y_3'=-0.51y_1y_2\\ y_1(0)=1,\ y_2(0)=1,\ y_3(0)=1\end{cases}$ 的数值解。

［例 9-9］　求解描述振荡器的经典的 Van-del-Pol 微分方程：

$$\frac{\mathrm{d}^2y}{\mathrm{d}t^2}-\mu(1-y^2)\frac{\mathrm{d}y}{\mathrm{d}t}+y=0$$

当 $y(0)=1$，$y'(0)=0$，$\mu=100$ 时的数值解与图示解。

（三）求含参数的常微分方程（组）的数值解

［例 9-10］　求解表现奇异吸引子的动力学系统 Lorenz（洛伦兹）方程：

$$\begin{cases}\dot{x}_1=-\beta x_1(t)+x_2(t)x_3(t)\\ \dot{x}_2=-\rho x_2(t)+\rho x_3(t)\\ \dot{x}_3=-x_1(t)x_2(t)+\sigma x_2(t)-x_3(t)\end{cases}$$

当 $\beta=8/3$，$\rho=10$，$\sigma=28$，$x_1(0)=0$，$x_2(0)=0$，$x_3(0)=0.1$ 时的数值解及图示解，并分别绘制该方程数值解的二维曲线和三维曲线。

四、实验过程

（一）求常微分方程（组）的解析解

[例 9-1] 求方程 $\frac{d^3x}{dt^3}-3\frac{d^2x}{dt^2}+4x=0$ 的通解。

解 Notebook 环境下的程序代码如下：

```
clear all
x=dsolve('D3x-3*D2x+4*x=0','t')
```

运行结果如下：

```
x=
C1*exp(2*t)+C2*exp(-t)+C3*t*exp(2*t)
```

即原方程的通解为 $x(t)=c_1e^{2t}+c_2e^{-t}+c_3te^{2t}$，其中 c_1、c_2、c_3 为任意常数。

[例 9-2] 求方程 $y''-2ay'+5y=e^x\sin x$ 的通解。

解 Notebook 环境下的程序代码如下：

```
y=dsolve('D2y-2*a*Dy+5*y-exp(x)*sin(x)=0','x');
y=simple(y)
```

运行结果如下：

```
y=
exp(-x*(a^2-5)^(1/2))*(C6*exp(a*x)+C5*exp(a*x+2*x*(a^2-5)^(1/2)))-
(exp(x)*(2*cos(x)-5*sin(x)-2*a*cos(x)+2*a*sin(x)))/(8*a^2-28*a+29)
```

[例 9-3] 求方程 $\begin{cases}\frac{d^2y}{dx^2}+4\frac{dy}{dx}+29y=0\\ y(0)=0,\ y'(0)=15\end{cases}$ 的特解。

解 Notebook 环境下的程序代码如下：

```
y=dsolve('D2y+4*Dy+29*y=0','y(0)=0,Dy(0)=15','x')
```

运行结果如下：

```
y=
3*sin(5*x)*exp(-2*x)
```

[例 9-4] 求微分方程组 $\begin{cases}\frac{dx}{dt}=2x-3y+3z\\ \frac{dy}{dt}=4x-5y+3z\\ \frac{dz}{dt}=4x-4y+2z\end{cases}$ 的通解。

解 Notebook 环境下的程序代码如下：

```
[x,y,z]=dsolve('Dx=2*x-3*y+3*z','Dy=4*x-5*y+3*z','Dz=4*x-4*
y+2*z', 't');             % 求通解
x=simple(x)               % 化简 x 的输出结果
y=simple(y)               % 化简 y 的输出结果
z=simple(z)               % 化简 z 的输出结果
```

运行结果如下：

```
x=
C7*exp(-t)+C9*exp(2*t)
y=
C7*exp(-t)+C8*exp(-2*t)+C9*exp(2*t)
z=
C8*exp(-2*t)+C9*exp(2*t)
```

[例 9-5]　求微分方程组 $\dot{\boldsymbol{x}}=\begin{bmatrix}2&0&0\\3&2&0\\5&-2&-1\end{bmatrix}\boldsymbol{x}$ 的通解及满足初始条件 $\boldsymbol{x}(0)=\begin{bmatrix}0\\1\\0\end{bmatrix}$ 的特解。

解　Notebook 环境下的程序代码如下：

```
[x1,x2,x3]=dsolve('Dx1=2*x1','Dx2=3*x1+2*x2','Dx3=5*x1-2*x2-x3',
't');                                        % 求通解
x1=simple(x1)                                % 化简 x1 的输出结果
x2=simple(x2)                                % 化简 x2 的输出结果
x3=simple(x3)                                % 化简 x3 的输出结果
[x10,x20,x30]=dsolve('Dx1=2*x1','Dx2=3*x1+2*x2','Dx3=5*x1-2*x2-
x3','x1(0)=0','x2(0)=1','x3(0)=0','t')      % 求特解
```

运行结果如下：

```
x1=
-(C17*exp(2*t))/2
x2=
-(exp(2*t)*(7*C17+6*C18+6*C17*t))/4
x3=
C18*exp(2*t)+C19*exp(-t)+C17*t*exp(2*t)
x10=
0
x20=
exp(2*t)
x30=
-exp(-t)*((2*exp(3*t))/3-2/3)
```

（二）求常微分方程（组）的数值解

［例 9-6］ 解常微分方程$\frac{dy}{dx}+2xy=1$，$y(-2.5)=0$ 的数值解。

解 编写 M 文件 f001.m：

```
function dy=f001(x,y)
dy=1-2*x*y;                          % 方程表达式
```

Notebook 环境下的程序代码如下：

```
[x,y]=ode45('f001',[-2.5 3],[0])     % 求一阶常微分方程的数值解
ode45('f001',[-2.5 3],[0])           % 求一阶常微分方程的图示解
title('Dy=1-2*x*y 的图示解')
```

运行结果如下：

```
x=
   -2.5000      -2.1730      -0.0403      2.1539
   -2.4999      -2.1177      0.0972       2.2038
   -2.4999      -2.0623      0.2347       2.2538
   -2.4998      -2.0070      0.3722       2.3038
   -2.4998      -1.9516      0.5097       2.3537
   -2.4995      -1.8868      0.6472       2.3997
   -2.4993      -1.8219      0.7847       2.4457
   -2.4990      -1.7570      0.9222       2.4917
   -2.4988      -1.6922      1.0597       2.5377
   -2.4975      -1.6170      1.1446       2.5817
   -2.4963      -1.5418      1.2294       2.6256
   -2.4950      -1.4666      1.3143       2.6696
   -2.4938      -1.3914      1.3992       2.7135
   -2.4875      -1.3024      1.4651       2.7572
   -2.4812      -1.2133      1.5310       2.8009
   -2.4749      -1.1243      1.5969       2.8446
   -2.4687      -1.0353      1.6628       2.8883
   -2.4392      -0.9240      1.7287       2.9162
   -2.4098      -0.8128      1.7946       2.9441
   -2.3803      -0.7016      1.8605       2.9721
   -2.3509      -0.5903      1.9264       3.0000
   -2.3064      -0.4528      1.9832
   -2.2620      -0.3153      2.0401
   -2.2175      -0.1778      2.0970
```

```
y=
        0          0.7591       115.3419       1.3909
   0.0001          1.0250       114.5653       1.1632
   0.0001          1.3542       109.5937       0.9754
   0.0002          1.7583       100.9667       0.8217
   0.0002          2.2510        89.5623       0.6961
   0.0005          2.9608        76.5387       0.6005
   0.0007          3.8393        63.0099       0.5216
   0.0010          4.9155        49.9300       0.4569
   0.0012          6.2204        38.1046       0.4038
   0.0025          8.0632        31.6757       0.3617
   0.0038         10.3104        25.9677       0.3269
   0.0050         13.0124        21.0049       0.2983
   0.0063         16.2160        16.7652       0.2746
   0.0129         20.7106        13.9392       0.2551
   0.0197         26.0099        11.4996       0.2388
   0.0267         32.1265         9.4192       0.2254
   0.0339         39.0340         7.6606       0.2141
   0.0709         48.6664         6.1825       0.2078
   0.1134         59.1601         4.9579       0.2022
   0.1622         70.1331         3.9577       0.1972
   0.2180         81.0929         3.1453       0.1926
   0.3175         93.7599         2.5680
   0.4383        104.3359         2.0927
   0.5841        111.7868         1.7055
```

可得如图 1-9-1 所示的图示解。

[例 9-7]　求解微分方程初值问题 $\begin{cases}\dfrac{dy}{dx}=-2y+2x^2+2x\\ y(0)=1\end{cases}$ 的数值解，求解区间为 [0, 0.5]。

解　Notebook 环境下的程序代码如下：

```
f002=inline('-2*y+2*x*x+2*x','x','y');
[x,y]=ode45(f002,[0,0.5],1);
ode45(fun12,[0,0.5],1)
title('Dy=-2*y+2*x*x+2*x 的图示解')
```

得到如图 1-9-2 所示的图示解。

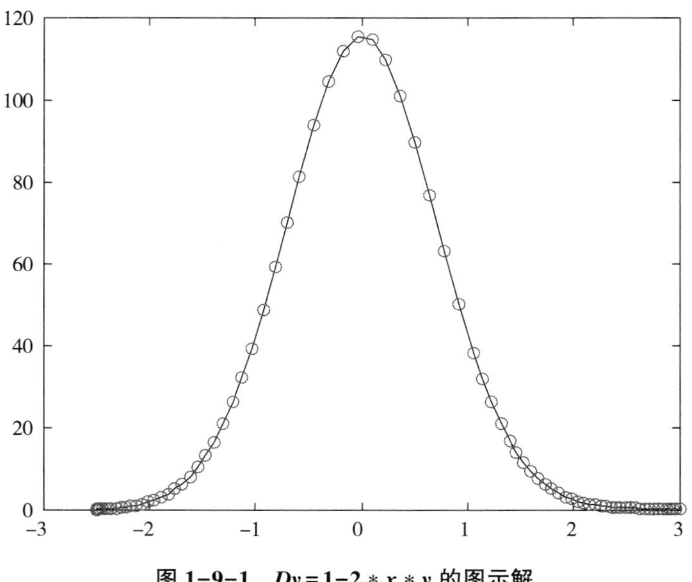

图 1-9-1　$Dy=1-2*x*y$ 的图示解

注：囿于篇幅，在以下例题的结果中仅显示图示解，数值解的运行结果被求解程序语句末尾的“;”隐藏，读者可自行取消“;”查看，函数的定义均采用内联函数 inline 定义方式。

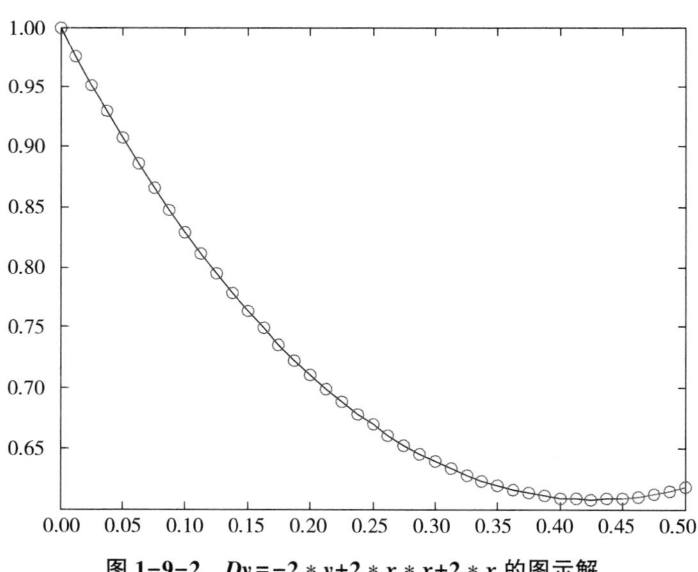

图 1-9-2　$Dy=-2*y+2*x*x+2*x$ 的图示解

［例 9-8］　解微分方程组 $\begin{cases} y_1'=y_2y_3 \\ y_2'=-y_1y_3 \\ y_3'=-0.51y_1y_2 \\ y_1(0)=0,\ y_2(0)=1,\ y_3(0)=1 \end{cases}$ 的数值解。

解　Notebook 环境下的程序代码如下：

```
f003=inline('[y(2)*y(3);-y(1)*y(3);-0.51*y(1)*y(2)]','t','y');
```

```
[T,Y]=ode45(f003,[0,20],[0;1;1]);
ode45(f003,[0,20],[0;1;1]);
title('方程组的图示解')
legend('y(1)','y(2)','y(3)')
```

得到如图 1-9-3 所示的图示解。

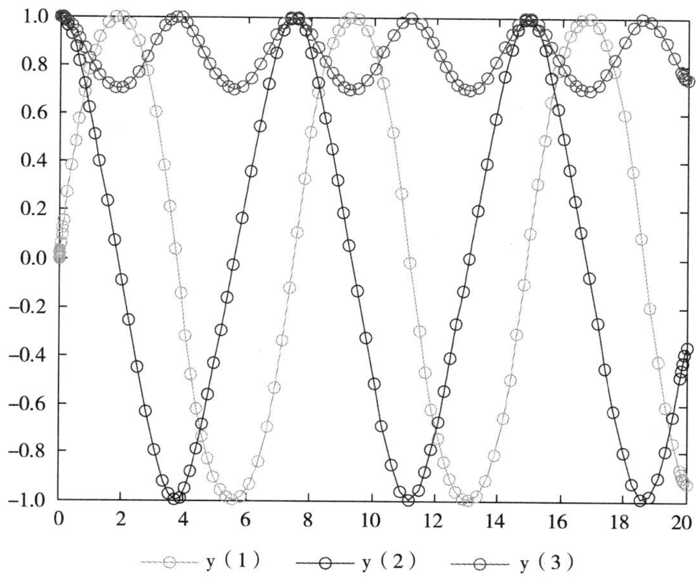

图 1-9-3　［例 9-8］方程组的图示解

［例 9-9］　求解描述振荡器的经典的 Van-del-Pol 微分方程：

$$\frac{d^2y}{dt^2}-\mu(1-y^2)\frac{dy}{dt}+y=0$$

当 $y(0)=1$，$y'(0)=0$，$\mu=100$ 时的数值解与图示解。

解　这是一个二阶非线性方程，不能直接求解，需将其化为一阶方程组再求解。

令 $x_1=y$，$x_2=\frac{dx_1}{dt}=\frac{dy}{dt}$

则 $$\begin{cases}\frac{dx_1}{dt}=x_2 & x_1(0)=1\\ \frac{dx_2}{dt}=100(1-x_1^2)x_2-x_1 & x_2(0)=0\end{cases}$$

Notebook 环境下的程序代码如下：

```
f004=inline('[x(2);7*(1-x(1)^2)*x(2)-x(1)]','t','x');
[T,Y]=ode45(f004,[0,40],[1;0]);
ode45(f004,[0,40],[1;0]);
title('Van-del-Pol 方程的图示解')
legend('x(1)','x(2)')
```

得到如图 1-9-4 所示的图示解。

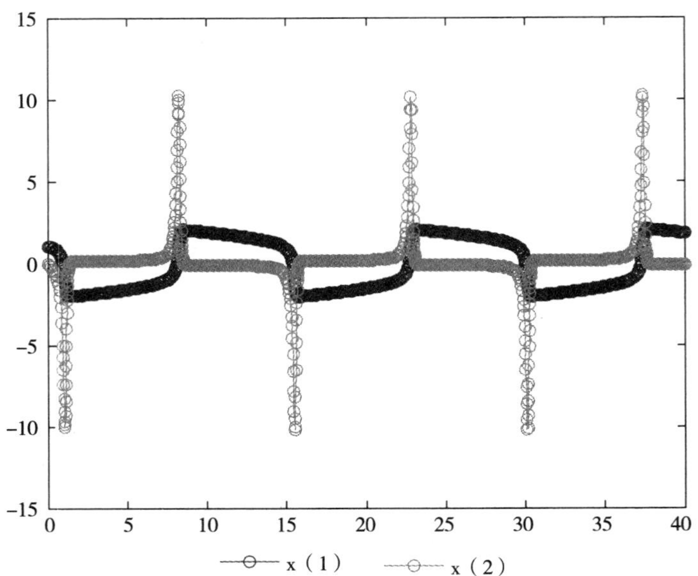

图 1-9-4　Van-del-Pol 方程的图示解

（三）求含参数的常微分方程（组）的数值解

［例 9-10］　求解表现奇异吸引子的动力学系统 Lorenz（洛伦兹）方程：

$$\begin{cases} \dot{x}_1=-\beta x_1(t)+x_2(t)x_3(t) \\ \dot{x}_2=-\rho x_2(t)+\rho x_3(t) \\ \dot{x}_3=-x_1(t)x_2(t)+\sigma x_2(t)-x_3(t) \end{cases}$$

当 $\beta=8/3$，$\rho=10$，$\sigma=28$，$x_1(0)=0$，$x_2(0)=0$，$x_3(0)=0.1$ 时的数值解及图示解，并分别绘制该方程数值解的二维曲线和三维曲线。

解　（1）求其数值解及图示解。

Notebook 环境下的程序代码如下：

```
Lorenz=inline('[-beta*x(1)+x(2)*x(3);-rho*x(2)+rho*x(3);-x(1)*x(2)+sigma*x(2)-x(3)]','t','x','flag','beta','rho','sigma'); % 建立内联函数
t_final=100;                        % 定义期间末端点
x0=[0;0;1e-10];                     % 初始值
b1=8/3; r1=10; s1=28;               % 参数赋值
[t,x]=ode45(Lorenz,[0,t_final],x0,[],b1,r1,s1);
ode45(Lorenz,[0,t_final],x0,[],b1,r1,s1);
title('Lorenz 方程的图示解')
legend('x(1)','x(2)','x(3)')
```

得到如图 1-9-5 所示的图示解。

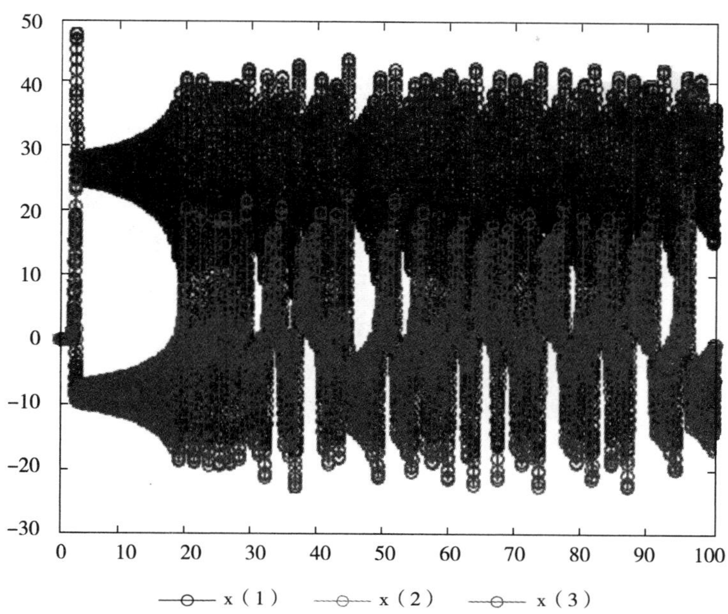

图 1-9-5　Lorenz 方程的图示解

(2) 绘制其数值解的二维曲线。

输入程序代码:

```
Lorenz=inline('[-beta*x(1)+x(2)*x(3);-rho*x(2)+rho*x(3);-x(1)*x(2)+sigma*x(2)-x(3)]','t','x','flag','beta','rho','sigma');  % 建立内联函数
t_final=100;                      % 定义期间末端点
x0=[0;0;1e-10];                   % 初始值
b1=8/3; r1=10; s1=28;             % 参数赋值
[t,x]=ode45( Lorenz,[0,t_final],x0,[],b1,r1,s1);
plot(t,x(:,1),'r*--',t,x(:,2),'b-o',t,x(:,3),'kd:');
title('Lorenz 方程数值解的二维曲线')
legend('x(1)','x(2)','x(3)')
```

得到如图 1-9-6 所示的 Lorenz 方程数值解的二维曲线。

(3) 绘制其数值解的三维曲线。

输入程序代码:

```
Lorenz=inline('[-beta* x(1)+x(2)* x(3);-rho* x(2)+rho* x(3);-x(1)*x(2)+sigma* x(2)-x(3)]','t','x','flag','beta','rho','sigma');  % 建立内联函数
t_final=100;                      % 定义期间末端点
x0=[0;0;1e-10];                   % 初始值
```

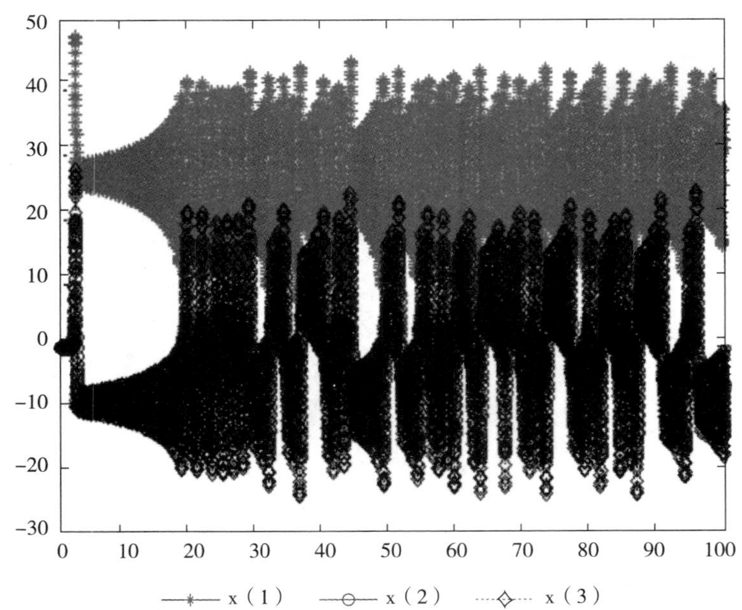

图 1-9-6　Lorenz 方程数值解的二维曲线

```
b1=8/3; r1=10; s1=28;              % 参数赋值
[t,x]=ode45( Lorenz,[0,t_final],x0,[],b1,r1,s1);
plot3(x(:,1),x(:,2),x(:,3));
axis([10 42-20 20-20 25])
title('Lorenz 方程数值解的三维曲线')
```

得到如图 1-9-7 所示的 Lorenz 方程数值解的三维曲线。

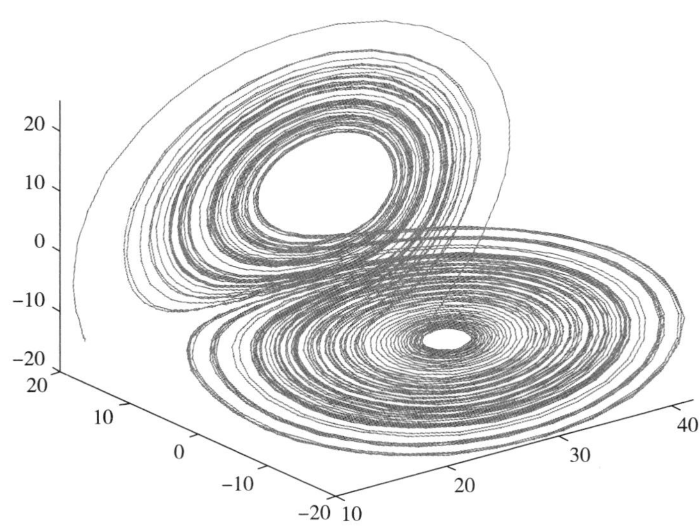

图 1-9-7　Lorenz 方程数值解的三维曲线

五、实验小结

1. 调用 dsolve 求解常微分方程（组）的解析解时，须对所求方程（组）按约定进行正确的改写。

2. 常微分方程数值解求解器 solver 包括 ode23、ode45、ode113、ode15s、ode23s 等多个求解函数，本实验仅用精度适中，求解速度较快的 ode45 进行了求解，对于其余几个求解函数，读者可以自行练习。

3. 本实验为了让读者快速掌握求解器 solver 的使用方法，绕开了 M 文件的编辑，统一应用 inline 对函数进行定义，大大降低了求解函数 ode45、ode23 的使用难度，提高了解题效率。

4. 本实验对方程求解和绘制函数二维、三维图像进行了有机结合，增加了常微分方程（组）数值解的直观性，增进了实验者的操作兴趣。

5. 本实验为了拓宽读者的知识面，以多个经典方程（如 Van-del-Pol、Horenz）为实验对象，提高了读者的实验兴趣并拓宽了其知识广度。

六、练习实验

1. 求方程 $\frac{d^4x}{dt^4}-3\frac{d^3x}{dt}+3\frac{d^2x}{dt^2}-\frac{dx}{dt}=0$ 的解析解。

2. 求解微分方程 $y'-y=(x+1)^ne^x$ 的解析解。

3. 求解二阶常微分方程 $y''+y=x-e^x$ 的通解及满足 $y(0)=0$，$y'(0)=1$ 的特解。

4. 求微分方程组 $\begin{cases}\frac{dx}{dt}+x+y=0\\ \frac{dy}{dt}+x-y=0\end{cases}$ 在初始条件 $x|_{t=0}=1$，$y|_{t=0}=0$ 下的特解。

5. 求微分方程组 $\begin{cases}\frac{dx}{dt}+5x+y=e^t\\ \frac{dy}{dt}-x-3y=0\end{cases}$ 的通解在初始条件 $x|_{t=0}=1$，$y|_{t=0}=0$ 下的特解。

6. 求微分方程 $\frac{dy}{dx}=-y+4x+1$ 在时间区间［1，4］上，满足初始条件 $y(1)=1$ 的数值解及图示解。

7. 用 ode45 求解微分方程初值问题：

$$\begin{cases}y'=y-e^x\cos x\\ y(0)=1\end{cases}$$

在区间［0，3］的数值解及图示解。

8. 求解描述振荡器的经典的 **Van-del-Pol** 微分方程：

$$\frac{d^2y}{dt^2}-\mu(1-y^2)\frac{dy}{dt}+y=0$$

当 $y(0)=1$，$y'(0)=0$，$\mu=12$ 时的数值解与图示解。

9. 求解表现奇异吸引子的动力学系统 **Lorenz**（洛伦兹）方程：

$$\begin{cases}\dot{x}_1=-\beta x_1(t)+x_2(t)x_3(t)\\ \dot{x}_2=-\rho x_2(t)+\rho x_3(t)\\ \dot{x}_3=-x_1(t)x_2(t)+\sigma x_2(t)-x_3(t)\end{cases}$$

当 $\beta=2$，$\rho=0.375$，$\sigma=18$，$x_1(0)=0$，$x_2(0)=0$，$x_3(0)=0.1$ 时的数值解及图示解，并分别绘制该方程数值解的二维曲线和三维曲线。

10. **Lotka-Volterra** 捕食者模型：

$$\begin{cases}x'=k_1x-k_2xy\\ y'=-k_3x-k_4xy\end{cases}$$

求该模型在［0，3，3］上当 $k_1=k_2=k_3=k_4=1$，$x(0)=2$，$y(0)=1$ 时的数值解及图示解，并分别绘制该方程数值解的二维曲线和三维曲线。

11. **Rössler** 吸引子问题：

$$\begin{cases}x'=-y-z\\ y'=x+ay\\ z'=b+xz-cz\end{cases}$$

分别绘制该模型在$\begin{cases}a=0.2,\ b=0.2,\ c=5.7\\ x(0)=9,\ y(0)=0,\ z(0)=1\end{cases}$及$\begin{cases}a=0.2,\ b=0.2,\ c=5.7\\ x(0)=9,\ y(0)=0,\ z(0)=1\end{cases}$条件下的数值解的三维曲线。

实验十
基于 MATLAB 的随机微分方程的求解

一、实验目的

了解随机微分方程，会用 MATLAB 求解随机微分方程的数值解。

二、实验原理

随机微分方程通常可以用来描述具有随机行为的动态演化过程，在物理、经济、金融和生物等领域起到重要的作用。本实验首先介绍随机微分方程的概念；其次由于随机微分方程一般没有解析解，需求其数值解，故给出随机微分方程的一阶差分格式，并举例应用。

假设某一问题可用如下常微分方程描述：

$$\frac{\mathrm{d}x}{\mathrm{d}t}=ax(t) \tag{10-1}$$

其中，a 为参数。实际上，受一些因素的影响，方程中的参数在一定范围内会随机变化，因此一般 a 可用 $a+\xi(t)$ 代替，其中 $\xi(t)$ 是描述随机性的噪声，满足一定的统计性质，从而方程（10-1）可改为：

$$\frac{\mathrm{d}x}{\mathrm{d}t}=ax(t)+x(t)\xi(t) \tag{10-2}$$

方程（10-2）则是一个随机微分方程。下面给出随机微分方程的严格定义，在此之前先介绍相关的概念。

（一）随机过程

称一组随机变量 $\{X(t,\omega),(t,\omega)\in R\times\Omega\}$ ［简记为 $X(t)$］为随机过程，其中 $\Omega=\{\omega\}$ 是随机试验 E 的样本空间。如果固定 $\omega_0\in\Omega$，则 $X(t,\ \omega_0)$ 是以 t 为自变量的函数，这是随机过程 $X(t)$ 对应 ω_0 的样本轨道；如果固定 $t_0\in R$,则 $X(t_0,\ \omega)$ 是随机变量，也称为过程在时刻 t_0 的状态。

（二）维纳过程

维纳过程 W_t 为满足下面条件的随机过程：

(1) W_t 关于 t 是连续的。

(2) W_t 是独立增量过程。如果$t_1<t_2<t_3<t_4$，则：均值 $<(W_{t_2}-W_{t_1})(W_{t_4}-W_{t_3})>=0$。

(3) 对任意 t，$\tau \geqslant 0$，$W_{t+\tau}-W_t$ 是均值为零的高斯分布，且满足方差 $<(W_{t+\tau}-W_t)^2>\tau$。

(三) 一维随机微分方程

一维随机微分方程通常表示为：

$$dx = f(x, t)dt + g(x, t)dW_t \tag{10-3}$$

其中，$dW_t = W_{t+dt}-W_t$ 是维纳过程的增量，根据维纳过程的性质，dW_t 是均值为零的高斯分布，关于时间 t 是独立的，并且其方差满足：

$$\langle (dW_t)^2 \rangle = dt$$

因此，可以近似认为 dW_t 是微元 dt 的 1/2 阶小量。

许多文献中，经常把随机微分方程表示为：

$$\frac{dx}{dt} = f(x, t) + g(x, t)\xi(t) \tag{10-4}$$

其中，$\xi(t)$ 为高斯白噪声，满足下面的统计性质：

均值 $$<\xi(t)>=0 \tag{10-5}$$

方差 $$<\xi(t)\xi(t')>=2D\delta(t-t') \tag{10-6}$$

其中，$\delta(t-t')=\begin{cases}1 & t=t' \\ 0 & t\neq t'\end{cases}$，$D$ 表示噪声强度。

严格地说，关于随机微分方程的形如式（10-4）的表达方式是不够准确的，因为随机微分方程的解一般是随机过程，是对时间 t 不可微分的，因此方程左端的 dx/dt 是没有意义的。对于形如式（10-4）的随机微分方程，应该按照式（10-3）去理解。

(四) 多维随机微分方程

多维随机微分方程的一般形式为：

$$dX_t^j = a^j(X_t, t)dt + \sum_{k=1}^{m} b_k^j(X_t, t)dW_t^k (j=1, \cdots, n) \tag{10-7}$$

其中，$X=(X^1, \cdots, X^n)$，W_t^k 表示第 k 个维纳过程在时刻 t 的值。这里的维纳过程是相互独立的。

(五) 随机微分方程的一阶差分格式

随机微分方程的数值计算方法和常微分方程的计算方法类似，可以使用差分法。但是因为 dW_t 只相当于微元 dt 的 1/2 阶小量，所以要得到同样的精度，需要对随机部分进行更高阶的处理。

下面针对方程（10-7），考虑 $m=1$ 的情况，即：

$$dX_t^j = a^j(X_t, t)dt + b^j(X_t, t)dW_t \qquad (j=1, \cdots, n) \tag{10-8}$$

通过泰勒展开，得到一阶差分格式。

我们直接给出一阶差分格式的算法：

（1）对时间区间 $[0, t_f]$ 做剖分：$0=t_0<t_1<t_2<\cdots<t_n=t_f$，为方便起见可以等分。

（2）在每次迭代中，首先计算

$$Y_{t_i}^l = X_{t_i}^l + b^l(X_{t_i}, t_i)((\Delta W_{t_i})^2 - \Delta t) \quad (l = 1, 2, \cdots, n) \tag{10-9}$$

（3）然后针对每个时间节点 $j(j = 1, 2, \cdots, n)$，计算

$$X_{t_{i+1}}^j = X_{t_i}^j + a^j(X_{t_i}, t_i)\Delta t + b^j(X_{t_i}, t_i)\Delta W_{t_i} + \frac{1}{2}(b^j(Y_{t_i}, t_i) - b^j(X_{t_i}, t_i)) \tag{10-10}$$

（六）求解随机微分方程用到的 MATLAB 命令

求解随机微分方程用到的 MATLAB 命令如表 1-10-1 所示。

表 1-10-1　求解随机微分方程用到的 MATLAB 命令

函数	功能描述
randn（1，n）	返回 n 个服从标准正态的随机数
sqrt（D）＊randn（1）	产生噪声强度为 D 的高斯白噪声
sqrt（dt）＊randn（1）	产生维纳过程增量 dw（t）

三、实验内容

[例 10-1]　求下面方程的数值解

$$dX_t = (1 + X_t)(1 + X_t^2)dt + (1 + X_t^2)dW_t \tag{10-11}$$

W_t 是维纳过程。

[例 10-2]　求下面方程的数值解

$$\frac{dx_1}{dt} = \frac{\varepsilon^2 + x_1^2}{1 + x_1^2}\frac{1}{1 + x_2} - ax_1 + \xi(t) \tag{10-12}$$

$$\tau\frac{dx_2}{dt} = b - \frac{x_2}{1 + cx_1^2} + \xi(t) \tag{10-13}$$

其中，$\xi(t)$ 是高斯白噪声，满足下面的统计性质：

$$\langle\xi(t)\rangle = 0, \qquad \langle\xi(t)\xi(t')\rangle = 2D\delta(t - t')$$

参数为：$\varepsilon=0.1$，$a=0.1$，$b=0.1$，$c=100$，$\tau=5$，$D=0.001$。

四、实验过程

利用一阶差分格式（10-9）和式（10-10）求［例 10-1］和［例 10-2］的数值解。

[例 10-1]　求下面方程的数值解

$$dX_t = (1 + X_t)(1 + X_t^2)dt + (1 + X_t^2)dW_t$$

W_t 是维纳过程。

解 （1）编写 M 函数文件 。

```
function [x]=onemodel(delt,tfinal)
% onemodel.m--- 利用随机微分方程的一阶差分格式,求[例 10-1]的数值解
% delt---------时间步长
% tfinal------最后时刻
% 返回值为解 x
tnum=tfinal/delt+1;                           % 产生时间剖分节点的个数
wtnoise=zeros(1,tnum);                        % 用来保存高斯白噪声
dw=zeros(1,tnum);                             % 用来保存维纳过程增量
wtnoise=randn(1,tnum);                        % 产生高斯白噪声
for i=1:tnum                                  % 产生维纳过程的增量值
   dw(i)=wtnoise(i)*sqrt(delt);
end
y=zeros(1,tnum);
x=zeros(1,tnum);
x(1)=1;                                       % x 的初始值
for i=1:(tnum-1)
y(i)=x(i)+b(x(i)).*(dw(i).^2-delt);           % 调用子函数 b
x(i+1)=x(i)+a(x(i)).*delt                     % 调用函数 a
             +b(x(i)).*dw(i)+(1/2).*(b(y(i))-b(x(i)));
end
% 画出数值解随时间的变化图
t=0:delt:tfinal;
plot(t,x,'b-');
% 定义子函数 a
function [avalue]=a(s)
avalue=(1+s)*(1+s.^2);
% 定义子函数 b
function [bvalue]=b(s)
bvalue=1+s.^2;
```

（2）在指令窗口运行下面的指令。

```
delt=0.000025;         % 针对这个方程,时间步长取得比较小
tfinal=0.025;
onemodel(delt,tfinal);
```

（3）程序的结果如图 1-10-1 所示。

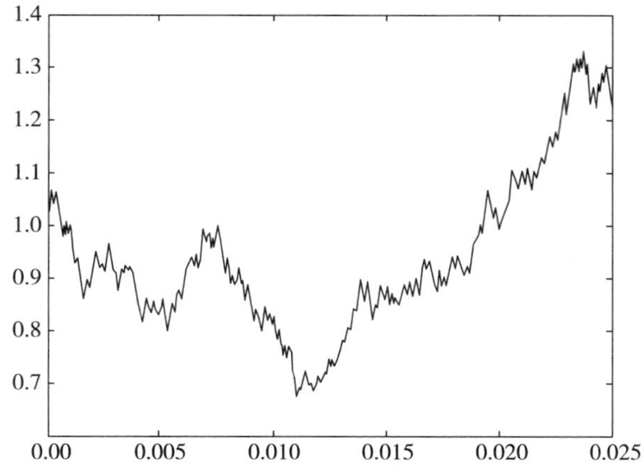

图 1-10-1　方程（10-11）的一个样本轨道

［**例 10-2**］　求下面方程的数值解

$$\frac{dx_1}{dt}=\frac{\varepsilon^2+x_1^2}{1+x_1^2}\frac{1}{1+x_2}-ax_1+\xi(t)$$

$$\tau\frac{dx_2}{dt}=b-\frac{x_2}{1+cx_1^2}+\xi(t)$$

其中，$\xi(t)$ 是高斯白噪声，满足下面的统计性质：

$$\langle\xi(t)\rangle=0,\qquad\langle\xi(t)\xi(t')\rangle=2D\delta(t-t')$$

参数为：$\varepsilon=0.1$，$a=0.1$，$b=0.1$，$c=100$，$\tau=5$，$D=0.001$。

解　(1) 编写 M 函数文件。

```
function [xone,xtwo]=secondmodel(delt,tfinal)
% secondmodel.m----利用随机微分方程的一阶差分格式,求例 10-2 的数值解
% delt-------时间步长
% tfinal----最后时刻
% 返回值为解 x1 和 x2
% 模型中用到的参数
epsl=0.1;a=0.1;tao=5;b=0.1;c=100;
D=0.0001;                         % 噪声强度
xoneinit=0.1;xtwoinit=0.2;% x1 and x2的初值
tnum=tfinal/delt+1;               % 产生时间剖分节点的个数
xone=zeros(1,tnum);               % 产生数组,用来记录 x1
xtwo=zeros(1,tnum);               % 产生数组,用来记录 x2
delw=zeros(1,tnum);               % 记录维纳过程的增量
xone(1)=xoneinit;                 % 设置 x1 的初值
xtwo(1)=xtwoinit;                 % 设置 x2 的初值
for i=1:(tnum-1)                  % 利用一阶差分格式求解
  delw(i)=sqrt(delt).*sqrt(2*D).*randn(1);  % 产生维纳过程的增量
```

```
    xone(i+1)=xone(i)+aone(epsl,xone(i),xtwo(i),a).*delt+bone().*delw
(i);
    xtwo(i+1)=xtwo(i)+atwo(b,c,tao,xone(i),xtwo(i)).*delt+btwo(tao).*
delw(i);
  end                          % 循环里面涉及子函数 aone,atwo,bone,btwo
  % 调用画图函数
  drawxonetwo(delt,tfinal,xone,xtwo);
  end
  % 子函数 aone
  function [aonevalue]=aone(epsl,xone,xtwo,a)
  aonevalue=(epsl.^2+xone.^2)./(1+xone.^2).*(1./(1+xtwo))-a.*xone;
  end
  % 子函数 bone
  function [bonevalue]=bone()
  bonevalue=1;
  end
  % 子函数 atwo
  function [atwovalue]=atwo(b,c,tao,xone,xtwo)
  atwovalue=(b-xtwo./(1+c.*xone.^2))./tao;
  end
  % 子函数 btwo
  function [btwovalue]=btwo(tao)
  btwovalue=1/tao;
  end
  % 画图函数
  function drawxonetwo(delt,tfinal,xone,xtwo)
  timevl=0:delt:tfinal;
  plot(timevl,xone,'b-');      % 画 x1的图像
  hold on;
  plot(timevl,xtwo,'r--');     % 画 x2的图像
  hold on;
  xlabel('Time(second)');      % 标记横坐标
  ylabel('x_1、x_2');          % 标记纵坐标
  legend('x_1','x_2');         % 对图像进行标注
  end
```

(2) 在指令窗口运行下面的指令。

```
delt=0.01;
tfinal=700;
```

```
secondmodel(delt,tfinal);
```

（3）程序的结果如图 1-10-2 所示。

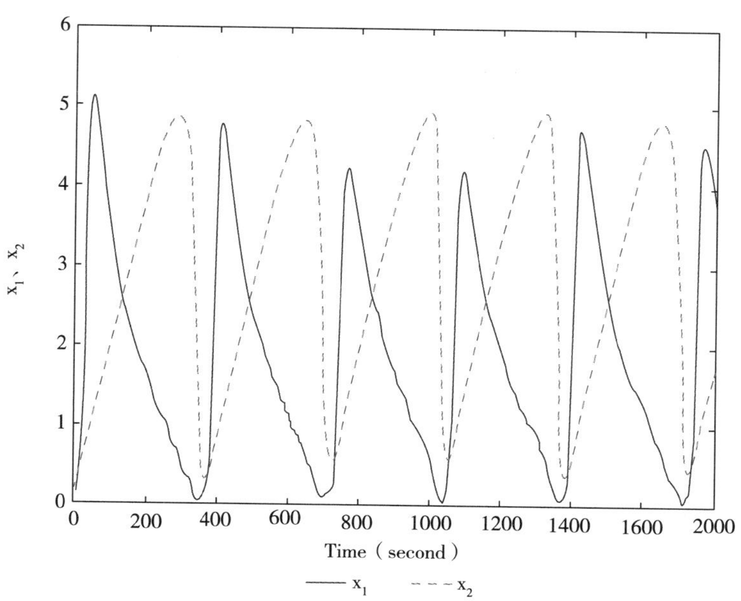

图 1-10-2 方程组（10-12）和方程组（10-13）的一个样本轨道

五、实验小结

1. 对随机微分方程求数值解，应利用随机微分方程的差分格式，不要与常微分方程的差分格式混淆。

2. 图 10-1、图 10-2 描绘出了一个样本轨道，每次运行都会得到不同的样本轨道。

3. 如果方程在 $[0,\ t_f]$ 内有解，程序中的参数 tfinal 可在 $(0,\ t_f)$ 内取值，查看不同时间段的结果。

六、练习实验

1. 针对随机微分方程：

$$\mathrm{d}X_t = (1 + X_t)(1 + X_t^2)\mathrm{d}t + \mathrm{d}W_t$$

求 X_t 随时间的变化。

2. 针对随机微分方程组

$$\frac{\mathrm{d}c}{\mathrm{d}t} = k_{on}a(1-c) - k_{off}c + k_{out-\min}$$

$$\tau\frac{\mathrm{d}C_A}{\mathrm{d}t} = \left(k_1S + k_2\frac{c^n}{c^n + K^n}\right)(1-a) + a + k_{\min}$$

其中，$S = S_0[1 + \xi(t)]$，$\xi(t)$ 是高斯白噪声，满足下面的统计性质：

$$\langle \xi(t) \rangle = 0, \quad \langle \xi(t)\xi(t') \rangle = 2D\delta(t - t')$$

参数为：$k_{on}=1$，$k_{off}=0.3$，$k_1=0.1$，$k_2=0.3$，$k_{out-\min}=0.003$，$k_{\min}=0.01$，$n=4$，$K=0.35$，$S_0=0.28$，$D=0.02$，$\tau=2$。

求 c 随时间的变化。

注：其中涉及的常微分方程，用常微分方程的一阶差分格式求其数值解即可。

实验十一
基于 MATLAB 的时滞微分方程求解

一、实验目的

了解时滞微分方程，会用 MATLAB 求解时滞微分方程。

二、实验原理

（一）时滞微分方程

大量的自然和社会现象中有一类确定性的规律，可以用含有自变量的未知函数及其微分的方程来描述，这类方程称为常微分方程。常微分方程组的一般形式如下：

$$\frac{\mathrm{d}x_i}{\mathrm{d}t}=f_i(t,\ x_1,\ x_2,\ \cdots,\ x_n)\qquad (i=1,\ 2,\ \cdots,\ n) \tag{11-1}$$

满足一定的初始条件。方程（11-1）左右两边是同一时间 t 的函数，也就是事物的发展趋势（方程的左边）是由其当前的状态（方程的右边）决定的，而不明显地依赖于其过去的状态。例如，两体问题中，当前两个星球间的吸引力只与当前两个星球的位置有关，而与它们过去的位置无关。然而，在研究自然和社会现象中，客观事物的运动规律是复杂和多样的。在动力系统中总是不可避免地存在滞后现象，即事物的发展趋势不仅依赖于当前的状态，而且依赖于事物过去的历史。比如，在经济方面，当前的收益不仅与当前的状态有关，而且与以前的投资有关。时滞微分方程就是描述上述问题的数学模型。

时滞微分方程的一般形式为：

$$\frac{\mathrm{d}X}{\mathrm{d}t}=F(t,\ X(t-\tau_1),\ X(t-\tau_2),\ \cdots,\ X(t-\tau_k)) \tag{11-2}$$

其中，$X=(x_1,\ x_2,\ \cdots,\ x_n)$，$F=(f_1,\ f_2,\ \cdots,\ f_n)$。$\tau_1$，$\tau_2$，$\cdots$，$\tau_k$ 均是大于零的常数，$X(t-\tau_1)$，$X(t-\tau_2)$，$\cdots$，$X(t-\tau_k)$ 表示过去时间的解轨道，也就是 t 时刻 X 的变化与前面一些时刻 X 的值有关。

（二）求解时滞微分方程的命令

求解时滞微分方程的命令如下：

```
sol=dde23(ddefun,lags,history,tspan,options)
```

其中：①ddefun 代表时滞微分方程的 M 文件函数，ddefun 只是自定义的函数名。其具体的格式为：dydt=ddefun(t，y，Z)，其中 t 是当前时间数值，y 是列向量，Z 中的元素 Z（i，j）代表 $y_i(t-\tau_j)$。此函数会被 dde23 调用。②lags 代表 y 时间 t_0 延迟向量，其中 τ_k 保存在向量 lags(k) 中。③history 代表 y 在时间 t_0 之前的数值，可以使用三种方式来定义 history：使用函数 y（t）来定义 y 在时间 t_0 之前的数值；使用一个常数向量来定义 y 在时间 t_0 之前的数值，此时 y 在时间 t_0 之前的数值被认为是常数；使用前一个时刻的方程解 sol 来定义 y 在时间 t_0 之前的数值。④tspan 表示时间跨度区间 $[t_0, t_f]$，函数将返回跨度时间段的时滞微分方程的数值解。⑤options 是关于解法器的参数，可以使用 ddset 函数来定义。

说明：上面命令的返回数值 sol 是一个结构体变量，具有 7 个属性数值，可以使用相应的程序代码命令来查看具体的属性参数。

三、实验内容

例 求解下面时滞微分方程组：

$$\begin{cases} y'_1 = y_1(t-1) \\ y'_2 = y_1(t-1) + y_2(t-0.2) \\ y'_3 = y_2(t) \end{cases} \tag{11-3}$$

该方程各变量的历史数据满足 $y_1(t)=y_2(t)=y_3(t)=1$，其中 $t \leqslant 0$，求解的时间区间为 [0，5]，延迟向量为 [1，0.2]。

四、实验过程

例 求解下面时滞微分方程组：

$$\begin{cases} y'_1 = y_1(t-1) \\ y'_2 = y_1(t-1) + y_2(t-0.2) \\ y'_3 = y_2(t) \end{cases}$$

该方程各变量的历史数据满足 $y_1(t)=y_2(t)=y_3(t)=1$，其中 $t \leqslant 0$，求解的时间区间为 [0，5]，延迟向量为 [1，0.2]。

解 （1）编写 M 文件。

```
function  dydt=ddex1de(t,y,Z)
% 其中 t 代表是当前时间数值,y 是列向量,Z(:,j)代表 y=(t-τj)
% 定义函数 dde23 中的函数 ddefun,在以后会调用
% 本例中涉及两个滞后变量 y1=(t-1),y2=(t-0.2),所以有 Z(:,1),Z(:,2),
% 如果有三个滞后向量则要有 Z(:,3)
% 声明滞后向量,ylag1,ylag2 是变量名
ylag1=Z(:,1);
ylag2=Z(:,2);
% 给出要求解的微分方程
```

```
dydt=[ylag1(1)
      ylag1(1)+ylag2(2)
      y(2)];
end
```

在输入上面的程序代码后，将其保存为“ddexlde. m”文件，该文件将是在后面步骤中调用的微分方程组。

(2) 编写历史数据的代码。

```
function  s=ddexlhist(t)
% 在初始时刻,给出历史值,即 t=0 时,给出 t-1,t-0.2 时刻 y 的值,
% 根据已知条件,y1(t)=y2(t)=y3(t)=1,t≤0
% 对 y 的三个分量赋历史值
s=ones(3,1);
```

在输入上面的程序代码后，将其保存为“ddexlhist. m”文件，该文件将是在后面步骤中调用的历史函数。

(3) 求解微分方程。

```
function dderesult()
% 调用 dde23 函数来求解时滞微分方程
sol=dde23(@ ddexlde,[1,0.2],@ ddexlhist,[0,5]);
figure;
plot ( sol. x, sol. y, ' line-
width',1.5);
xlabel('time t');
ylabel('solution y');
grid;
legend('y1','y2','y3');
```

在输入上面的程序代码之后，将其保存为“dderesult. m”文件。

(4) 查看程序代码的结果。

在 MATLAB 命令窗口，输入：

```
dderesult;
```

得到如图 1-11-1 所示的结果。

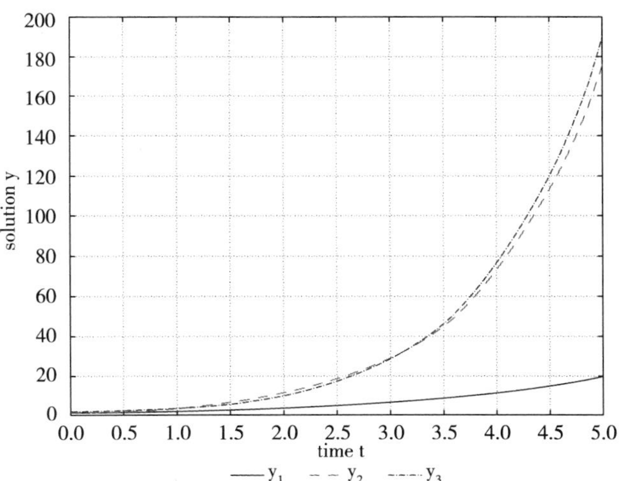

图 1-11-1　时滞微分方程(11-3)的数值解

五、实验小结

利用 MATLAB 中的 dde23 函数求一个时滞微分方程的解。

六、练习实验

1. 求 $y' = -2y(t-1)(1+y(t))$ 的解。

2. 求 $\begin{cases} x''(t)+0.8x'(t)+25x(t)=x'(t-0.75), & t>0 \\ x(t)=1,\ x'(t)=0, & t\in[-0.75,0] \end{cases}$ 的解。注：可用变量代换，令 $y=x'$。

实验十二
基于 MATLAB PDE 工具箱的偏微分方程求解

一、实验目的

1. 理解（椭圆型、双曲型、抛物型）偏微分方程（Partial Differential Equations，PDE）的初边值问题，掌握用图形表示它们的特解的方法。

2. 学会用 MATLAB PDE Toolbox 求解初边值问题的 PDE 数值解。

3. 学会用图形用户界面（GUI）求解 PDE。

二、实验原理

MATLAB 提供了两种方法解决 PDE 问题，一是 pdepe 函数，它可以求解一般的 PDEs，具有较大的通用性，但只支持命令行形式调用；二是 PDE 工具箱，可以求解特殊 PDE 问题，但有较大的局限性，比如只能求解二阶 PDE 问题，并且不能解决偏微分方程组。MATLAB 提供了 GUI 界面，使使用者从繁杂的编程中解脱出来，同时还可以通过 FileSave As 直接生成 M 文件代码。

（一）pdepe 函数介绍

pdepe 能解决下面的 PDEs 问题：

$$c\left(x,\ t,\ u,\ \frac{\partial u}{\partial x}\right)\frac{\partial u}{\partial t}=x^{-m}\frac{\partial}{\partial x}\left(x^{m}f\left(x,\ t,\ u,\ \frac{\partial u}{\partial x}\right)\right)+s\left(x,\ t,\ u,\ \frac{\partial u}{\partial x}\right)$$

它的调用格式为：sol = pdepe（m，@ pdefun，@ pdeic，@ pdebc，x，t）。其中：@ pdefun 是 PDE 的问题描述函数，@ pdeic 是 PDE 的初始条件输出函数，@ pdebc 是 PDE 的边界条件描述函数。

（二） MATLAB 的偏微分方程工具箱

MATLAB 的偏微分方程工具箱（PDE Toolbox）的出现，为偏微分方程的求解以及定性研究提供了捷径，主要步骤如下：

（1）设置 PDE 的定解问题，即设置二维定解区域、边界条件以及方程的形式和系数。

（2）用有限元法（FEM）求解 PDE，即网格的生成、方程的离散以及求出数值解。

（3）解的可视化，即图形表示结果。

（三）微分方程数值解有关函数介绍

1. 偏微分方程求解算法函数

偏微分方程求解算法函数如表 1-12-1 所示。

表 1-12-1　偏微分方程求解算法函数

命令	描述
adaptmesh	生成自适应网格并进行 PDE 求解
assema	生成积分区域上质量和刚度矩阵
assemb	生成边界质量刚度矩阵
assempde	组合刚度矩阵和 PDE 问题的右端项
hyperbolic	求解双曲型 PDE 问题
parabolic	求解抛物型 PDE 问题
pdeeig	求解特征值 PDE 问题
pdenonlin	求解非线性 PDE 问题
poisolv	利用矩阵格式快速求解泊松方程

2. 自定义界面算法函数

自定义界面算法函数如表 1-12-2 所示。

表 1-12-2　自定义界面算法函数

命令	描述
pdecirc	绘制圆
pdeellip	绘制椭圆
pdepoly	绘制多边形
pderect	绘制矩形
pdetool	提供 PDE 工具箱图形用户界面（GUI）

3. 几何算法函数

几何算法函数如表 1-12-3 所示。

表 1-12-3　几何算法函数

命令	描述
csgchk	核对几何描述矩阵的有效性
csgdel	删除接近边界的小区域
decsg	将建设性实体几何模型分解为最小子域
initmesh	创建初始三角形网格

续表

命令	描述
jigglemesh	微调区域内三角形网格的内部点
pdearcl	返回与给定的长度值集合对应的参数曲线的参数值
poimesh	在矩形几何图形上生成规则网格
refinemesh	细化三角形网格
wbound	写边界条件指定文件
wgeom	写几何指定函数

4. 画图算法函数

画图算法函数如表 1-12-4 所示。

表 1-12-4　画图算法函数

命令	描述
pdecont	绘制等值线图
pdegplot	绘制 PDE 几何图
pdemesh	绘制 PDE 三角形网格
pdeplot	一般 PDE 工具箱绘图函数
pdesurf	绘制三维表面图

5. 实用算法函数

实用算法函数如表 1-12-5 所示。

表 1-12-5　实用算法函数

命令	描述
Dst/idst	离散化 sin 转换
pdeadgsc	使用相对容限临界值选择三角形
pdeadworst	选择相对于最坏值的三角形
pdecgrad	计算 PDE 解的变化
pdeent	给定三角形集合相邻的三角形的指数
pdegrad	计算 PDE 解的梯度
pdeintrp	从节点数据至三角形中点数据进行内插
pdejmps	对于自适应网格进行误差估计
pdeprtni	从三角形中点数据向节点数据进行内插
Pdesdp/pdesde/pdesdt	分别计算子域集合中点/边缘/三角形的指数
pdesmech	计算结构力学张量函数
pdetrg	返回三角形单元的几何数据

续表

命令	描述
pdetriq	返回三角形单元的质量状况
poiasma	用于泊松方程快速求解器的边界点矩阵
poicalc	为矩形网格上泊松方程的快速求解器
poiindex	计算经过规范排序的矩形网格的点的索引号
sptarn	求解广义稀疏矩阵的特征值问题
tri2grid	由三角形格式转化为矩形格式

6. 自定义算法函数

自定义算法函数如表 1-12-6 所示。

表 1-12-6　自定义算法函数

命令	描述
pdebound	定义边界条件 M 文件
pdegeom	定义几何 M 文件

(四) 利用图形用户界面 (GUI) 求解偏微分方程的一般过程

pdetool 提供的用户图形界面 (GUI) 解法的使用步骤如下:

在 Matlab 命令窗口运行 pdetool, 出现 PDE Toolbox 界面, 如图 1-12-1 所示。

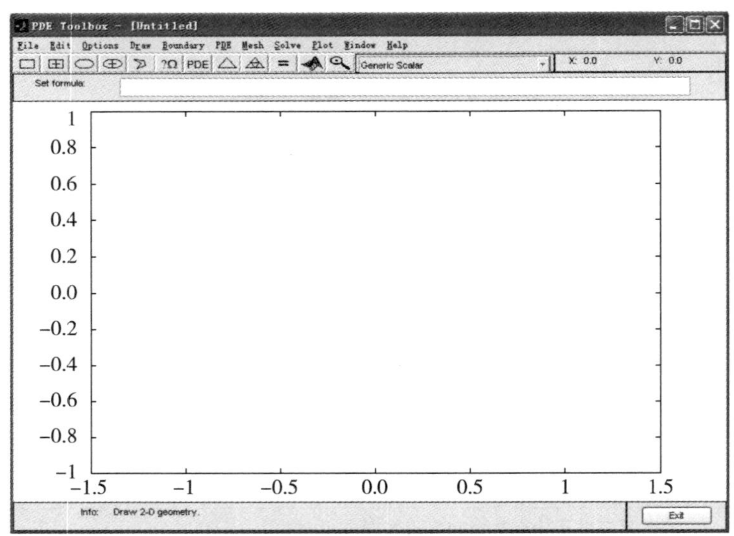

图 1-12-1　PDE 图形用户界面

1. 选择应用模式

PDE 工具箱中根据实际问题的不同提供了很多应用模式，用户可以选择适当的模式进行建模和分析。

在 Options 菜单条中用鼠标指向 “Application” 选项，会弹出一个子菜单，在其中进行选择，可以确定适当的应用模式（见图 1-12-2）；或者直接在工具条中单击 “Generic Scalar” 下拉式列表框（见图 1-12-3），在其中进行选择，也可以确定应用模式。

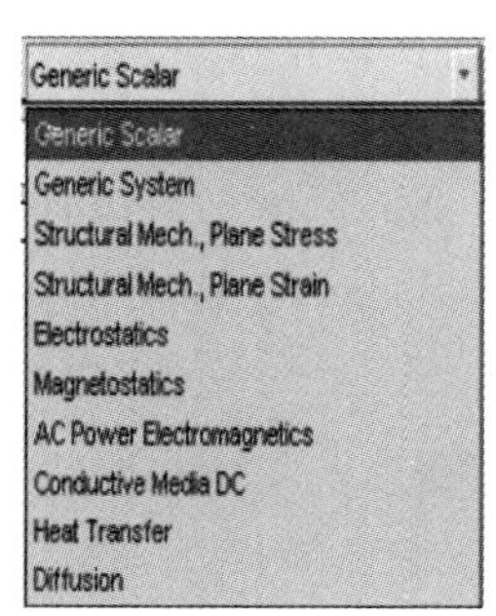

图 1-12-2　Application 子菜单

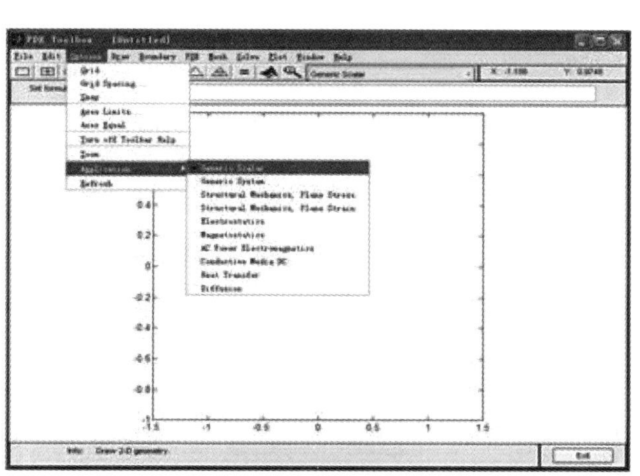

图 1-12-3　Generic Scalar 下拉式菜单

模式名称及意义具体如表 1-12-7 所示。

表 1-12-7　模式名称及意义

模式名称	描述
Generic Scalar	一般标量模式（默认选项）
Generic System	一般系统模式
Structural Mech. , Plane Stress	结构力学平面应力应用模式
Structural Mech. , Plane Strain	结构力学平面应变应用模式
Electrostatics	静电学应用模式
Magnetostatics	静磁学应用模式
AC Power Electromagnetics	交流电电磁学应用模式
Conductive Media DC	直流导电介质应用模式
Heat Tranfer	热传导应用模式
Diffusion	扩散问题应用模式

2. 建立几何模型

利用 Draw 菜单中的选项或工具条中前面的五个工具按钮（名称含义见表 1-12-8），可以画出 PDE 问题的几何模型。

表 1-12-8　工具按钮及含义

模式名称	描述
	绘制长方形或正方形
	绘制同心长方形或正方形
	绘制圆或椭圆
	绘制同心圆或椭圆
	绘制任意矩形

3. 定义边界条件

在 Boundary 菜单中选择“Boundary mode”选项或直接在工具条中单击 ∂Ω 按钮，则显示几何模型的外边界和内边界。

在图中单击边界，边界线则变成黑色，表示它被选中。按住“Shift”键，可以连续选择多条边界线段。选择要定义的边界以后，双击边界或“Specify Boundary Conditions...”选项，打开 Boundary Condition 对话框，如图 1-12-4 所示。

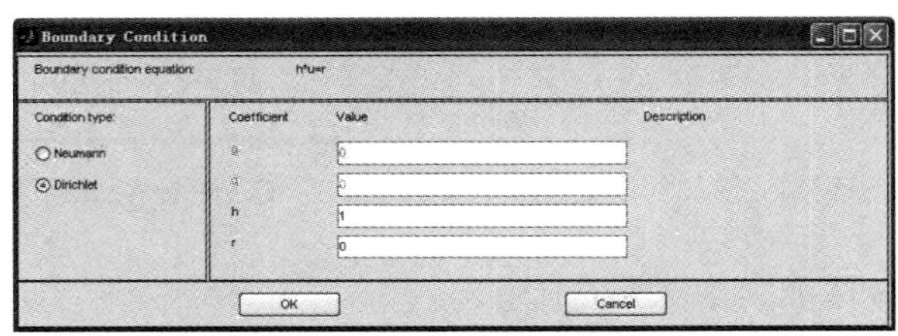

图 1-12-4　Boundary Condition 对话框

边界条件及意义如表 1-12-9 所示。

表 1-12-9　边界条件及意义

边界名称及方程		描述
Boundary condition equation 标签		显示边界条件方程
Condition type		在下面的两个单选钮中进行选择，确定边界条件类型
Neumann 单选钮	$n*c*\text{grad}(u)+q*u=g$	选择此项，将边界条件类型确定为 Neumann 条件
Dirichlet 单选钮	$hu=r$	默认时选择此项。选择此项时，将边界条件类型确定为 Dirichlet 边界条件
Coefficient Value 栏		在该栏的对应文本框中输入边界条件公式中的系数值

4. 定义 PDE 类型和 PDE 系数

在工具条中单击 PDE 按钮或在 PDE 菜单中单击“PDE Specification...”选项，可以打开 PDE Specification 对话框，如图 1-12-5 所示。

PDE 的类型及形式如表 1-12-10 所示。

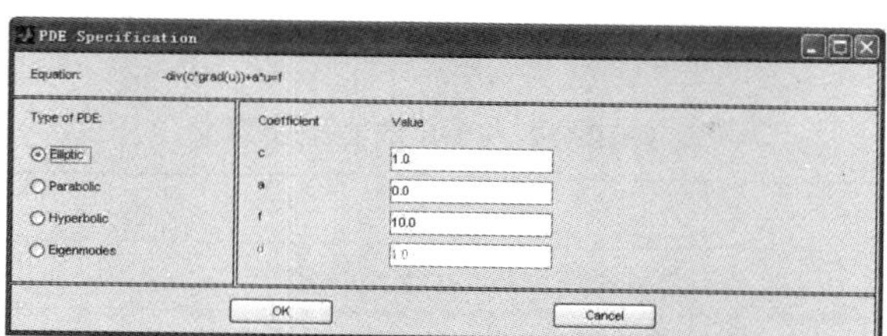

图 1-12-5 PDE Specification 对话框

表 1-12-10 PDE 的类型及形式

PDE 类型	方程	描述
Elliptic 单选钮	$-\nabla\cdot(c\nabla u)+au=f$	为默认选项。选择此项，设置为椭圆型 PDE 问题
Parabolic 单选钮	$d\frac{\partial u}{\partial t}-\nabla\cdot(c\nabla u)+au=f$	选择此项，设置为抛物线型 PDE 问题
Hyperbolic 单选钮	$d\frac{\partial^2 u}{\partial t^2}-\nabla\cdot(c\nabla u)+au=f$	选择此项，设置为双曲线型 PDE 问题
Eigenmodes 单选钮	$-\nabla\cdot(c\nabla u)+au=du$	选择此项，设置为特征值 PDE 问题

5. 三角形网格剖分

在工具栏中单击△按钮或在 Mesh 菜单中选择“Initialize mesh”选项，可以进行研究域的三角形网格初始化。

在工具条中单击按钮或在 Mesh 菜单中选择“Refine mesh”选项，可以对初始网格进行细化。

6. PDE 求解

在工具条中单击 = 按钮或在 Solve 菜单中选择“Solve PDE”选项，可以对前面定义的 PDE 问题进行求解。

7. 解的图形表达

PDE 工具箱提供解的多种图形表达方式，默认显示的是彩色图形。单击按钮或在 Solve 菜单中单击“Parameters...”选项，可以打开 Plot Selection 对话框，选择各种图形效果，如图 1-12-6 所示。

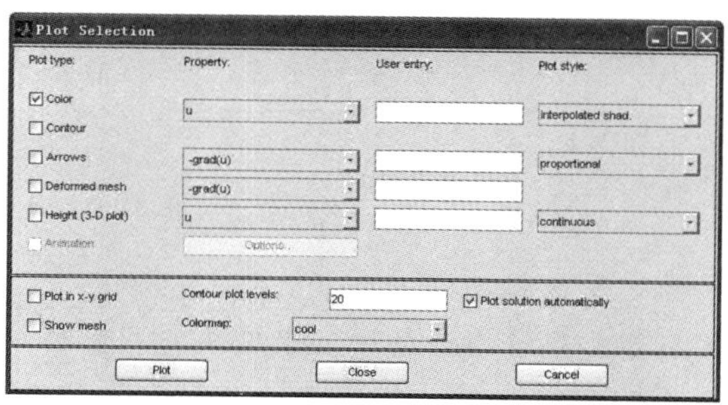

图 1-12-6 Plot Selection 对话框

PDF 的类型及意义如表 1-12-11 所示。

表 1-12-11　PDE 的类型及意义

类型	描述
Plot type 控件列	该列控件控制图形类型的选择
Color 复选框	选择此项，生成并显示解的彩色图。默认时选择此项
Contour 复选框	选择此项，生成并显示解的等值线图
Arrows 复选框	选择此项，生成并显示解的矢量图
Deformed mesh 复选框	选择此项，生成并显示解的变形网格图
Height（3-D plot）复选框	选择此项，生成并显示解的三维图
Animation 复选框	选择此项，生成解的系列演示图
Property 控件列	该控件列为一组下拉式列表框，定义对解的哪一部分进行图形显示
User entry 控件列	为一组文本框，在其中输入用户输入
Plot style 控件列	该控件列控制前面选择图型的不同风格
Plot in x-y grid 复选框	选择此项，在 $x-y$ 网格中绘图
Show mesh 复选框	选择此项，在当前图中显示网格
Contour plot levels 文本框	在其中输入等值线的水平数
Colormap 下拉式列表框	在该控件中选择绘彩色图的颜色
Plot solution automatically 核选框	选择此项，系统自动绘制解的图形

三、实验内容

（一）椭圆型问题

[例 12-1]　求单位圆盘的泊松方程 $-\Delta u=1$，边界上 $u=0$。

[例 12-2]　求单位圆盘的拉普拉斯方程 $-\Delta u=0$，边界上 $u=3\cos(2\theta)+1$。

（二）抛物线型问题

[例 12-3]　常见的抛物线型问题可以用热传导方程来表达：

$$d\frac{\partial u}{\partial t}-\nabla u=0$$

它是描述某些物体的热扩散方程。

本例研究一块受热的有矩形裂纹的金属块，金属块的左侧被加热到 100℃，右侧的热量则以恒定速率降低到周围空气的温度，所有其他边界都是独立的，于是引出下列边界条件：

（1）$u=100$　　左侧（Dirichlet条件）

（2）$\frac{\partial u}{\partial n}=-10$　　右侧（Neumann条件）

（3）$\frac{\partial u}{\partial n}=0$　　其他边界（Neumann条件）

对于热传导方程来说，还需要一个初值，即起始时间 t_0 时金属块的温度。本例中，金属块的初始温度为0℃。最后，完成问题表达式。指定起始时间为0，而且希望研究开始5秒钟的热扩散问题。

[例12-4]　求热传导方程的初边值问题：

$$\begin{cases}\frac{\partial u}{\partial t}-10^{-3}\Delta u=0,\ (x,\ y)\in\Omega=(0,\ 5)\times(0,\ 5)\\ u(x,\ y,\ t)=x^2\sin y-y^2\sin x,\ (x,\ y)\in\partial\Omega\\ u(x,\ y,\ 0)=0\end{cases}$$

（三）双曲线型问题

[例12-5]　正方形薄膜的横向振动的波动方程为：

$$\frac{\partial^2 u}{\partial t^2}-\Delta u=0$$

薄膜左侧和右侧固定（$u=0$），上端和下端自由（$\frac{\partial u}{\partial n}=0$）。另外，满足初始条件：

$$u\Big|_{t=0}=\arctan\left(\cos\left(\frac{\pi}{2}x\right)\right),\ \frac{\partial u}{\partial t}\Big|_{t=0}=3\sin(\pi x)\ e^{\sin(\frac{\pi}{2}y)}$$

即：

$$\begin{cases}\frac{\partial^2 u}{\partial t^2}-\Delta u=0,\ (t>0,\ |x|<1,\ |y|<1)\\ u=0,\qquad x=\pm 1\\ \frac{\partial u}{\partial n}=0,\qquad y=\pm 1\\ u=\arctan\left(\cos\left(\frac{\pi}{2}x\right)\right),\ t=0\\ \frac{\partial u}{\partial t}=3\sin(\pi x)e^{\sin(\frac{\pi}{2}y)},\ t=0\end{cases}$$

[例12-6]　求半圆形薄膜横向振动的波动方程满足下面初边值条件：

$$\begin{cases}\frac{\partial^2 u}{\partial t^2}-\Delta u=x^2-y^2,\ x^2+y^2<1,\ y>0,\ t>0\\ u(x,\ y,\ 0)=y(y-1)\cos\pi x,\ u_t(x,\ y,\ 0)=\sin^2\pi x\sin\pi y,\ x^2+y^2\leqslant 1,\ y\geqslant 0\\ u(x,\ y,\ t)=100,\ x^2+y^2=1,\ y>0,\ t\geqslant 0\\ u_y(x,\ 0,\ t)+u(x,\ 0,\ t)=0,\ -1\leqslant x\leqslant 1,\ t\geqslant 0\end{cases}$$

(四) 特征值问题

[例 12-7] 对于 L 形薄膜的特征值模式 PDE 问题：

$$-\Delta u=\lambda u$$

计算所有特征值<100m 的特征模式，边界上 $u=0$(Dirichlet 条件)。

[例 12-8] 对于正方形薄膜（$|x|\leqslant 1$，$|y|\leqslant 1$）内去掉以下圆形薄膜[$(x+1)^2+(y+1)^2\leqslant 0.5^2$和$(x-0.2)^2+(y-0.2)^2\leqslant 0.5^2$]的特征值模式 PDE 问题：

$$-\Delta u=\lambda u$$

计算所有特征值<100m 的特征模式，边界上$\frac{\partial u}{\partial n}=10$（Neumann 条件）。

(五) 利用 pdepe 函数求 PDEs 问题

[例 12-9] 试求解热传导方程的初边值问题：

$$\begin{cases}\dfrac{\partial u}{\partial t}=\dfrac{\partial^2 u}{\partial x^2} & (0<x<1,\ t>0)\\ u(0,\ t)=0,\ u(1,\ t)=1 & (t\geqslant 0)\\ u(x,\ 0)=x & (0\leqslant x\leqslant 1)\end{cases}$$

[例 12-10] 试求解下面的偏微分方程组：

$$\begin{cases}\dfrac{\partial u_1}{\partial t}=0.024\dfrac{\partial^2 u_1}{\partial x^2}-F(u_1-u_2)\\ \dfrac{\partial u_2}{\partial t}=0.170\dfrac{\partial^2 u_2}{\partial x^2}+F(u_1-u_2)\end{cases}$$

其中，$F(x)=e^{5.73x}-e^{-11.46x}$；满足初始条件 $u_1(x,\ 0)=1$，$u_2(x,\ 0)=0$ 及边界条件 $\frac{\partial u_1}{\partial t}(0,\ t)=0$，$u_2(0,\ t)=0$，$u_1(1,\ t)=1$，$\frac{\partial u_2}{\partial t}(1,t)=0$。

四、实验过程

(一) 椭圆型问题

[例 12-1] 求单位圆盘的泊松方程$-\Delta u=1$，边界上 $u=0$。

解 泊松方程是最简单的椭圆型 PDE 问题，该问题的精确解为 $u=\frac{1-x^2-y^2}{4}$。

[解法 1] 用图形用户界面计算

在命令窗口中输入 pdetool 命令，选用 Generic Scalar 模式。

(1) 单击 Options 菜单，选择“Axes Limit”选项，设置 x、y 的范围。单击⬭或⊕

按钮画一个圆。若该图不是标准的单位圆，则双击该圆，打开一对话框，在其中可以指定圆心的精确位置和半径的大小。

(2) 通过单击 ∂Ω 按钮显示出分割的几何边界设置边界模式，外边界指定为默认设置，即 Dirichlet 边界条件，$u=0$。本例中采用默认设置，若边界条件不同，可以通过双击边界打开一对话框，在其中输入对应的边界条件。

(3) 单击 PDE 按钮，定义偏微分方程，该操作打开一对话框，可以在其中定义 PDE 系数 c、a 和 f。本例中，它们均为常数：$c=1$，$a=0$，$f=1$。

(4) 单击 △ 按钮或选择 Mesh 菜单中的"Initialize Mesh"选项，初始化显示三角形网格。

(5) 单击 按钮或在 Mesh 菜单中选择"Refine Mesh"选项，改进初始网格并显示新网格，如图 1-12-7 所示。

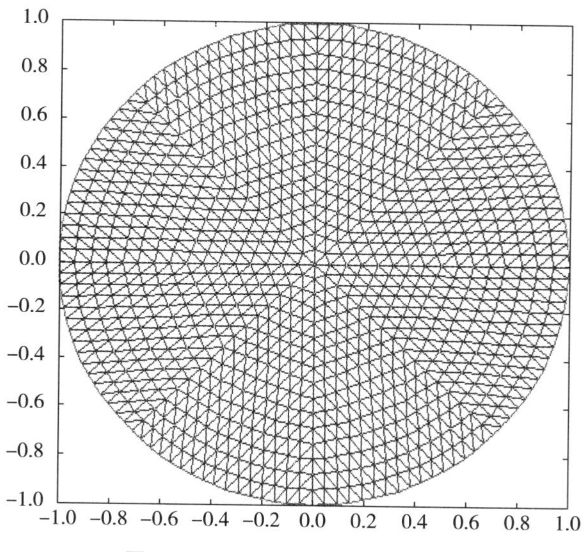

图 1-12-7 例 12-1 初始化网格

(6) 单击 = 按钮进行求解，MATLAB 可以用图形来表示问题的解。单击 按钮，打开 Plot Selection 对话框。利用该对话框，可以选择不同类型的解图。本例用 color 和 Height (3-D plot) 画的结果如图 1-12-8 所示。

(7) 比较数值解与精确解之间的误差。

为 Plot Selecting 对话框中的 Height (3-D plot) 选择 Property 弹出式菜单中的"User entry"，然后在 User entry 编辑区中输入 MATLAB 表达式 $u-(1-x.\hat{}2-y.\hat{}2)/4$，这样就可以获得解的误差的图形表示，如图 1-12-9 (a) 所示。

[**解法 2**] 使用命令行函数

必须创建 MATLAB 函数，使二维几何模型参数化。

(1) 建立 M 文件 circleg.m 返回单位圆盘边界点的坐标，程序如下：

```
function [x,y]=circleg(bs,s)
%   x 输出边界的横坐标信息
```

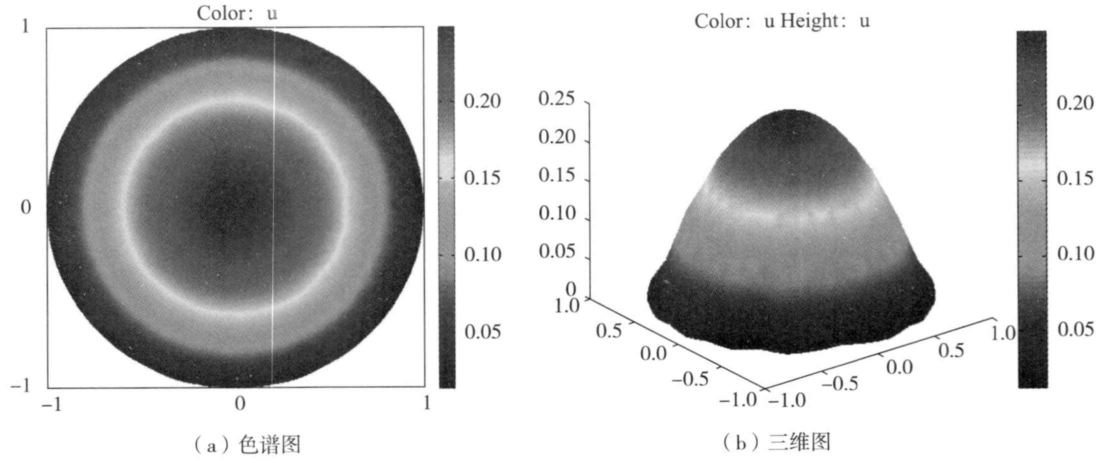

（a）色谱图　　（b）三维图

图 1-12-8　［例 12-1］图形表示

```
%    y输出边界的纵坐标信息
%    bs输入边界信息
%    s输入边界的分点
nbs=4;% 边界线段个数
if nargin==0,
       x=nbs;
       return
end
d=[
   0 0 0 0% 参数初值
   1 1 1 1% 参数终值
 1 1 1 1% 左端区域
 0 0 0 0% 右端区域
 ];
bs1=bs(:)';
if find(bs1<1 |bs1>nbs)
      error('Non existent boundary segment number')
end
if nargin==1
      x=d(:,bs1);
      return;
end
x=zeros(size(s));
y=zeros(size(s));
[m,n]=size(bs);
```

```
if m==1 & n==1
      bs=bs*ones(size(s));% 扩展bs
elseif m~=size(s,1) |n~=size(s,2),
      error('bs must be scalar or of same size as s');
end
if ~isempty(s)
      % 边界线段1
      ii=find(bs==1);
      x(ii)=1*cos((pi/2)*s(ii)-pi);
      y(ii)=1*sin((pi/2)*s(ii)-pi);
      % 边界线段2
      ii=find(bs==2);
      x(ii)=1*cos((pi/2)*s(ii)-(pi/2));
      y(ii)=1*sin((pi/2)*s(ii)-(pi/2));
      % 边界线段3
      ii=find(bs==3);
      x(ii)=1*cos((pi/2)*s(ii));
      y(ii)=1*sin((pi/2)*s(ii));
      % 边界线段4
      ii=find(bs==4);
      x(ii)=1*cos((pi/2)*s(ii)-(3*pi/2));
      y(ii)=1*sin((pi/2)*s(ii)-(3*pi/2));
end
```

(2) 建立另一个函数circleb1.m描述边界条件：

```
function [q,g,h,r]=circleb1(p,e,u,time)
%    输入矩阵p为网格数据
%    输入矩阵e为网格数据,e只需要为网格中边缘的子集
%    输入变量u用于非线性求解器
%    输入变量time用于时步算法
%    Dirichlet边界条件：hu=r
%    h,r代表Dirichlet边界条件的矩阵,必须包含每一条边界中点上的h值和r值
%    Neumann边界条件:n*c*grad(u)+q*u=g
%    q,g代表Neumann边界条件的矩阵,必须包含每一条边界中点上的q值和g值
bl=[1 1 1 1
    1 1 1 1
    1 1 1 1
    1 1 1 1
    1 1 1 1
```

```
    1 1 1 1
    48 48 48 48
    48 48 48 48
    49 49 49 49
    48 48 48 48 ];
if any(size(u))
    [q,g,h,r]=pdeexpd(p,e,u,time,bl);
else
    [q,g,h,r]=pdeexpd(p,e,time,bl);
end
```

(3) 用命令行进行计算:

```
[p,e,t]=initmesh('circleg','Hmax',1);% 用参数化函数 circleg 创建初始网格
error=[];err=1;
while err>0.001,
[p,e,t]=refinemesh('circleg',p,e,t);
u=assempde('circleb1',p,e,t,1,0,1);
exact=-(p(1,:).^2+p(2,:).^2-1)/4;
err=norm(u-exact',inf);
error=[error,err];
end
figure
pdemesh(p,e,t)
% 生成网格图
figure
pdesurf(p,t,u)
colormaphsv;
colorbar;
% 生成解的三维图
figure
pdesurf(p,t,u-exact')
colormaphsv;
colorbar;
xlabel('x')
ylabel('y')
zlabel('绝对误差')
title('u-(1-x.^2-y.^2)/4')
% 生成解的绝对误差的表面图
```

解的绝对误差的表面图如图 1-12-9（b）所示。

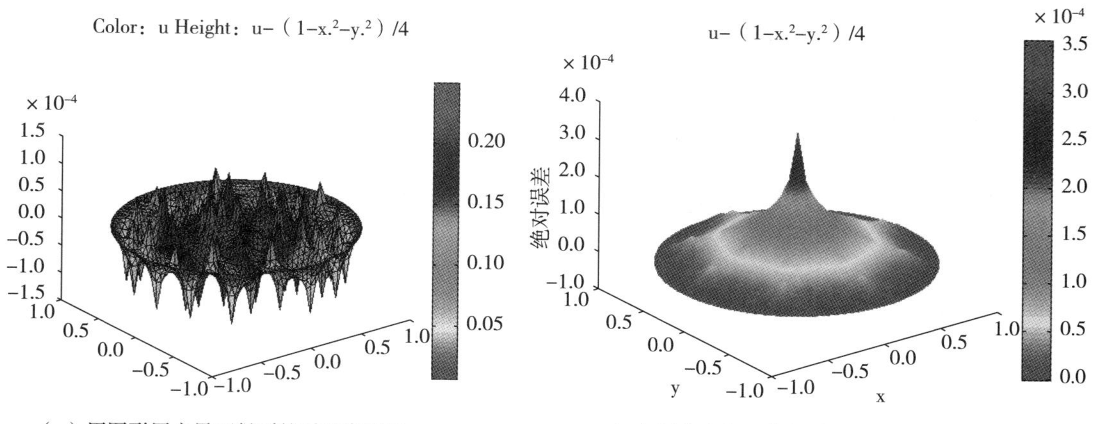

（a）用图形用户界面得到的误差表面图　　（b）用命令行函数得到的误差表面图

图 1-12-9　解的绝对误差的表面图形

为解的最大误差设定初始向量 error，设置初始误差 err 为 1。下面的循环将一直进行下去，直到解的误差小于 10^{-3}：

第一步：改进网格。

第二步：求解线性系统，注意本例中椭圆型 PDE 的系数为常数（$c=f=1$，$a=0$），circleb1 包含边界条件的描述，p、e、t 定义三角形网格。

第三步：求数值解与精确解的误差。Exact 向量包含节点处的精确解。

第四步：绘制网格、解和误差的图形。

［例 12-2］　求单位圆盘的拉普拉斯方程$-\Delta u=0$，边界上 $u=3\cos(2\theta)+1$。

解　用图形用户界面计算

在命令窗口中输入 pdetool 命令，打开 PDE 工具，选用 Generic Scalar 应用模式。

（1）画单位圆：在 Draw 菜单中单击“Ellipse/circle”选项。

（2）确定边界条件：单击 ∂Ω 按钮或双击边界定义边界条件［输入 Dirichlet 边界条件，即 $h=1$，$r=3*\cos(2*\text{atan}(y./x))+1$］。

注意：边界条件 $\cos\theta$ 的处理。

（3）定义椭圆型 PDE：单击 PDE 按钮，打开 PDE Specification 对话框，选择“Ellipse PDE”，输入合适的系数值，一般的椭圆型 PDE 描述为：

$$-\nabla\cdot(c\nabla u)+au=f$$

所以本题中 $c=1$，$a=0$，$f=0$。

初值 $u_0=0$，时间用［0：0.5：100］的形式输入到 Solve Parameters 对话框（通过在 Solve 菜单条中选择“Parameters...”选项来打开）中。

（4）求解：单击 = 按钮进行求解。MATLAB 可以用图形来表示问题的解。单击按钮，打开 Plot Selection 对话框，利用该对话框，可以选择不同类型的解图。本例用 color 和 Height（3-D plot）画的结果如图 1-12-10 所示。

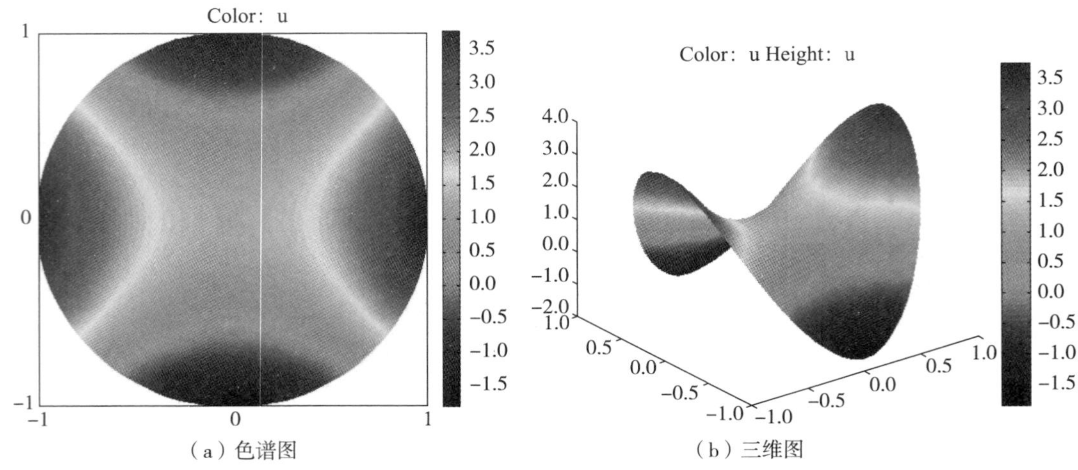

（a）色谱图　　（b）三维图

图 1-12-10　［例 12-2］图形表示

（二）抛物线型问题

［例 12-3］ 常见的抛物线型问题可以用热传导方程来表达：

$$d\frac{\partial u}{\partial t} - \nabla u = 0$$

它是描述某些物体的热扩散方程。

本例研究一块受热的有矩形裂纹的金属块，金属块的左侧被加热到 100℃，右侧的热量则以恒定速率降低到周围空气的温度，所有其他边界都是独立的，于是引出下列边界条件：

（1）$u=100$　　左侧（Dirichlet 条件）

（2）$\frac{\partial u}{\partial \mathrm{n}}=-10$　　右侧（Neumann 条件）

（3）$\frac{\partial u}{\partial \mathrm{n}}=0$　　其他边界（Neumann 条件）

对于热传导方程来说，还需要一个初值，即起始时间 t_0 时金属块的温度。本例中，金属块的初始温度为 0℃。

最后，完成问题表达式。指定起始时间为 0，而且希望研究开始 5 秒钟的热扩散问题。

解 根据以上信息，有矩形裂纹的金属块热传导问题可以表示为：

$$\begin{cases} \frac{\partial u}{\partial t} - \nabla u = 0, & (0 \leqslant t \leqslant 5,\ 0.05 \leqslant |x| \leqslant 0.5,\ 0.4 \leqslant |y| \leqslant 0.8) \\ u = 100, & (x = -0.5) \\ \frac{\partial u}{\partial n} = -10, & (x = 0.5) \\ \frac{\partial u}{\partial n} = 0, & \text{其他} \\ u = 0, & t = 0 \end{cases}$$

选用图形用户界面计算。

在命令窗口中输入 pdetool 命令，打开 PDE 工具，选用 Generic Scalar 应用模式。

(1) 单击 Options 菜单，选择“Axes Limit”选项，设置 x、y 的范围。单击或按钮画一个矩形。若该图不是计算区域的矩形，则双击该矩形，打开一对话框，在其中可以指定左边底部及其高度与宽度来精确矩形位置和大小。也就是先画一个矩形（R1），其四角的坐标为 $x=[-0.5\ 0.5\ 0.5\ -0.5]$，$y=[-0.8\ -0.8\ 0.8\ 0.8]$，然后画另一个矩形（R2），代表矩形裂纹，它的四角坐标为 $x=[-0.05\ 0.05\ 0.05\ -0.05]$，$y=[-0.4\ -0.4\ 0.4\ 0.4]$。选择“Options”选项，打开 Grid Spacing 对话框，在-0.05 和 0.05 处输入 X 轴的附加短线，以帮助画出代表裂纹的矩形，然后显示网格和“Snap-to-grid”风格，这样就很容易画出矩形裂纹了。

金属块的 CSG 模型现在可用下面的简单公式来表示（Set formula 内输入）：R1-R2。

(2) 通过单击∂Ω按钮显示出分割的几何边界设置边界模式，左边界通过双击边界打开一对话框，在其中输入 Dirichlet 边界条件，即 $h=1$，$r=100$；右边界通过双击边界打开一对话框，在其中输入 Newmann 边界条件，即 $g=-10$，$q=0$；按住 Shift 键，连续选择其余边界线段，并通过双击边界或“Specify Boundary Conditions...”选项，打开一对话框，在其中设置为默认 Newmann 边界条件，即 $g=0$，$q=0$。

(3) 单击PDE按钮，定义偏微分方程，该操作打开一对话框，可以在其中定义 PDE 系数 c、a、f 和 d。本例中，它们均为常数：$c=1$，$a=0$，$f=1$，$d=1$。

(4) 单击按钮或选择 Mesh 菜单中的“Initialize Mesh”选项，初始化显示三角形网格。

(5) 单击按钮或在 Mesh 菜单中选择“Refine Mesh”选项，改进初始网格并显示新网格，如图 1-12-11 所示。

初值 $u_0=0$，时间用［0 : 0.5 : 5］的形式输入到 Solve Parameters 对话框（通过在 Solve 菜单条中选择“Parameters...”选项来打开）中。

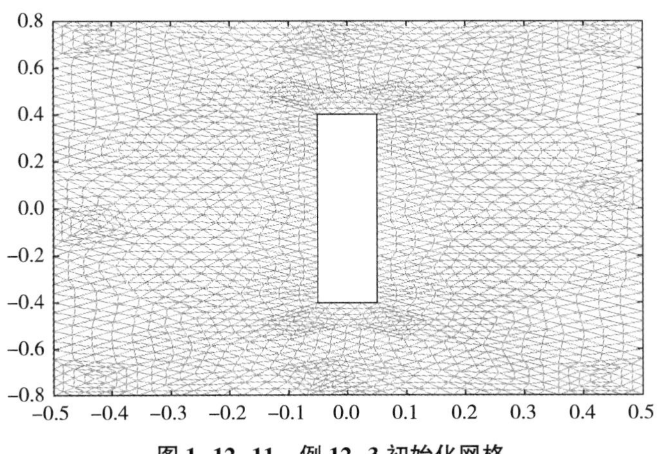

图 1-12-11　例 12-3 初始化网格

(6) 点击=按钮求解，在 11 个不同时间段内求解热传导方程，默认时，显示最后时间解的 interpolated 图。单击按钮，打开 Plot Selection 对话框，利用该对话框，可以选择不同类型的解图。本例用 color 和 Plot in x-y grid 画的结果如图 1-12-12 所示，并命令窗口显示如下的计算信息：

```
Time：0.5
Time：1
Time：1.5
Time：2
Time：2.5
Time：3
Time：3.5
Time：4
Time：4.5
Time：5
153 successful steps
0 failed attempts
308 function evaluations
1 partial derivatives
28 LU decompositions
307 solutions of linear systems
```

另外有一个更有趣的动态显示热传导过程的方法，首先在 Plot Selection 对话框中选择 Animation 复选框，选择“colormap hot”，单击“Plot”按钮，在单独的图形窗口中开始解的图形记录。然后会重复照亮 5 次。

注意到金属块的温度升高很快，为改进照明效果并注重第 1 秒钟，可试着改变时间列表的表达式 logspace（-2，0.5，20），也可以试着改变热能系数 d 和右边界的热流量来研究它们是如何影响热扩散的。

得到的解 u 是一个有 11 列的矩阵，其中每一列对应于 11 个时间点上的解。

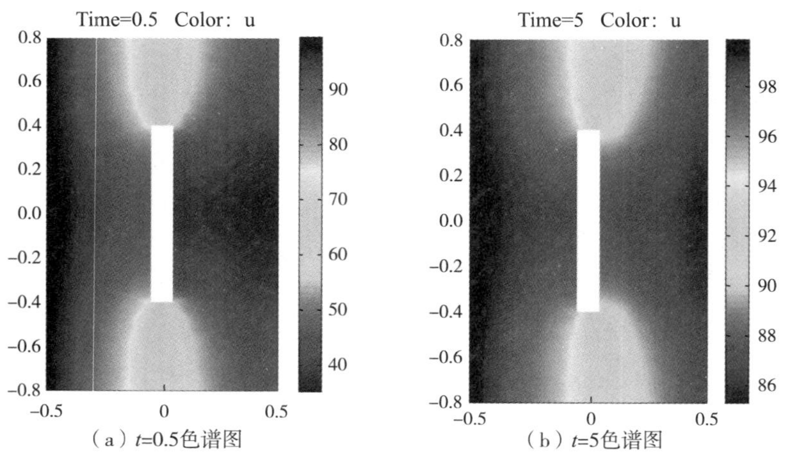

（a）t=0.5色谱图　　（b）t=5色谱图

图 1-12-12　有矩形裂纹的金属块热传导问题的色谱图

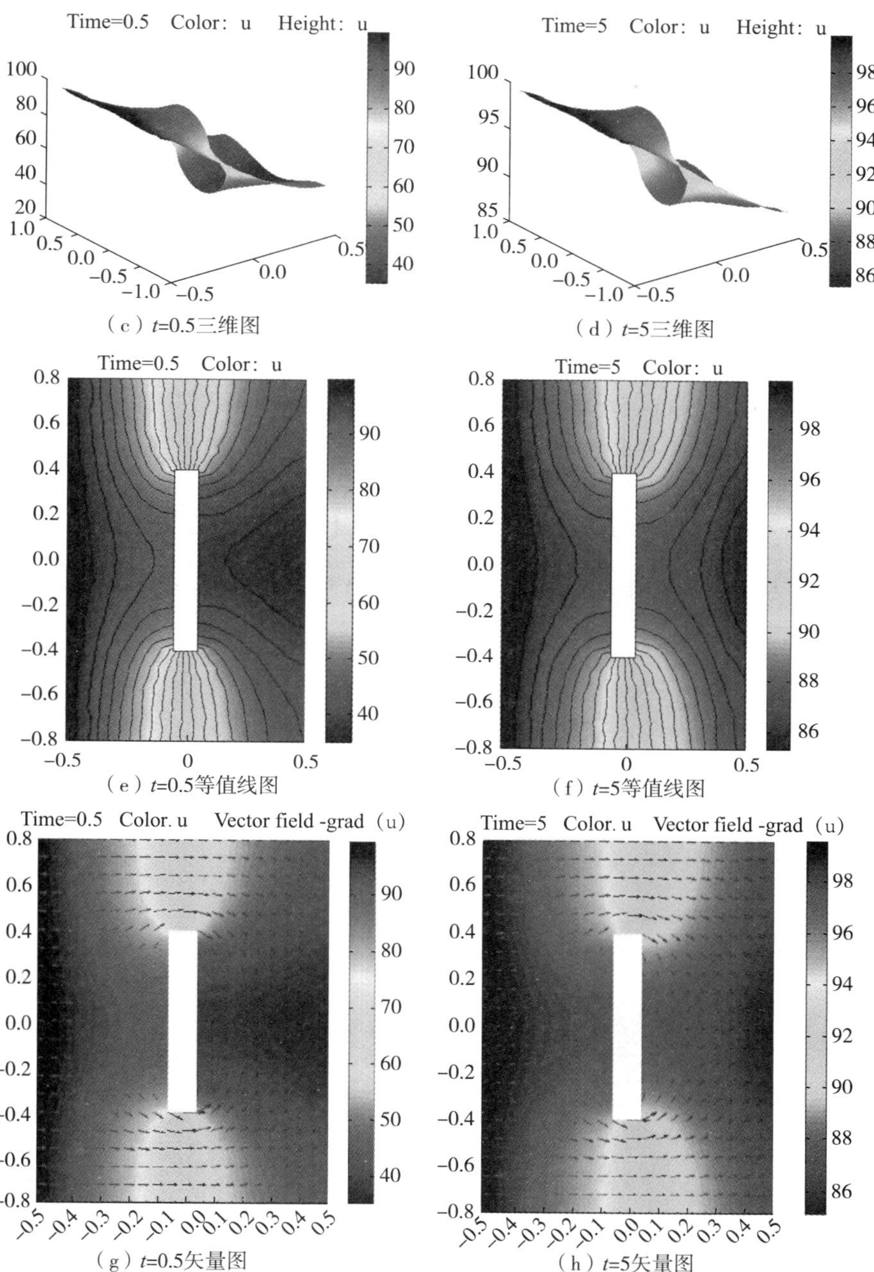

（c）t=0.5三维图　（d）t=5三维图

（e）t=0.5等值线图　（f）t=5等值线图

（g）t=0.5矢量图　（h）t=5矢量图

图 1-12-12　有矩形裂纹的金属块热传导问题的色谱图（续）

［例 12-4］　求热传导方程的初边值问题：

$$\begin{cases} \dfrac{\partial u}{\partial t} - 10^{-3}\Delta u = 0,\ (x,\ y) \in \Omega = (0,\ 5) \times (0,\ 5) \\ u(x,\ y,\ t) = x^2\sin y - y^2\sin x,\ (x,\ y) \in \partial\Omega \\ u(x,\ y,\ 0) = 0 \end{cases}$$

解 用图形用户界面计算

在命令窗口中输入 pdetool 命令，打开 PDE 工具，选用 Generic Scalar 应用模式。

（1）画矩形：单击□或⊞按钮或者在 Draw 菜单中单击“Rectangle/square”选项。

（2）确定边界条件：通过单击∂Ω按钮显示出分割的几何边界设置边界模式，并矩形所有边界通过双击打开一对话框，在其中输入 Dirichlet 边界条件，即 $h=1$，r=x.^2. * sin(y)-y.^2. * sin(x)。

（3）网格初始化：单击△按钮或在 Mesh 菜单中选择“Initialize Mesh”选项。

（4）网格细化：单击按钮或在 Mesh 菜单中选择“Refine Mesh”选项，改进初始网格并显示新网格。

（5）定义双曲线型 PDE：单击PDE按钮，打开“PDE Specification”对话框，选择“Parabolic PDE”，输入合适的系数 c、a、f 和 d。本例中，它们均为常数：$c=10^{-3}$，$a=0$，$f=0$，$d=1$。

（6）求解：在 Solve 菜单中选择“Parameters...”选项，打开 Solve Parameters 对话框，输入 linspace（0，5，31）作为时间列表，输入 u 的初值：atan（cos（pi/2 * x））以及$\frac{\partial u}{\partial t}$的初值：3 * sin（pi * x）. * exp（sin（pi/2 * y））。

（7）单击PDE按钮进行求解，在 31 个不同时间段内求解热传导方程，默认时，显示最后时间解的 interpolated 图。单击按钮，打开 Plot Selection 对话框，利用该对话框，可以选择不同类型的解图。本例用 color、contour 和 Height（3-D plot）画的结果如图 1-12-13 所示。

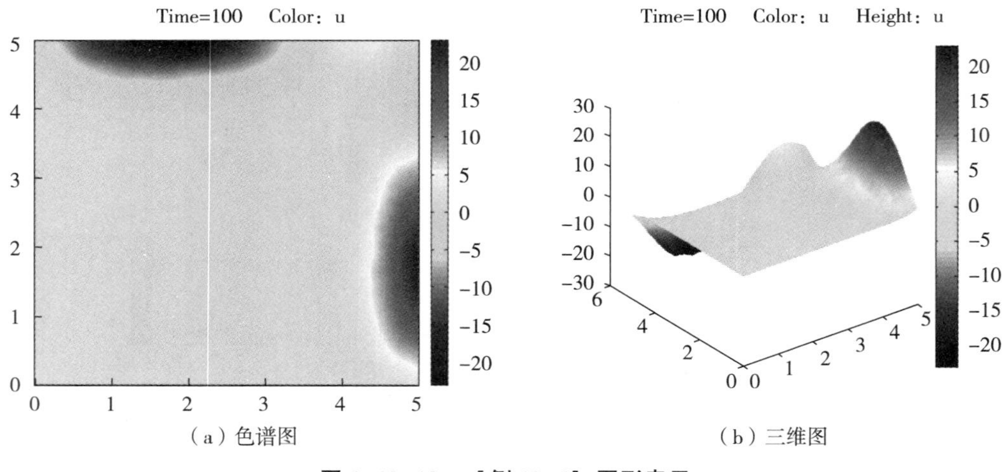

（a）色谱图　　（b）三维图

图 1-12-13　［例 12-4］图形表示

（三）双曲线型问题

［例 12-5］ 正方形薄膜横向振动的波动方程满足下面初边值条件：

$$\begin{cases}\dfrac{\partial^2 u}{\partial t^2}-\Delta u=0, & (t>0,\ |x|<1,\ |y|<1)\\ u=0, & x=\pm 1\\ \dfrac{\partial u}{\partial n}=0, & y=\pm 1\\ u=\arctan(\cos(\dfrac{\pi}{2}x)), & t=0\\ \dfrac{\partial u}{\partial t}=3\sin(\pi x)e^{\sin(\frac{\pi}{2}y)}, & t=0\end{cases}$$

解　用图形用户界面计算

用 GUI 按照下面的步骤求解：

（1）画矩形：单击按钮或者在 Draw 菜单中单击“Rectangle/square”选项。

（2）确定边界条件：通过单击按钮显示出分割的几何边界设置边界模式，并且左右边界通过双击边界打开一对话框，在其中输入 Dirichlet 边界条件，即 $h=1$，$r=0$；上下边界通过双击边界打开一对话框，在其中输入 Newmann 边界条件，即 $g=0$，$q=0$。

（3）网格初始化：单击按钮或在 Mesh 菜单中选择“Initialize Mesh”选项。

（4）网格细化：单击按钮或在 Mesh 菜单中选择“Refine Mesh”选项，改进初始网格并显示新网格，如图 1-12-14 所示。

（5）定义双曲线型 PDE：单击 PDE 按钮，打开 PDE Specification 对话框，选择“Hyperbolic PDE”，输入合适的系数值，一般的双曲线型 PDE 描述为：

$$d\frac{\partial^2 u}{\partial t^2}-\nabla\cdot(cu)+au=f$$

所以 $c=1$，$a=0$，$f=0$，$d=1$。

（6）求解：在 Solve 菜单中选择“Parameters...”选项，打开 Solve Parameters 对话框，输入 linspace（0，5，31）作为时间列表，输入 u 的初值：atan（cos(pi/2 * x)）以及 $\dfrac{\partial u}{\partial t}$ 的初值：3 * sin(pi * x) . * exp(sin(pi/2 * y)），如图 1-12-15 所示。

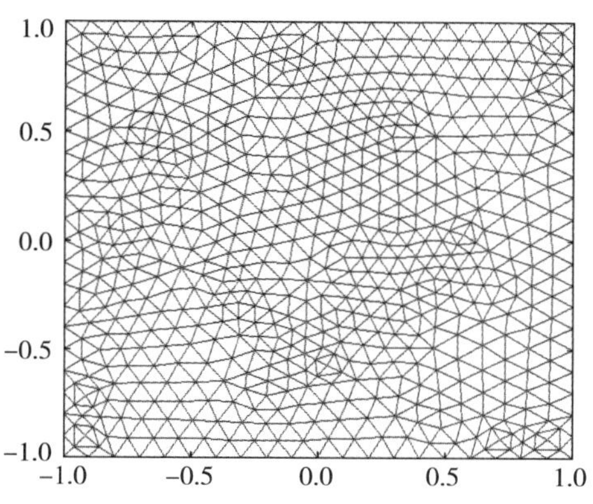

图 1-12-14　［例 12-5］初始化网格

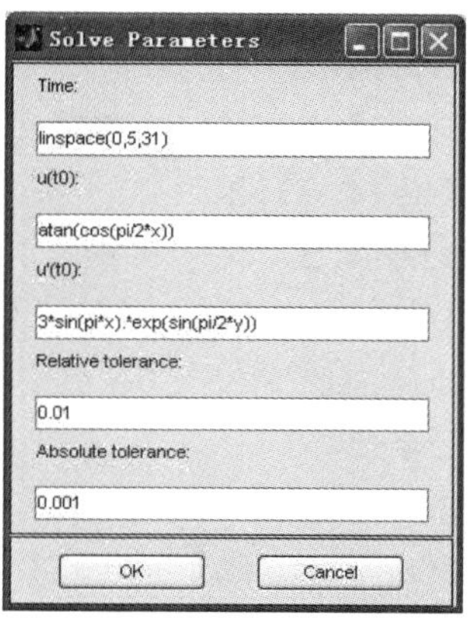

图 1-12-15　［例 12-5］输入初始值

（7）点击 = 按钮进行求解，在 31 个不同时间段内求解热传导方程，默认时，显示最后时间解的 interpolated 图。单击按钮，打开 Plot Selection 对话框。利用该对话框，可以选择不同类型的解图。本例用 color、contour 和 Height（3－D plot）画的结果如图 1-12-16所示，并命令窗口显示如下的计算信息：

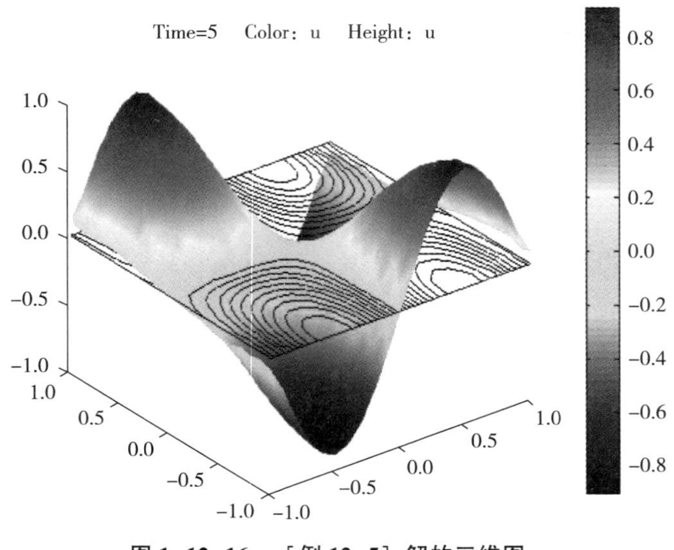

图 1-12-16 ［例 12-5］解的三维图

```
Time:0.166667
Time:0.333333
Time:0.5
Time:0.666667
Time:0.833333
Time:1
Time:1.16667
Time:1.33333
Time:1.5
Time:1.66667
Time:1.83333
Time:2
Time:2.16667
Time:2.33333
Time:2.5
Time:2.66667
Time:2.83333
Time:3
Time:3.16667
Time:3.33333
Time:3.5
Time:3.66667
Time:3.83333
Time:4
Time:4.16667
Time:4.33333
Time:4.5
Time:4.66667
Time:4.83333
Time:5
428successful steps
62 failed attempts
982 function evaluations
1 partial derivatives
```

```
142 LU decompositions
981 solutions of linear systems
```

通过照亮整个解序列可以观察波动在 x 和 y 方向上的传播。

[例 12-6] 求半圆形薄膜横向振动的波动方程满足下面初边值条件：

$$\begin{cases}\dfrac{\partial^2 u}{\partial t^2}-\Delta u=x^2-y^2,\ x^2+y^2<1,\ y>0,\ t>0\\ u(x,\ y,\ 0)=y(y-1)\cos\pi x,\ u_t(x,\ y,\ 0)=\sin^2\pi x\cos\pi y,\ x^2+y^2\leqslant 1,\ y\geqslant 0\\ u(x,\ y,\ t)=100,\ x^2+y^2=1,\ y>0,\ t\geqslant 0\\ u_y(x,\ 0,\ t)+u(x,\ 0,\ t)=0,\ \ -1\leqslant x\leqslant 1,\ t\geqslant 0\end{cases}$$

解　用图形用户界面计算

在命令窗口中输入 pdetool 命令，打开 PDE 工具，选用 Generic Scalar 应用模式。

(1) 单击 Options 菜单，选择 "Axes Limit" 选项，设置 x、y 的范围。单击 (或) 和 (或) 按钮画一个单位圆和矩形。若该图不是计算区域的圆和矩形，则双击该圆和矩形，打开一对话框，在其中可以指定半径和圆心或者左边底部及其高度与宽度来精确图形位置和大小。也就是先画一个单位圆 (E1)，然后画另一个矩形 (R1)，代表矩形裂纹，它的四角坐标为 $x=[-1\ 1\ 1\ -1]$，$y=[0\ 0\ -1\ -1]$。所计算的半圆形区域可用下面的简单公式来表示 (Set formula 内输入)：E1-R1。

(2) 确定边界条件：通过单击 ∂Ω 按钮显示出分割的几何边界设置边界模式，弧形边界通过双击边界打开一对话框，在其中输入 Dirichlet 边界条件，即 $h=1$，$r=100$；平行边界通过双击边界打开一对话框，在其中输入 Newmann 边界条件，即 $q=1$，$g=0$。

(3) 网格初始化：单击 △ 按钮或在 Mesh 菜单中选择 "Initialize Mesh" 选项。

(4) 网格细化：单击 按钮或在 Mesh 菜单中选择 "Refine Mesh" 选项，改进初始网格并显示新网格。

(5) 定义双曲线型 PDE：单击 PDE 按钮，打开 PDE Specification 对话框，选择 Parabolic PDE，输入合适的系数 c、a、f 和 d。本例中，它们均为常数：$c=1$，$a=0$，f=x.^2-y.^2，$d=1$。

(6) 求解：在 Solve 菜单中选择 "Parameters..." 选项，打开 Solve Parameters 对话框，输入 0:0.1:10 作为时间列表，输入 u 的初值：y.*(y-1).*cos(pi*x) 以及 $\dfrac{\partial u}{\partial t}$ 的初值：sin(pi*x).^2.*cos(pi*y)，如图 1-12-17 所示。

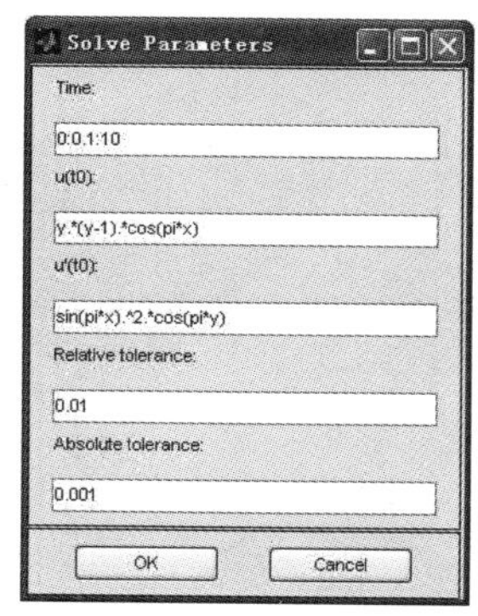

图 1-12-17　[例 12-6] 输入初始值

(7) 点击 = 按钮求解，在 101 个不同时间段内求解波动方程，默认时，显示最后时间解的 interpolated 图。单击 按钮，打开 Plot Selection 对话框，利用该对话框，可以选择不同类型的解图。本例用 color 和 Height(3-D plot) 画的结果如图 1-12-18 所示。

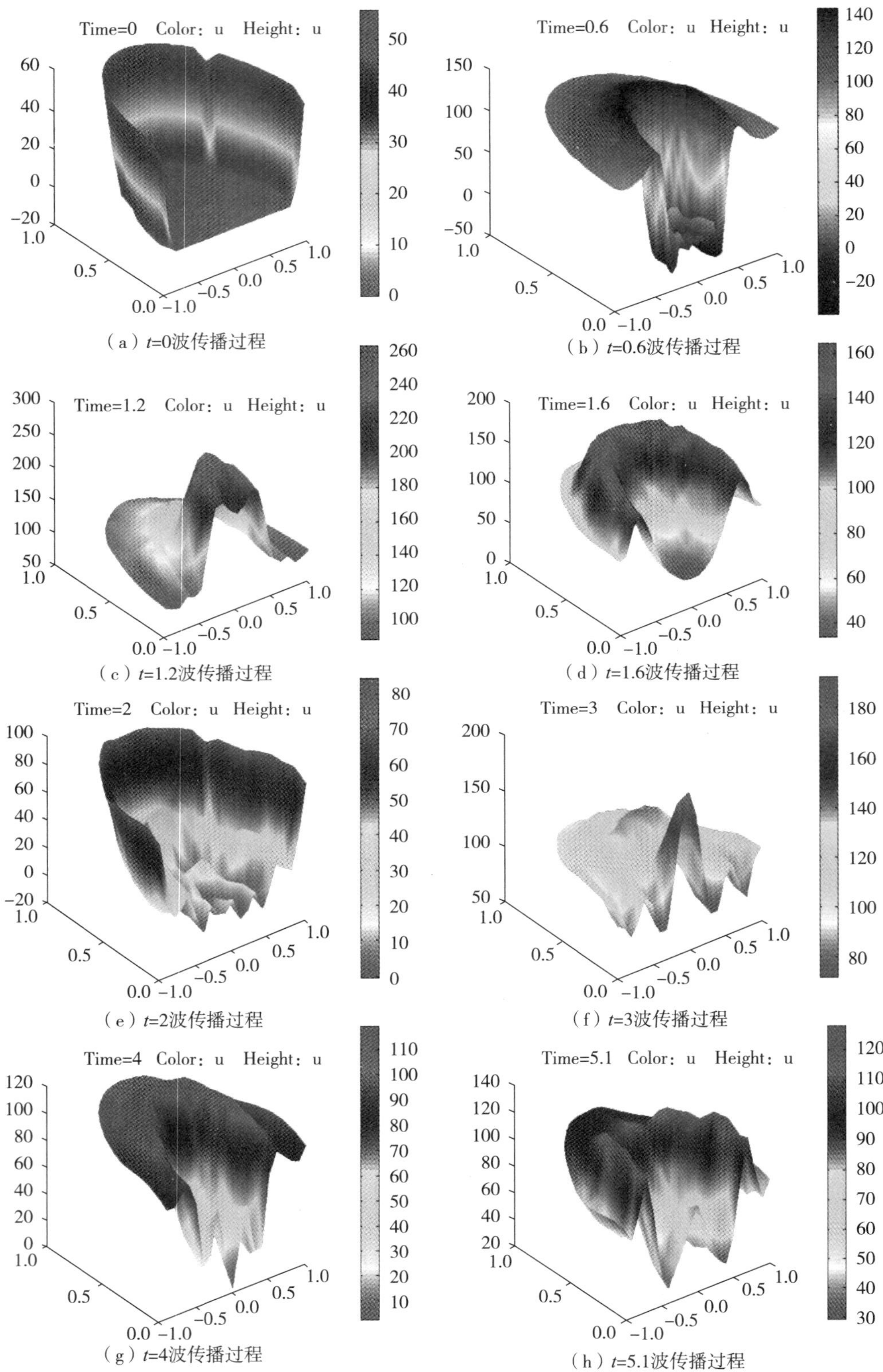

（a）t=0波传播过程　（b）t=0.6波传播过程

（c）t=1.2波传播过程　（d）t=1.6波传播过程

（e）t=2波传播过程　（f）t=3波传播过程

（g）t=4波传播过程　（h）t=5.1波传播过程

图 1-12-18　波传播过程示意图

另外有一个更有趣的动态显示波传播过程的方法，即在 Plot Selection 对话框中选择 Animation 复选框，单击“Plot”按钮，在单独的图形窗口中开始解的图形记录。

(四) 特征值问题

[例 12-7]　对于 L 形薄膜的特征值模式 PDE 问题：

$$-\Delta u=\lambda u$$

计算所有特征值<100m 的特征模式，边界上 $u=0$（Dirichlet 条件）。

解　用图形用户界面计算

(1) 打开 PDE 的 GUI 以后，选择 Generic Scalar 模式，用按钮画 L 形薄膜，角点位置为 (0, 0)，(−1, 0)，(−1, −1)，(1, −1)，(1, 1) 和 (0, 1)。

(2) 确定边界条件：本问题的边界条件按默认设置。

(3) 网格初始化：单击按钮或在 Mesh 菜单中选择“Initialize Mesh”选项。

(4) 网格细化：单击按钮或在 Mesh 菜单中选择“Refine Mesh”选项，改进初始网格并显示新网格，如图 1-12-19 所示。

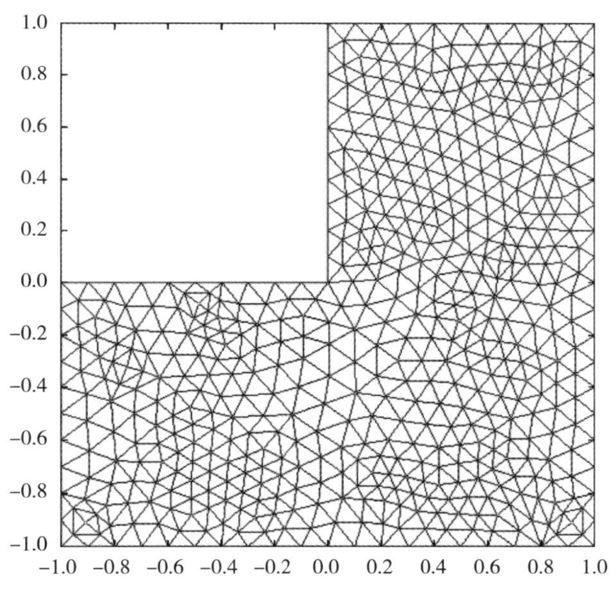

图 1-12-19　[例 12-7] 初始化网格

(5) 定义特征值 PDE 问题：单击按钮，打开 PDE Specification 对话框，选择“Eigenmodes PDE”，PDE 系数的默认值 $c=1$，$a=0$，$d=1$ 均与本问题的要求一致，故直接单击“OK”按钮退出即可。

(6) 求解：在 Solve 菜单条中选择“Parameters...”选项，打开 Solve Parameters 对话框。对话框中有一个编辑框，用于输入特征值搜索范围。默认输入为 [0 100]，接受默认值。

(7) 点击按钮求解，并命令窗口显示如下的计算信息：

```
Basis=10,Time=0.13,New conv eig=0
Basis=13,Time=0.20,New conv eig=0
```

```
Basis=16,Time=0.25,New conv eig=0
Basis=19,Time=0.30,New conv eig=1
Basis=22,Time=0.31,New conv eig=2
Basis=25,Time=0.34,New conv eig=3
Basis=28,Time=0.39,New conv eig=3
Basis=31,Time=0.44,New conv eig=5
Basis=34,Time=0.47,New conv eig=5
Basis=37,Time=0.48,New conv eig=6
Basis=40,Time=0.53,New conv eig=7
Basis=43,Time=0.58,New conv eig=9
Basis=46,Time=0.63,New conv eig=10
Basis=49,Time=0.67,New conv eig=11
Basis=52,Time=0.72,New conv eig=13
Basis=55,Time=0.75,New conv eig=14
Basis=58,Time=0.80,New conv eig=14
Basis=61,Time=0.84,New conv eig=15
Basis=64,Time=0.89,New conv eig=16
Basis=67,Time=0.92,New conv eig=17
Basis=70,Time=0.97,New conv eig=22
End of sweep: Basis=70,Time=0.98,New conv eig=22
Basis=32,Time=1.03,New conv eig=0
Basis=35,Time=1.08,New conv eig=0
Basis=38,Time=1.13,New conv eig=0
Basis=41,Time=1.17,New conv eig=0
Basis=44,Time=1.20,New conv eig=0
Basis=47,Time=1.25,New conv eig=0
End of sweep: Basis=47,Time=1.27,New conv eig=0
```

解显示的是第 1 个特征函数，第 1 个特征值（最小值）也显示了出来。在 GUI 底部的信息栏中可以看到特征值的个数。可以打开 Plot Selection 对话框，从弹出式菜单中选择对应特征值来决定绘哪一个特征函数的图形，如图 1-12-20 所示。

有 19 个特征值<100。绘出第 1 个特征值模式，将它与 MATLAB 的 membrane 函数比较。membrane 函数可以为 L 形薄膜生成前 12 个特征函数，还可以比较 12 个特征值模式。

```
figure
membrane(1,20,9,9)
title('第 1 个特征值模式的薄膜图')
```

结果如图 1-12-21(a)所示。

```
figure
```

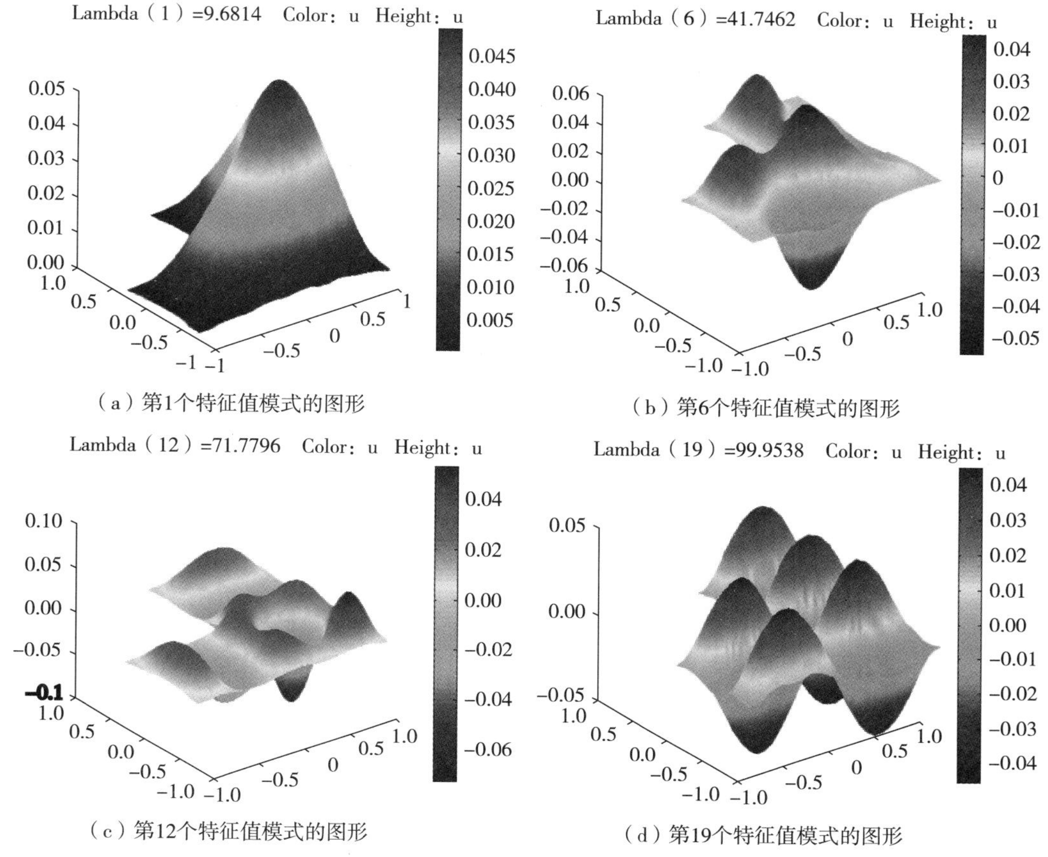

（a）第1个特征值模式的图形

（b）第6个特征值模式的图形

（c）第12个特征值模式的图形

（d）第19个特征值模式的图形

图1-12-20　特征值模式图形

```
membrane(5,20,9,9)
title('第 5 个特征值模式的薄膜图')
```

结果如图1-12-21(b)所示。

```
figure
membrane(9,20,9,9)
title('第 9 个特征值模式的薄膜图 )
```

结果如图1-12-21(c)所示。

```
figure
membrane(12,20,9,9)
title('第 12 个特征值模式的薄膜图')
```

结果如图1-12-21（d）所示。

[例12-8]　对于正方形薄膜（$|x|\leqslant 1$，$|y|\leqslant 1$）内去掉以下圆形薄膜$[(x+1)^2+(y+1)^2\leqslant 0.5^2$和$(x-0.2)^2+(y-0.2)^2\leqslant 0.5^2]$的特征值模式PDE问题：

$$-\Delta u=\lambda u$$

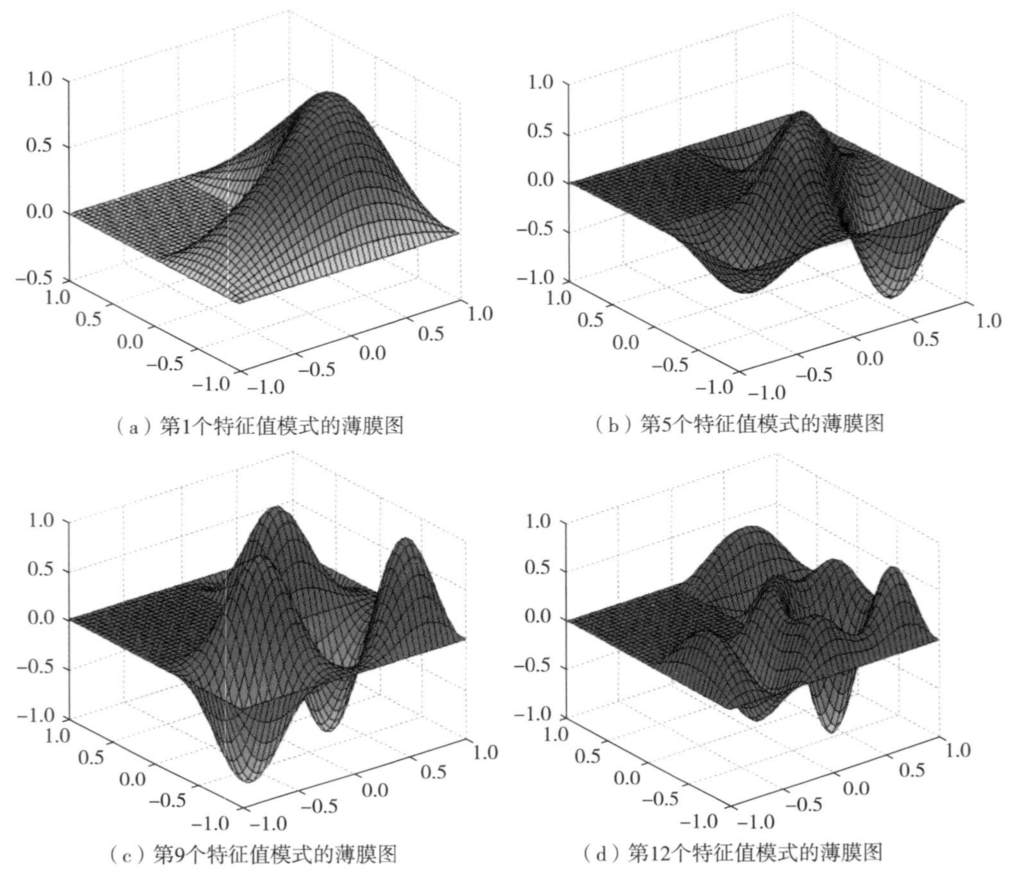

（a）第1个特征值模式的薄膜图

（b）第5个特征值模式的薄膜图

（c）第9个特征值模式的薄膜图

（d）第12个特征值模式的薄膜图

图 1-12-21　特征值模式薄膜图

计算所有特征值<100m 的特征模式，边界上$\dfrac{\partial u}{\partial n}=10$（Neumann 条件）。

解　用图形用户界面计算

（1）打开 PDE 的 GUI 以后，选择 Generic Scalar 模式，用按钮及画方形薄膜及其圆形薄膜，方形薄膜的角点位置为（−1，−1），（−1，1），（1，1）和（1，−1），圆形薄膜的圆心为（−1，−1）和（0.2，0.2），半径为 0.5。

（2）确定边界条件：通过单击∂Ω按钮显示出分割的几何边界设置边界模式，外边界指定为 Neumann 边界条件，即 $g=10$，$q=0$。

（3）网格初始化：单击按钮或在 Mesh 菜单中选择“Initialize Mesh”选项。

（4）网格细化：单击按钮或在 Mesh 菜单中选择“Refine Mesh”选项，改进初始网格并显示新网格，如图 1-12-22 所示。

（5）定义特征值 PDE 问题：单击PDE按钮，打开 PDE Specification 对话框，选择“Eigenmodes PDE”，PDE 系数的默认值 $c=1$，$a=0$，$d=1$ 均与本问题的要求一致，故直接单击“OK”按钮退出即可。

（6）进行求解：在 Solve 菜单条中选择“Parameters...”选项，打开 Solve Parameters 对

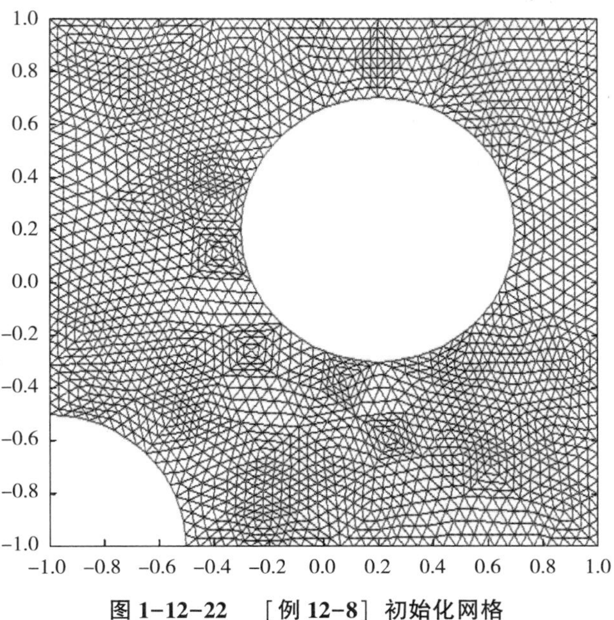

图 1-12-22　[例 12-8] 初始化网格

话框。对话框中有一个编辑框，用于输入特征值搜索范围。默认输入为 [0 100]，接受默认值。

(7) 点击 = 按钮求解，并命令窗口显示如下的计算信息：

```
Basis=10,Time=0.13,New conv eig=0
Basis=12,Time=0.16,New conv eig=0
Basis=14,Time=0.17,New conv eig=1
Basis=16,Time=0.20,New conv eig=1
Basis=18,Time=0.23,New conv eig=1
Basis=20,Time=0.27,New conv eig=1
Basis=22,Time=0.30,New conv eig=1
Basis=24,Time=0.33,New conv eig=4
Basis=26,Time=0.34,New conv eig=4
Basis=28,Time=0.36,New conv eig=4
Basis=30,Time=0.39,New conv eig=5
Basis=32,Time=0.42,New conv eig=6
Basis=34,Time=0.45,New conv eig=6
Basis=36,Time=0.47,New conv eig=7
Basis=38,Time=0.50,New conv eig=8
Basis=40,Time=0.55,New conv eig=10
Basis=42,Time=0.56,New conv eig=10
Basis=44,Time=0.59,New conv eig=10
Basis=46,Time=0.63,New conv eig=11
```

```
Basis=48,Time=0.64,New conv eig=12
Basis=50,Time=0.67,New conv eig=14
Basis=52,Time=0.70,New conv eig=15
Basis=54,Time=0.73,New conv eig=16
Basis=56,Time=0.78,New conv eig=19
Basis=58,Time=0.81,New conv eig=21
Basis=60,Time=0.86,New conv eig=23
Basis=62,Time=0.91,New conv eig=24
Basis=64,Time=0.92,New conv eig=24
Basis=66,Time=0.97,New conv eig=27
Basis=68,Time=0.98,New conv eig=31
Basis=70,Time=1.02,New conv eig=37
Basis=72,Time=1.06,New conv eig=38
End of sweep: Basis=72,Time=1.06,New conv eig=38
Basis=48,Time=1.16,New conv eig=0
Basis=50,Time=1.17,New conv eig=0
Basis=52,Time=1.20,New conv eig=0
Basis=54,Time=1.23,New conv eig=0
Basis=56,Time=1.27,New conv eig=0
End of sweep: Basis=56,Time=1.27,New conv eig=0
```

解显示的是第 1 个特征函数，第 1 个特征值（最小值）也显示了出来。在 GUI 底部的信息栏中可以看到特征值的个数。可以打开 Plot Selection 对话框，从弹出式菜单中选择对应特征值来决定绘哪一个特征函数的图形，如图 1-12-23 所示。

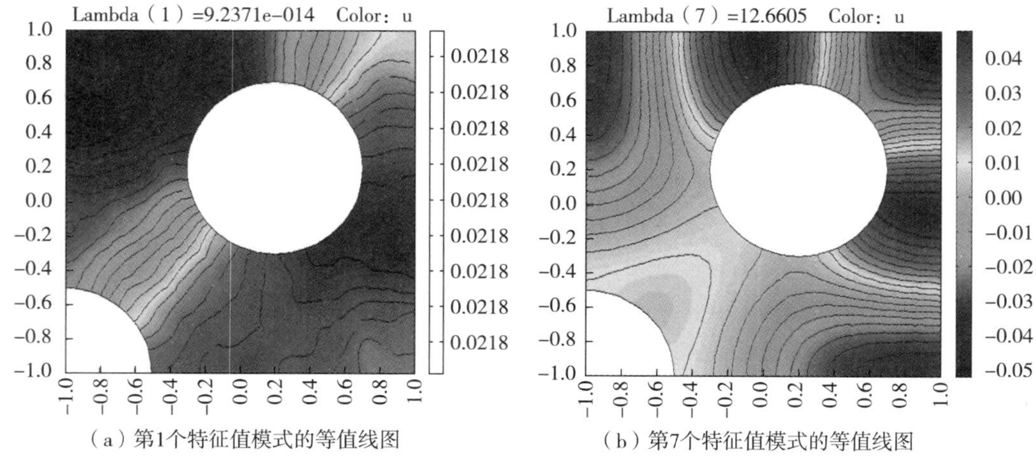

（a）第1个特征值模式的等值线图　（b）第7个特征值模式的等值线图

图 1-12-23　特征值函数的等值线图

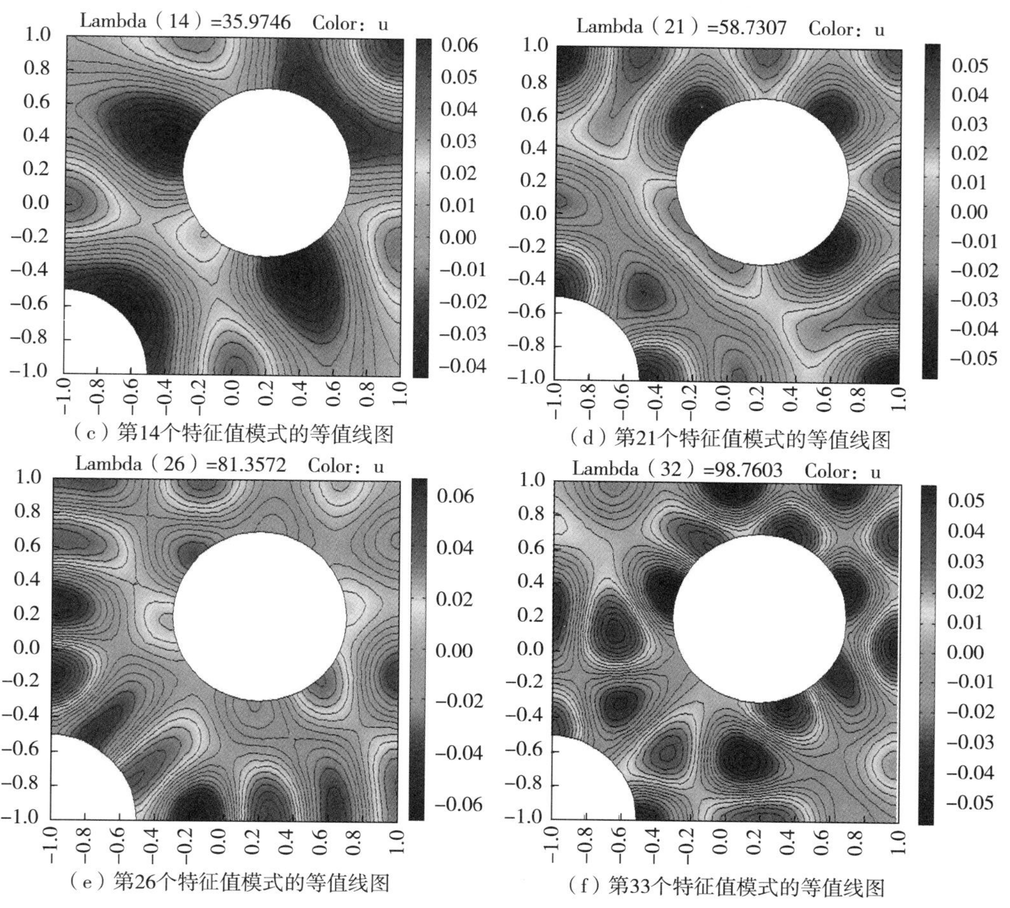

（c）第14个特征值模式的等值线图　（d）第21个特征值模式的等值线图

（e）第26个特征值模式的等值线图　（f）第33个特征值模式的等值线图

图 1-12-23　特征值函数的等值线图（续）

通过画图可知，有 32 个特征值<100。绘出第 1 个特征值模式，将它与 MATLAB 的 membrane 函数比较。

（五）利用 pdepe 函数求 PDFs 问题

［例 12-9］　试求解热传导方程的初边值问题

$$\begin{cases}\dfrac{\partial u}{\partial t}=\dfrac{\partial^2 u}{\partial x^2}(0<x<1,\ t>0)\\ u(0,\ t)=0,\ u(1,\ t)=1(t\geqslant 0)\\ u(x,\ 0)=x(0\leqslant x\leqslant 1)\end{cases}$$

解　目标函数可以改写为：$\dfrac{\partial u}{\partial t}=\dfrac{\partial}{\partial x}\left(\dfrac{\partial u}{\partial x}\right)$。

根据题意知，$m=0$，$c=1$，$f=\dfrac{\partial u}{\partial x}$，$s=0$。

初始条件：$u_0=x$。

边界条件：当 $x_l=0$ 时，$u_l=0$；当 $x_r=1$ 时，$u_r-1=0$。

```
%%%%%%%%%%%%%%%%%%%%%%%%%%%%%%%%%%%%%%%%
% 主函数     计算 PDE 问题的数值解                                    %
%%%%%%%%%%%%%%%%%%%%%%%%%%%%%%%%%%%%%%%%
  function  PDEs()
  clc
  m=0;
  x=linspace(0,1,30);
  t=linspace(1,2,length(x));
  sol=pdepe(m,@ pdefun,@ pdeic,@ pdebc,x,t);
  u=sol(:,:,1);
  figure
  surf(x,t,u)
  xlabel('x')
  ylabel('t')
  zlabel('u(x,t)')
  title(30 个网格点计算的数值解')
  figure
  surf(x,u(end,:))
  xlabel('x')
  ylabel('u(x,2)')
  title('t=2 时的解')
%%%%%%%%%%%%%%%%%%%%%%%%%%%%%%%%%%%%%%%%
% 子函数      PDE 问题的描述函数                                     %
%%%%%%%%%%%%%%%%%%%%%%%%%%%%%%%%%%%%%%%%
  function [c,f,s]=pdefun(x,t,u,du)
  c=1;
  f=du;
  s=0;
%%%%%%%%%%%%%%%%%%%%%%%%%%%%%%%%%%%%%%%%
% 子函数      PDE 问题的边界条件                                     %
%%%%%%%%%%%%%%%%%%%%%%%%%%%%%%%%%%%%%%%%
  function[pl,ql,pr,qr]=pdebc(xl,ul,xr,ur,t)
  pl=ul;
  ql=0;
  pr=ur-1;
  qr=1;
%%%%%%%%%%%%%%%%%%%%%%%%%%%%%%%%%%%%%%%%
% 子函数      PDE 问题的初始条件                                     %
```

```
%%%%%%%%%%%%%%%%%%%%%%%%%%%%%%%%%%%%%%%%%
function u0=pdeic(x)
u0=x;
```

运行结果如图1-12-24所示。

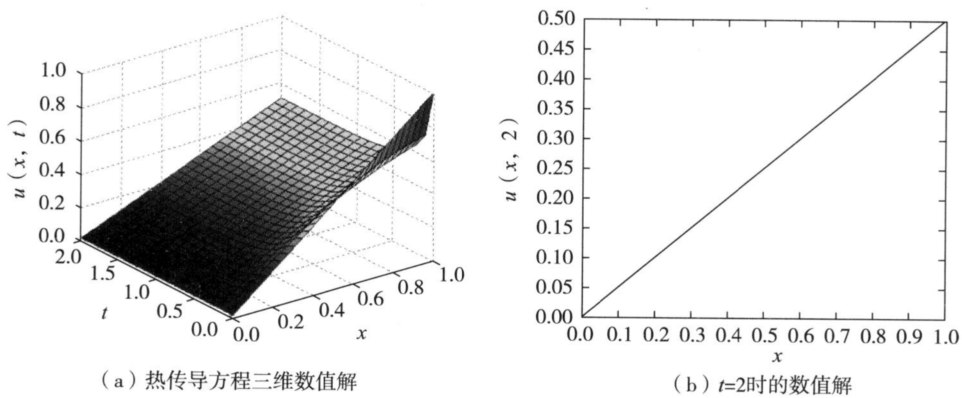

（a）热传导方程三维数值解　　（b）t=2时的数值解

图1-12-24 一维热传导方程的数值解

［**例12-10**］ 试求解下面的偏微分方程组：

$$\begin{cases}\dfrac{\partial u_1}{\partial t}=0.024\dfrac{\partial^2 u_1}{\partial x^2}-F(u_1-u_2)\\ \dfrac{\partial u_2}{\partial t}=0.170\dfrac{\partial^2 u_2}{\partial x^2}+F(u_1-u_2)\end{cases}$$

其中，$F(x)=e^{5.73x}-e^{-11.46x}$；满足初始条件$u_1(x,0)=1$，$u_2(x,0)=0$及边界条件$\dfrac{\partial u_1}{\partial t}(0,t)=0$，$u_2(0,t)=0$，$u_1(1,t)=1$，$\dfrac{\partial u_2}{\partial t}(1,t)=0$。

解 上式可改写为如下形式：

目标函数 $$\begin{bmatrix}1\\1\end{bmatrix}.*\frac{\partial}{\partial t}\begin{bmatrix}u_1\\u_2\end{bmatrix}=\frac{\partial}{\partial x}\begin{bmatrix}0.024\dfrac{\partial u_1}{\partial x}\\0.170\dfrac{\partial u_2}{\partial x}\end{bmatrix}+\begin{bmatrix}-F(u_1-u_2)\\F(u_1-u_2)\end{bmatrix}$$

边界条件改写为：

下边界 $$\begin{bmatrix}0\\u_2\end{bmatrix}+\begin{bmatrix}1\\0\end{bmatrix}.*\begin{bmatrix}0.024\dfrac{\partial u_1}{\partial x}\\0.170\dfrac{\partial u_2}{\partial x}\end{bmatrix}=\begin{bmatrix}0\\0\end{bmatrix}$$

上边界 $$\begin{bmatrix}u_1-1\\0\end{bmatrix}+\begin{bmatrix}0\\1\end{bmatrix}.*\begin{bmatrix}0.024\dfrac{\partial u_1}{\partial x}\\0.170\dfrac{\partial u_2}{\partial x}\end{bmatrix}=\begin{bmatrix}0\\0\end{bmatrix}$$

初始条件改写为：

$$\begin{bmatrix} u_1 \\ u_2 \end{bmatrix} = \begin{bmatrix} 1 \\ 0 \end{bmatrix}$$

可见 $m=0$，$c=\begin{bmatrix} 1 \\ 1 \end{bmatrix}$，$f=\begin{bmatrix} 0.024\dfrac{\partial u_1}{\partial x} \\ 0.170\dfrac{\partial u_2}{\partial x} \end{bmatrix}$，$s=\begin{bmatrix} -F(u_1-u_2) \\ F(u_1-u_2) \end{bmatrix}$。

```
%%%%%%%%%%%%%%%%%%%%%%%%%%%%%%%%%%%%%%%%%%
% 主函数      计算 PDE 问题的数值解                  %
%%%%%%%%%%%%%%%%%%%%%%%%%%%%%%%%%%%%%%%%%%
  function  PDEs()
  clc
  m=0;
  x=[0:0.05:2];
  t=linspace(1,3,length(x));
  sol=pdepe(m,@ pdefun,@ pdeic,@ pdebc,x,t);
  u1=sol(:,:,1);
  u2=sol(:,:,2);
  figure
  surf(x,t,u1)
  xlabel('x')
  ylabel('t')
  zlabel('u_1(x,t)')
  title('41 个网格点计算的数值解')
  figure
  surf(x,t,u2)
  xlabel('x')
  ylabel('t')
  zlabel('u_2(x,t)')
  title('41 个网格点计算的数值解')
%%%%%%%%%%%%%%%%%%%%%%%%%%%%%%%%%%%%%%%%%%
% 子函数      PDE 问题的描述函数                     %
%%%%%%%%%%%%%%%%%%%%%%%%%%%%%%%%%%%%%%%%%%
  function [c,f,s]=pdefun(x,t,u,du)
  c=[1;1];
  f=[0.024* du(1);0.17* du(2)];
  temp=u(1)-u(2);
  s=[-1;1].*(exp(5.73* temp)-exp(-11.46* temp));
```

```
%%%%%%%%%%%%%%%%%%%%%%%%%%%%%%%%%%%%%%%%%%
% 子函数      PDE 问题的边界条件                                  %
%%%%%%%%%%%%%%%%%%%%%%%%%%%%%%%%%%%%%%%%%%
  function[pl,ql,pr,qr]=pdebc(xl,ul,xr,ur,t)
  pl=[0;ul(2)];
  ql=[1;0 ];
  pr=[ur(1)-1;0];
  qr=[0;1];
%%%%%%%%%%%%%%%%%%%%%%%%%%%%%%%%%%%%%%%%%%
%    子函数      PDE 问题的初始条件                               %
%%%%%%%%%%%%%%%%%%%%%%%%%%%%%%%%%%%%%%%%%%
  function u0=pdeic(x)
  u0=[1;0];
```

运行结果如图 1-12-25 所示。

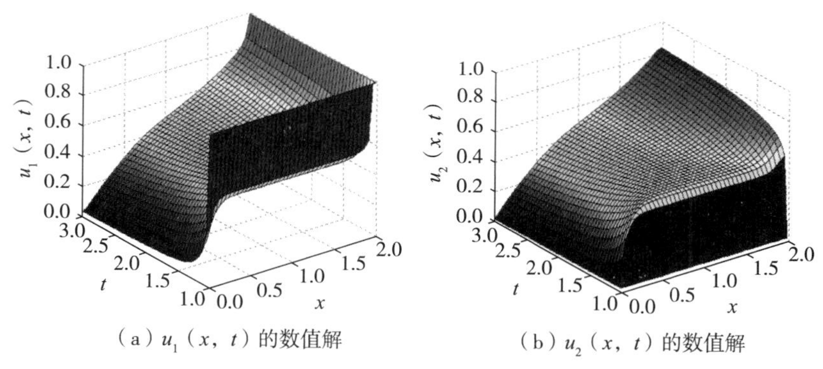

（a）$u_1(x, t)$ 的数值解　　（b）$u_2(x, t)$ 的数值解

图 1-12-25　偏微分方程组数值解示意图

五、实验小结

1. 考虑到篇幅，本实验未对偏微分方程数值解有关函数的调用格式进行介绍，感兴趣的读者可在 MATLAB 帮助文档内自己查看、使用。

2. 本实验注重介绍 PDE tool 的一般标量模式（Generic Scalar），其余模式类此可以设置计算。

3. 本实验只介绍了直角坐标系的 PDE 方程的初边值问题的计算，若需要计算柱坐标系或球坐标系的 PDE 问题，不能直接计算，需要变换坐标。

4. PDE 方程的初边值条件为空间或时间的函数时，输入系数需注意向量的乘积运算，对应元素必须相互乘积（点乘）。

5. pdepe 函数只解决抛物型和椭圆偏微分方程（PDE）的初边值问题，且只支持命令行形式调用；PDE tool 可以求解特殊 PDE 问题，但有较大的局限性，比如只能求解二阶 PDE 问题，并且不能解决偏微分方程组。MATLAB 提供了 GUI 界面，使使用者从繁杂的编程中解脱出来，同时还可以通过 FileSave As 直接生成 M 文件代码。

六、练习实验

1. 求解 Laplace 方程的边值问题：

$$\begin{cases}\Delta u = 0 & 0 < x < 1,\ 0 < y < 1 \\ u(0,\ y) = u(1,\ y) = 0 & 0 \leqslant y \leqslant 1 \\ u(x,\ 0) = x(x-1),\ u(x,\ 1) = 0 & 0 \leqslant x \leqslant 1\end{cases}$$

2. 求解 Poisson 方程的边值问题：

$$\begin{cases}\Delta u = x^2 - y^2 & 0 < x < \pi,\ 0 < y < \pi \\ u_x(x,\ 0) = y - \dfrac{\pi}{2},\ u_x(x,\ \pi) = 2\cos y & 0 \leqslant x \leqslant \pi \\ u(0,\ y) = x,\ u_y(\pi,\ y) + \pi u(\pi,\ y) = 0 & 0 \leqslant y \leqslant \pi\end{cases}$$

3. 求解波动方程的初边值问题：

$$\begin{cases}u_{tt} = \Delta u + x^2\sin(\pi y)e^{-10t} & (x^2 + y^2 < 4,\ y > 0,\ t > 0) \\ u(x,\ y,\ 0) = \sin\dfrac{3\pi x}{2}\cos\dfrac{\pi y}{2},\ u_t(x,\ y,\ 0) = x(2-x)\sin\pi y & (x^2 + y^2 \leqslant 4,\ y > 0) \\ u(x,\ 0,\ t) = 0 & (-2 \leqslant x \leqslant 2,\ t \geqslant 0) \\ u(x,\ y,\ t) = 100\sin t & (x^2 + y^2 = 4,\ y > 0,\ t \geqslant 0)\end{cases}$$

4. 求解扇形圆弧的波动方程 $u_{tt} = \Delta u + \cos^2(\pi x)\sin(\pi y)e^{-t}$。该扇形圆弧的 Dirichlet 边界条件为：沿圆弧 $u = \cos(2/3\arctan2(x-y))$，沿直线 $u = \sin t$；初始条件为：$u(x,\ y,\ 0) = \sin\pi x\cos(2\pi y)$，$u_t(x,\ y,\ 0) = x^2\sin\pi y$.

5. 求解热传导方程的初边值问题：

$$\begin{cases}u_t = k\Delta u + A & (0 < x < \pi, 0 < y < \pi, t > 0) \\ u(x,y,0) = 0 & (0 \leqslant x \leqslant \pi, 0 \leqslant y \leqslant \pi) \\ u(0,y,t) = u(\pi,y,t) = 0 & (0 \leqslant y \leqslant \pi, t \geqslant 0) \\ u_y(x,0,t) + u(x,0,t) = 0, u_y(x,\pi,t) + u(x,\pi,t) = 0 & (0 \leqslant x \leqslant \pi, t \geqslant 0)\end{cases}$$

其中，k、A 为常量，画图时自己取值看看结果的影响程度。

6. 求解扇形圆弧的波动方程 $u_t = \Delta u + \cos^2(\pi x)\sin(\pi y)e^{-t}$。该扇形圆弧的边界条件为：沿圆弧 $\dfrac{\partial u}{\partial n} = 0$，沿直线 $u = \cos(2x-y)\sin t$；初始条件为：$u(x,\ y,\ 0) = x^2\cos\pi y$。

7. 对于 L 形薄膜的特征值模式 PDE 问题：

$$-\Delta \mathrm{u} = \lambda u$$

计算所有特征值<100m 的特征模式，边界上 $u = \sin x\cos y$（Dirichlet 条件）。

8. 对于环形薄膜的特征值模式 PDE 问题：

$$-\Delta \mathrm{u} = \lambda u$$

计算所有特征值<100m 的特征模式，外圆形边界上 $\dfrac{\partial u}{\partial n} + u = 10$（Neumann 条件），内

圆形边界上 $u = x^2\cos y$（Dirichlet 条件）。

9. 试求解热传导方程的初边值问题：

$$\begin{cases}\pi^2 \dfrac{\partial u}{\partial t} = \dfrac{\partial^2 u}{\partial x^2}(0 < x < 1,\ t > 0) \\ u(x,\ 0) = \sin\pi x(0 \leqslant x \leqslant 1) \\ u(0,\ t) = 0,\ \pi e^{-t} + \dfrac{\partial u}{\partial x}(1,\ t) = 0(t \geqslant 0)\end{cases}$$

10. 试求解热传导方程的初边值问题：

$$\begin{cases}\dfrac{\partial u}{\partial t} = 4\dfrac{\partial^2 u}{\partial x^2}(0 < x < 2,\ t > 0) \\ u(x,\ 0) = \sin\pi x(0 \leqslant x \leqslant 1) \\ \dfrac{\partial u}{\partial x}(0,\ t) = \dfrac{\partial u}{\partial x}(2,\ t) = 0(t \geqslant 0)\end{cases}$$

11. 试求解热传导方程的初边值问题：

$$\begin{cases}\dfrac{\partial u}{\partial t} = \dfrac{\partial^2 u}{\partial x^2}(0 < x < 1,\ t > 0) \\ u(0,\ t) = u(1,\ t) = 0(t \geqslant 0) \\ u(x,\ 0) = x \qquad 0 \leqslant x \leqslant \dfrac{1}{2} \\ u(x,\ 0) = 1 - x \qquad \dfrac{1}{2} < x \leqslant 1\end{cases}$$

12. 求解偏微分方程组：

$$\begin{cases}u\dfrac{\partial c}{\partial x} + \dfrac{\partial c}{\partial t} + F\dfrac{\partial q}{\partial t} = D\dfrac{\partial^2 c}{\partial x^2} \\ \dfrac{\partial q}{\partial t} = k(q - Gc)\end{cases}$$

其中，u、F、D、k、G 为已知常数，程序中自己赋值。

初始条件：$c(x,\ 0) = 0$，$q(x,\ 0) = 0$；边界条件：$c(0,\ t) = 0.5$，$q(0,\ t) = 0.5$，$\dfrac{\partial c}{\partial x}(1,\ t) = 0$，$\dfrac{\partial q}{\partial x}(1,\ t) = 0$。

实验十三
多体系统动力学的数值仿真

一、实验目的

1. 理解符号函数在多体系统动力学系统建模中的应用，掌握 MATLAB 中微分方程的编程方法。

2. 掌握判断条件在 MATLAB 程序中的应用。

3. 掌握利用 ode45（四阶龙格-库塔法）命令求解常微分方程的数值解的方法。

二、实验原理

利用牛顿动力学方法或拉格朗日动力学方法建立多体系统的动力学方程，采用牛顿动力学方法建立动力学方程：

$$ma = \sum_{i=1}^{n} F_i$$

将该矢量方程分别投影在坐标系的各个坐标轴上，即可得到模型的微分方程组。

在求解微分方程组的数值解之前，必须建立 MATLAB 能够识别的微分方程组程序，一般将这些方程组程序编写在一个单独的 M_file 中，即 M 文件，下面列出了微分方程组在一个 M 文件中表达的通用格式：

```
dydt=Fun(t,y)
dydt(1)=f1(y(1),y(2),…,y(n))
dydt(2)=f2(y(1),y(2),…,y(n))
…
dydt(n)=fn(y(1),y(2),…,y(n))
dydt=[dydt(1);dydt(2),…,dydt(n)]
```

或者写成

```
dydt=Fun(t,y)
dydt=[f1(y(1),y(2),…,y(n));f2(y(1),y(2),…,y(n));
…,fn(y(1),y(2),…,y(n));]
```

其中，Fun 是该微分方程组的函数名，在列写这些微分方程组时，可能会根据具体的力学规律应用到一些特殊函数，如符号函数，分解符号函数就相当于在微分方程组之间加判断条件，下面的例题会用到这些知识。到此，所要求解的系统模型的微分方程组就建立完毕了，下面就可以调用 MATLAB 中求解微分方程组的命令求出数值解了。

求解常微分方程组的常用命令 ode45 在 MATLAB 中有固定的调用格式。以 ode45 命令求解常微分方程组采用的是四阶龙格-库塔法，其具体的求解原理可参考相关的数值分析教材。在 MATLAB 中，ode45 求解常微分方程组的一种常用的调用格式是：

```
[T,Y]=ode45(Fun,[t0,tn].y0)
```

其中，Fun 是所要建立的模型的微分方程组，即 M 文件的函数名；[t_0，t_n] 是微分方程组的求解区间，如果只给出 t_n，那么默认初始时刻为 $t_0=0$；y_0是微分方程组的初始条件，是一个向量，在一个多体系统的动力学方程里，它代表了系统的初始状态（位置和速度）。求解程序和微分方程组子程序可以编写在同一个 M 文件里。

三、实验内容

（一）非光滑自激振动数值仿真

［例 13-1］　已知滑块的质量为 m，弹簧刚度为 k，皮带速度为 v_0，静滑动摩擦系数为 u_0，动滑动摩擦系数为 u，x=0 时弹簧无变形，系统如图 1-13-1 所示。建立系统的动力学方程，应用数值方法求解该方程，分别给出滑块坐标 x(t) 和相对皮带的速度 $v_r(t)$、滑块绝对加速度 a(t) 和摩擦力 $F_f(t)$ 的时间历程图。

系统参数：m=1kg，k=15 N/m，v_0=0.2 m/s，u_0=0.4，u=0.3。

初始条件：x(0)=0 m，$\dot{x}$ (0)=0.2 m/s。

时间历程：t∈[0，10]。

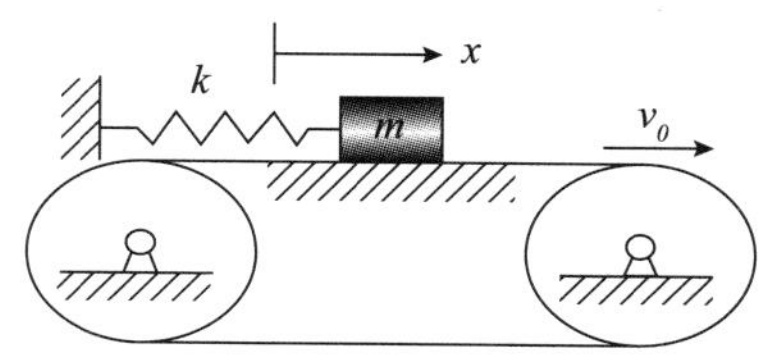

图 1-13-1　例 13-1 图

（二）非光滑平面运动刚体动力学数值仿真

［例 13-2］　已知质量为 m、半径为 R 的均质圆盘在水平地面上滚动，其轮心作用有一水平力 *F*，圆盘受到的阻力与轮心速度的平方成正比，比例系数为 c，圆盘与地面的静滑动摩擦系数为 u_0，动滑动摩擦系数为 u，系统如图 1-13-2 所示。建立系统的动力学方程，应用数值方法求解该方程，分别给出轮心速度 $v_0(t)$ 和圆盘角速度 ω (t)、圆盘与地面接触点的速度 v_P (t) 和轮心加速度 a_0 (t) 的时间历程图。

系统参数：m=1kg，R=1 m，*F*=4 N，c=2 Ns^2/m^2，u_0=0.13，u=0.1。

初始条件：x(0)=0 m，$\dot{x}$ (0)=−6 m/s，φ(0)=0 rad，$\dot{\varphi}$(0)=−2rad/s。

时间历程：t∈[0，3]。

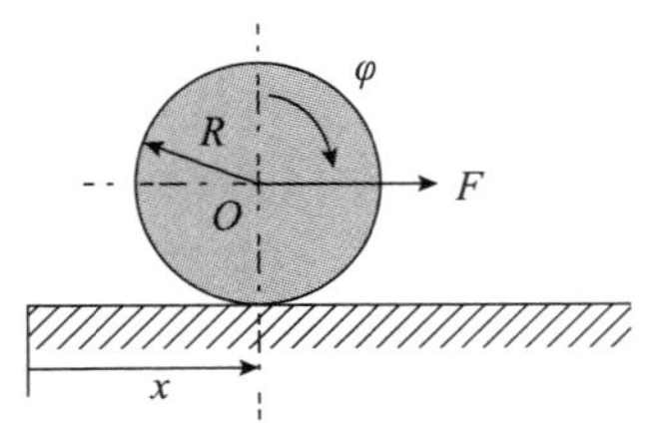

图 1-13-2 ［例 13-2］图

(三) 定点运动刚体动力学仿真

［例 13-3］ 已知均质薄板的质量为 m、长为 a（平行于 y' 轴）、宽为 b（平行于 x' 轴），通过长为 L 的水平轴 AB 与框架（不计其质量）连接并绕 O 点做定点运动。框架可绕铅垂轴 z 转动，板的质心位于 O 点，如图 1-13-3 所示，忽略所有摩擦。建立系统的动力学方程，应用数值方法求解该动力学方程，确定初始条件 $\dot{\varphi}(0)$ 为何值时，可使系统在运动过程中轴承 A 的约束力在 z 轴上的投影 $F_{Az} \geqslant 0$；给出在该初始条件下进动角速度 $\dot{\psi}(t)$ 和自旋角速度 $\dot{\varphi}(t)$ 的时间历程及轴承 A、B 的约束力 $F_A(t)$ 和 $F_B(t)$ 的时间历程图。

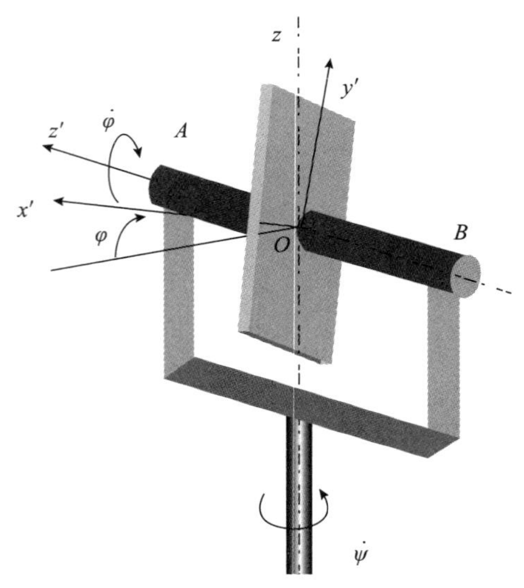

图 1-13-3 例 13-3 图

系统参数：$m=12$ kg，$a=2$ m，$b=1$ m，$L=1$ m。

初始条件：$\psi(0)=0$ rad，$\varphi(0)=0$ rad，$\dot{\psi}(0)=3$ rad/s。

时间历程：$t \in [0,\ 5]$。

四、实验过程

(一) 非光滑自激振动数值仿真

［例 13-1］ 已知滑块的质量为 m，弹簧刚度为 k，皮带速度为 v_0，静滑动摩擦系数为 u_0，动滑动摩擦系数为 u，$x=0$ 时弹簧无变形，系统如图 1-13-1 所示。建立系统的动力学方程，应用数值方法求解该方程，分别给出滑块坐标 $x(t)$ 和相对皮带的速度 $v_r(t)$、滑块绝对加速度 $a(t)$ 和摩擦力 $F_f(t)$ 的时间历程图。

系统参数：$m=1$ kg，$k=15$ N/m，$v_0=0.2$ m/s，$u_0=0.4$，$u=0.3$。

初始条件：$x(0)=0$ m，$\dot{x}(0)=0.2$ m/s。

时间历程：$t \in [0,\ 10]$。

解 (1) 建立动力学方程。

质点动力学方程的矢量式为：

$$\mathrm{m}\boldsymbol{a}=\mathrm{m}\boldsymbol{g}+\boldsymbol{F}_{\mathrm{N}}+\boldsymbol{F}_{\mathrm{k}}+\boldsymbol{F}_{\mathrm{f}} \tag{13-1}$$

其中，$\boldsymbol{F}_N$、$\boldsymbol{F}_k$、$\boldsymbol{F}_f$分别是作用在滑块上的法向约束力、弹簧力和切向摩擦力。

将方程式（13-1）在坐标轴 x（见图 1-13-1）上投影可得：

$$m\ddot{x}=-kx+\boldsymbol{F}_f \tag{13-2}$$

其中，k、x 分别为弹簧刚度和弹簧变形量。摩擦采用库仑摩擦模型，设μ、μ_0分别是动摩擦系数和静摩擦系数，则摩擦力的值可用符号函数和多值函数表示如下：

$$\boldsymbol{F}_f=\begin{cases}-mg\mu \text{sgn}(v_r), & v_r=\dot{x}-v\neq 0\\ -mg\mu_0 Sgn(v_r), & v_r=\dot{x}-v_0=0\end{cases} \tag{13-3}$$

$$\text{sgn}(x)=\begin{cases}1, & x>0\\ 0, & x=0,\\ -1, & x<0\end{cases}\qquad Sgn(x)=\begin{cases}1, & x>0\\ [-1,1], & x=0\\ -1, & x<0\end{cases} \tag{13-4}$$

（2）动力学方程的数值算法。

在数值计算中，很难确定某个量是否等于零，故在本算例中取一个充分小的量 ε，若$|v_r|\leqslant\varepsilon$，则认为 $v_r=0$。方程（13-3）的数值算法分析如下：

```
if |vr| ≥ε
then(相对速度不为零)
{
if vr>0 then {m ẍ=-kx-mgμ,Ff=-mgμ}
  else {m ẍ=-kx+mgμ,Ff=mgμ}
}
else(相对速度为零)
{
if |kx|<mgμ0(表明摩擦力小于最大静摩擦力)
then {ẍ=0,ẋ=v0,Ff=*kx}
else {m ẍ=-kx+mgμ0 sgn(kx)}
}
```

应用常微分方程的数值计算方法（龙格-库塔法）进行数值仿真，其中最大步长，h=0.001 s，$\varepsilon=10^{-5}$ m/s。

这里把具体程序列在下面，供参考：

```
function fangzhen1
clear all
clc
x0=[0,0.2];
tspan=[0,10];
options=odeset('Maxstep',0.001);
[t,X]=ode45(@ zhendong,tspan,x0,options);
%% 位移和速度
A=X(:,1);
B=X(:,2);
```

```
ab=length(A);
E=[];
for i=1:ab
    E(i)=B(i)-0.2;% 相对速度
end
plot(t,A,'--');hold on;
% plot(B,'r');hold on;
plot(t,E,'r');grid;
legend('S(t)','Vr(t)')
% title('题 13-2 图')
% 摩擦力和加速度
F1=[];
D=[];
m=1;k=15;u=0.3;g=10;a=0.4;
for i=1:ab
    % 摩擦力
if  k*A(i)>=(m*g*a)
           F1(i)=-m*g*u;
elseif abs(B(i)-0.2)<10^-3
               F1(i)=k*A(i);
elseif  B(i)>0.2
             F1(i)=-m*g*u;
else F1(i)=m*g*u;
end
             D(i)=-(k/m)*A(i)+F1(i)/m;% 绝对加速度
end
figure(1);
plot(F1,'g');% 摩擦力
hold on
plot(D,'c');% 绝对加速度
grid;
legend('摩擦力','绝对加速度')
function dxdt=zhendong(t,x)
m=1;k=15;u=0.3;g=10;a=0.4;
syms F
if  k*x(1)>=(m*g*a)
F=-m*g*u;
elseif abs(x(2)-0.2)<10^-3
```

```
F=k*x(1);
elseif  x(2)>0.2
    F=-m*g*u;
else F=m*g*u;
end
dxdt=[x(2);-(k/m)*x(1)+F/m];
```

(3) 数值仿真结果及其分析。

根据题目给出的初始条件和上述算法，滑块坐标和相对皮带的速度的时间历程如图 1-13-4 所示，滑块绝对加速度和摩擦力的时间历程如图 1-13-5 所示。

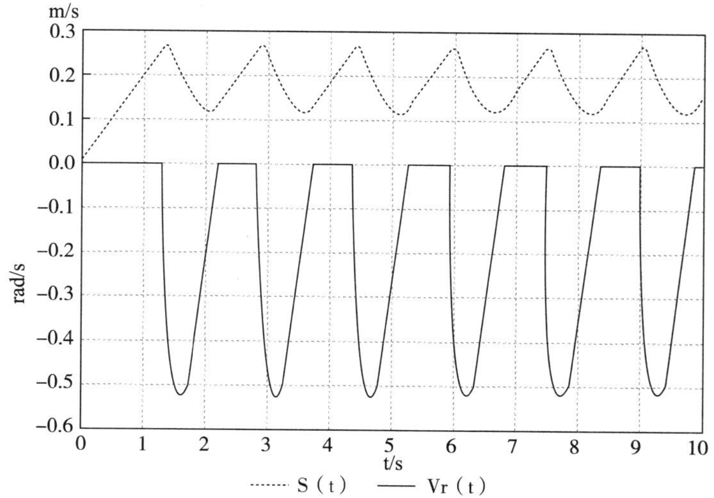

图 1-13-4　滑块坐标和相对皮带的速度的时间历程

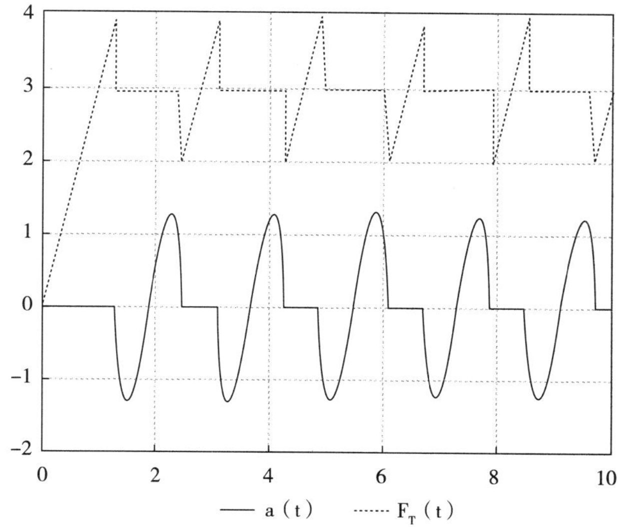

图 1-13-5　滑块绝对加速度和摩擦力的时间历程

从图 1-13-4 可以看出，滑块的稳态运动是周期的，并且出现了 stick-slip 运动现象；在运动过程中，弹簧始终处于受拉状态（x>0）。从图 1-13-5 可以看出，滑块在某些时间间隔内做匀速直线运动，其加速度为零且对应的相对速度也为零。此时，对应的摩擦力与时间呈线性关系，其大小等于弹簧拉力的值。当摩擦力增加到超过最大静摩擦力时，滑块开始减速向左滑动，如此周期往复。

（二）非光滑平面运动刚体动力学数值仿真

[例 13-2] 已知质量为 m、半径为 R 的均质圆盘在水平地面上滚动，其轮心作用有一水平力 $\boldsymbol{F}$，圆盘受到的阻力与轮心速度的平方成正比，比例系数为 c，圆盘与地面的静滑动摩擦系数为 u_0，动滑动摩擦系数为 u，系统如图 1-13-2 所示。建立系统的动力学方程，应用数值方法求解该方程，分别给出轮心速度 $v_0(t)$ 和圆盘角速度 $\omega(t)$、圆盘与地面接触点的速度 $v_P(t)$ 和轮心加速度 $a_0(t)$ 的时间历程图。

系统参数：$m=1kg$，$R=1\ m$，$\boldsymbol{F}=4\ N$，$c=2\ Ns^2/m^2$，$u_0=0.13$，$u=0.1$。

初始条件：$x(0)=0\ m$，$\dot{x}(0)=-6\ m/s$，$\varphi(0)=0\ rad$，$\dot{\varphi}(0)=-2\ rad/s$。

时间历程：$t\in[0,\ 3]$。

(1) 动力学分析。

取均质圆盘为研究对象，建立均质圆盘的运动矢量方程：

$$m\boldsymbol{a}=\boldsymbol{F}+\boldsymbol{F}_f-cv\cdot\boldsymbol{v}$$

$$J_c\boldsymbol{\alpha}=\boldsymbol{F}_f R$$

沿各轴投影得到：

$$m\ddot{x}=\boldsymbol{F}-\boldsymbol{F}_f-\mathrm{sgn}(\dot{x})\ c\ \dot{x}^2$$

$$J_c\ddot{\varphi}=F_f R$$

$$J_c=\frac{1}{2}mR^2$$

$$\boldsymbol{F}_f=-\boldsymbol{F}_N\mu\mathrm{sgn}(\dot{x})\qquad \text{if } v\neq 0$$

$$\boldsymbol{F}_f=-\boldsymbol{F}_N\mu_s\mathrm{Sgn}(\ddot{x})\qquad \text{if } v=0$$

$$v=\dot{x}-\dot{\varphi}R$$

其中：

$$\mathrm{sgn}(x)=\begin{cases}1, & x>0\\ 0, & x=0\\ -1, & x<0\end{cases}\qquad \mathrm{Sgn}(x)=\begin{cases}1, & \text{if } x>0\\ [-1,\ 1], & \text{if } x=0\\ -1, & \text{if } x<0\end{cases}$$

(2) 动力学数值方法。

在数值计算中，很难确定某个量是否等于零，故在本算例中取一个充分小的量 ε，若 $|v|\leqslant\varepsilon$，则认为 $v=0$。编程判定条件如下：

```
if  v<-ε,(sgn(ẋ)=-1,F_f=-umgsgn(ẋ))
if  v>ε,(sgn(ẋ)=1,F_f=-umgsgn(ẋ))
if  |v|<ε,(F_f=-u_0mgsgn(ẍ))
{
```

if　$u_0mg<F+sgn(\dot{x})c\dot{x}^2$, $(sgn(\ddot{x})=1, F_f=-umgsgn(\ddot{x}))$

else　$F_f=F+sgn(\dot{x})c\dot{x}^2$

}

这里把具体程序列在下面，供参考：

```
function fangzhen2
clear all
clc
x0=[0,-6,0,-2];% 初始条件,位移、速度、角位移、角速度
global F K;
tspan=[0,3];
options=odeset('Maxstep',0.001);
[t,X]=ode45(@ zhendong,tspan,x0,options);
% % 位移和速度
A=X(:,1);
B=X(:,2);
C=X(:,3);
D=X(:,4);
E=[];
ab=length(A);
for i=1:ab
E(i)=B(i)-D(i);% 轮与地面接触点速度 Vp
end
% % 加速度
K=[];
F=[];
H=[];

for i= 1:ab
if B(i)<=0 % 判断风阻方向
        K(i)=2*(B(i))^2;
         if B(i)<D(i)-10^-4 % v<0,sign(v)=-1,滑动+滚动,动摩擦 F=-umgsign(v),
            F(i)=1;
        end
      if B(i)>D(i)+10^-4 % v>0,sign(v)=+1,滑动+滚动,动摩擦 F=-umgsign(v),
            F(i)=-1;
        end
```

```
            if abs(B(i)-D(i))<10^-4 % v=0,纯滚动,静摩擦 F=-u(0)mgsign(dv)
                D(i)=B(i);
                if 1.3<=4+K(i)% (4-2*(x(2))^2)% dv>0,sign(dv)=+1
                    F(i)=-1;
                else    F(i)=-(4+K(i));
                end
            end
    end
    if B(i)>0 % 判断风阻方向
            K(i)=-2* (B(i))^2;
            if B(i)<D(i)-10^-4 % v<0,sign(v)=-1,滑动+滚动,动摩擦 F=-
umgsign(v),
            F(i)=1;
           end
            if  B(i)>D(i)+10^-4 % v>0,sign(v)=+1,滑动+滚动,动摩擦 F=-
umgsign(v),
           F(i)=-1;
            end
            if  abs(B(i)-D(i))<10^-4 % v=0,纯滚动,静摩擦 F=-u(0)
mgsign(dv)
                D(i)=B(i);
              if 1.3<=4+K(i)% (4-2* (x(2))^2)% dv>0,sign(dv)=+1
                  F(i)=-1;
              else   F(i)=-(4+K(i));
               end
            end
    end
    H(i)=4+K(i)+F(i);
    end
    plot(t,B,'b');hold on;% 轮心速度
    % plot(C,'g');hold on;% 转动角度
    plot(t,D,'r');hold on;% 转动角速度
    legend('轮心速度','转动角速度')
    title('图 13-6')
    grid on;
    figure(2)
    plot(t,E,'m');hold on;% 轮与地面接触点速度 Vp
    plot(t,H,'k');hold on;% 轮心加速度
```

```
legend('轮与地面接触点速度','轮心加速度')
title('图 13-7')
grid on;
figure(3)
plot(F);
legend('mocali')
grid on;
function dxdt=zhendong(t,x)
global F K
% v=dx-dψR
if x(2)<=0 % 判断风阻方向
K=2* (x(2))^2;
if x(2)<x(4)-10^-4 % v<0,sign(v)=-1,滑动+滚动,动摩擦 F=-umgsign(v),
        F=1;
end
if  x(2)>x(4)+10^-4 % v>0,sign(v)=+1,滑动+滚动,动摩擦 F=-umgsign(v),
        F=-1;
end
if  abs(x(2)-x(4))<10^-4
         %  && t>0.001
         % v=0,纯滚动,静摩擦 F=-u(0)mgsign(dv)
   x(4)=x(2);
      if 1.3<=4+K % (4-2* (x(2))^2)% dv>0,sign(dv)=+1
       F=-1;
       else F=-(4+K);
       end
end
end
if x(2)>0 % 判断风阻方向
K=-2* (x(2))^2;
if x(2)<x(4)-10^-4 % v<0,sign(v)=-1,滑动+滚动,动摩擦 F=-umgsign(v),
         F=1;
end
     if  x(2)>x(4)+10^-4 % v>0,sign(v)=+1,滑动+滚动,动摩擦 F=-
umgsign(v),
         F=-1;
     end
     if  abs(x(2)-x(4))<10^-4 % v=0,纯滚动,静摩擦 F=-u(0)mgsign(dv)
```

```
                x(4)=x(2);
              if 1.3<=4+K % (4-2* (x(2))^2)% dv>0,sign(dv)=+1
                    F=-1;
              else F=-(4+K);
    %               elseif 1.3>4+K+10^-4 % (4-2* (x(2))^2)静摩擦 F=-u(0)
mgsign(dv)
    %                    F=4+K;
    %               elseif abs(4+K+F)<10^-4 % (4-2* (x(2))^2);
    %                      F=4+K;
              end
          end
    end
    dxdt=[x(2);4+K+F;x(4);-2* F];
```

(3) 数值仿真结果及其分析。

根据题目给出的初始条件和上述算法，轮心速度 $v_0(t)$ 和圆盘角速度 $\omega(t)$ 的时间历程如图 1-13-6 所示，圆盘与地面接触点的速度 $v_P(t)$ 和轮心加速度 $a_O(t)$ 的时间历程如图 1-13-7 所示。

分析图 1-13-6 和图 1-13-7 可知，开始时角速度乘以半径小于线加速度，所以圆盘出现打滑现象。此时，角速度和线速度都增大，角速度匀速增加，且角加速度较小，线速度增大较快，但随着速度增加，阻力增加，线加速度减小，不过其始终大于角加速度乘以半径，所以线速度和角速度乘以半径的差距在扩大，到一个临界点上，线加速度会减小到比角加速度乘以半径还要小，但此时由于前面加速度的时间累积效应，线速度还是大于角速度的，所以此时圆盘依旧打滑。这一阶段，角速度仍按先前的大小均匀增加，线加速度继续减小，且小于角加速度乘以半径，因此这一阶段线速度和角速度乘以半径的差距在减小。随着第二阶段的持续，终会有一时刻线速度等于角速度乘以半径，滑动消失，摩擦力突变为静摩擦，角加速度变为线加速度除以半径，圆盘开始纯滚动。此后，角加速度乘以半径始终等于线加速度。再往后，由于速度增大、阻力增大，最终线加速度与角加速度同时趋于零。

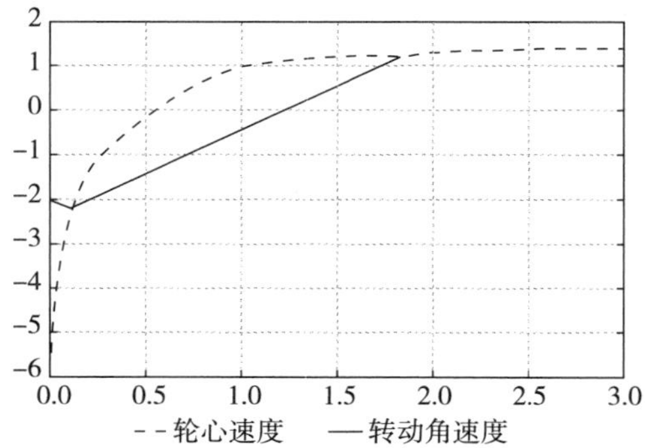

图 1-13-6　轮心速度和圆盘角速度的时间历程

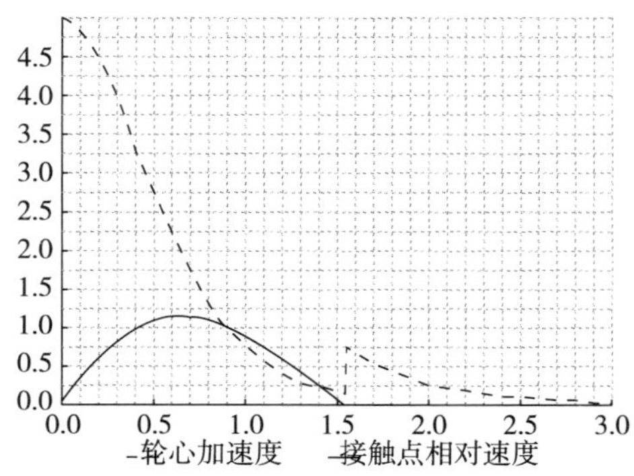

图 1-13-7　圆盘与地面接触点的速度和轮心加速度的时间历程

（三）定点运动刚体动力学仿真

[例 13-3]　已知均质薄板的质量为 m、长为 a（平行于 y' 轴）、宽为 b（平行于 x' 轴），通过长为 L 的水平轴 AB 与框架（不计其质量）连接并绕 O 点做定点运动。框架可绕铅垂轴 z 转动，板的质心位于 O 点，如图 1-13-3 所示，忽略所有摩擦。建立系统的动力学方程，应用数值方法求解该动力学方程，确定初始条件 $\dot{\varphi}(0)$ 为何值时，可使系统在运动过程中轴承 A 的约束力在 z 轴上的投影 $F_{AZ}\geqslant 0$；给出在该初始条件下进动角速度 $\dot{\psi}(t)$ 和自旋角速度 $\dot{\varphi}(t)$ 的时间历程及轴承 A、B 的约束力 $F_A(t)$ 和 $F_B(t)$ 的时间历程图。

系统参数：m=12 kg，a=2 m，b=1 m，L=1 m。

初始条件：$\psi(0)=0$ rad，$\varphi(0)=0$ rad，$\dot{\psi}(0)=3$ rad/s。

时间历程：$t\in[0,\ 5]$。

解　(1) 动力学分析。

由于不计框架质量，所以框架仅受沿 Z 向的作用力，根据刚体质心运动定理有：

$$F_{AZ}+F_{BZ}=mg$$

根据图 13-3 建立定点运动均质薄板刚体的欧拉动力学方程：

$$J_{x'}\frac{d\omega_{x'}}{dt}+(J_{z'}-J_{y'})\ \omega_{y'}\omega_{z'}=M_{x'}$$

$$J_{y'}\frac{d\omega_{y'}}{dt}+(J_{x'}-J_{z'})\ \omega_{z'}\omega_{x'}=M_{y'}$$

$$J_{z'}\frac{d\omega_{z'}}{dt}+(J_{y'}-J_{x'})\ \omega_{x'}\omega_{y'}=M_{z'}$$

均质薄板转动惯量 $J_{x'}=\frac{m}{12}a^2$，$J_{y'}=\frac{m}{12}b^2$，$J_{z'}=\frac{m}{12}(a^2+b^2)$，轴承约束力与 a' 轴相交，因此 $M_{z'}=0$。

均质薄板刚体的欧拉动力学方程：

$$\begin{cases}\omega_{x'}=\dot{\psi}\sin\theta\sin\varphi+\dot{\theta}\cos\varphi\\ \omega_{y'}=\dot{\psi}\sin\theta\cos\theta-\dot{\theta}\sin\varphi\\ \omega_{z'}=\dot{\psi}\cos\theta+\dot{\varphi}\end{cases}$$

其中，根据题目条件可知，章动角 $\theta=90°$，因此欧拉动力学方程可写为：

$$\begin{cases}\omega_{x'}=\dot{\psi}\sin\theta\sin\varphi\\ \omega_{y'}=\dot{\psi}\cos\varphi\\ \omega_{z'}=\dot{\varphi}\end{cases}$$

满足系统在运动过程中 $F_{AZ}\geqslant 0$，t=0 时，有：

$$\dot{\varphi}(0)\ \leqslant\frac{12mg}{2m\times 2\times\dot{\psi}\ (0)\ \times a^2/L}=\frac{3g}{\dot{\psi}\ (0)\ \times a^2/L}=2.45\ \text{rad/s}$$

求解运动微分方程：

$$\ddot{\psi}+\frac{(a^2-b^2)\ \dot{\psi}\dot{\varphi}\sin2\varphi}{(a^2\sin^2\varphi+b^2\cos^2\varphi)}=0$$

$$\ddot{\varphi}+\frac{(b^2-a^2)\ \dot{\psi}\sin2\varphi}{2\ (a^2+b^2)}=0$$

这里把具体程序列在下面，供参考：

```
function fangzhen3
clear all
clc
syms Faz Fbz a b L m g
a=2;b=1;m=12;g=10;L=1;
x0=[0,2.5,0,3];
tspan=[0,5];
options=odeset('Maxstep',0.01);
[t,X]=ode45(@ dingdian,tspan,x0,options);
%%
A=X(:,1);
B=X(:,2);
C=X(:,3);
D=X(:,4);
ab=length(A);
%%进动角速度和自旋角速度
figure(1)
plot(t,B,'r');hold on %自旋角速度
plot(t,D);hold on %进动角速度
legend('自旋角速度','进动角速度')
title('图1-13-8')
grid on;
%%约束力
E=[];
H=[];
for i=1:ab
E(i)       =(1/2)*m*g       -       (m/(6*L))*b^2*B(i)*D(i)     +
(m/(12*L))*b^2*cot(A(i))*2*B(i)*D(i)*(b^2-a^2)/(a^2*tan(A(i))+b^2*
cot(A(i)));
H(i)=(1/2)*m*g+(m/(6*L))*a^2*B(i)*D(i)+(m/(12*L))*a^2*tan(A(i))*
2*B(i)*D(i)*(b^2-a^2)/(a^2*tan(A(i))+b^2*cot(A(i)));
end
```

```
figure(2)
plot(t,E,'r');hold on % 约束力 FA
plot(t,H);hold on % 约束力 FB
legend('Faz','Fbz')
title('图 1-13-9')
grid on;
function dxdt=dingdian(~,x)
syms  a b
a=2;b=1;
dxdt=[x(2);x(4)^2*sin(x(1))*cos(x(1))*(a^2-b^2)/(a^2+b^2);x(4);2*x
(2)*x(4)*(b^2-a^2)/(a^2*tan(x(1))+b^2*cot(x(1)))];
```

（2）数值仿真结果及其分析。

根据题目给出的初始条件和上述算法，进动角速度和自旋角速度的时间历程如图1-13-8所示，轴承A、B的约束力 $F_A(t)$ 和 $F_B(t)$ 的时间历程如图1-13-9所示。

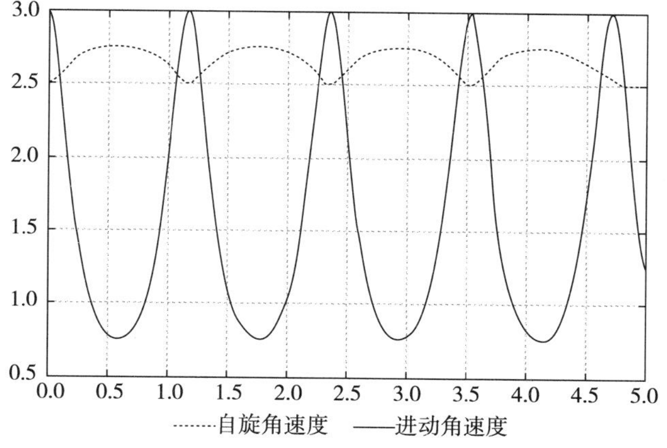

图1-13-8　进动角速度和自旋角速度的时间历程

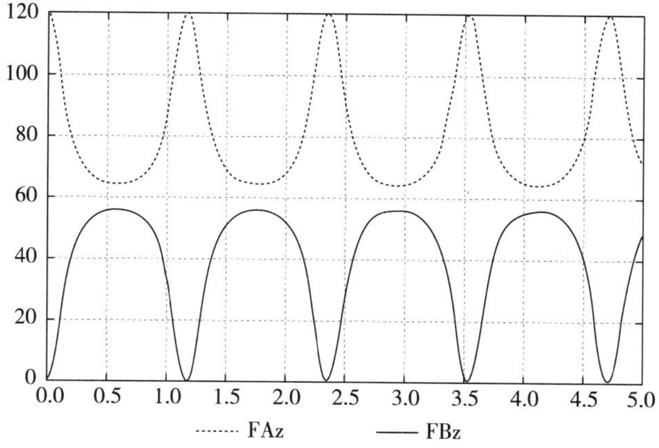

图1-13-9　轴承A、B的约束力的时间历程

由图 1-13-8 可知，进动角速度和自旋角速度，之间存在此消彼长的关系，这体现出能量守恒及沿某一方向动量矩的守恒。由图 1-13-9 可知，轴承 A 的约束力与轴承 B 的约束力之和恒等于重力，故薄板质心位置保持不变。

五、实验小结

本实验向读者介绍了使用 MATLAB 进行多体系统动力学建模与数值仿真的方法，涉及的力学原理比较深刻，因此建议读者在阅读本实验内容的时候，能够结合理论力学的知识一起理解。

六、练习实验

1. 第一类 Lagrange 方程的应用

半径为 R=1 m、质量为 m=1kg 的均质圆盘的中心 O 铰接于支座并通过柱铰链与长为 2L=2 m、质量为 m=1kg 的均质杆连接，杆的 B 端被约束在铅垂滑道内并与刚度系数为 k=40 N/m 的弹簧连接，B 点在最高位置时弹簧无变形；圆盘上作用有主动力偶 $M=M_{max}\sin(0.35t)$，圆盘在运动过程中受到的阻力偶矩与其角速度的大小成正比，比例系数为 c，系统如图 1-13-10 所示。用第一类 Lagrange 方程建立系统的动力学方程，应用数值方法求解该动力学方程，设初始条件为：B 点位于最高位置，$\dot{\theta}_1(0)=1$ rad/s。

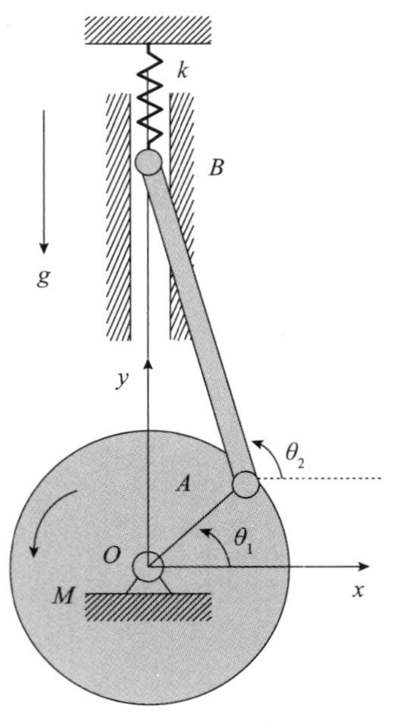

图 1-13-10　练习实验 1 图

试分别给出：

（1）当 $M_{max}=0$，c=0 时，$\theta_1(t)$、$\theta_2(t)$ 和滑道作用在 AB 杆 B 端的约束力在 x 轴投影 $F_{Bx}(t)$ 的时间历程图，$\dot{\theta}_1(t)$ 和 $\dot{\theta}_2(t)$ 的时间历程图，时间历程 $t\in[0,6]$。

（2）当 $M_{max}=0$ Nm，c=2.0 Ns/m 时，$\theta_1(t)$、$\theta_2(t)$ 和 $F_{Bx}(t)$ 的时间历程图，时间历程 $t\in[0,10]$。

（3）当 $M_{max}=2$ Nm，c=0.1 Ns/m 时，$\theta_1(t)$ 的时间历程图，时间历程 $t\in[0,100]$

2. 第二类 Lagrange 方程的应用

长为 L=1m、质量为 m=1kg 的均质细杆，其 A 端通过套筒 A（不计其质量和大小）被约束在铅垂轴 z 上，B 端放在水平地面上，套筒 A 与刚度系数为 k 的弹簧连接，θ=0 时弹簧无变形，如图 1-13-11 所示。应用第二类 Lagrange 方程建立系统的动力学方程，用数值方法求解其动力学方程，设初始条件为 $\varphi(0)=0°$，$\theta(0)=45°$，$\dot{\varphi}(0)=2$ rad/s，$\dot{\theta}(0)=0$ rad/s。

（1）给出弹簧刚度 k=10 Nm 时，$\theta(t)$ 和 $\dot{\varphi}(t)$ 的时间历程图、B 点的运动轨迹。

（2）求弹簧刚度 k，使 B 点在上述初始条件下作圆周运动并给出 B 点运动轨迹图。

（3）求系统的弹簧刚度 k 值，使系统在运动过程中的 $\theta_{max}=90°$ 并给出其 $\theta(t)$ 和 $\dot{\varphi}(t)$ 的时间历程图，其中时间历程：$t\in[0,10]$。

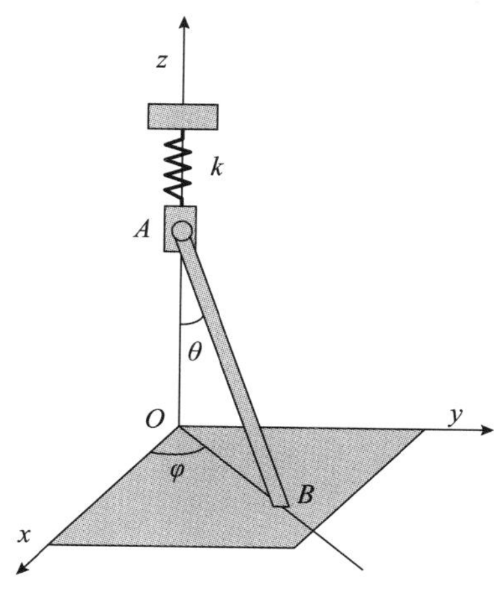

图 1-13-11　练习实验 2 图

实验十四
欧式期权计算的 MATLAB 实现

一、实验目的

1. 构建欧式期权价格计算的通用模板。
2. 构建欧式期权敏感性指标计算的通用模板。
3. 应用通用模板进行相关计算。
4. 掌握两种定价模型的区别与联系。

二、实验原理

期权是购买方支付一定的期权费后获得的在将来允许的时间买或卖一定数量的基础商品的选择权。欧式期权则要求其持有者只能在到期日履行合同，结算日是履约后的一天或两天。目前，国内的外汇期权交易都采用欧式期权合同方式。欧式期权虽在获利的时间上不具灵活性，但与付费十分昂贵的美式期权相比具有本少利大的优势，因此目前国内外大部分的期权交易都是欧式期权。

在国际衍生金融市场的形成发展过程中，期权的合理定价是困扰投资者的一大难题。1973 年，Fisher Black 和 Myron Scholes 提出了一个具有里程碑意义的 Black-Scholes 期权定价模型，在过去，投资者通过运用 Black-Scholes 期权定价模型，将这一抽象的数字公式转变成了大量的财富。随着计算机、先进通信技术的应用，复杂期权定价公式的运用成为可能。

众所周知，MATLAB 是国际公认的优秀的科技应用软件之一。一直以来，MATLAB 在建模预测新兴市场的金融危机、建立和验证新的期权定价模型等金融工程方面有着极其重要的作用。MATLAB 软件不仅在科学、工程及学术研究领域普遍应用，而且近年来日益受到美国华尔街金融专业人士推崇，以及金融界从业人员的重视。在欧美，MATLAB 现在已经成为金融工程人员的亲密伙伴，世界上有 2000 多家金融机构运用 MATLAB 来管理公司财产。国际货币基金组织、摩根士丹利等顶级金融机构都是 MathWorks 公司的客户，这显示了 MATLAB 强大的金融产品定价和风险管理功能。MATLAB 自带的金融工具箱几乎涵盖了所有金融问题，成为解决金融问题的一个非常有力的工具。

众多学者利用 MATLAB 对欧式期权定价进行了研究：线加玲利用 MATLAB 对欧式期权价格进行了计算；刘俊材等利用 MATLAB 对欧式期权价格及期权的隐含波动率进行了讨

论及计算；罗琰利用 MATLAB 对欧式期权定价公式给出了数值算例及比较静态分析；胡素敏利用 MATLAB 对欧式期权价格及其部分敏感性指标进行了计算，但未能给出一个实现欧式期权定价相关计算的统一程序模板。本实验将在预备实验创建的 Notebook 环境下，创建一个计算欧式期权价格及其敏感性指标的通用模板。

（一）欧式 Black-Scholes 期权定价模型及其敏感性指标

1973 年，Fisher Black 和 Myron Scholes 首次给出了 Black-Scholes 期权定价模型，由该模型可以得到 Black-Scholes 期权定价公式：

$$\text{看涨期权：} C=SN(d_1)-Xe^{-r(T-t)}N(d_2) \tag{14-1}$$

$$\text{看跌期权：} P=Xe^{-r(T-t)}N(-d_2)-SN(-d_1) \tag{14-2}$$

其中，$d_1=\dfrac{\left[\ln\left(\dfrac{S}{X}\right)+\left(r+\dfrac{\sigma^2}{2}\right)(T-t)\right]}{\sigma\sqrt{T-t}}$，$d_2=d_1-\sigma\sqrt{T-t}$，$N(d_i)=\dfrac{1}{\sqrt{2\pi}}\int_{-\infty}^{d_i}e^{-\frac{x^2}{2}}dx$。

这里，S 代表标的资产市场价格；X 代表执行价格；r 代表无风险利率；σ 代表标的资产价格波动率；T 代表到期日；t 代表当前定价日；$T-t$ 代表距离到期时间。

不难发现，式（14-1）给出的看涨期权价格 C 和式（14-2）给出的看跌期权价格 P 分别与五个要素有关，分别为标的资产市场价格 S、执行价格 X、无风险利率 r、标的资产价格波动率 σ 和距离到期日的时间 $T-t$，故它们被称为 Black-Scholes 期权定价模型的五要素。

如果不借助 MATLAB 的金融工具箱直接对欧式期权的价格进行计算，通常是把已知的 Black-Scholes 期权定价模型的五要素分别代入 d_1 和 d_2 的表达式中，算出 d_1 和 d_2 的值，然后通过反查正态分布表，得到 $N(d_1)$ 和 $N(d_2)$ 的值，将其分别代入式（14-1）、式（14-2）即可求出看涨期权价格 C 和看跌期权价格 P，计算量较大，步骤较为烦琐。

在欧式期权的研究中，除了最主要的期权价格问题，与之相关的敏感性指标也逐渐被人们重视：郑振龙对 Black-Scholes 模型中的敏感性指标进行了计算并分析了它们的特性，李仕群对广义 Black-Scholes 模型中的敏感性指标进行了详细的推导并给出了相应的经济意义。结合上述研究成果，下面给出欧式期权定价中常见的六个敏感性指标的经济意义及数学含义，如表 1-14-1 所示。

表 1-14-1　欧式期权敏感性指标的经济意义及数学含义

参数名称	经济意义	数学含义
Delta	表示期权标的物价格的变动对期权价格的影响程度	$\partial F/\partial S$
Gamma	表示期权标的物价格的变动对该期权的 Delta 值的影响程度	$\partial^2 F/\partial S^2$
Vega	表示期权标的物价格的波动性对期权价格的影响程度	$\partial F/\partial\sigma$
Theta	衡量期权时间变动对期权价格的影响程度	$\partial F/\partial T$
Rho	反映利率变动对期权价格的影响程度	$\partial F/\partial r$
lambda	表示期权价格相对于标的物价格的弹性	$(\partial F/\partial S)\cdot S/F$

注：表中数学含义部分的函数 F 为 Black-Scholes 期权定价公式中期权价格函数 C 或 P。

根据敏感性指标的数学含义，不难得到以下各计算公式：

$$Delta_C=\frac{\partial C}{\partial S}=N(d_1) \tag{14-3}$$

$$Delta_P=\frac{\partial P}{\partial S}=N(d_1)-1 \tag{14-4}$$

$$Gamma=\frac{\partial^2 C}{\partial S^2}=\frac{\partial^2 P}{\partial S^2}=\frac{1}{\sigma s\sqrt{2\pi(T-t)}}e^{-\frac{d_1^2}{2}} \tag{14-5}$$

$$Vega=\frac{\partial C}{\partial \sigma}=\frac{\partial P}{\partial \sigma}=\frac{S\sqrt{T-t}}{\sqrt{2\pi}}e^{-\frac{d_1^2}{2}} \tag{14-6}$$

$$Theta_C=\frac{\partial C}{\partial(T-t)}=-rXe^{-r(T-t)}N(d_2)-\frac{\sigma S}{2\sqrt{2\pi(T-t)}}e^{-\frac{d_1^2}{2}} \tag{14-7}$$

$$Theta_p=\frac{\partial P}{\partial(T-t)}=rXe^{-r(T-t)}[1-N(d_2)]-\frac{\sigma S}{2\sqrt{2\pi(T-t)}}e^{-\frac{d_1^2}{2}} \tag{14-8}$$

$$Rho_C=\frac{\partial C}{\partial r}=X(T-t)e^{-r(T-t)}N(d_2) \tag{14-9}$$

$$Rho_C=\frac{\partial P}{\partial r}=-X(T-t)e^{-r(T-t)}N(-d_2) \tag{14-10}$$

$$lambda_C=\frac{\partial C}{\partial S}\frac{S}{C}=\frac{SN(d_1)}{SN(d_1)-Xe^{-r(T-t)}N(d_2)} \tag{14-11}$$

$$lambda_P=\frac{\partial P}{\partial S}\frac{S}{P}=\frac{-SN(-d_1)}{Xe^{-r(T-t)}N(-d_2)-SN(-d_1)} \tag{14-12}$$

只要给出标的资产市场价格 S、执行价格 X、无风险利率 r、标的资产价格波动率 σ 及距离到期日的时间 $T-t$ 五个条件即可利用式（14-1）和式（14-2）计算出各敏感性指标的值，但计算量之大毋庸置疑。

利用计算机相关软件，寻求一种快捷的计算方法势在必行。

（二）欧式 Black-Scholes-Merton 期权定价模型及其敏感性指标

1973 年，默顿通过将股票所支付的连续复利的红利看成负的利率扩展了 Black-Scholes 模型，得到支付连续红利的 Black-Scholes-Merton 模型，由此得到了 Black-Scholes-Merton 期权定价公式：

$$\text{看涨期权——}C=Se^{-q(T-t)}N(d_2)-Xe^{-r(T-t)}N(d_2) \tag{14-13}$$

$$\text{看跌期权——}\quad p=Xe^{-r(T-t)}N(-d_2)-Se^{-q(T-t)}N(-d_1) \tag{14-14}$$

其中，

$$d_1=\frac{\ln(S/X)+(r-q+\sigma^2/2)(T-t)}{\sigma\sqrt{T-t}} \tag{14-15}$$

$$d_2=\frac{\ln(S/X)+(r-q+\sigma^2/2)(T-t)}{\sigma\sqrt{T-t}}=d_1-\sigma\sqrt{T-t} \tag{14-16}$$

这里，S 表示标的资产市场价格，X 表示执行价格，r 表示无风险利率，σ 表示标的资产价格波动率，$T-t$ 表示距离到期时间，q 表示标的资产的红利率。这六个参数合称为 Black-Scholes-Merton 模型期权定价的六要素。

在欧式期权研究中，除了主要的期权价格问题，与之相关的敏感性分析也逐渐被人们重视，但对于相同的定价模型众多文献给出的敏感性指标的计算结果却常有很大的差异，这不免给研究者尤其是初学者带来诸多不便。本实验将从各敏感性指标的数学含义出发，利用 MATLAB 基础工具箱中的求导工具给出其确切结果。

在 MATLAB 中，利用命令“diff（）”，可以求出函数对指定变量的任意阶纯偏导数或混合偏导数。根据表 1-14-1 中各敏感性指标的数学含义，对式（14-13）、式（14-14）中的期权价格函数 C 或 P 关于相应变量求偏导，可得 Black-Scholes-Merton 模型中敏感性指标的数学表达式，如表 1-14-2 所示。

表 1-14-2　Black-Scholes-Merton 模型中敏感性指标的数学表达式

<table>
<tr><th>参数名称</th><th>看涨期权</th><th>看跌期权</th><th>数学含义</th></tr>
<tr><td>Delta</td><td>$e^{-q(T-t)}N(d_1)$</td><td>$e^{-q(T-t)}[N(d_1)-1]$</td><td>$\partial f/\partial S$</td></tr>
<tr><td>Gamma</td><td colspan="2">$\dfrac{N'(d_1)e^{-q(T-t)}}{S\sigma\sqrt{T-t}}$</td><td>$\partial^2 f/\partial S^2$</td></tr>
<tr><td>Vega</td><td colspan="2">$S\sqrt{T-t}N'(d_1)e^{-q(T-t)}$</td><td>$\partial f/\partial\sigma$</td></tr>
<tr><td>Theta</td><td>M</td><td>N</td><td>$\partial f/\partial T$</td></tr>
<tr><td>Rho</td><td>$X(T-t)e^{-r(T-t)}N(d_2)$</td><td>$-X(T-t)e^{-r(T-t)}N(-d_2)$</td><td>$\partial f/\partial r$</td></tr>
<tr><td>lambda</td><td>$\dfrac{Se^{-q(T-t)}N(d_1)}{Se^{-q(T-t)}N(d_1)-Xe^{-r(T-t)}N(d_2)}$</td><td>$\dfrac{Se^{-q(T-t)}[N(d_1)-1]}{Xe^{-r(T-t)}N(-d_2)-Se^{-q(T-t)}N(-d_1)}$</td><td>$\dfrac{\partial f}{\partial S}\cdot\dfrac{S}{f}$</td></tr>
</table>

注：表中数学含义部分的函数 f 为 Black-Scholes-Merton 期权定价公式中期权价格函数 C 或 P。

其中：

$$N'(d_1) - \frac{1}{\sqrt{2\pi}}e^{-\frac{d_1^2}{2}}$$

$$M=-\frac{SN'(d_1)\sigma e^{-q(T-t)}}{2\sqrt{T-t}}+qSN(d_1)e^{-q(T-t)}-rXe^{-r(T-t)}N(d_2)$$

$$N=-\frac{SN'(d_1)\sigma e^{-q(T-t)}}{2\sqrt{T-t}}-qSN(-d_1)e^{-q(T-t)}+rXe^{-r(T-t)}N(-d_2)$$

当表 1-14-2 中的 $q=0$ 时，就可得到 Black-Scholes 中各敏感性指标的数学表达式，即连续红利为 0 时，Black-Scholes-Merton 模型就退化成了 Black-Scholes 模型。

分析期权定价的敏感性时，只需把 Black-Scholes-Merton 模型的六要素代入各个指标的表达式进行计算即可，但计算量大、步骤繁杂，这将是我们研究过程中面临的一大难题，故寻求一种快捷的计算方法势在必行。

（三）欧式期权价格及其敏感性指标计算的 MATLAB 实现

众所周知，MATLAB 是国际公认的优秀的科技应用软件之一。其自带的金融工具箱具有投资组合分析、金融时间序列分析、期权定价及灵敏度分析等多种功能。利用金融衍生产品工具箱即可实现欧式期权价格及其灵敏度指标的快速计算，各命令的调用格式及功能如表 1-14-3 所示。

表 1-14-3　MATLAB 金融工具箱常用函数调用格式及功能描述

常用函数	调用格式	功能描述
blsprice	[Call，Put] =blsprice（Price，Strike，Rate，Time，Volatility，Yield）	求期权价格
blsdelta	[CallDelta，PutDelta] =blsdelta（Price，Strike，Rate，Time，Volatility，Yield）	求 delta 值
blsgamma	Gamma=blsgamma（Price，Strike，Rate，Time，Volatility，Yield）	求 Gamma 值
blsvega	Vega=blsvega（Price，Strike，Rate，Time，Volatility，Yield）	求 Vega 值
blstheta	[CallTheta，PutTheta] =blstheta（Price，Strike，Rate，Time，Volatility，Yield）	求 Theta 值
blsrho	[CallRho，PutRho] = blsrho（Price，Strike，Rate，Time，Volatility，Yield）	求 Rho 值
blslambda	[Calllambda，Putlambda] =blslambda（Price，Strike，Rate，Time，Volatility，Yield）	求 lambda 值

调用格式中，小括号内的 Price、Strike、Rate、Time、Volatility、Yield 为输入参数，Price 为标的物资产价格，Strike 为执行价，Rate 为无风险利率，Time 为距离到期日的时间，Volatility 为标的资产的标准差或波动率，Yield 为标的资产的红利率；中括号内的为输出结果，带 Call 的为看涨期的计算结果，带 Put 的为看跌期的计算结果。

线加玲、刘俊材、罗琰、胡素敏等对欧式期权价格及灵敏度指标进行了相应计算，但这些计算都是针对 Black-Scholes 模型进行的，并且在计算时都做了红利为零的假设。从如表 1-14-3 所示的各函数的调用格式不难发现（因含输入指标 Yield），各衍生产品工具函数是可以计算红利不为零的欧式期权价格和灵敏度指标的，但考虑红利支付的模型众多，这些命令的算法到底是基于哪个模型设计的呢？

下面将尝试从如表 1-14-3 所示的各函数 M 文件源码的算法结构出发找到答案。在 MATLAB 命令窗口输入 type blsprice，显示 blsprice 的 M 文件源码，可以看到 blsprice 处理期权价格时的算法结构源码如下：

```
call(i)=S(i).*exp(-q(i).*T(i)).*normcdf(d1) -…
    X(i).*exp(-r(i).*T(i)).*normcdf(d2);
put (i)=X(i).*exp(-r(i).*T(i)).*normcdf(-d2) -…
    S(i).*exp(-q(i).*T(i)).*normcdf(-d1);
```

显然，源码中的 call(i) 和 put(i) 的表达式恰好与 Black-Scholes-Merton 模型期权定价式（14-13）、式（14-14）同型，这说明 blsprice 的算法是基于 Black-Scholes-Merton 模型设计的，并非人们经常认为的它是基于 Black-Scholes 模型设计的。

同理，可查看如表 1-14-3 所示的其他函数的 M 文件源码算法结构，提取信息如

表 1-14-4所示。

表 1-14-4 MATLAB 金融工具箱常用函数源文件算法结构

常用函数	源文件算法结构
blsdelta	cd=exp(-q. *t). *normcdf(d1); pd=cd - exp(-q. *t);
blsgamma	g=(normpdf(d1). *exp(-q. *t))./(so. *sig. *sqrt(t));
blsvega	v=so. *sqrt(t). *normpdf(d1). *exp(-q. *t);

blstheta	ct=-so. *normpdf(d1). *sig. *exp(-q. *t)./(2. *sqrt(t))+…
	q. *so. *normcdf(d1). *exp(-q. *t)-r. *x. *exp(-r. *t). *normcdf(d2);
	pt=-so. *normpdf(d1). *sig. *exp(-q. *t)./(2. *sqrt(t))-…
	q. *so. *normcdf(-d1). *exp(-q. *t)+r. *x. *exp(-r. *t). *normcdf(-d2);

blsrho	cr=disfac. *normcdf(d2); pr=-disfac. *normcdf(-d2);
blslambda	lc(gic)=so(gic)./c(gic). *normcdf(d1(gic)); gic=find(abs(c) >= 1e-14); lp(gip)=so(gip)./p(gip). *(-normcdf(-d1(gip)));gip=find(abs(p) >= 1e-14);

令人惊奇的是，表 14-4 中的求各灵敏度指标函数的源文件算法结构代码竟与表 14-2 中的 Black-Scholes-Merton 模型中敏感性指标的数学表达式完全同型。由此我们可以断定，MATLAB 金融衍生产品工具箱中的函数 blsprice、blsdelta、blsgamma、blsvega、blstheta、blsrho、blslambda 的算法结构是基于 Black-Scholes-Merton 模型设计的，而非基于通常人们默认的 Black-Scholes 模型。同时，表 14-4 中的算法结构源码与表 14-2 中的敏感性指标的数学表达式高度一致也充分肯定了我们利用命令“diff（）”得到的表 14-2 中的各个敏感性指标的表达式是准确无误的。

利用上述命令即可快速计算出 Black-Scholes-Merton 模型期权价格及其各敏感性指标的值，下面以实例进行说明。

在加载了 Notebook 功能的 Word 文档中，我们调用金融工具箱中的上述命令快速地计算期权价格及其各敏感性指标的值。

（四）基于 MATLAB 计算欧式期权价格及其敏感性指标的通用模板

在加载了 Notebook 功能的 Word 文档中输入以下文本后，用 Notebook 菜单栏中的“Define Input Cell”进行激活，即可得到如下所示的欧式期权价格及其敏感性指标通用计算模板：

```
% 欧式期权价格及其敏感性指标通用计算模板%
Price=input('股票当前市场价格:')        % 输入股票当前市场价格
Strike=input('股票执行价:')             % 输入股票执行价
Rate=input('无风险利率:')               % 输入无风险利率
Time=input('股票到期时间:')             % 输入股票到期时间
```

```
Volatility=input('股票价格波动率:') % 输入股票价格波动率
Yield=input('红利:')                % 输入股票红利
[Call,Put]=blsprice(Price,Strike,Rate,Time,Volatility,Yield)
% 输出欧式期权的价格
[CallDelta,PutDelta]=blsdelta(Price,Strike,Rate,Time,Volatility,
Yield)
% 输出欧式期权 Delta 值
Gamma=blsgamma(Price,Strike,Rate,Time,Volatility,Yield)
% 输出欧式期权 Gamma 值
Vega=blsvega(Price,Strike,Rate,Time,Volatility,Yield)
% 输出欧式期权 Vega 值
[CallTheta,PutTheta]=blstheta(Price,Strike,Rate,Time,Volatility,
Yield)
% 输出欧式期权 Theta 值
[CallRho,PutRho]= blsrho(Price,Strike,Rate,Time,Volatility,Yield)
% 输出欧式期权 Rho 值
[Calllambda,Putlambda]=blslambda(Price,Strike,Rate,Time,Volatili-
ty,Yield)
% 输出欧式期权 lambda 值
```

三、实验内容

(一) 计算欧式 Black-Scholes 模型期权价格及其敏感性指标

[例 14-1] 考虑一只无分红的股票，股票价格为 100，股票波动率标准差为 50%，无风险利率为 10%，期权执行价为 95，存续期为 3 个月（折合 0.25 年），求该股票欧式期权价格及其敏感性指标。

(二) 计算欧式 Black-Scholes-Merton 模型期权价格及其敏感性指标

[例 14-2] 设现在有一价值为 $ 350.00 的欧式股票指数期权，指数收益的标准差是 0.2，无风险利率是 8%，指数的连续红利支付率是 4%，该指数的有效期为 150 天，其欧式看涨期权和看跌期权的执行价格为 $ 340.00，求该股票欧式期权价格及其敏感性指标。

四、实验过程

(一) 计算欧式 Black-Scholes 模型期权价格及其敏感性指标

[例 14-1] 考虑一只无分红的股票，股票价格为 100，股票波动率标准差为 50%，

无风险利率为 10%，期权执行价为 95，存续期为 3 个月（折合 0.25 年），求该股票欧式期权价格及其敏感性指标。

解　经分析可知这是一只红利 Yield 为 0 的股票，且 Black-Scholes 期权定价模型的五要素全部给出，即股票市场价格 Price 为 100、执行价格 Strike 为 95、无风险利率 Rate 为 0.1、股票价格波动率 Volatility 为 0.5 和距离到期时间 Time 为 0.25，故期权价格及敏感性指标均可计算，在 Notebook 下运行“欧式期权价格及其敏感性指标通用计算模板”，出现如图 1-14-1 所示的等待输入的命令窗口。

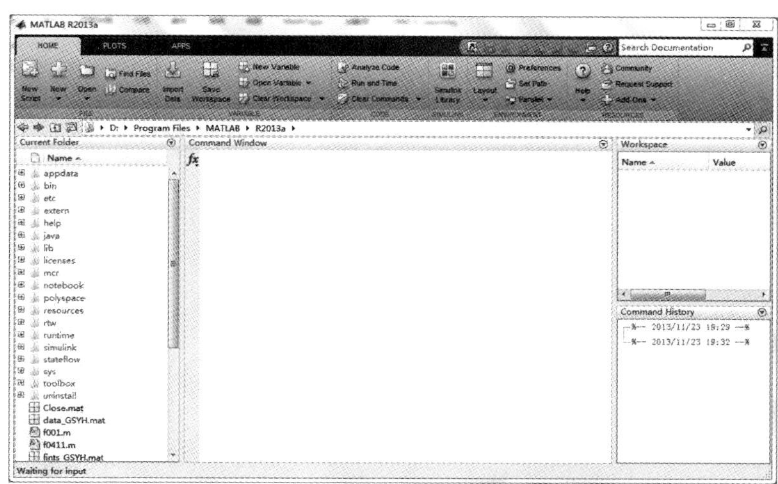

图 1-14-1　［例 14-1］等待输入的命令窗口

在该命令窗口依次输入 100、95、0.1、0.5、0.25、0，回车，命令窗口更新如图 1-14-2 所示。

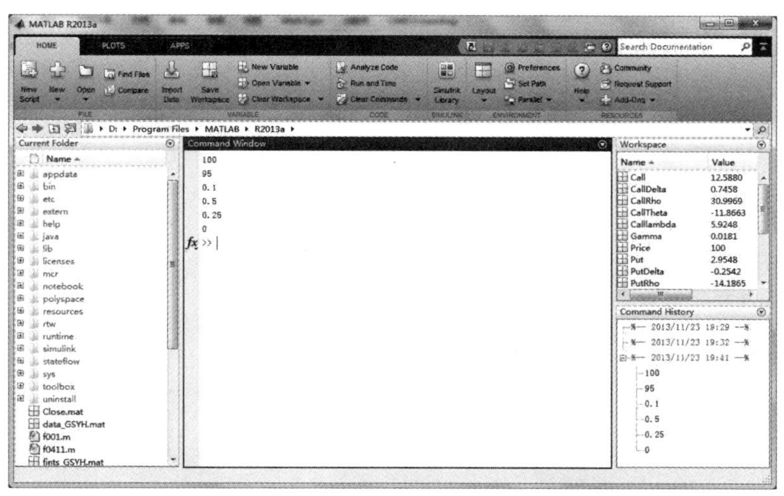

图 1-14-2　［例 14-1］计算参数的输入

同时，输出如下计算结果：

股票当前市场价格：Price =

```
  100
股票执行价:Strike=
    95
无风险利率:Rate=
    0.1000
股票到期时间:Time=
    0.2500
股票价格波动率:Volatility=
    0.5000
红利:Yield=
     0
Call=
  13.6953
Put=
     6.3497
CallDelta=
     0.6665
PutDelta=
    -0.3335
Gamma=
    0.0145
Vega=
    18.1843
CallTheta=
  -23.4794
PutTheta=
  -14.2140
CallRho=
    13.2378
PutRho=
    -9.9258
Calllambda=
      4.8664
Putlambda=
     -5.2528
```

上述结果可整理为表 1-14-5。

表 1-14-5　［例 14-1］计算结果

	期权价格	Delta	Gamma	Vega	Theta	Rho	lambda
看涨期权	13. 6953	0. 6665	0. 0145	18. 1843	-23. 4794	13. 2378	4. 8664
看跌期权	6. 3497	-0. 3335	0. 0145	18. 1843	-14. 2140	-9. 9258	-5. 2528

即看涨期该期权的合理价格应为 13. 6953，其关于股票市场价格的一阶、二阶变化率，关于价格波动性的变化率，关于期权存续时间的变化率，关于无风险利率的变化率，相对于执行价的弹性分别为 0. 6665、0. 0145、18. 1843、-23. 4794、13. 2378、4. 8664。而看跌期该期权的合理价格应为 6. 3497，其关于股票市场价格的一阶、二阶变化率，关于价格波动性的变化率，关于期权存续时间的变化率，关于无风险利率的变化率，相对于执行价的弹性分别为-0. 3335、0. 0145、18. 1843、-14. 2140、-9. 9258、-5. 2528。

（二）计算欧式 Black-Scholes-Merton 模型期权价格及其敏感性指标

［例 14-2］　设现在有一价值为 $ 350. 00 的欧式股票指数期权，指数收益的标准差是 0. 2，无风险利率是 8%，指数的连续红利支付率是 4%，该指数的有效期为 150 天，其欧式看涨期权和看跌期权的执行价格为 $ 340. 00，求该股票欧式期权价格及其敏感性指标。

解　经分析可知这是一只红利 Yield 不为 0 的股票，且 Black-Scholes-Merton 期权定价模型的六要素全部给出，即股票市场价格 Price 为 350、执行价格 Strike 为 340、无风险利率 Rate 为 0. 08、距离到期时间 Time 为 150/365、股票价格波动率 Volatility 为 0. 2 及连续红利 Yield 为 0. 04，故期权价格及敏感性指标均可计算，在 Notebook 下运行"欧式期权价格及其敏感性指标通用计算模板"，出现如图 1-14-3 所示的等待输入的命令窗口。

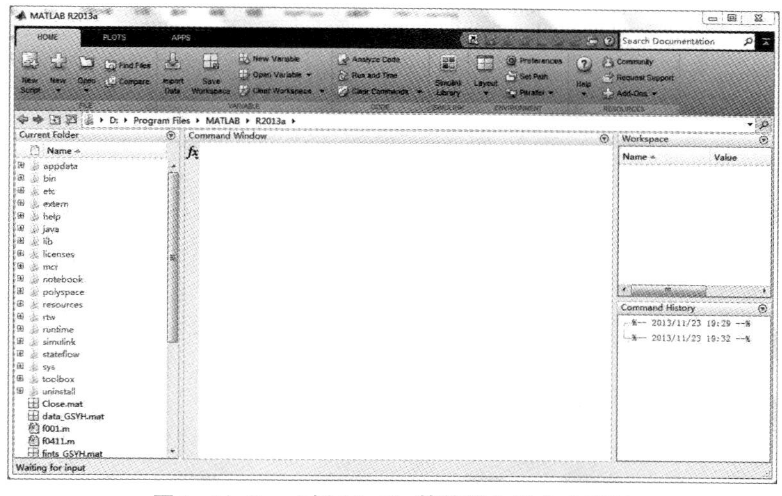

图 1-14-3　［例 14-2］等待输入的命令窗口

在该命令窗口依次输入 350、340、0. 08、150/365、0. 2、0. 04，回车，命令窗口更新如图 1-14-4 所示。

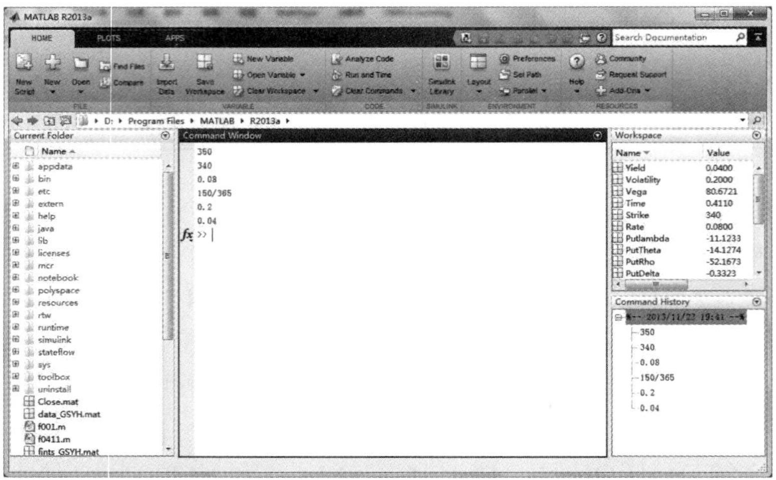

图 1-14-4　例［14-2］计算参数的输入

同时，输出如下计算结果：

股票当前市场价格:Price=

350

股票执行价:Strike=

340

无风险利率:Rate=

0.0800

股票到期时间:Time=

0.4110

股票价格波动率:Volatility=

0.2000

红利:Yield=

0.0400

Call=

25.9197

Put=

10.6298

CallDelta=

0.6514

PutDelta=

-0.3323

Gamma=

0.0080

Vega=

80.6721

```
CallTheta=
    -26.6759
PutTheta=
   -14.1274
CallRho=
    83.0397
PutRho=
   -52.1673
Calllambda=
      8.9415
Putlambda=
   -11.1233
```

根据表 14-3 中各命令的求解功能，上述执行结果可整理如表 1-14-6 所示：

表 1-14-6　［例 14-2］计算结果

	期权价格	Delta	Gamma	Vega	Theta	Rho	lambda
看涨期权	$ 25. 9197	0. 6514	0. 0080	80. 6721	-26. 6759	83. 0397	8. 9415
看跌期权	$ 10. 6298	-0. 3323	0. 0080	80. 6721	-14. 1274	-52. 1673	-11. 1233

即该股票的看涨期权价格应为 $ 25. 9197，其关于股票市场价格的一阶、二阶变化率，关于价格波动性的变化率，关于期权存续时间的变化率，关于无风险利率的变化率，相对于市场价格的弹性分别为 0. 6514、0. 0080、80. 6721、-26. 6759、83. 0397、8. 9415。而该股票的看跌期权价格应为 $ 10. 6298，其关于股票市场价格的一阶、二阶变化率，关于价格波动性的变化率，关于期权存续时间的变化率，关于无风险利率的变化率，相对于市场价格的弹性分别为-0. 3323、0. 0080、80. 6721、-14. 1274、-52. 1673、-11. 1233。

五、实验小结

1. 利用金融衍生工具箱构建的“欧式期权价格及其敏感性指标通用计算模板”操作简便，使用者只需把六个指标依次输入即可。

2. “欧式期权价格及其敏感性指标通用计算模板”同时适用于 Black-Scholes-Merton 模型及 Black-Scholes 模型中期权价格及其敏感性指标的计算。

3. 使用“欧式期权价格及其敏感性指标通用计算模板”进行计算，得到输出结果时，应该检查输入指标是否准确，以防输入错位导致结果错误。

4. 本实验仅探讨了欧式期权的相关计算，对于美式期权及亚式期权计算该模板是否仍然适用有待读者自行验证。

六、练习实验

1. 假设市场上某只无红利支付的股票现价为 164，无风险连续复利利率是 0.0521，股票波动率标准差为 0.2900，实施价格是 165，有效期为 0.4，计算期权价格及其敏感性指标值。

2. 设现在有一价值为＄380.00 的欧式股票指数期权，指数收益的标准差是 0.25，无风险利率是 9%，指数的连续红利支付率是 3%，该指数的有效期为 90 天，其欧式看涨期权和看跌期权的执行价格为＄370.00，求该股票欧式期权价格及其敏感性指标值。

实验十五
MATLAB 视图的欧式期权敏感性分析

一、实验目的

1. 绘制欧式看涨期权敏感性指标随单变量变动的二维曲线。
2. 绘制欧式看涨期权敏感性指标随多变量变动的三维曲面。
3. 四维曲面的绘制。

二、实验原理

近年来，众多学者对期权价格的敏感性指标进行了深入的研究，彭丽华等对美式期权进行了敏感性分析；刘海媛、冯勤超分别对几何亚式期权和算术亚式期权做了敏感性参数估计；陈荣达、姚津分别对外汇期权和股票期权做了敏感性分析；金龙等探讨了欧式期权的影响因素，对欧式期权的敏感性指标进行了解释说明并给出了计算公式；郑振龙对标的资产支付连续红利的期权价格的敏感性进行了系统的研究，给出了默顿模型中欧式期权敏感性指标的计算公式；李仕群对广义 Black-Scholes 模型中的欧式期权敏感性指标进行了详细的推导，并给出相应的经济意义；胡素敏利用 MATLAB 对欧式期权价格及其部分敏感性指标进行了计算，金龙、张树德、邓留保等在其专著中详尽地讲解了 MATLAB 金融衍生产品工具箱的使用方法，并用其求解了欧式期权敏感性指标的值。

上述关于欧式期权敏感性分析的研究，以公式推导、数值计算为主，几乎没有借助 MATLAB 视图对其进行动态分析，仅有个别文献提及了欧式看涨期权敏感性指标 Gamma 的敏感性图的绘制。本实验将利用 MATLAB 强大的绘图功能，在 Notebook 环境下分别绘制 Black-Scholes-Merton 期权定价模型中看涨期权的六个敏感性指标 Delta、Gamma、Vega、Theta、Rho、Lambda 随单变量变动的二维动态曲线及随多变量变动的三维动态曲面，并对其进行四维处理。绘制曲线或曲面可增进实验者对欧式看涨期权敏感性指标的理解和认识。

（一）欧式 Black-Scholes 期权定价模型及其敏感性指标

从 Black-Scholes-Merton 期权定价公式可以看出，期权价格是一个由六个变量决定的多元函数。它不仅受标的资产价格变化的影响，还受价格波动率、到期时间及无风险利率等因素的影响。在实际分析期权的价格时，我们通常会研究在假设一种因素或变量发生变化而其他因素不变的条件下，期权的价格会发生怎样的变化，这就是期权价格的敏感性问题。

根据变动因素的不同，度量期权价格敏感性的指标有 Delta、Gamma、Vega、Theta、Rho 和 Lambda，其数学含义及数学表达式如表 1-15-1 所示。

表 1-15-1　Black-Scholes-Merton 模型中敏感性指标的数学表达式

参数名称	看涨期权	看跌期权	数学含义
Delta	$e^{-q(T-t)}N(d_1)$	$e^{-q(T-t)}[N(d_1)-1]$	$\partial f/\partial S$
Gamma	$\frac{N'(d_1)e^{-q(T-t)}}{S\sigma\sqrt{T-t}}$		$\partial^2 f/\partial S^2$
Vega	$S\sqrt{T-t}N'(d_1)e^{-q(T-t)}$		$\partial f/\partial\sigma$
Theta	M	N	$\partial f/\partial T$
Rho	$X(T-t)e^{-r(T-t)}N(d_2)$	$-X(T-t)e^{-r(T-t)}N(-d_2)$	$\partial f/\partial r$
lambda	$\frac{Se^{-q(T-t)}N(d_1)}{Se^{-q(T-t)}N(d_1)-Xe^{-r(T-t)}N(d_2)}$	$\frac{Se^{-q(T-t)}[N(d_1)-1]}{Xe^{-r(T-t)}N(-d_2)-Se^{-q(T-t)}N(-d_1)}$	$\frac{\partial f}{\partial S}\cdot\frac{S}{f}$

注：表中数学含义部分的函数 f 为 Black-Scholes-Merton 期权定价公式中期权价格函数 C 或 P。

其中：

$$N'(d_1)=\frac{1}{\sqrt{2\pi}}e^{-\frac{d_1^2}{2}}$$

$$M=-\frac{SN'(d_1)\sigma e^{-q(T-t)}}{2\sqrt{T-t}}+qSN(d_1)e^{-q(T-t)}-rXe^{-r(T-t)}N(d_2)$$

$$N=-\frac{SN'(d_1)\sigma e^{-q(T-t)}}{2\sqrt{T-t}}-qSN(-d_1)e^{-q(T-t)}+rXe^{-r(T-t)}N(-d_2)$$

为了简便，本实验中仅讨论欧式看涨期权敏感性指标的变动情况。

（二）欧式看涨期权敏感性指标计算的 MATLAB 实现

利用金融衍生产品工具箱即可实现欧式看涨期权敏感性指标的快速计算，各命令的调用格式及功能描述如表 1-15-2 所示。

表 1-15-2　MATLAB 金融工具箱常用函数调用格式及功能描述

常用函数	调用格式	功能描述
blsdelta	Delta=blsdelta（Price，Strike，Rate，Time，Volatility，Yield）	计算看涨期权 delta 值
blsgamma	Gamma=blsgamma（Price，Strike，Rate，Time，Volatility，Yield）	计算看涨期权 Gamma 值
blsvega	Vega=blsvega（Price，Strike，Rate，Time，Volatility，Yield）	计算看涨期权 Vega 值
blstheta	Theta=blstheta（Price，Strike，Rate，Time，Volatility，Yield）	计算看涨期权 Theta 值

续表

常用函数	调用格式	功能描述
blsrho	Rho= blsrho（Price，Strike，Rate，Time，Volatility，Yield）	计算看涨期权 Rho 值
blslambda	lambda=blslambda（Price，Strike，Rate，Time，Volatility，Yield）	计算看涨期权 lambda 值

调用格式中，小括号内的 Price、Strike、Rate、Time、Volatility、Yield 为输入参数：Price 为标的物资产价格，Strike 为执行价，Rate 为无风险利率，Time 为距离到期日的时间，Volatility 为标的资产的标准差或波动率，Yield 为标的资产的红利率。

（三）欧式看涨期权敏感性指标动态曲线

从如表 1-15-1 所示的数学表达式可知，各个敏感性指标实际就是期权价格函数关于某个变量的偏导数，如 Delta 就是期权价格关于股票价格的偏导数，则 Delta 就可被看作是仅与股票价格有关的一个单变量函数，于是我们就可以以股票价格为横轴、以 Delta 为纵轴在平面直角坐标系下绘制二维动态曲线图。

假设现在有一价值为 $ 50.00 的欧式股票指数期权，指数收益的标准差是 0.35，无风险利率是 10%，指数的连续红利支付率是 4%，该指数的有效期为 180 天，其欧式看涨期权和看跌期权的执行价格为 $ 40.00，求该股票欧式期权价格及其敏感性指标。

在加载了 Notebook 功能的 Word 文档中输入以下文本后，用 Notebook 菜单栏中的“Define Input Cell”进行激活，即可得到如下激活细胞：

```
% 欧式看涨期权敏感性指标 Delta 动态曲线图%
Price=10:1:50;      % 输入股票价格及步长
Strike=40;          % 输入股票执行价
Rate=0.1;           % 输入无风险利率
Time=0.5;           % 输入股票到期时间
Volatility=0.35;    % 输入股票价格波动率
Yield=0.04;         % 输入股票红利
Delta=blsdelta(Price,Strike,Rate,Time,Volatility,Yield);
% Gamma=blsgamma(Price,Strike,Rate,Time,Volatility,Yield);
% Vega=blsvega(Price,Strike,Rate,Time,Volatility,Yield);
% Theta=blstheta(Price,Strike,Rate,Time,Volatility,Yield);
% Rho=blsrho(Price,Strike,Rate,Time,Volatility,Yield);
% Lambda=blslambda(Price,Strike,Rate,Time,Volatility,Yield);
% plot(Price,Gamma,'bp',Price,Delta,'r+');
plot(Price,Delta,'b-p');
title ('欧式看涨期权敏感性指标 Delta 动态曲线图')
xlabel('股票价格'),ylabel('Delta')
grid on
axis on
```

把光标放在激活细胞后，右击“Evaluate Cells”，即可得到图 1-15-1。根据表 1-15-1 中各指标的数学意义对以上程序做相应修改并运行，就可得到图 1-15-2～图 1-15-6。

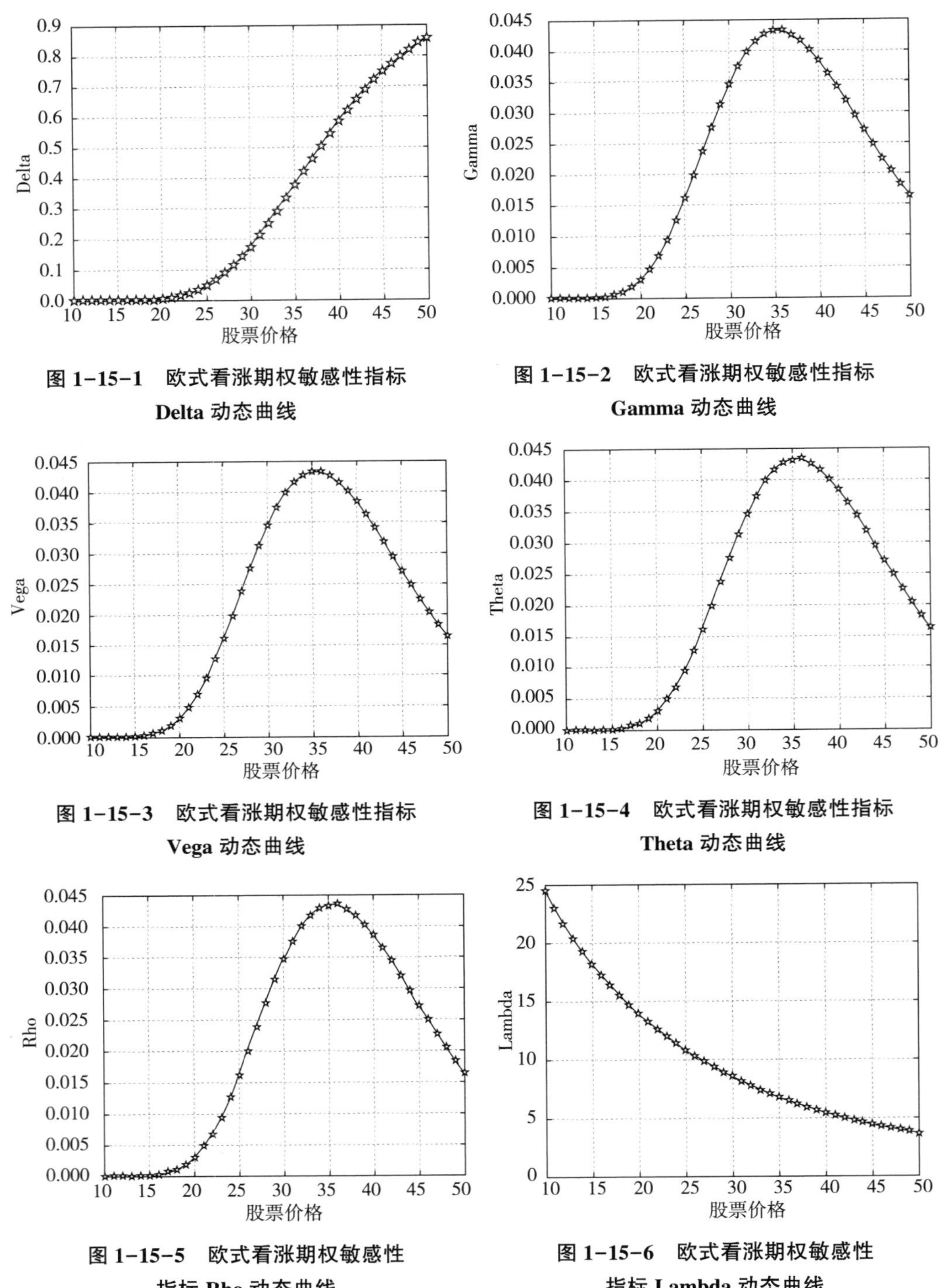

图 1-15-1　欧式看涨期权敏感性指标 Delta 动态曲线

图 1-15-2　欧式看涨期权敏感性指标 Gamma 动态曲线

图 1-15-3　欧式看涨期权敏感性指标 Vega 动态曲线

图 1-15-4　欧式看涨期权敏感性指标 Theta 动态曲线

图 1-15-5　欧式看涨期权敏感性指标 Rho 动态曲线

图 1-15-6　欧式看涨期权敏感性指标 Lambda 动态曲线

从这些曲线中，我们可以找到各个敏感性指标随单个参变量变化的趋势和规律，为敏感性分析提供理论依据。为了获取更多信息，不妨考虑下面的三维曲面。

（四）欧式看涨期权敏感性指标动态曲面

我们知道，多元函数的偏导数仍为多元函数，所以上文提及的可把 Delta 看作是仅与股票价格相关的一元函数有失其真实性，还原其本质，它是一个与价格函数具有相等变量的多元函数。为讨论方便，不妨设其为以股票价格和到期时间为自变量的二元函数，则可用三维曲面来表示敏感性指标的变动情况。针对上文提到的例子绘制欧式看涨期权敏感性指标动态曲面图：以标的物价格（x 轴）和到期时间（y 轴）为自变量、以敏感性指标（z 轴）为因变量绘制带等高线的三维曲面，为了图像更加美观及包容更多信息，以期权价格为第四维（见图中色卡）进行了表面着色处理。

欧式看涨期权敏感性指标 Delta 动态曲面图的程序如下：

```
% 欧式看涨期权敏感性指标 Delta 动态曲面图%
price=10:70;
range=length(price);
time=1:0.5:12;
newtime=time(ones(range,1),:)'/12;
timerange=ones(length(time),1);
newprice=price(timerange,:);
pad=ones(size(newtime));
Delta=blsdelta(newprice,40*pad,0.1*pad,newtime,0.35*pad);
% Gamma=blsgamma(newprice,40*pad,0.1*pad,newtime,0.35*pad);
% vega=blsvega(newprice,40*pad,0.1*pad,newtime,0.35*pad);
% theta=blstheta(newprice,40*pad,0.1*pad,newtime,0.35*pad);
% rho=blsrho(newprice,40*pad,0.1*pad,newtime,0.35*pad);
% lambda=blslambda(newprice,40*pad,0.1*pad,newtime,0.35*pad);
color=blsprice(newprice,40*pad,0.1*pad,newtime,0.35*pad);
surfc(price,time,Delta,color)
xlabel('股票价格')
ylabel('时间(月)')
zlabel('Delta')
title('欧式看涨期权敏感性指标 Delta 动态曲面图')
axis([10 70 1 12 -inf inf])
set(gca,'box','on');
colorbar
```

运行该程序，即可得到图 1-15-7，同理可得图 1-15-8～图 1-15-12。

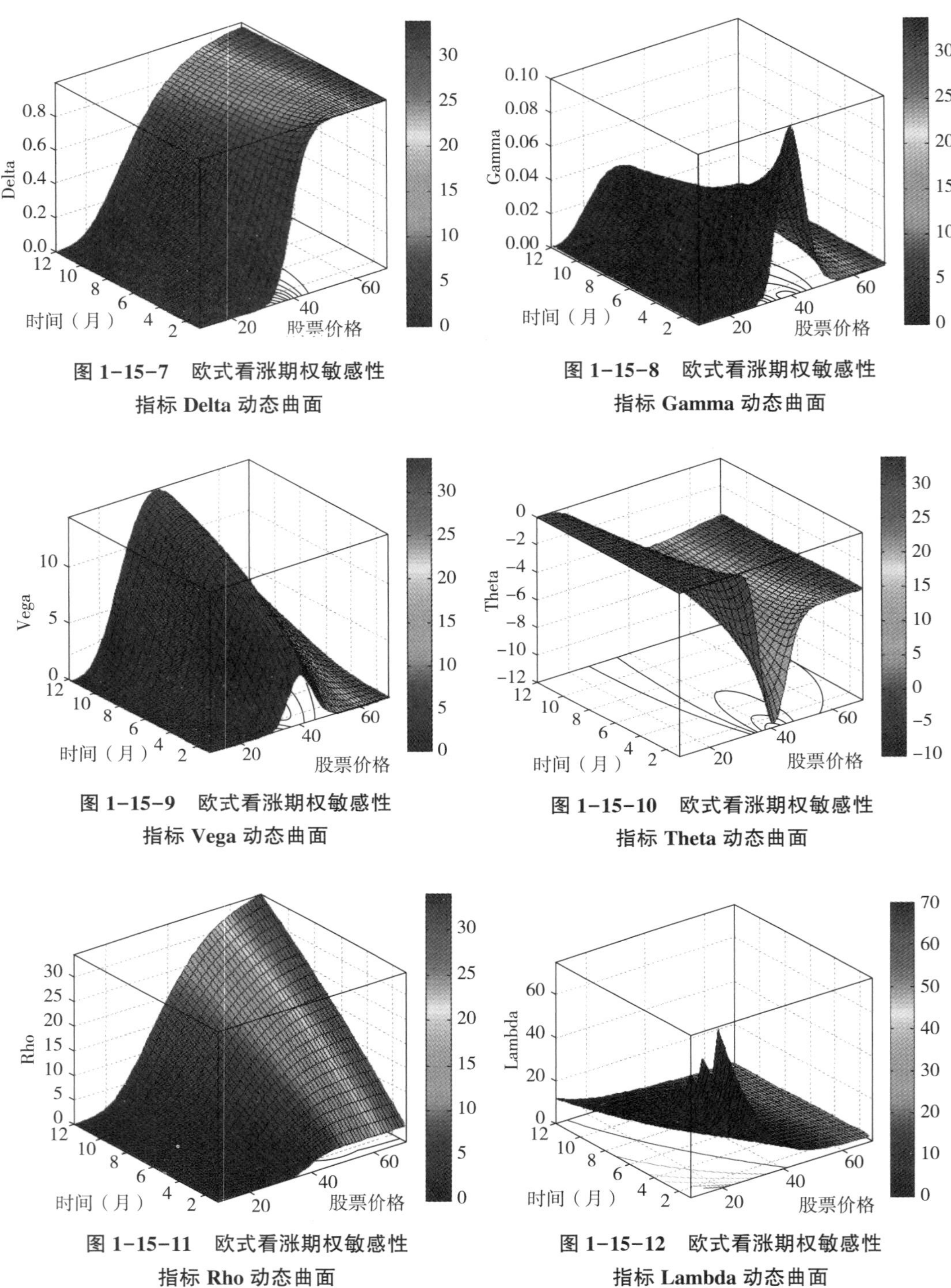

图 1-15-7　欧式看涨期权敏感性指标 Delta 动态曲面

图 1-15-8　欧式看涨期权敏感性指标 Gamma 动态曲面

图 1-15-9　欧式看涨期权敏感性指标 Vega 动态曲面

图 1-15-10　欧式看涨期权敏感性指标 Theta 动态曲面

图 1-15-11　欧式看涨期权敏感性指标 Rho 动态曲面

图 1-15-12　欧式看涨期权敏感性指标 Lambda 动态曲面

对照各图就可知每个敏感性指标随股票价格、到期时间、期权价格变化的趋势和规律，对其可进行更加直观深入的敏感性分析。

三、实验内容

（一）绘制欧式 Black-Scholes-Merton 模型敏感性指标变动的二维曲线

［例 15-1］ 设现在有一价值为 $ 350.00 的欧式股票指数期权，指数收益的标准差是 0.2，无风险利率是 8%，指数的连续红利支付率是 4%，该指数的有效期为 150 天，其欧式看涨期权和看跌期权的执行价格为 $ 340.00，绘制该股票欧式期权敏感性指标随股票价格变动的二维曲线。

（二）绘制欧式 Black-Scholes-Merton 模型敏感性指标变动的三维曲面

［例 15-2］ 设现在有一价值为 $ 350.00 的欧式股票指数期权，指数收益的标准差是 0.2，无风险利率是 8%，指数的连续红利支付率是 4%，该指数的有效期为 150 天，其欧式看涨期权和看跌期权的执行价格为 $ 340.00，绘制该股票欧式看涨期权敏感性指标随时间、市场价格变动的三维曲面。

四、实验过程

（一）绘制欧式 Black-Scholes-Merton 模型敏感性指标变动的二维曲线

［例 15-1］ 设现在有一价值为 $ 350.00 的欧式股票指数期权，指数收益的标准差是 0.2，无风险利率是 8%，指数的连续红利支付率是 4%，该指数的有效期为 150 天，其欧式看涨期权和看跌期权的执行价格为 $ 340.00，绘制该股票欧式期权敏感性指标随股票价格变动的二维曲线。

解 Notebook 环境下的程序代码如下：

```
Price=10:20:350;          % 输入股票价格及步长
Strike=340;               % 输入股票执行价
Rate=0.2;                 % 输入无风险利率
Time=150/365;             % 输入股票到期时间
Volatility=0.2;           % 输入股票价格波动率
Yield=0.04;               % 输入股票红利
Gamma=blsgamma(Price,Strike,Rate,Time,Volatility,Yield);
Delta=blsdelta(Price,Strike,Rate,Time,Volatility,Yield);
Vega=blsvega(Price,Strike,Rate,Time,Volatility,Yield);
Theta=blstheta(Price,Strike,Rate,Time,Volatility,Yield);
Rho=blsrho(Price,Strike,Rate,Time,Volatility,Yield);
```

```
Lambda=blslambda(Price,Strike,Rate,Time,Volatility,Yield);
subplot(3,2,1);plot(Price,Delta,'b-p');
title ('Delta Change with Price')
ylabel('Delta');grid on;axis on
subplot(3,2,2),plot(Price,Gamma,'b-p');
title ('GammaChange with Price')
ylabel('Gamma');grid on;axis on
  subplot(3,2,3);plot(Price,Vega,'b-p');
title ('Vega Change with Price')
ylabel('Vega');grid on;axis on
subplot(3,2,4),plot(Price,Theta,'b-p');
title ('Theta Change with Price ')
ylabel('Theta');grid on;axis on
subplot(3,2,5);plot(Price,Rho,'b-p');
title ('Rho Change with Price')
ylabel('Rho');grid on;axis on
subplot(3,2,6),plot(Price,Lambda,'b-p');
title ('Lambda Change with Price')
xlabel('股票价格'),ylabel('Lambda')
grid on;axis on
```

运行结果如图 1-15-13 所示。

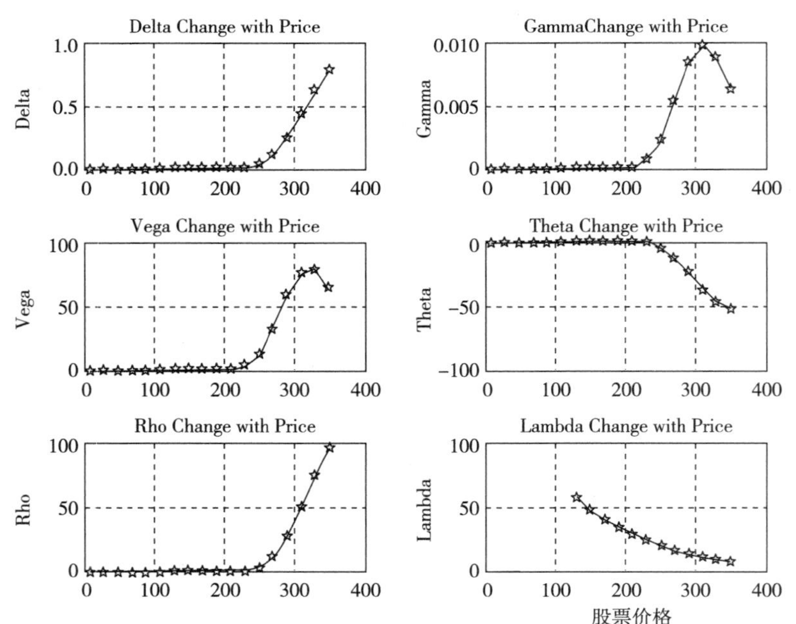

图 1-15-13　敏感性指标随股票价格变动的二维曲线

（二）绘制欧式 Black-Scholes-Merton 模型敏感性指标变动的三维曲面

［例 15-2］　设现在有一价值为 $ 350. 00 的欧式股票指数期权，指数收益的标准差是 0. 2，无风险利率是 8%，指数的连续红利支付率是 4%，该指数的有效期为 150 天，其欧式看涨期权和看跌期权的执行价格为 $ 340. 00，绘制该股票欧式看涨期权敏感性指标随时间、市场价格变动的三维曲面。

解　(1) 输入程序代码：

```
clf
clear
price=10:10:400;
range=length(price);
time=1:0.5:12;
newtime=time(ones(range,1),:)'/12;
timerange=ones(length(time),1);
newprice=price(timerange,:);
pad=ones(size(newtime));
Delta=blsdelta(newprice,340*pad,0.08*pad,newtime,0.2*pad,0.04*pad);
color=blsprice(newprice,340*pad,0.08*pad,newtime,0.2*pad,0.04*pad);
surfc(price,time,Delta,color)
xlabel('Price')
ylabel('Time')
zlabel('Delta')
title('Delta Change with Price&Time')
axis([0 400 1 12 -inf inf])
set(gca,'box','on');
colorbar
```

得到敏感性指标 Delta 随时间、市场价格变动的三维曲面，如图 1-15-14 所示。

(2) 输入程序代码：

```
clf
clear
price=10:10:400;
range=length(price);
time=1:0.5:12;
newtime=time(ones(range,1),:)'/12;
timerange=ones(length(time),1);
newprice=price(timerange,:);
pad=ones(size(newtime));
```

```
Gamma=blsgamma(newprice,340*pad,0.08*pad,newtime,0.2*pad,0.04*pad);
color=blsprice(newprice,340*pad,0.08*pad,newtime,0.2*pad,0.04*pad);
surfc(price,time,Gamma,color)
xlabel('Price')
ylabel('Time')
zlabel('Gamma')
title('Gamma Change with Price&Time')
axis([0 400 1 12 -inf inf])
set(gca,'box','on');
colorbar
```

得到敏感性指标 Gamma 随时间、市场价格变动的三维曲面，如图 1-15-15 所示。

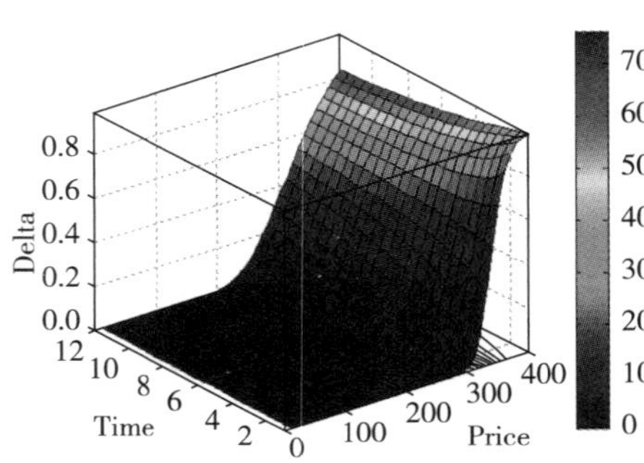

图 1-15-14　敏感性指标 Delta 随时间、市场价格变动的三维曲面

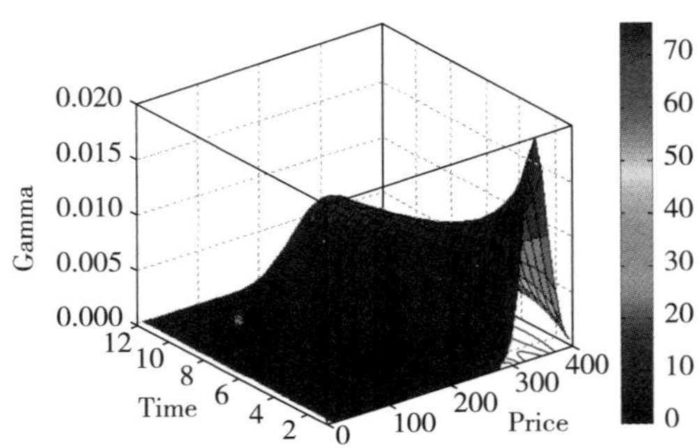

图 1-15-15　敏感性指标 Gamma 随时间、市场价格变动的三维曲面

(3) 输入程序代码：

```
clf
clear
price=10:10:400;
range=length(price);
time=1:0.5:12;
newtime=time(ones(range,1),:)'/12;
timerange=ones(length(time),1);
newprice=price(timerange,:);
pad=ones(size(newtime));
vega=blsvega(newprice,340*pad,0.08*pad,newtime,0.2*pad,0.04*pad);
color=blsprice(newprice,340*pad,0.08*pad,newtime,0.2*pad,0.04*pad);
surfc(price,time,vega,color)
xlabel('Price')
ylabel('Time')
zlabel('vega')
```

```
title('vega Change with Price&Time')
axis([0 400 1 12 -inf inf])
set(gca,'box','on');
colorbar
```

得到敏感性指标 Vega 随时间、市场价格变动的三维曲面，如图 1-15-16 所示。

(4) 输入程序代码:

```
clf
clear
price=10:10:400;
range=length(price);
time=1:0.5:12;
newtime=time(ones(range,1),:)'/12;
timerange=ones(length(time),1);
newprice=price(timerange,:);
pad=ones(size(newtime));
theta=blstheta(newprice,340*pad,0.08*pad,newtime,0.2*pad,0.04*pad);
color=blsprice(newprice,340*pad,0.08*pad,newtime,0.2*pad,0.04*pad);
surfc(price,time,theta,color)
xlabel('Price')
ylabel('Time')
zlabel('theta')
title('theta Change with Price&Time')
axis([0 400 1 12 -inf inf])
set(gca,'box','on');
colorbar
```

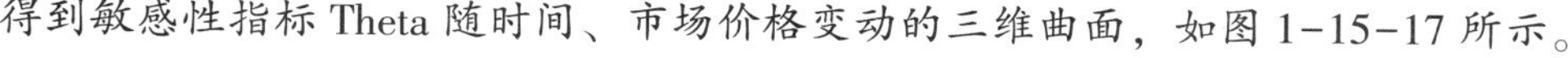
得到敏感性指标 Theta 随时间、市场价格变动的三维曲面，如图 1-15-17 所示。

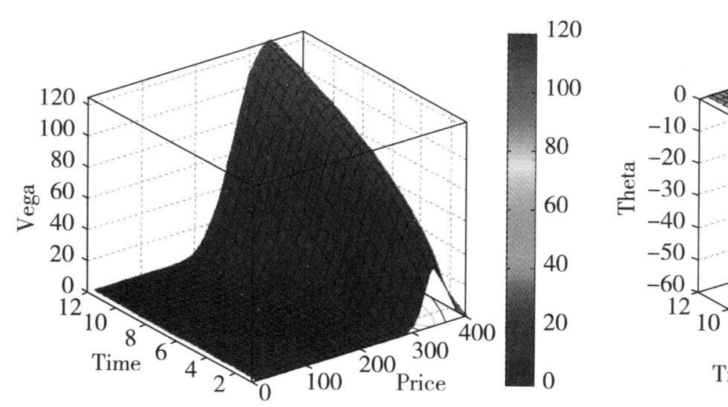

图 1-15-16　敏感性指标 Vega 随时间、市场价格变动的三维曲面

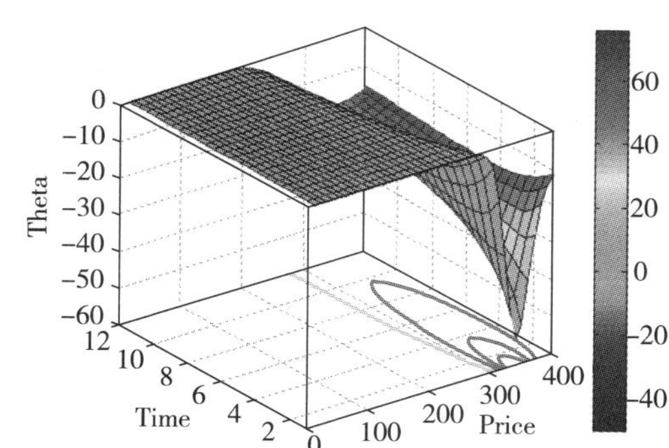

图 1-15-17　敏感性指标 Theta 随时间、市场价格变动的三维曲面

(5) 输入程序代码:

```
clf
clear
price=10:10:400;
range=length(price);
time=1:0.5:12;
newtime=time(ones(range,1),:)'/12;
timerange=ones(length(time),1);
newprice=price(timerange,:);
pad=ones(size(newtime));
rho=blsrho(newprice,340*pad,0.08*pad,newtime,0.2*pad,0.04*pad);
color=blsprice(newprice,340*pad,0.08*pad,newtime,0.2*pad,0.04*pad);
surfc(price,time,rho,color)
xlabel('Price')
ylabel('Time')
zlabel('rho')
title('rho Change with Price&Time')
axis([0 400 1 12 -inf inf])
set(gca,'box','on');
colorbar
```

得到敏感性指标 Rho 随时间、市场价格变动的三维曲面，如图 1-15-18 所示。

(6) 输入程序代码:

```
clf
clear
price=10:10:400;
range=length(price);
time=1:0.5:12;
newtime=time(ones(range,1),:)'/12;
timerange=ones(length(time),1);
newprice=price(timerange,:);
pad=ones(size(newtime));
lambda=blslambda(newprice,340*pad,0.08*pad,newtime,0.2*pad,0.04*pad);
color=blsprice(newprice,340*pad,0.08*pad,newtime,0.2*pad,0.04*pad);
surfc(price,time,lambda,color)
xlabel('Price')
ylabel('Time')
zlabel('lambda')
title('lambda Change with Price&Time')
```

```
axis([0 400 1 12 -inf inf])
set(gca,'box','on');
colorbar
```

得到敏感性指标 Lambda 随时间、市场价格变动的三维曲面，如图 1-15-19 所示。

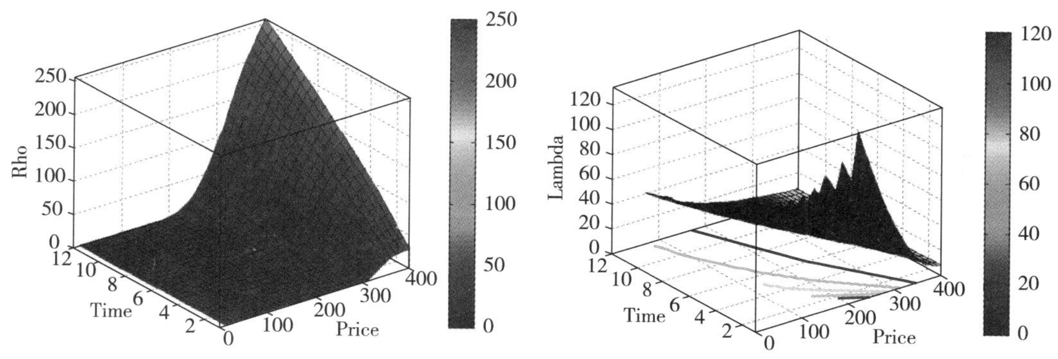

图 1-15-18　敏感性指标 Rho 随时间、市场价格变动的三维曲面

图 1-15-19　敏感性指标 Lambda 随时间、市场价格变动的三维曲面

五、实验小结

1. 本实验利用 MATLAB 强大的绘图功能对欧式看涨期权的敏感性指标进行了可视化处理，有益于实验者更深入地认识敏感性指标的含义。

2. 本实验针对 Black-Scholes-Merton 期权定价模型中看涨期权的敏感性指标进行了探讨，对于 Black-Scholes 模型只需取连续支付红利为 0 即可。

3. 本实验针对 Black-Scholes-Merton 期权定价模型中看涨期权的敏感性指标进行了探讨，对于看跌期权的敏感性指标可以进行类似的研究。

4. 本实验对三维曲面进行的四维处理方法适用于其他的四个及四个以上的多变量函数的绘图。

六、练习实验

1. 假设市场上某只有红利支付的股票现价为 164，无风险连续复利利率是 0.0521，股票波动率标准差为 0.2900，执行价格是 165，有效期为 0.4，连续红利支付率是 1%，绘制该股票欧式看涨期权敏感性指标随执行价格变动的二维曲线。

2. 设现在有一价值为 $ 380.00 的欧式股票指数期权，指数收益的标准差是 0.25，无风险利率是 9%，指数的连续红利支付率是 3%，该指数的有效期为 90 天，其欧式看涨期权和看跌期权的执行价格为 $ 370.00，绘制该股票欧式看涨期权敏感性指标随时间、执行价格变动的三维曲面。

下　篇

案例部分

案例一
对商业住房合理定价的预测

一、问题背景

房价问题一直备受关注，住房价格对调节居民的生活水平有重要的功能和作用。住房价格高，居民承受能力低，居住水平和居住质量会由此下降；反之，住房价格水平低，能增强居民的购房能力，相应提高居民的居住水平和居住质量，但房地产企业的利润就会受到影响，供给就会相应减弱。住房价格的高低成为关系到居民切身利益、国民经济和社会发展的重大经济问题和社会问题。受多方面因素的影响，目前房价一直处于持续上升的阶段，许多城市的房价出现了持续的快速上涨，特别是北京、上海、广州、深圳等一线城市的房价上涨更快，在楼市中出现了“坚硬”的泡沫。一方面，虚高的房价使购房者叫苦不迭，民众改善住房的消费难以实现；另一方面，泡沫若得不到挤压，最终将伤害整个房地产业的发展。所以，如何使得百姓买得起房、房地产商有钱可赚、国家的支柱性产业健康发展是一大难题，建立合理的房价预测模型就显得非常重要。合理的房价预测模型能够综合评定房价的合理值，对房价的设定有一定的建议作用，可以更好地促进经济发展。

二、问题陈述

根据国家统计局提供的数据，2002～2019 年呼和浩特市商品房的平均销售价格如表 2-1-1所示，根据已给数据建立模型，预测 2021 年的平均房价。

表 2-1-1　呼和浩特市 2002～2019 年商品房的平均销售价格

年份	平均房价（元/平方米）
2002	1498
2003	1552
2004	1647. 71
2005	2056. 79
2006	2367. 73
2007	2595. 99
2008	2731
2009	3887

续表

年份	平均房价（元/平方米）
2010	4105
2011	4367.46
2012	5445.14
2013	5233
2014	5474
2015	5193
2016	6425
2017	6510
2018	8345.54
2019	10042

由呼和浩特市统计局官网提供：http：//tjj.huhhot.gov.cn/tjyw/tjxx/202012/t20201223_826567.html 中的文件《1-11 月房地产开发投资运行情况良好》中的数据计算出 2020 年 1~11月的商品房平均销售价格的算术平均值为 11054.57，并以该值作为 2020 年的商品房平均销售价格。

（一）基本假设

（1）2021 年我国处于和平稳定状态，并且没有发生大的自然灾害。

（2）百姓的收入能够买得起房，房地产有利可图，是各自“满意”的条件。

（3）为便于讨论，设呼和浩特市近似为封闭的，即本地人都在本地买房，外地人不到本地买房，本地人也不到外地买房。

（二）符号说明

符号的意义如表 2-1-2 所示。

表 2-1-2　符号说明

符号	意义	单位
y	时间（以 2002 年为第 0 年）	年
p	平均房价	元/平方米
p_j	第 2002+j 年的平均房价（j=0，1，…，18）	元/平方米
$\hat{p}$	平均房价的估计值	元/平方米
$\hat{p}_i$	i=1，2 时分别表示按线性回归和曲线拟合两种情形平均房价的估计值	元/平方米
$\hat{p}_{i,j}$	i = 1，2 两种情形时第 2002+j 年的平均房价（j=0，1，…，18）的估计值	元/平方米
ε	真实房价与预测房价的误差	元
$\varepsilon_i(i = 1, 2)$	ε_1 为线性回归函数的误差，ε_2 为拟合函数误差	元

续表

符号	意义	单位
ε_{ik} ($i=1,2$)	ε_{1k}、ε_{2k} 分别表示线性回归函数及拟合函数在第 2002+k 年的平均房价与真实房价的误差（$k=0, 1, \cdots, 18$）	元

（三）问题分析

根据现有数据预测 2021 年的平均房价，可理解为找到时间和房价间的内在联系，即二者间的函数关系，可用曲线拟合的方法解决。

由提出的问题，可先根据所给数据进行多项式拟合。利用 MATLAB 中 polyfit 命令，对其进行线性拟合、二次、三次和四次多项式拟合。

其 Notebook 环境下的程序代码为：

```
clear all;
Y=0:2020-2002;                    % Y表示年份,以2002年为第0年,p为房价
P=[1498 1552 1647.71 2056.79 2367.73 2595.99 2731 3887 4105 4367.46
5445.14 5233 5474 5193 6425 6510 8345.54 10042 11054.57];
fJP1=polyfit(Y,P,1);              % 线性拟合
fJP2=polyfit(Y,P,2);              % 二次拟合
fJP3=polyfit(Y,P,3);              % 三次拟合
fJP4=polyfit(Y,P,4);              % 四次拟合
t=0:0.1:2020-2002;
JP1=zeros(size(t));               % 初始化
JP2=zeros(size(t));               % 初始化
JP3=zeros(size(t));               % 初始化
JP4=zeros(size(t));               % 初始化
JP1=polyval(fJP1,t);              % 多项式
JP2=polyval(fJP2,t);              % 多项式
JP3=polyval(fJP3,t);              % 多项式
JP4=polyval(fJP4,t);              % 多项式
plot(Y,P,'mp')
hold on
plot(t,JP1, '*')
plot(t,JP2, 'yh ')
plot(t,JP3, 'rd--');
plot(t,JP4,'c>')
legend('原始数据','线性拟合','二次拟合','三次拟合','四次拟合'2)
```

为便于比较，对上述代码稍作修改，把线性拟合、一次、二次、三次和四次拟合分别与原始数据进行对比，得到的运行结果如图 2-1-1 所示。

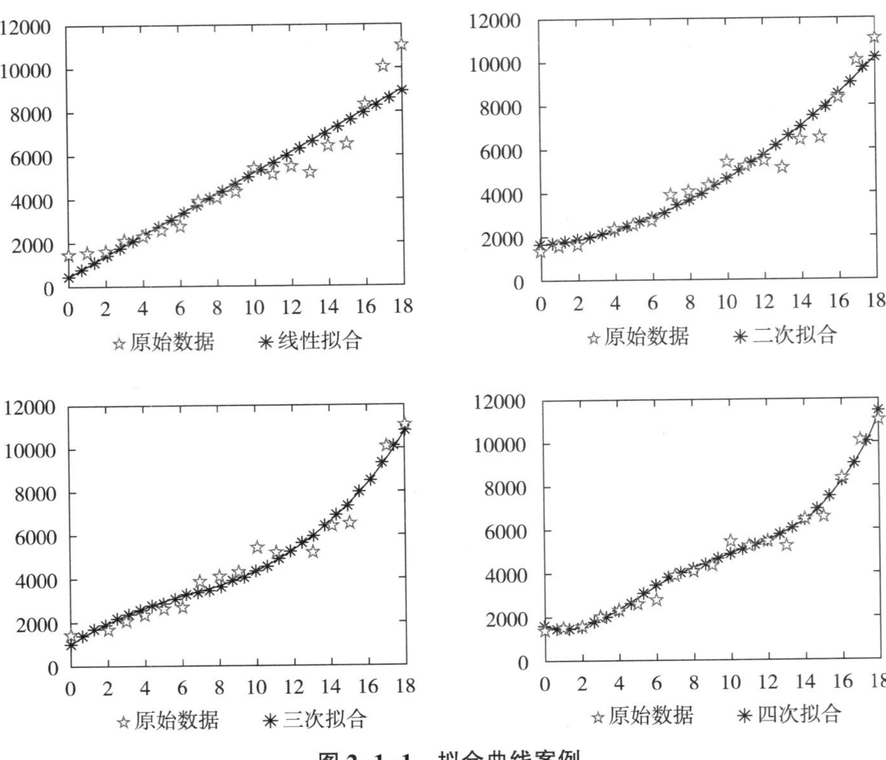

图 2-1-1　拟合曲线案例

由图 2-1-1 可知，四次拟合多项式拟合程度最好，可建立一个四次拟合函数和多元线性回归函数模型。

三、数学建模

下面要建立两个函数模型，其中 p 是房屋平均价格，y 是时间（年份），而 $\hat{p}$ 是由函数 $\hat{p}(y)$ 所确定的房屋平均价格 p 的估计值。经过测算，构造三次线性回归函数表示房价和时间（年份）的关系较为合理，故设：

$$\hat{p}_1(y) = b_0 + b_1 y + b_2 y^2 + b_3 y^2 \tag{16-1}$$

其中，b_0、b_1、b_2、b_3 是要求的未知参数。

四次拟合函数为：

$$\hat{p}_2(y) = a_0 + a_1 y + a_2 y^2 + a_3 y^3 + a_4 y^4 \tag{16-2}$$

其中，a_0、a_1、a_2、a_3、a_4 是要求的未知参数，它们满足使得 $E = \sum_{j=0}^{13} [\hat{p}_{i,j}(y) - p_{i,j}]^2$ 达到最小值，即为最小二乘的拟合值的系数。

四、模型求解

下面用两种方法进行求解：一种是多元函数的线性回归方法；另一种是四次线性拟

合，利用所给房价，求出待定系数，计算所求房价。下面简要介绍多元线性回归方法。经测算，若回归方程是四次多项式，会出现最高项系数为零的情况，故多元回归函数构造为三次多项式。

设 Y 和 P 是两个 19 维行向量，P_1 是一个 19×4 阶的矩阵，第一列的元素都为 1，第二列为 Y 的转置，第三列为 Y 的各个元素的平方组成的向量的转置，第四列为 Y 的各个元素的立方组成的向量的转置，待定参数可写为 $\beta=\begin{pmatrix}b_0\\b_1\\b_2\\b_3\end{pmatrix}$。则式（16-1）可写成矩阵的形式：

$$P'=P_1\beta \tag{16-3}$$

因此可以利用多元线性回归的方法，这需要进行回归系数的检验，估计回归系数的置信区间，以及进行预测与假设检验。重点用到 regress 函数，格式为：

```
[b,bint,r,rint,stats]=regeass(P',P1)
```

其中，b 返回 β 的估计值，bint 返回 β 的 95%的置信区间；r 为返回残差，rint 返回每一个残差的 95%的置信区间；stats 向量返回 R^2 统计量、回归的 F 值和 p=4 的值。

其 Notebook 环境下的程序代码如下：

```
clc,clear,close all
Y=0:2020-2002;                              % Y 表年份,以 2002 年为第 0 年,p 为房价
  P=[1498 1552 1647.71 2056.79 2367.73 2595.99 2731 3887 4105 4367.46
5445.14 5233 5474 5193 6425 6510 8345.54 10042 11054.57];
P1=zeros(length(P),4);                      % P1 表 19 × 4 的矩阵
P1(:,1)=1;                                  % P1 的第一列都为 1
P1(:,2)=Y';                                 % 第二列为 Y'
P1(:,3)=(Y.^2)';                            % 第三列为 Y 的平方的转置
P1(:,4)=(Y.^3)';                            % 第四列为 Y 的立方的转置
[b,bint,r,rint,stats]=regress(P',P1)        % 回归
plot(Y,P,'bo')                              % 画出所给初始数据
hold on
digits(8)                                   % 8 位有效数字
P4=b(4,1)* Y.^3+b(3,1)* Y.^2+b(2,1)* Y+b(1,1);
% 回归方法得到的多项式
plot(Y,P4,'r*')
a=polyfit(Y,P,4)                            % 四次拟合
Pn=a(1,1)*Y.^4+ a(1,2)*Y.^3+ a(1,3)*Y.^2+a(1,4)*Y+a(1,5);
 % 拟合得到的多项式
plot(Y,Pn,'gs');
legend('原始数据','四次拟合','线性回归',2)
```

运行结果如下:

```
b = 1.0e+03 *
   1.0188
   0.5510
  -0.0462
   0.0025
bint =
   1.0e+03 *
   0.1585    1.8790
   0.1256    0.9764
  -0.1020    0.0096
   0.0005    0.0046
r =
  479.2214
  25.9132
 -308.5369
 -267.7375
 -278.4673
 -340.5346
 -479.7781
  402.7737
  332.8623
  277.6791
  992.7155
  357.6631
  100.2133
 -770.0425
 -233.3727
 -965.0460
 -82.7908
  508.5042
  248.7606
rint =
   1.0e+03 *
  -0.2292    1.1877
  -0.9765    1.0283
  -1.3649    0.7478
  -1.3363    0.8009
```

```
    -1.3395     0.7826
    -1.3931     0.7121
    -1.5210     0.5614
    -0.6608     1.4664
    -0.7491     1.4148
    -0.8135     1.3689
     0.0529     1.9325
    -0.7112     1.4265
    -0.9751     1.1756
    -1.7454     0.2053
    -1.2980     0.8312
    -1.8921    -0.0380
    -1.1528     0.9872
    -0.4507     1.4677
    -0.4976     0.9951
  stats =
    1.0e+05 *
    0.0000      0.0016      0.0000
  2.8004
  a =
    1.0e+03 *
    0.0006    -0.0178      0.1856
-0.3210    1.6127
```

得到如下原始数据、线性回归曲线及四次拟合曲线（见图 2-1-2）。

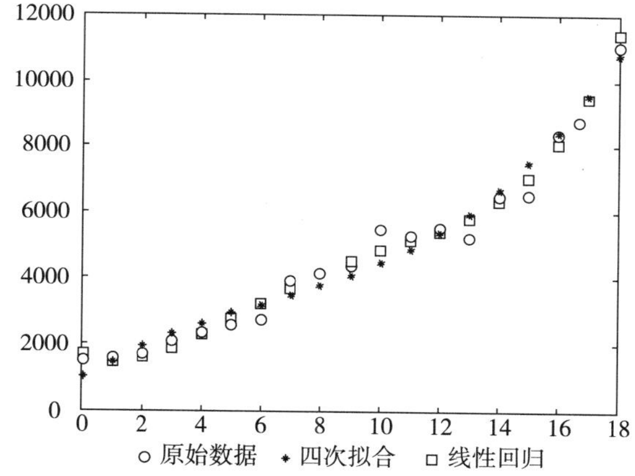

图 2-1-2 线性回归曲线与四次拟合曲线案例

由上面的结果整理可得表2-1-3，类似可得四次拟合函数参数的估计值及参数的置信区间，故这里不再赘述。

表 2-1-3 多元线性回归函数参数的估计值及参数的置信区间

参数	参数的估计值	参数的置信区间
b_0	1018.8	[158.5，1879]
b_1	551	[125.6，976.4]
b_2	-46.2	[-102，9.6]
b_3	-2.5	[-0.5，4.6]

按多元线性回归方法对房屋平均价格的预测函数可写为：

$$\hat{p}_1(y) = b_0 + b_1 y + b_2 y^2 + b_3 y^3 = 1018.8 + 551y - 46.2y^2 + 2.5y^3$$

将 $y = 2021 - 2002 = 19$ 代入可得 2021 年预测平均房价为 11957 元/平方米，并把 $y =$

20，21 代入可得 2022 年和 2023 年预测商品房平均房价分别为 13559 元/平方米和 15368 元/平方米。

根据计算结果，四次拟合函数可写为：

$$\hat{p}_2(y) = a_0 + a_1 y + a_2 y^2 + a_3 y^3 + a_4 y^4$$
$$= 1612.7 - 3217y + 185.6y^2 - 17.8y^3 + 0.6y^4$$

预测 2021 年、2022 年和 2023 年平均房价分别为 18018 元/平方米、23033 元/平方米和 28564 元/平方米。

五、结果分析

从程序运行结果可知，利用四次线性拟合与利用多元函数线性回归得到的数据不一致，现在对两种情况的结果分别进行验证和比较。

设房价与年份的函数关系为 $p=p(y)$，且设该函数与预测函数间的关系为：

$$p(y) = \hat{p}_i(y) + \varepsilon_i (i = 1,\ 2)$$

其中，$\varepsilon_i(i = 1,\ 2)$ 为误差。

若 $\varepsilon_i(i = 1,\ 2)$ 满足某个分布，则可以估计 2021 年房价的一个合适范围。下面根据真实房价和预测函数的估计值，先求出 2002~2020 年的误差。

由上面的条件，其 Notebook 环境下的程序代码如下：

```
E1=P-P4
E2=P-Pn
```

运行结果如下：

```
E1 =
   1~10 列
   479.2214   25.9132 -308.5369 -267.7375 -278.4673 -340.5346
-479.7781  402.7737  332.8623  277.6791
  11~19 列


  992.7155  357.6631  100.2133 -770.0425 -233.3727 -965.0460
  -82.7908  508.5042  248.7606
E2 =
   1~10 列
  -114.6841    91.9027    67.9914    171.8690     65.0663  -177.5017  -
520.5363  182.4852   -8.7304 -106.6127
   11~19 列
   651.1228   137.3746    59.4551  -607.0096    110.1609  -525.4395
293.7375  574.4937 -345.1449
```

保留两位小数，则 2002~2020 年房价的误差值如表 2-1-4 所示。

表 2-1-4　2002~2020 年房价的误差值 ε_i

y	0	1	2	3	4	5	6	7	8	9
ε_{1k}	479. 22	25. 91	-308. 54	-267. 74	-278. 47	-340. 53	-479. 78	402. 77	332. 86	277. 68
y	10	11	12	13	14	15	16	17	18	
ε_{1k}	992. 72	357. 66	100. 21	-770. 04	233. 37	-965. 05	-82. 79	508. 50	248. 76	
y	0	1	2	3	4	5	6	7	8	9
ε_{2k}	-114. 68	91. 90	67. 99	171. 87	65. 07	-177. 50	-520. 54	182. 49	-8. 73	-106. 61
y	10	11	12	13	14	15	16	17	18	
ε_{2k}	651. 12	137. 37	59. 46	-607. 01	110. 16	-525. 44	293. 74	574. 49	-345. 14	

假设 $\varepsilon_i(i=1,\ 2)$ 服从正态分布，即 $\varepsilon_i \sim N\ (\mu_i,\ \sigma_i^2)$，利用矩估计法来确定参数 $\hat{\mu}_i$ 和 $\hat{\sigma}_i^2$ 的值。则有：

$$\begin{cases} \hat{\mu}_i = \dfrac{1}{n}\sum\limits_{k=0}^{18} \varepsilon_{ik} \\ \hat{\mu}_i + \hat{\sigma}_i^2 = \dfrac{1}{n}\sum\limits_{k=0}^{18} \varepsilon_{ik}^2 \end{cases}$$

利用 MATLAB 解方程组，其 Notebook 环境下的程序代码如下：

```
E1=[479.22 25.91 -308.54 -267.74 -278.47 -340.53 -479.78 402.77 332.86 277.68 992.72  357.66 100.21 -770.04 -233.37 -965.05 -82.79 508.50 248.76];
E2=[-114.68 91.90 67.99 171.87 65.07 -177.50 -520.54 182.49 -8.73 -106.61 651.12 137.37 59.46 -607.01 110.16 -525.44 293.74 574.49 -345.14];
E12=E1.^2;
E22=E2.^2;
S1=0;U1=0; S2=0;U2=0;
fork=1:19                              % 求出误差的和及平方和
    S1=S1+E1(k); S2=S2+E2(k);
    U1=U1+E12(k); U2=U2+E22(k);
end
D1=sqrt(U1/19-S1);                     % 这里 n=18+1=19
D2=sqrt(U2/19-S2);                     % 这里 n=18+1=19
S1, D1,S2, D2
```

运行结果如下：

```
S1 =
   -0.0200
D1 =
  470.1922
S2 =
```

```
    0.0100
D2 =
  328.1283
```

故由上述运算结果可知，线性回归函数与原始数据的误差 ε_1 服从正态分布，即 $\varepsilon_1 \sim N(-0.02,\ 470.19^2)$，四次拟合函数与原始数据的误差 ε_2 也服从正态分布，即 $\varepsilon_2 \sim N(0.01,\ 328.13^2)$。由于 ε_1、ε_2 的数学期望 $\mu_2 \geqslant \mu_1$，故多元线性回归函数按当前的假设条件会精确些。利用下面的代码分别求出两种预测函数的误差的概率密度函数，ε_1、ε_2 的概率密度函数分别为：

$$f_1(x) = \frac{1}{\sqrt{2\pi}\sigma_1}e^{-\frac{(x-\mu_1)^2}{2\sigma_1^2}} = \frac{1}{\sqrt{2\pi}\cdot 280}e^{-\frac{(x+0.02)^2}{2(470.19)^2}}$$

$$f_2(x) = \frac{1}{\sqrt{2\pi}\sigma_2}e^{-\frac{(x-\mu_2)^2}{2\sigma_2^2}} = \frac{1}{\sqrt{2\pi}\cdot 274}e^{-\frac{(x-0.01)^2}{2(328.13)^2}}$$

其 Notebook 环境下的程序代码如下：

```
clc,clear,close all
M1=-0.2;M2=0.01;D1=470.19;D2=328.13;
x=-1500:1:2800;
y=zeros(length(x));
y1=exp(-1/(2*D1^2)*(x-M1).^2)/(D1*sqrt(2*pi));
y2=exp(-1/(2*D2^2)*(x-M2).^2)/(D2*sqrt(2*pi));
plot (x,y1)
hold on;
ylabel('概率密度');
title('房价误差的正态分布图')
plot (x,y2, 'r*')
legend('线性回归','四次拟合')
```

得到如图 2-1-3 所示的房价误差的正态分布图。

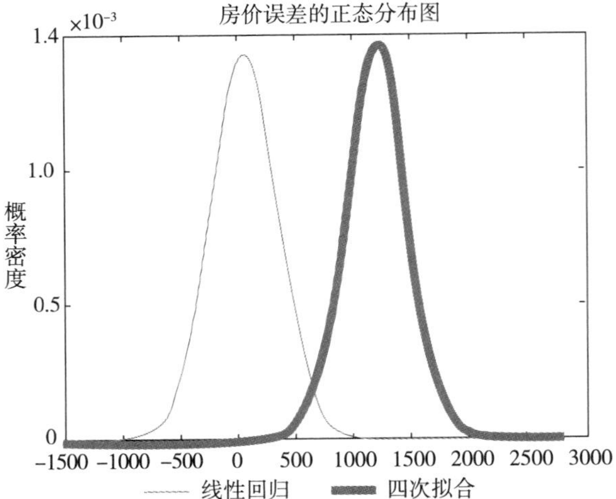

图 2-1-3　两种函数房价误差的正态分布图

为更可靠地预测房价，下面求 $\varepsilon_i(i=1,2)$ 的一个阈值 $\varepsilon'_i>0$，使得当 $|\varepsilon_i| \leqslant \varepsilon'_i$ 时，概率

$$P(|\varepsilon| \leqslant \varepsilon') \geqslant 0.7$$

则由正态分布的性质可知：

$$P(|\varepsilon_i| \geqslant \varepsilon'_i) = 1 - P(|\varepsilon_i| \leqslant \varepsilon'_i) = 2(1 - P(\varepsilon_i \leqslant \varepsilon'_i)) \leqslant 1 - 0.7 = 0.3$$

则按两种预测方式，分别有：

$$1 - P(\varepsilon_i \leqslant \varepsilon'_i) = 1 - P\left(\frac{\varepsilon_i - \mu_i}{\sigma_i} \leqslant \frac{\varepsilon'_i - \mu_i}{\sigma_i}\right) = 1 - \Phi\left(\frac{\varepsilon'_i - \mu_i}{\sigma_i}\right) = 0.15,$$

则 $\Phi\left(\frac{\varepsilon'_i - \mu_i}{\sigma_i}\right) = 0.85$，经查标准正态分布表可得 $\frac{\varepsilon'_i - \mu_i}{\sigma_i} = 1.04$，因此 ε_i 的阈值

$$\varepsilon'_i \approx 1.04 \times \sigma_i + \mu_i$$

分别代入 ε_1 和 ε_2，解得 ε_1 的阈值 $\varepsilon'_1 \approx 489$ 元，ε_2 的阈值 $\varepsilon'_2 \approx 342$ 元。由此可得结论：在70%的精确度下，2021 年的房价在多元线性回归函数情形下的房价在 13559±489 的范围之内，在四次多项式拟合函数情形下的房价在 18018±342 元的范围内。

六、小结

通过对前面利用数据拟合和多元函数线性回归两种方法，对 2021 年的房价进行了预测。

这两种方法的优点是整体计算比较简单、快捷；计算量较小；缺点是影响房价的因素有很多，而仅以年为自变量构造一元函数、以年为时间单位、直接估计 ε 满足的分布为正态分布，会使预测结果产生误差。

案例二
径向基神经网络预测地下水位

地下水位系统是一个高度复杂的非线性动力学过程。由于受到如降水量、蒸发量、开采量等各种因素的影响，地下水水位呈现出非平稳动态随机变化特征，与各影响因素之间存在复杂的非线性关系。而径向基神经网络（RBF）训练速度快，具有很强的非线性映射能力，能够实现较高精度的地下水位预测。

一、问题背景

地下水是存在于地表以下岩层或土层空隙中的各种不同形式的水的总称。它是一种宝贵的自然资源，为农业灌溉、工矿企业和人类生活用水的主要水源，世界上所有区域的可依赖水源。然而由于地下水资源的过度开发，加上越来越多的污染，导致地下水水位下降和含水层枯竭。这不仅加剧了供需矛盾，而且引起了如地面沉降、地面塌陷、海水入侵、矿区地质灾害等许多问题，严重威胁了供水和生态系统的可持续性。因此，水资源的可持续管理特别是地下水资源的可持续管理是目前以及今后很长一个时期急需解决的问题。

目前，地下水建模已成为一种强大的水资源管理工具。在过去几年里，基于数值模型的物理方法被应用于地下水系统的模拟和分析，但在实际应用中，该方法需要大量的观测材料和相关水温地质参数，而这些资料往往不能满足要求。在资料不完备的情况下，采用这种物理模型对地下水动态进行精确预测是很困难的。另外，随机模拟的方法也被广泛应用，即利用有限长度的时间序列，通过建立数学模型对地下水动态进行预测，但当含水系统的水动力条件发生变化时，建立的模型将不再适用。它对稳定观测序列的模拟是有效的，而无法适应非稳定变量的观测序列。

最近研究表明，人工神经网络（Artificial Neural Network，ANN），尤其是前馈网络可以成功地应用于水资源变量的模拟和预测。神经网络的主要优势之一是它能够模拟非线性系统，可以定量表示变量间复杂的函数关系。在水文地质应用中，人工神经网络已经分别应用于水文地质参数的刻画、砂质土壤水分特征曲线的预测及含水系统相关参数的估算。本例采用径向基神经网络完成地下水水位的预测。

二、问题陈述

表 2-2-1 是滦河某观测站 24 个月的地下水水位实测序列值以及影响地下水位的五个因素的实测值，这五个影响因素分别是河道流量、气温、饱和差、降水量和蒸发量。利用

已有的这些数据对该地的地下水位进行预测。

表 2-2-1　滦河某观测站 24 个月的地下水水位实测值

序号	河道流量（m^3/S）	气温（℃）	饱和差（hpa）	降水量（mm）	蒸发量（mm）	水位（m）
1	1.5	-10	1.2	1	1.2	6.92
2	1.8	-10	2	1	0.8	6.97
3	4	-2	2.5	6	2.4	6.84
4	13	10	5	30	4.4	6.5
5	5	17	9	18	6.3	5.75
6	9	22	10	113	6.6	5.54
7	10	23	8	29	5.6	6.63
8	9	21	6	74	4.6	5.62
9	7	15	5	21	2.3	5.96
10	9.5	8.5	5	15	3.5	6.3
11	5.5	0	6.2	14	2.4	6.8
12	12	-8.5	4.5	11	0.8	6.9
13	1.5	-11	2	1	1.3	6.7
14	3	-7	2.5	2	1.3	6.77
15	7	0	3	4	4.1	6.67
16	19	10	7	0	3.2	6.33
17	4.5	18	10	19	6.5	5.82
18	8	21.5	11	81	7.7	5.58
19	57	22	5.5	186	5.5	5.48
20	35	19	5	114	4.6	5.38
21	39	13	5	60	3.6	5.51
22	23	6	3	35	2.6	5.84
23	11	1	2	4	1.7	6.32
24	4.5	-7	1	6	1	6.56

三、数学建模

地下水水位与其影响因素之间存在复杂的非线性关系，为了实现高精度的预测，本案例利用径向基神经网络良好的模式分类和非线性函数拟合能力，建立径向基神经网络模型对地下水位进行预测。

径向基神经网络是一个三层的前向网络：第一层为输入层；第二层为隐含层；第三层为输出层。由于预测的值是地下水水位，输出的结果是一个标量，故输出层的神经元节点个数为 1。隐含层神经元个数需要通过经验和实验确定。输入神经元节点数与映射模型有关。本例选取影响水位深度的五个因素作为自变量，分别为河道流量、气温、饱和差、降水量和蒸发量，形成函数关系：

$$y=f\ (x_1,\ x_2,\ x_3,\ x_4,\ x_5) \tag{17-1}$$

其中，$x_1 \sim x_5$ 分别表示上述五个自变量，y 为水位深度值。

四、模型求解

利用径向基神经网络进行地下水水位预测的步骤：①定义样本；②划分训练和测试样本；③创建 RBF 网络；④测试；⑤得到预测结果。

这里从 24 组数据中随机选取 19 组作为训练样本，剩下的 5 组作为测试样本，以检测网络预测的准确性。利用神经网络工具箱（nntool）方便快捷地创建网络并得到预测结果。

针对给定问题，利用模型（17-1）进行 MATLAB 编程求解，其 Notebook 环境下的程序代码如下：

```
% 定义样本数据
clear
x1=[1.5,1.8,4,13,5,9,10,9,7,9.5,5.5,12,1.5,3,7,19,4.5,8,57,35,39,23,11,
4.5];
x2=[-10,-10,-2,10,17,22,23,21,15,8.5,0,-8.5,-11,-7,0,10,18,21.5,22,19,
13,6,1,-7];
x3=[1.2,2,2.5,5,9,10,8,6,5,5,6.2,4.5,2,2.5,3,7,10,11,
5.5,5,5,3,2,1];
x4=[1,1,6,30,18,113,29,74,21,15,14,11,1,2,4,0,19,81,186,114,60,35,
4,6];
x5=[1.2,0.8,2.4,4.4,6.3,6.6,5.6,4.6,2.3,3.5,2.4,0.8,1.3,1.3,4.1,3.2,6.5,
7.7,5.5,4.6,3.6,2.6,1.7,1];
y=[6.92,6.97,6.84,6.5,5.75,5.54,6.63,5.62,5.96,6.3,6.8,
6.9,6.7,6.77,6.67,6.33,5.82,5.58,5.48,5.38,5.51,5.84,
6.32,6.56];
x=[x1;x2;x3;x4;x5];% 定义了全部的自变量
% 随机选取 19 组数据作为训练数据,剩下 5 组为测试数据
k=rand(1,24);
[m,n]=sort(k);
input_train=x(:,n(1:19));% 训练输入数据
output_train=y(:,n(1:19));% 训练输出数据
intput_test=x(:,n(20:24));% 测试输入数据
output_test=y(:,n(20:24));% 测试期望输出数据
% 将训练输入、输出数据,测试输入数据归一化
[inputn,inputps]=mapminmax(input_train);
```

```
[outputn,outputps]=mapminmax(output_train);
inputn_test=mapminmax('apply',intput_test,inputps);
nntool % 打开神经网络工具箱,进入工具箱界面
```

单击“Import...”按钮，按照图 2-2-1、图 2-2-2、图 2-2-3 依次选归一化后的训练输入数据、输出数据和测试数据。

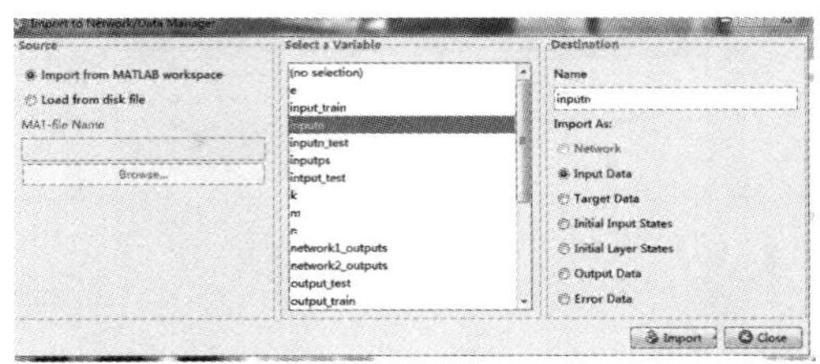

图 2-2-1　选择归一化的训练输入数据

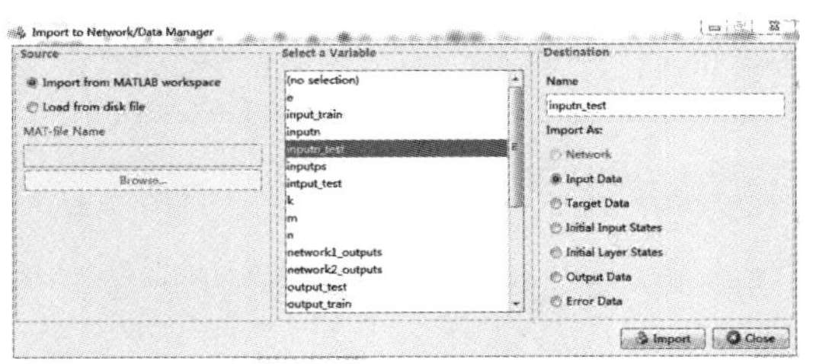

图 2-2-2　选择归一化的测试数据

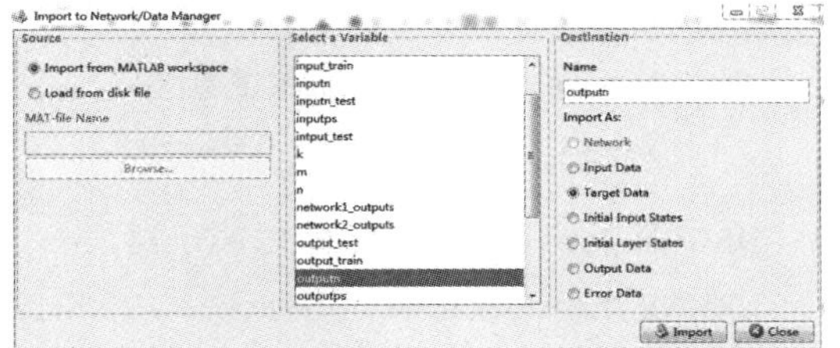

图 2-2-3　选择归一化的输出数据

回到神经网络工具箱界面（见图 2-2-4），单击“New...”按钮，进入创建网络 RBF 的界面 Create Network or Data 对话框（见图 2-2-5）。

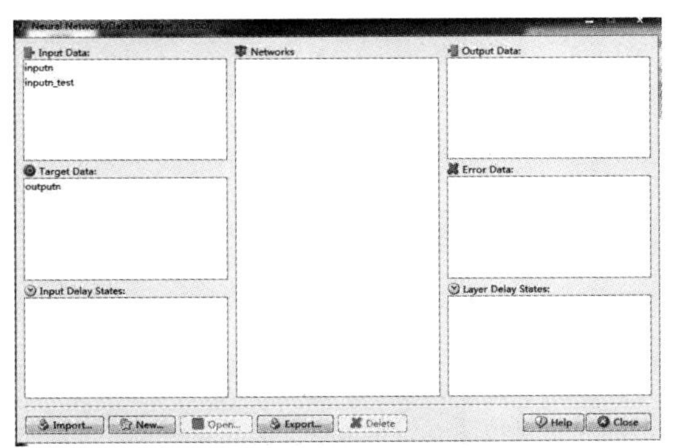

图 2-2-4　神经网络工具箱界面（1）

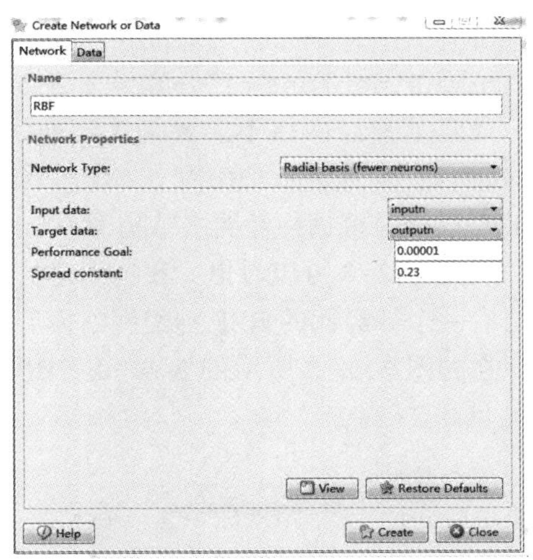

图 2-2-5　创建网络 RBF 的界面 Create Network or Data 对话框

值得注意的是，创建径向基神经网络时需要参数扩散因子 Spread constant，这个参数的选取需要根据实际经验或反复试验来确定。经过反复试验，这里选择 Spread constant 为 0.23。

按图 2-2-5 填好各选项后，单击“Create”按钮，创建 RBF 网络。图 2-2-6 表示系统逐个增加神经元，使训练误差逐渐减小，直到误差小于所设定的误差 10^{-5}。

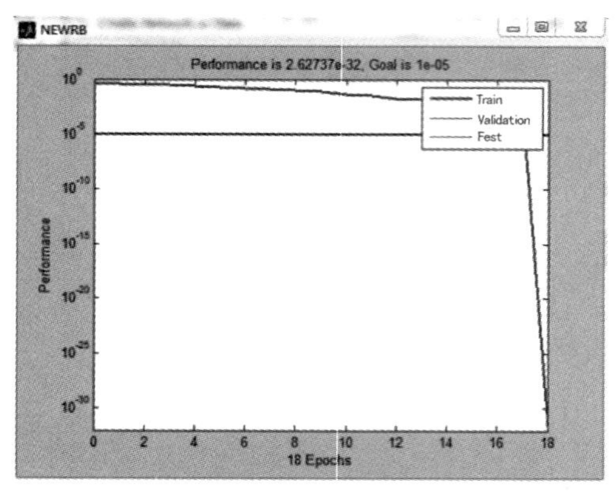

图 2-2-6　神经元个数和训练误差值

同时在命令窗口也显示实际添加神经元个数和训练误差值。从下面的结果中可见最终隐含层神经元个数为 18 个，误差可达到 10^{-5}：

```
NEWRB,neurons=0,MSE=0.518484
NEWRB,neurons=2,MSE=0.326369
NEWRB,neurons=3,MSE=0.285737
NEWRB,neurons=4,MSE=0.23994
NEWRB,neurons=5,MSE=0.198675
NEWRB,neurons=6,MSE=0.164329
NEWRB,neurons=7,MSE=0.125147
NEWRB,neurons=8,MSE=0.0669445
NEWRB,neurons=9,MSE=0.0518293
NEWRB,neurons=10,MSE=0.0425965
NEWRB,neurons=11,MSE=0.029772
NEWRB,neurons=12,MSE=0.00951074
NEWRB,neurons=13,MSE=0.00705757
NEWRB,neurons=14,MSE=0.00475625
NEWRB,neurons=15,MSE=0.00273996
NEWRB,neurons=16,MSE=0.000803585
NEWRB,neurons=17,MSE=0.000218273
NEWRB,neurons=18,MSE=2.23002e-32
```

径向基神经网络不需要训练，网络建立后就可直接预测。回到如图 2-2-7 所示的 nntool 对话框，选中“RBF”，单击“Open...”按钮，进入如图 2-2-8 所示的 Network：RBF 对话框，可见神经网络结构图。

从图 2-2-8 可以看出，我们创建的输入层有 5 个神经元、隐含层有 18 个神经元，输出层有一个神经元的 RBF 神经网络模型。

在如图 2-2-8 所示的 Network：RBF 对话框中单击“Simulate”按钮，进入预测对话框（见图 2-2-9）。

图 2-2-7　神经网络工具箱界面（2）

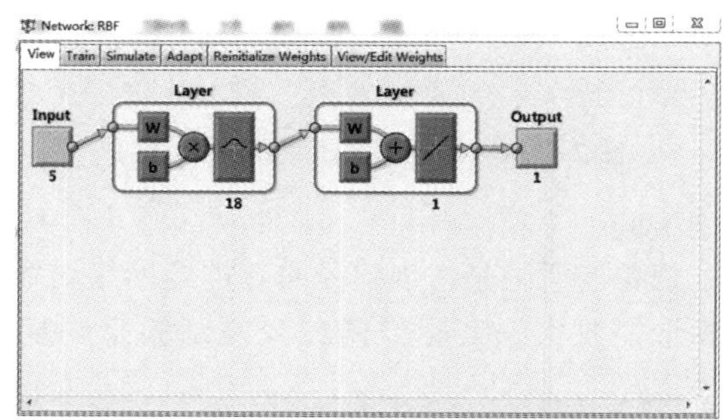

图 2-2-8　径向基神经网络结构图

单击如图 2-2-9 所示的“Simulate Network”按钮进行预测。得到预测值后再回到神经网络工具箱 nntool 界面，单击“Export...”按钮，出现如图 2-2-10 所示的对话框。在该对话框中选中“RBF_outputs”，单击“Export”按钮，将预测结果 RBF_outputs 传输回变量空间。

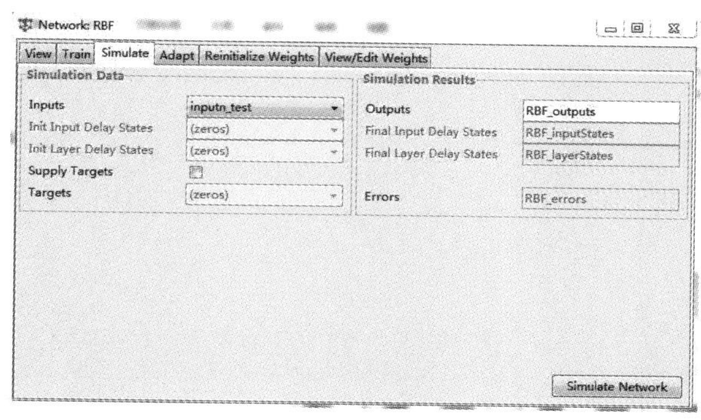

图 2-2-9　预测对话框

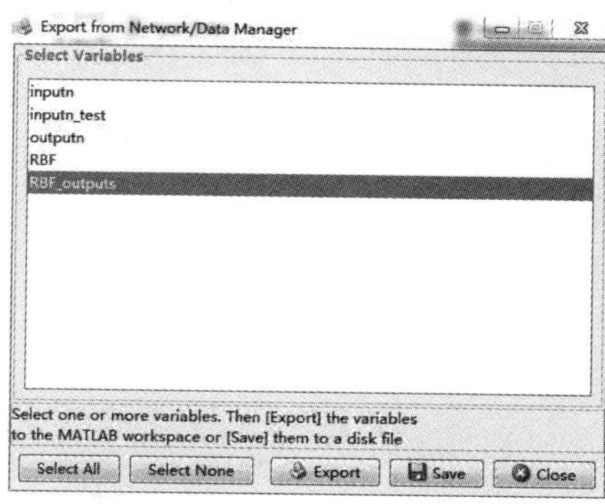

图 2-2-10　保存预测结果

输入程序代码：

```
% 将从 RBF 网络中得到的仿真数据反归一化
rbtesty=mapminmax('reverse',RBF_outputs,outputps);
% 给出期望输出和仿真预测输出的对比图形
figure(1)
plot(output_test,'bo')
hold on
plot(rbtesty,'r* ')
axis([1,5,0,8])
title('地下水预测结果')
legend('实际值','预测值')
```

得到如图 2-2-11 所示的地下水预测结果。

输入程序代码：

```
error=(output_test-rbtesty)./output_test% 显示误差
error=
  -0.0200  -0.0702    0.0579  -0.0477  -0.0021
figure(2)
plot(error,'bo-')
hold on
axis([1,5,-0.2,0.2])
title('地下水预测值和真实值之间的误差图形')
```

得到如图 2-2-12 所示的地下水预测误差。

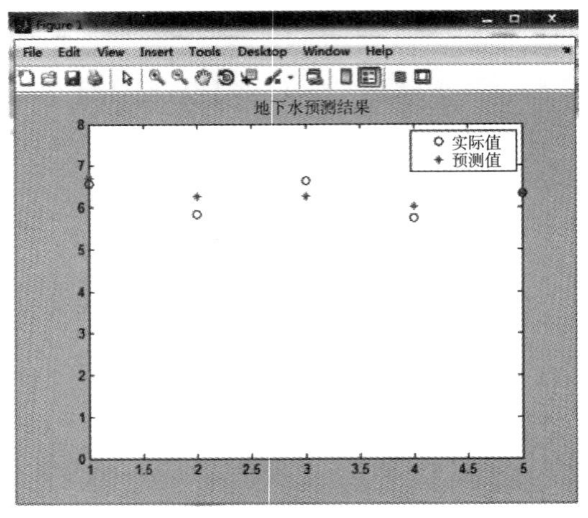

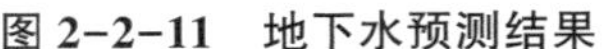
图 2-2-11　地下水预测结果

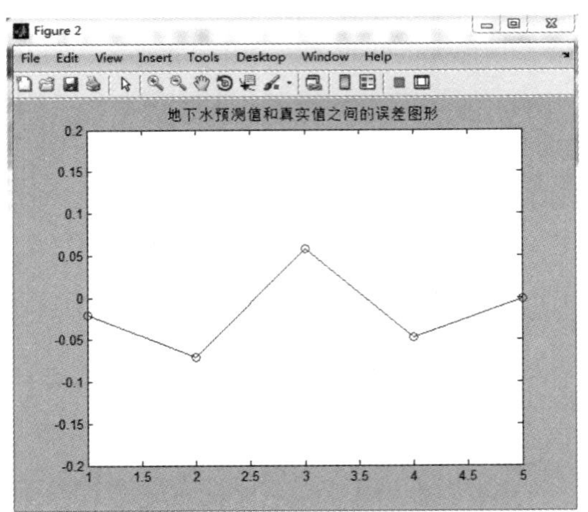

图 2-2-12　地下水预测误差

五、结果分析

从图 2-2-11 中可见，预测值和实际值非常接近，而且预测值与真实值的变化趋势完全一致。需要特别注意的是，由于训练数据和预测数据是在 24 组数据中随机选取的，所以读者得到的结论会与书中的实验结果不同，以自己的实验结果为准。

本例只有 24 组数据，样本数据较少，但也得到了相对较好的预测结果，如果采用的数据足够多，将会得到更好的预测结果。因此，径向基网络能够准确地预测出地下水水位的变化趋势。

六、小结

神经网络具有很强的非线性拟合能力，可以映射任意复杂的非线性关系，并且学习规则简单，便于计算机实现。RBF 网络是一种性能优良的前馈型神经网络，可以任意精度逼近非线性函数，具有全局逼近能力，这解决了 BP 网络的局部最优问题。而且拓扑结构紧凑，结构参数可以实现分离学习，收敛速度快。因此已被广泛应用于时间序列分析、模式识别、非线性控制和图形处理等领域。RBF 网络用于非线性系统建模最关键的问题是样本数据的选择，当数据不充分时，神经网络就无法很好地工作。

地下水位系统是一个高度复杂的非线性动力学过程，受到如降水量、蒸发量、开采量等各种因素的影响，其与各影响因素之间存在复杂的非线性关系，RBF 网络模型能迅速且较高精度地预测地下水位的趋势。

案例三
指 派 问 题

某工程有 n 项任务，需要 n 个人去完成，且每人只能负责一项任务。由于每个人的能力不同，完成每项任务用的时间、费用也不同。如何安排某人做某项任务使完成效率最高或总的时间最省（费用最小），这就是指派问题，它是 0-1 规划问题。

一、指派问题的数学模型

设第 i 个人去完成第 j 项任务所需的时间为 c_{ij}，以 c_{ij} 为元素构成的矩阵 C 称为效益矩阵。再设决策变量 x_{ij} 表示第 i 个人是否参与第 j 项任务，若参与则 $x_{ij}=1$，否则 $x_{ij}=0$。由 x_{ij} 为元素构成的矩阵 X 称为决策矩阵，则目标函数 z 为求极小：

$$\min z=\sum_{i=1}^{n}\sum_{j=1}^{n}c_{ij}x_{ij}$$

约束条件：$\sum_{i=1}^{n}x_{ij}=1\ (j=1,\ 2,\ \cdots,\ n)$　　%表示每人做一项任务

$\sum_{j=1}^{n}x_{ij}=1\ (i=1,\ 2,\ \cdots,\ n)$　　%表示每项任务有一人做

二、具体问题

设完成某一产品需四道工序，现由甲、乙、丙、丁四人去加工，加工所需时间如表 2-3-1所示。若每人只加工一种工序，问如何指派任务才能使总的加工工时最小？

表 2-3-1　四人加工四道工序所需的时间　　单位：小时

	工序 1	工序 2	工序 3	工序 4
甲	6	12	10	8
乙	18	7	16	10
丙	16	19	18	12
丁	10	20	17	9

三、模型求解

按照指派问题模型在 Notebook 中编写的 MATLAB 程序如下：

```
C=[6 12 10 8;18 7 16 10;16 19 18 12;10 20 17 9];% 效率矩阵 C
n=size(C,1);            % 计算 C 的行数
C=C(:);                 % 计算目标函数系数,将矩阵 C 按列排成一个列向量
A=[];                   % 没有不等式约束,不等式约束的系数矩阵赋值为空
b=[];                   % 没有不等式约束,不等式约束右端项赋值为空
% 下面生成等式约束的系数矩阵 Aeq
Aeq=zeros(2* n,n^2);
for ii=1:n
    for jj=(ii-1)* n+1:n* ii
        Aeq(ii,jj)=1;
    end
    for k=ii:n:n^2
        Aeq(n+ii,k)=1;
    end
end
beq=ones(2* n,1);   % 等式约束的右端项
lb=zeros(n^2,1);    % 决策变量下界
ub=ones(n^2,1);     % 决策变量上界
[x,fval]=bintprog(C,A,b,Aeq,beq,lb,ub)  % 使用 0-1 规划求解
x=reshape(x,n,n)    % 将列向量 x 按列排成一个 n 阶方阵
```

运行结果如下：

```
Warning: The given starting point x0 is not binary integer feasible;
it will be ignored.
{> In bintprog at 288}
Optimization terminated.
x=
     0
     0
     0
     1
     0
     1
     0
     0
```

```
       1
       0
       0
       0
       0
       0
       1
       0
fval =
       39
x =
       0      0      1      0
       0      1      0      0
       0      0      0      1
       1      0      0      0
```

由该运行结果可知，最优解为丁选择工序 1、乙选择工序 2、甲选择工序 3、丙选择工序 4，且总用时为 39 小时。

案例四
股票数据趋势分析及K线分析

一、问题背景

国家经济是由众多的经济主体支撑的，大多数企业的运营水平上升，就可以带动经济的上涨，反之经济增长速度就会放缓甚至衰退。股市由许多上市企业构成，集中体现经济水平，企业盈利或者倒退直接表现在股价的波动上，大部分企业快速增长，股价一定会逐步上涨，而大多数企业快速增长也正是经济上涨的信号。经济的增长或衰退具有滞后性，直接引起股价波动的则是上市公司的运营情况，因此，股市是可以在一定程度上提前反映出经济形势的。可以说，股市是经济的晴雨表。

“民以食为天，食以安为先”，伊利集团作为中国食品业的领导品牌和龙头企业，近年来取得了令人瞩目的成绩。其2008年成为北京奥运会独家乳制品赞助商；2010年成为上海世博会唯一乳制品指定供应商。2017年成为北京2022年冬奥会和冬残奥会官方唯一乳制品合作伙伴，成为全球唯一同时服务夏季奥运和冬季奥运的健康食品企业，成就了中国乳业新的里程碑。此外，在荷兰合作银行发布的2017年度“全球乳业20强”中，伊利集团蝉联亚洲乳业第一，位居全球乳业八强，连续第四次入围全球乳业前十，体现了伊利在亚洲乃至全球全方位的综合领先优势。2017年3月，伊利集团在新西兰奥克兰的大洋洲生产基地二期正式揭牌，该项目被认为是中新两国加强经贸合作的标志性项目，也因为采用“输出管理、输出标准、输出智慧”的模式，成为落实“一带一路”倡议的新典范。

本案例分别基于MATLAB与Word、Excel的两大集成环境Notebook、Exclink，以中国食品业领导品牌、亚洲乳业第一品牌的伊利集团为例对其股票数据的走势及K线进行分析。本案例能够帮助读者更好地了解和预判我国经济的发展动态及未来走向，有利于开拓读者运用数学知识及数学软件解决实际问题的方法和思路。

二、问题陈述

认知股市波动规律，是一个极具挑战性的世界级难题。迄今为止，尚没有任何一种理论和方法能够令人信服并且经得起时间检验。2013年，瑞典皇家科学院在授予罗伯特·席勒等该年度诺贝尔经济学奖时指出：几乎没什么方法能准确预测未来几天或几周股市债市的走向，但也许可以通过研究对三年以上的价格进行预测。

当前，从研究方式的特征和视角来划分，股票投资分析方法主要有如下三种：基本分析、技术分析、演化分析。

在技术分析的诸多工具中，K 线图是较常用、较直观的分析工具之一。

K 线图（Candlestick Charts）又称蜡烛图、日本线、阴阳线、棒线、红黑线等，常用说法是“K 线”。它是以每个分析周期的开盘价、最高价、最低价和收盘价绘制而成，具体如图 2-4-1 所示。

K 线图是技术分析的一种，最早是日本德川幕府时代大阪的米商用来记录一天、一周或一月中米价涨跌行情的图示法，后被引入股市。K 线图有直观、立体感强、携带信息量大的特点，蕴含着丰富的东方哲学思想，能充分显示股价趋势的强弱、买卖双方力量平衡的变化，预测后市走向较准确，是各类传播媒介、电脑实时分析系统应用较多的技术分析手段。通过 K 线图，人们能够把每日或某一周期的市况表现完全记录下来，股价经过一段时间的盘档后，在图上即形成一种特殊区域或形态，不同的形态有不同的含义，对这种特殊的市场语言进行深入分析便可从中摸索出一些有价值的规律。

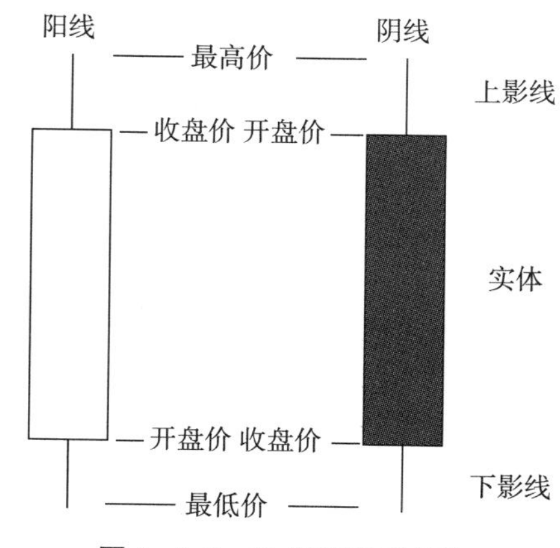

图 2-4-1　K 线图组成结构

三、数据准备

（一）Exclink 集成环境的创建

在进行数据分析之前，先创建一个 MATLAB 与 Excel 集成的环境 Exclink，以便于把 Excel 中整理好的数据表推送到 MATLAB 中进行后续的分析。

Exclink 的创建方法如下（本案例以 MATLAB R2017a 与 Excel 2016 的集成为例）：

第一步：打开 Excel 选项窗口（见图 2-4-2）。

第二步：添加加载项（见图 2-4-3）。

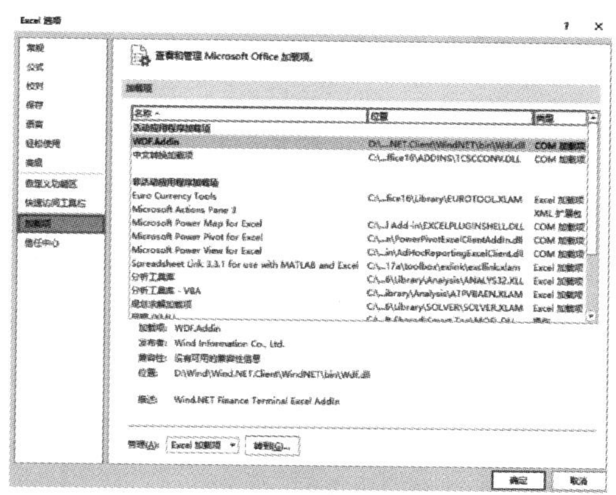

图 2-4-2　Excel 的选项窗口

图 2-4-3　Excel 中加载项窗口

第三步：查找集成文件（见图2-4-4）。

Program Files › MATLAB › R2017a › toolbox › exlink   搜索"exlink"

名称	修改日期	类型	大小
Contents.m	2017/2/16 19:26	M 文件	1 KB
excllink	2016/6/8 17:52	Microsoft Excel ...	109 KB
ExliSamp	2016/1/11 12:40	Microsoft Excel ...	67 KB
getfunctionhelp.m	2015/9/2 8:21	M 文件	2 KB
getfunctionlist.m	2015/9/2 8:21	M 文件	3 KB
getfunctionsignature.m	2015/9/2 8:21	M 文件	4 KB
info	2015/9/15 13:45	XML 文档	1 KB

图2-4-4　Excel宏文件查找

第四步：加载宏文件（见图2-4-5）。

第五步：启动具有MATLAB加载项的Excel窗口（见图2-4-6）。

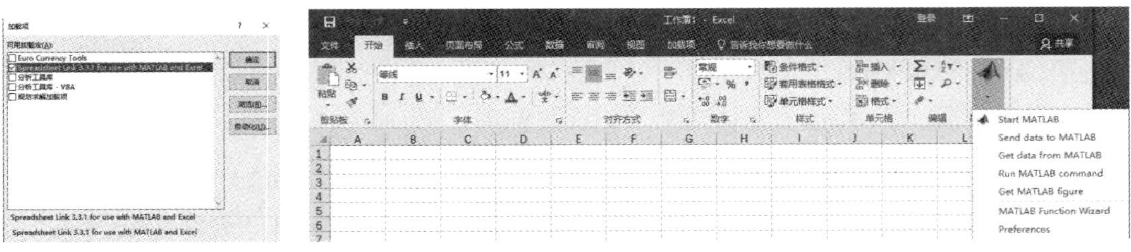

图2-4-5　选择加载宏　　　**图2-4-6　生成Exclink表格**

(二) 数据获取

囿于篇幅，本案例仅以伊利股份（600887. SH）2017年第三季度的历史交易数据为例。交易数据的获取有多种方法，获得商业数据库使用授权的高级用户可以从雅虎财经（http://finance. yahoo. com/）或Wind资讯（http://www. wind. com. cn/）进行数据的自动"抓取"；普通用户可以从国内的新浪财经（http://vip. stock. finance. sina. com. cn/mkt/）手动获取数据。本案例以后一种方法手动获取数据。

打开新浪财经伊利股份（600887. SH）历史交易数据页面（http://vip. stock. finance. sina. com. cn/corp/go. php/vMS_MarketHistory/stockid/600887. phtml? year = 2017&jidu = 3）获取伊利股份（600887. SH）2017年第三季度的历史交易数据如表2-4-1所示。

表2-4-1　伊利股份（600887. SH）2017年第三季度历史交易数据

日期	开盘价（元）	最高价（元）	收盘价（元）	最低价（元）	交易量（股）	交易金额（元）
2017-09-29	26. 800	27. 880	27. 500	26. 800	69454945	1911553914
2017-09-28	25. 410	26. 660	26. 400	25. 300	57290172	1498687982
2017-09-27	25. 530	25. 920	25. 440	25. 430	35209788	903313358
2017-09-26	25. 780	25. 890	25. 800	25. 280	35700824	915139180
2017-09-25	25. 330	25. 950	25. 790	25. 320	54060416	1389581508
2017-09-22	25. 010	25. 390	25. 320	24. 780	43205560	1086000622

续表

日期	开盘价（元）	最高价（元）	收盘价（元）	最低价（元）	交易量（股）	交易金额（元）
2017-09-21	25.000	25.400	25.190	24.710	45524555	1141632636
2017-09-20	24.400	25.050	24.840	24.400	53401712	1326043633
2017-09-19	24.490	24.530	24.360	24.180	31551257	767886905
2017-09-18	24.240	24.710	24.380	24.070	44117942	1080583203
2017-09-15	23.600	24.370	24.240	23.560	56834634	1370126483
2017-09-14	23.600	23.690	23.580	23.300	28321844	665842506
2017-09-13	23.580	23.700	23.560	23.310	27311931	642853815
2017-09-12	23.380	23.560	23.500	23.220	29687349	694645350
2017-09-11	23.690	23.720	23.240	23.220	52836164	1234408766
2017-09-08	23.510	23.700	23.680	23.360	26944660	634937015
2017-09-07	24.000	24.000	23.460	23.450	39074778	923989990
2017-09-06	24.120	24.220	24.000	23.820	35595350	852826451
2017-09-05	23.520	24.090	24.070	23.510	59348150	1418987570
2017-09-04	23.550	23.750	23.490	23.130	51415610	1200649470
2017-09-01	23.400	24.010	23.400	23.320	81720627	1935031640
2017-08-31	23.200	23.460	23.320	22.920	111871519	2599787510
2017-08-30	22.600	22.770	22.540	22.370	46457975	1049682788
2017-08-29	22.590	22.690	22.570	22.270	40716387	915497200
2017-08-28	22.950	23.200	22.550	22.320	93950227	2130890653
2017-08-25	22.690	22.900	22.870	22.570	34299787	780510432
2017-08-24	23.160	23.200	22.670	22.540	52218714	1185456701
2017-08-23	23.330	23.490	23.150	23.060	22187385	514577516
2017-08-22	23.110	23.340	23.270	23.040	32013616	742497353
2017-08-21	23.000	23.470	23.110	22.980	28882769	669136171
2017-08-18	22.800	23.020	22.990	22.760	32711775	748684677
2017-08-17	22.900	23.250	22.880	22.810	32845943	755095132
2017-08-16	23.000	23.060	22.810	22.640	34775160	794469057
2017-08-15	22.950	23.470	23.070	22.910	59546527	1379963915
2017-08-14	22.450	23.800	22.950	22.450	85919379	1990670310
2017-08-11	22.810	23.000	22.390	22.330	65785145	1490438752
2017-08-10	22.900	23.360	23.060	22.760	82492712	1901816475
2017-08-09	21.580	23.500	23.110	21.580	144371645	3278947336

续表

日期	开盘价（元）	最高价（元）	收盘价（元）	最低价（元）	交易量（股）	交易金额（元）
2017-08-08	21. 540	21. 740	21. 540	21. 300	55683382	1200667691
2017-08-07	20. 650	21. 650	21. 520	20. 550	65830148	1397343401
2017-08-04	21. 410	21. 480	20. 710	20. 680	53637944	1132492803
2017-08-03	21. 240	21. 480	21. 290	20. 970	61729532	1311019371
2017-08-02	20. 700	21. 270	21. 210	20. 660	79326380	1675119397
2017-08-01	20. 630	20. 830	20. 720	20. 300	41464060	856429966
2017-07-31	20. 520	20. 920	20. 630	20. 490	43660947	903716378
2017-07-28	20. 380	20. 650	20. 490	20. 310	26019846	533341046
2017-07-27	20. 630	20. 690	20. 380	20. 310	39489728	806509119
2017-07-26	21. 020	21. 140	20. 630	20. 320	65099446	1347068043
2017-07-25	21. 150	21. 360	21. 020	20. 960	44249772	937034782
2017-07-24	20. 700	21. 350	21. 190	20. 580	69091833	1455712526
2017-07-21	20. 670	20. 960	20. 740	20. 660	54143477	1126781499
2017-07-20	20. 450	20. 840	20. 730	20. 340	63613637	1308045245
2017-07-19	20. 330	20. 670	20. 460	20. 280	55130625	1128011893
2017-07-18	20. 710	20. 820	20. 440	20. 230	52189909	1072410327
2017-07-17	20. 900	21. 050	20. 810	20. 400	71105356	1477591808
2017-07-14	20. 510	20. 960	20. 900	20. 240	57134596	1179153792
2017-07-13	20. 790	20. 880	20. 530	20. 430	56190854	1160620997
2017-07-12	20. 890	21. 060	20. 840	20. 710	51054862	1066548513
2017-07-11	20. 420	21. 080	20. 890	20. 400	66061562	1375962488
2017-07-10	20. 370	20. 600	20. 510	20. 220	45906266	937857631
2017-07-07	20. 870	20. 920	20. 410	20. 330	65855702	1355555043
2017-07-06	21. 150	21. 150	20. 800	20. 660	58925591	1228150224
2017-07-05	20. 920	21. 150	21. 110	20. 740	60327581	1264583278
2017-07-04	21. 200	21. 220	20. 920	20. 820	54882881	1149989530
2017-07-03	21. 740	21. 780	21. 330	21. 210	56971200	1221699000

将以上数据复制粘贴到 Excel 并保存为 YLGF. xlsx，在 Exclink 集成环境下以 YLGF 命名并将其推送到 MATLAB（见图 2-4-7、图 2-4-8）。

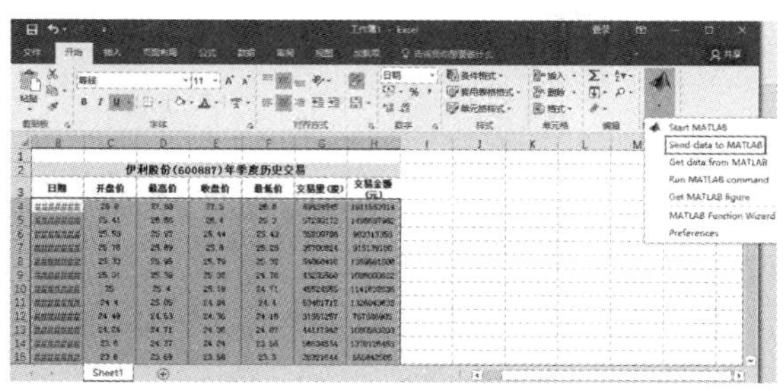
图 2-4-7　推送 Excel 数据表到 MATLAB

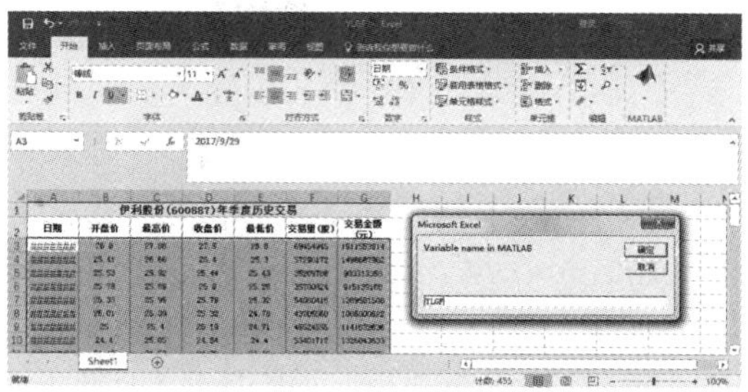
图 2-4-8　命名 MATLAB 接收变量

（三）数据预处理

由于获取的原始数据并非严格的时间序列数据，故需要对其进行预处理，主要包括原始数据的时序化、矩阵化，常用的命令及调用格式如表 2-4-2 所示。

表 2-4-2　股票数据预处理常用命令及调用格式

命令	调用格式	功能描述
fints	fints（dates，data）	以 dates 为时间，对 data 进行时序化
	fints（ data）	以 data 中默认列为时间，对 data 进行时序化
fts2mat	DATA=fts2mat（datas）	将时间序列数据转换为矩阵形式，不包含第一列时间数据
	DATA=fts2mat（datas，1）	将时间序列数据转换为矩阵形式，包含第一列时间数据

四、趋势分析

对从新浪财经手工抓取的伊利股份（600887. SH）2017 年第三季度的交易数据（四价两量）进行预处理后，可以分别在折线视图、子图视图下对其进行走势图描绘及分析。

（一）折线视图

可以用 MATLAB 单窗口多曲线的绘图方式以折线图描述四价（开盘价、收盘价、最高价、最低价）、两量（交易量、交易金额）的走势。

首先绘制伊利股份（600887. SH）2017 年第三季度四价（开盘价、收盘价、最高价、最低价）折线图，Notebook 环境下的程序代码如下：

```
clf
data=YLGF;
datas=fints(data);        % 创建时间序列数据
DATA=fts2mat(datas,1);  % 将时间序列数据 datas 转换为矩阵形式 DATA,包含第一列时间数据 Time;
Time=DATA(:,1);           % 交易日期
Open=DATA(:,2);           % 开盘价格
```

```
High=DATA(:,3);             % 最高价
Close=DATA(:,4);            % 收盘价
Low=DATA(:,5);              % 最低价
Volume=DATA(:,6);           % 交易量(股)
Value=DATA(:,7);            % 交易金额(元)
plot(DATA(:,2:5))
legend('开盘价','最高价','收盘价','最低价','Location','Best')
xlabel('交易期数'),ylabel('价格')
title('伊利股份交易价格折线图')
```

运行结果如图 2-4-9 所示。

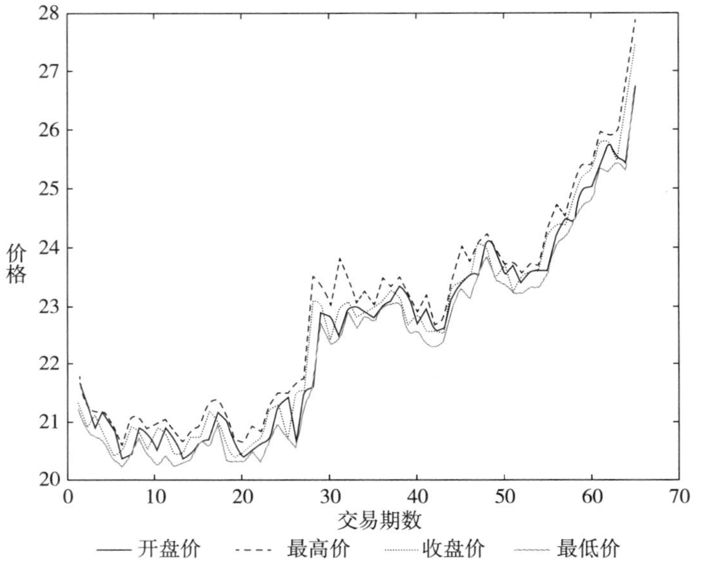

图 2-4-9 伊利股份交易价格折线图

从图 2-4-9 可以看出，伊利股份在 2017 年第三季度尤其是后两个月一路“高歌猛进”，涨幅累计达 40%。但后市如何？操作时机在哪里？仅从折线图上还难以确定。

其次绘制伊利股份（600887. SH）2017 年第三季度两量（交易量、交易金额）折线图，Notebook 环境下的程序代码如下：

```
clf
data=YLGF;
datas=fints(data);        % 创建时间序列数据
DATA=fts2mat(datas,1);% 将时间序列数据 datas 转换为矩阵形式 DATA,包含第
一列时间数据 Time;
Time=DATA(:,1);           % 交易日期
Open=DATA(:,2);           % 开盘价格
High=DATA(:,3);           % 最高价
```

```
Close=DATA(:,4);          % 收盘价
Low=DATA(:,5);            % 最低价
Volume=DATA(:,6);         % 交易量(股)
Value=DATA(:,7);          % 交易金额(元)
plot(DATA(:,6:7))
legend('交易量(股)','交易金额(元)','Location','Best')
xlabel('交易期数')
title('伊利股份交易量及交易金额折线图')
```

运行结果如图 2-4-10 所示。

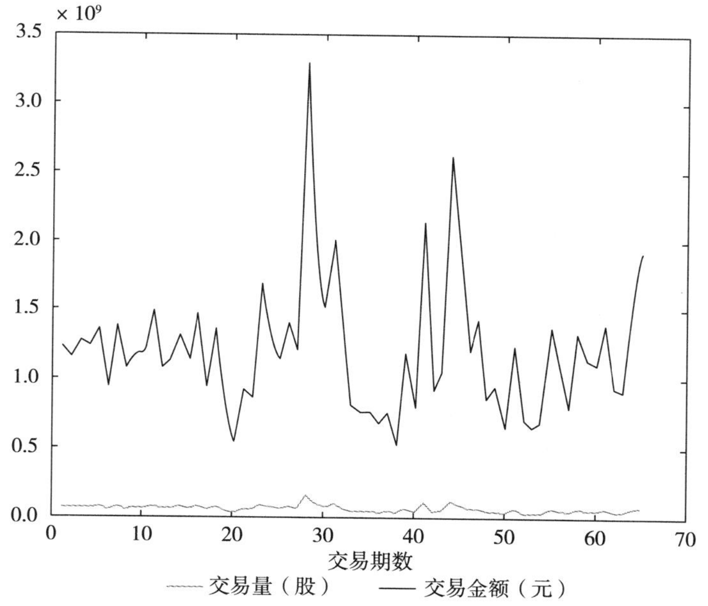

图 2-4-10 伊利股份交易量及交易金额折线图

从图 2-4-10 可以看出，伊利股份的交易金额在 2017 年第三季度一直维持在高位平稳运行，在 7 月末及 8 月下旬，有两次巨量资金的流入，有力地推动了后市的上扬。

（二）子图视图

图 2-4-9 所示的交易价格折线图虽然能反映股票价格的变化趋势，但四条线交织在一起，无法清晰地独立展示每个价格的变化趋势。图 2-4-10 所示的交易量及交易金额折线图虽较为清晰地反映了交易金额的变动，但却未能清晰体现交易量的变动，究其原因是因为交易量及交易金额差两个量级（交易规模分别为 10^7 与 10^9）。要避免以上不足，可以采用 MATLAB 的子图视图来分别展示伊利股份四价（开盘价、收盘价、最高价、最低价）、两量（交易量、交易金额）的变动。

下面进行伊利股份（600887. SH）2017 年第三季度四价（开盘价、收盘价、最高价、最低价）的子图绘图，Notebook 环境下的程序代码如下：

```
clf
data=YLGF;
datas=fints(data);         % 创建时间序列数据
DATA=fts2mat(datas,1);% 将时间序列数据 datas 转换为矩阵形式 DATA,包含第
一列时间数据 Time;
Time=DATA(:,1);            % 交易日期
Open=DATA(:,2);            % 开盘价格
High=DATA(:,3);            % 最高价
Close=DATA(:,4);           % 收盘价
Low=DATA(:,5);             % 最低价
Volume=DATA(:,6);          % 交易量(股)
Value=DATA(:,7);           % 交易金额(元)
subplot(2,2,1),plot(Open) ,xlabel('交易期数'),ylabel('开盘价格'),ti-
tle('伊利股份开盘价格走势图')
subplot(2,2,2),plot(Close),xlabel('交易期数'),ylabel('收盘价格'),
title('伊利股份收盘价格走势图')
subplot(2,2,3),plot(High),xlabel('交易期数'),ylabel('最高价'),title
('伊利股份最高价走势图')
subplot(2,2,4),plot(Low),xlabel('交易期数'),ylabel('最低价'),title
('伊利股份最低价走势图')
```

运行结果如图 2-4-11 所示。

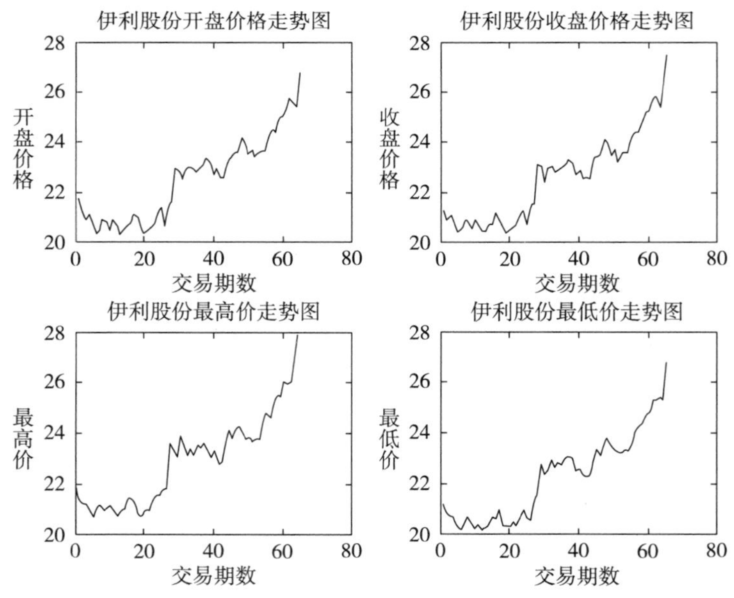

图 2-4-11　伊利股份交易价格走势

从图 2-4-11 可以看出，四价（开盘价、收盘价、最高价、最低价）具有极大的同步

耦合性，但就现有的图形展示还难以找到明确的操作信号。

接着进行伊利股份（600887.SH）2017 年第三季度两量（交易量、交易金额）的子图绘图，Notebook 环境下的程序代码如下：

```
data=YLGF;
datas=fints(data);     % 创建时间序列数据
DATA=fts2mat(datas,1);% 将时间序列数据 datas 转换为矩阵形式 DATA,包含第一列时间数据 Time;
Time=DATA(:,1);        % 交易日期
Open=DATA(:,2);        % 开盘价格
High=DATA(:,3);        % 最高价
Close=DATA(:,4);       % 收盘价
Low=DATA(:,5);         % 最低价
Volume=DATA(:,6);      % 交易量(股)
Value=DATA(:,7);       % 交易金额(元)
subplot(2,1,1),plot(Volume),xlabel('交易期数'),ylabel('交易量(股)'),title('伊利股份交易量走势图')
subplot(2,1,2),plot(Value),xlabel('交易期数'),ylabel('交易金额(元)'),title('伊利股份交易金额走势图')
```

运行结果如图 2-4-12 所示。

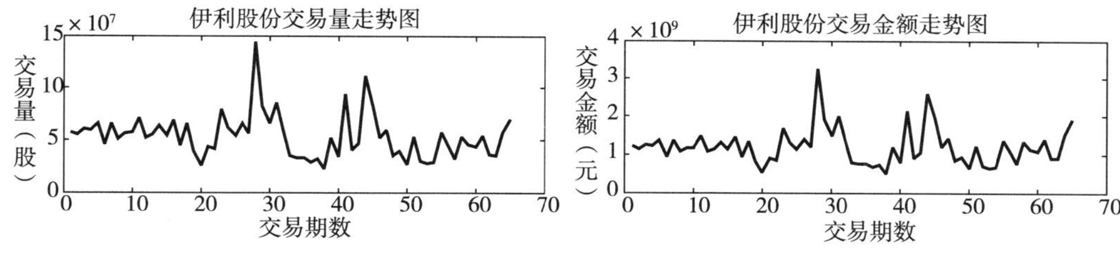

图 2-4-12　伊利股份交易量及交易金额走势

相比图 2-4-10，图 2-4-12 在不同数量级的独立的坐标体系下更加清晰地展示了两量（交易量、交易金额）的同步耦合性及差异性，但探究更加明确的操作信号还需引入多指标复合形态的 K 线图。

五、K 线分析

（一）内置 K 线工具视图

图 2-4-11 所示的交易价格走势虽然清晰、独立地展示了每个价格的变化趋势，但四价（开盘价、收盘价、最高价、最低价）叠加效果如何、交易价格所蕴藏的交易机会在哪里，从图上暂时还无法知晓。为了探索以上问题的答案，可以试着运用 MATLAB 自带的 K 线分析工具 candle 来实现，其调用格式如表 2-4-3 所示。

表 2-4-3　K 线分析工具 candle 常见的调用格式

命令	调用格式	功能描述
candle	candle（High，Low，Close，Open）	以默认格式绘制 K 线图
	candle（High，Low，Close，Open，RGB，Time）	以自定义阴线格式绘制 K 线图，其中 RGB 表示三基色颜色控制向量

下面分别以 candle 的两种调用格式绘制伊利股份（600887. SH）2017 年第三季度四价（开盘价、收盘价、最高价、最低价）的 K 线图。

1. 默认格式

Notebook 环境下的程序代码如下：

```
clf
data=YLGF;
datas=fints(data);         % 创建时间序列数据
DATA=fts2mat(datas,1);% 将时间序列数据 datas 转换为矩阵形式 DATA,包含第一列时间数据 Time;
Time=DATA(:,1);            % 交易日期
Open=DATA(:,2);            % 开盘价格
High=DATA(:,3);            % 最高价
Close=DATA(:,4);           % 收盘价
Low=DATA(:,5);             % 最低价
candle(High,Low,Close,Open)
title('伊利股份 K 线图')
```

运行结果如图 2-4-13 所示。

2. 自定义阴线格式 Notebook 环境下的程序代码

```
clf
data=YLGF;
datas=fints(data);         % 创建时间序列数据
DATA=fts2mat(datas,1);% 将时间序列数据 datas 转换为矩阵形式 DATA,包含第一列时间数据 Time;
Time=DATA(:,1);            % 交易日期
Open=DATA(:,2);            % 开盘价格
High=DATA(:,3);            % 最高价
Close=DATA(:,4);           % 收盘价
Low=DATA(:,5);             % 最低价
RGB=[0,0,0];               % 自定义阴线蜡烛体的颜色控制向量
candle(High,Low,Close,Open,RGB,Time)
title('伊利股份 K 线图')
```

运行结果如图 2-4-14 所示。

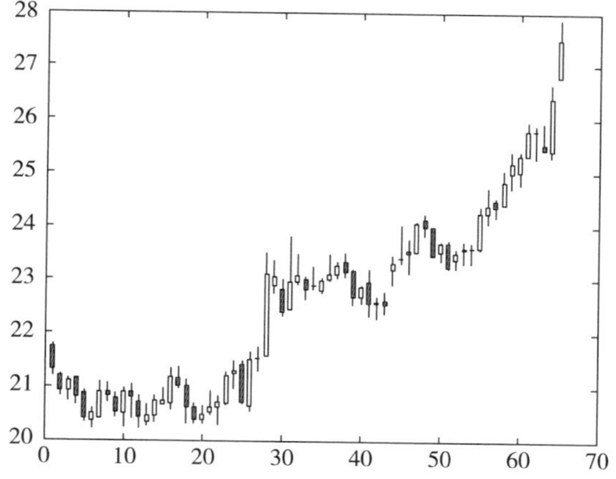

图 2-4-13　伊利股份 K 线图默认方式绘制

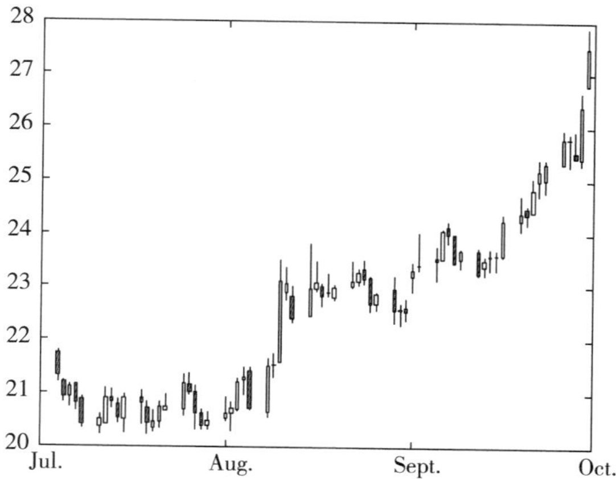

图 2-4-14　伊利股份 K 线图自定义颜色绘制

（二）自编 K 线工具视图

图 2-4-14 虽然实现了用自定义阴线颜色来绘制 K 线图，但却无法实现阳线及上下影线颜色的控制，如何用中国人喜欢的配色方案（红阳绿阴）绘制 K 线将是我们接下来要探讨的问题。

下面给出 K 线的自定义绘制函数 Kplot，建立 Kplot. m 文件，并将其置于 MATLAB 的默认路径如下：

```
function Kplot(varargin)
%% Kplot.m 引自李洋,郑志勇．量化投资:以 MATLAB 为工具
% function Kplot(O,H,L,C)
%            Kplot(O,H,L,C,date)
%            Kplot(O,H,L,C,date,colorUp,colorDown,colorLine)
%            Kplot(OHLC)
%            Kplot(OHLC,date)
%            Kplot(OHLC,date,colorUp,colorDown,colorLine)
%
% To use colors without a date,put '0'as date
%      i.e. Kplot(OHLC,0,'b','r','k');
%
% required inputs: column vectors of O(pen),H(igh),L(ow)
% and C(lose) prices of commodity.
% Alternative: OHLC matrix of size [rowsx4]
%
% optional inputs [default]:
% - date: serial date number (make with 'datenum') [no dates,index#]
% - colorUp: Color for up candle                ['w']
```

```
% - colorDown: Color for down candle              ['k']
% - colorLine: Color for lines                     ['k']
%
% Note: identical inputs as required for barChartPlot except for colors
% See if we have [OHLC] or seperate vectors and retrieve our
% required variables (Feel free to make this code more pretty ;-)
%%
isMat=size(varargin{1},2);
indexShift=0;
useDate=0;

if isMat== 4,
    O=varargin{1}(:,1);
    H=varargin{1}(:,2);
    L=varargin{1}(:,3);
    C=varargin{1}(:,4);
else
    O=varargin{1};
    H=varargin{2};
    L=varargin{3};
    C=varargin{4};
    indexShift=3;
end
if nargin+isMat < 7,
    colorDown='k';
    colorUp='w';
    colorLine='k';
else
    colorUp=varargin{3+indexShift};
    colorDown=varargin{4+indexShift};
    colorLine=varargin{5+indexShift};
end
if nargin+isMat < 6,
   date=(1:length(O))';
else
    if varargin{2+indexShift} ~= 0
          date=varargin{2+indexShift};
          useDate=1;
```

```
        else
            date=(1:length(O))';
        end
    end
    % w=Width of body,change multiplier to draw body thicker or thinner
    % the 'min'ensures no errors on weekends ('time gap Fri. Mon.'> wanted
    % spacing)
    w=.3* min([(date(2)-date(1)) (date(3)-date(2))]);
    %%%%%%%%%%% Find up and down days%%%%%%%%%%%%%%%%
    d=C-O;
    l=length(d);
    holdon
    %%%%%%%% draw line from Low to High%%%%%%%%%%%%%%%%
    for i=1:l
        line([date(i) date(i)],[L(i) H(i)],'Color',colorLine)
    end
    %%%%%%%%% draw white (or user defined) body (down day)%%%%%%%
    n=find(d<0);
    for i=1:length(n)
        x=[date(n(i))-w date(n(i))-w date(n(i))+w date(n(i))+w date
(n(i))-w];
        y=[O(n(i)) C(n(i)) C(n(i)) O(n(i)) O(n(i))];
        fill(x,y,colorDown)
    end
    %%%%%%% draw black (or user defined) body(up day)%%%%%%%%%%%%
    n=find(d>=0);
    for i=1:length(n)
        x=[date(n(i))-w date(n(i))-w date(n(i))+w date(n(i))+w date(n
(i))-w];
        y=[O(n(i)) C(n(i)) C(n(i)) O(n(i)) O(n(i))];
        fill(x,y,colorUp)
    end
    if (nargin+isMat > 5) && useDate,
    %       tlabel('x');
        dynamicDateTicks
    end
    %%%%%%%%%%%%%%%%%%%%%%%%%%%%%%%%%%%%%%%
    hold off
```

Kplot 常见的调用格式如表 2-4-4 所示。

表 2-4-4　自编 K 线工具 Kplot 常见调用格式

命令	调用格式	功能描述
Kplot	Kplot（O，H，L，C）	以价格向量形式绘制 K 线图
	Kplot（O，H，L，C，date）	以价格向量形式绘制 K 线图，有日期轴
	Kplot（O，H，L，C，date，colorUp，colorDown，colorLine）	以价格向量形式、颜色自定义格式绘制 K 线图，有日期轴
	Kplot（OHLC）	以价格矩阵形式绘制 K 线图
	Kplot（OHLC，date）	以价格矩阵形式绘制 K 线图，有日期轴
	Kplot（OHLC，date，colorUp，colorDown，colorLine）	以价格矩阵形式、颜色自定义格式绘制 K 线图，有日期轴

下面以中国人喜欢的配色方案（红阳绿阴）运用自编函数 Kplot 分别绘制 K 线图、交易量同步显示的 K 线图、交易量及交易金额同步显示的 K 线图。

（1）自定义颜色 K 线图。

Notebook 环境下的程序代码如下：

```
% 自定义颜色 K 线图
clf
data=YLGF;
datas=fints(data);            % 创建时间序列数据
    DATA=fts2mat(datas,1);% 将时间序列数据 datas 转换为矩阵形式 DATA,
包含第一列时间数据 Time;
scrsz=get(0,'ScreenSize');
figure('Position',[scrsz(3)*1/4 scrsz(4)*1/6 scrsz(3)*4/5 scrsz
(4)]*3/4);
O=DATA(:,2);                  % 开盘价格
H=DATA(:,3);                  % 最高价
C=DATA(:,4);                  % 收盘价
L=DATA(:,5);                  % 最低价
OHCL=DATA(:,2:5);
Kplot(O,H,L,C,0,'r','g','k');
xlim([1,length(OHCL)]);
title('伊利股份 K 线图','FontWeight','Bold','FontSize',15);
```

运行结果如图 2-4-15 所示。

（2）交易量同步显示的 K 线图。

Notebook 环境下的程序代码如下：

```
% 交易量同步显示的 K 线图
```

```
clf
data=YLGF;
datas=fints(data);        % 创建时间序列数据
DATA=fts2mat(datas,1);  % 将时间序列数据 datas 转换为矩阵形式 DATA,包含第一列时间数据 Time;
scrsz=get(0,'ScreenSize');
figure('Position',[scrsz(3)*1/4 scrsz(4)*1/6 scrsz(3)*4/5 scrsz(4)]*3/4);
O=DATA(:,2);            % 开盘价格
H=DATA(:,3);            % 最高价
C=DATA(:,4);            % 收盘价
L=DATA(:,5);            % 最低价
OHCL=DATA(:,2:5);
subplot(3,1,[1 2]);
Kplot(O,H,L,C,0,'r','g','k');
xlim([1,length(OHCL)]);
title('伊利股份 K 线图','FontWeight','Bold','FontSize',15);
% 交易量的同步显示
subplot(313);
bar( DATA(:,6) );
xlim([1,length(OHCL)]);
title('交易量(股)','FontWeight','Bold','FontSize',15);
```

运行结果如图 2-4-16 所示。

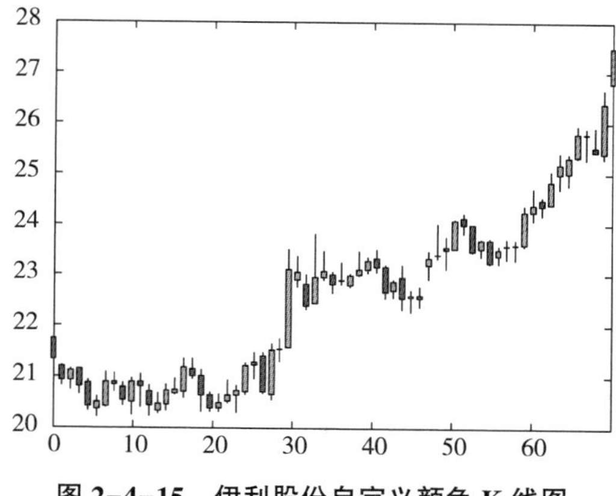

图 2-4-15 伊利股份自定义颜色 K 线图

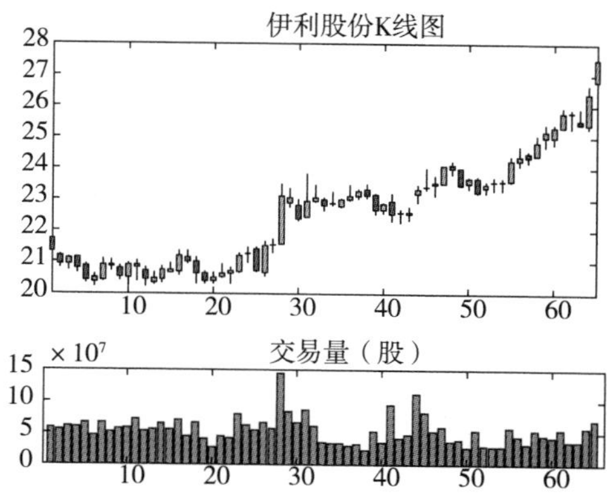

图 2-4-16 伊利股份 K 线及交易量同步展示图

（3）交易量及交易金额同步显示的 K 线图。

Notebook 环境下的程序代码如下：

```
% 交易量及交易金额同步显示的 K 线图
```

```
clf
data=YLGF;
datas=fints(data);          % 创建时间序列数据
DATA=fts2mat(datas,1);
% 将时间序列数据 datas 转换为矩阵形式 DATA,包含第一列时间数据 Time;
O=DATA(:,2);                % 开盘价格
H=DATA(:,3);                % 最高价
C=DATA(:,4);                % 收盘价
L=DATA(:,5);                % 最低价
OHCL=DATA(:,2:5);
scrsz=get(0,'ScreenSize');
figure('Position',[scrsz(3)*1/4 scrsz(4)*1/6 scrsz(3)*4/5 scrsz(4)]*3/4);
subplot(4,1,[1 2]);
Kplot(O,H,L,C,0,'r','g','k');
xlim([1,length(OHCL)]);
title('伊利股份 K 线图','FontWeight','Bold','FontSize',15);
% 交易量同步显示
subplot(413);
bar( DATA(:,6) );
xlim([1,length(OHCL)]);
title('交易量(股)','FontWeight','Bold','FontSize',15);
% 交易金额同步显示
subplot(414);
bar( DATA(:,7) );
xlim([1,length( OHCL)]);
title('交易金额(元)','FontWeight','Bold','FontSize',15);
```

运行结果如图 2-4-17 所示。

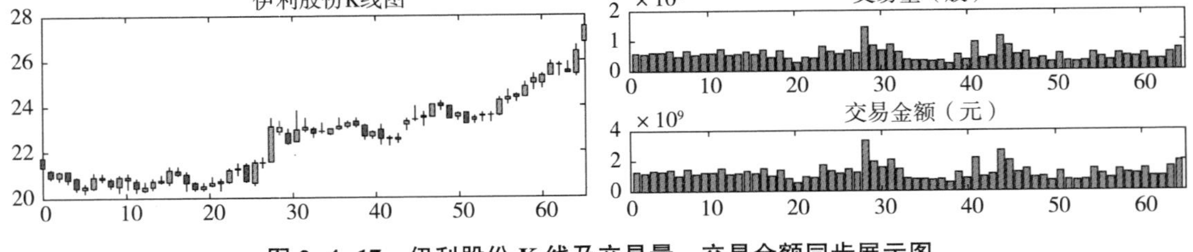

图 2-4-17　伊利股份 K 线及交易量、交易金额同步展示图

（三）K 线解析

图 2-4-15 中包含了多种 K 线形态，仅对其中两种适合买入形态的 K 线做初步介绍。

1. **大阳线**

如图 2-4-18 中圆圈标记的方框，即大阳线。出现大阳线，说明当前市场看涨意味相对浓厚，后市走多的概率较大，适合加仓或买入。

2. **仙人指路**

如图 2-4-19 中圆圈标记的 K 线，即为“仙人指路”。仙人指路形态通常出现在阶段性底部中期、拉升阶段的初期和中期，以一根带长上影小阴阳 K 线报收，该形态出现后股市走多的概率较大，适合加仓或买入。

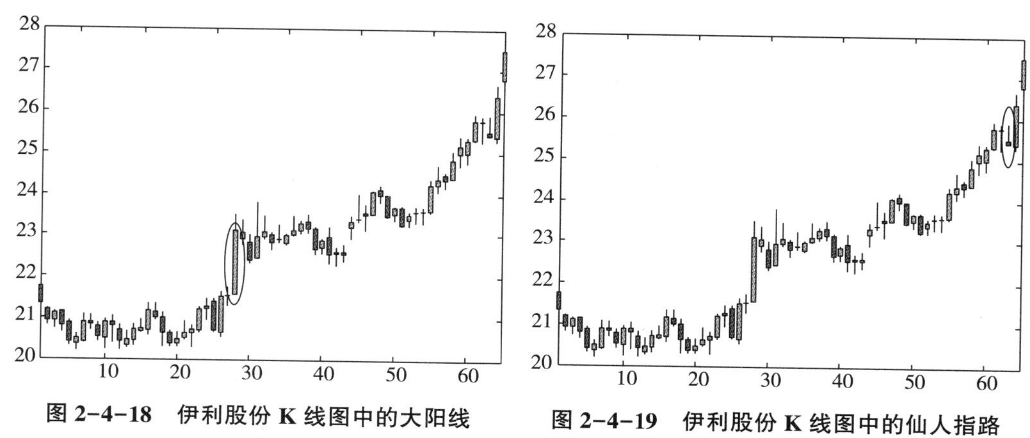

图 2-4-18 伊利股份 K 线图中的大阳线　　**图 2-4-19 伊利股份 K 线图中的仙人指路**

更多经典 K 线解析详见《K 线买入时机的 12 种形态》（https：//wenku. baidu. com/view/c812afccda38376baf1fae76. html）。

六、小结

本案例借助 MATLAB 强大的绘图功能，实现了对伊利股份（600887. SH）2017 年第三季度股票交易数据的趋势线及 K 线的可视化分析，拓宽了读者运用数学知识及数学软件解决实际问题的方法和思路。但囿于篇幅及手工获取的数据，没能在更大时间范围内进行深入的探讨，这将在以后的研究中逐步完善。

案例五
股票数据的指数平滑移动平均线(MACD)分析

一、问题背景

银行在国民经济发展中发挥着巨大作用，为经济建设筹集和分配资金，是再生产顺利进行的纽带。银行能够掌握和反映社会经济活动的信息，为企业和国家作出正确的经济决策提供必要的依据。银行可以通过调节贷款利率和存款利率，调节货币供应量，实现国家宏观调控，有利于国民经济持续平稳健康发展。

中国工商银行（ICBC）是为数不多入围世界五百强的中国企业。中国工商银行拥有每年约向全球 532 万公司客户和 4.96 亿个人客户提供金融产品和服务。2016 年 6 月 22 日，由世界品牌实验室（World Brand Lab）主办的“世界品牌大会”在北京举行，会上发布了《中国 500 最具价值品牌》分析报告，中国工商银行排名第 3 位。2016 年 8 月，中国工商银行在 2016 年中国企业 500 强中排名第 4 位。2017 年 2 月，Brand Finance 发布 2017 年度全球 500 强品牌榜单，中国工商银行排名第 10 位。2017 年 7 月 31 日《财富》发布中国 500 强排行榜，中国工商银行排名第 7 位。其曾连续三年位列《银行家》全球 1000 家大银行和美国《福布斯》全球企业 2000 强榜首。

本案例分别基于 MATLAB 与 Word、Excel 的两大集成环境 Notebook、Exclink，以中国工商银行为例进行其股票数据的指数移动平均线（EMA）、指数平滑移动平均线（MACD）的绘制与分析，进而探寻其买入及卖出的最佳时机。本案例能够帮助读者更好地理解和熟悉基本的量化投资理论，有利于开拓读者运用数学知识及数学软件解决实际问题的方法和思路。

二、问题陈述

在技术分析中，市场成本原理非常重要。成本是趋势产生的基础，市场中的趋势之所以能够维持，是因为市场成本的推动力。在上升趋势里，市场的成本是逐渐上升的；在下降趋势里，市场的成本是逐渐下移的。成本的变化导致了趋势的延续。均线代表了一定时期内市场平均成本的变化，是重要的技术分析基础。

均线是技术指标分析的一种常用工具，被技术分析者广泛采用。5—10 均线变化较快，常用的就是 5—10—20—30 均线，期货价格变化较快，用 60 以上的均线较滞后。均线在什么条件下价格会单边快速大幅暴涨，条件是 1 分—5—10—15—30—60—日—周—月均线都是多头排列，其他影响暴涨因素除外。反之单边暴跌一样。

著名的“10线均线理论”明确指出，股价运行在5日、10日移动平均线之上，且5日、10日均线向上（至少走平）就是健康的，最低也一定要运行在20日移动平均线之上。股价跌破10日均线时，需要小心警惕；如果股价跌破10日均线，或10日均线走平甚至是拐头向下（有时均线死叉）则是（短线波段或有可能是中线）行情变坏的标志，建议短线出局。如果3日内股价不能收在10日均线之上，要十分小心，其是否是准确的卖出信号，要同时结合其他分析条件来分析，决定是否卖股。

20日移动平均线是股价中线运行的保护线，跌破它则是中线操作的警戒信号。30日移动平均线是中线波段的生命线，跌破它，“生命”将不保。跌破60日移动平均线的保命线，那就是重大亏损。如果再跌破120日移动平均线（也就是半年线），那将是巨额亏损，血本无归。

由此可见，均线理论，尤其是“10线均线理论”在操盘实践中所具有的重要地位。下面仅以中国工商银行2017年第三季度的交易数据为例，借助MATLAB强大的图形可视化功能，来阐述均线理论的应用，以期获得“抛砖引玉”之功效。

三、数据准备

（一）创建并启动Exclink集成环境

启动已经创建成功的MATLAB与Excel的集成环境Exclink（创建过程不再赘述，详见案例四），界面如图2-5-1所示。

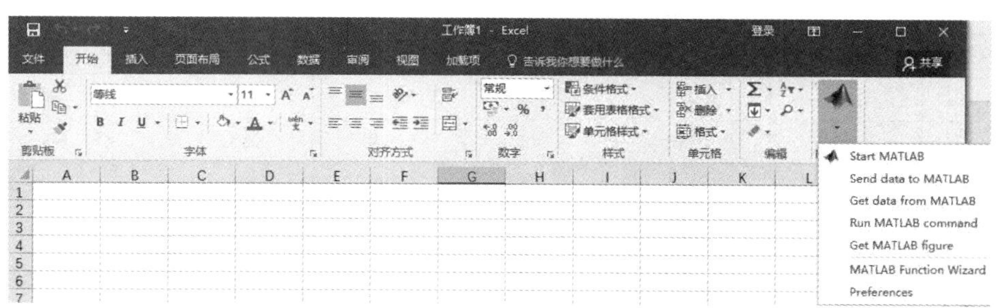

图2-5-1　Exclink启动界面

（二）数据获取

囿于篇幅，本案例仅以中国工商银行（601398.SH）2017年第三季度的历史交易数据为例。打开新浪财经中国工商银行（601398.SH）历史交易数据页面（http：//vip.stock.finance.sina.com.cn/corp/go.php/vMS_MarketHistory/stockid/601398.phtml？year=2017&jidu=3）获取中国工商银行（601398.SH））2017年第三季度的历史交易数据如表2-5-1所示。

表2-5-1　中国工商银行（601398·SH）2017年第三季度历史交易数据

日期	开盘价（元）	最高价（元）	收盘价（元）	最低价（元）	交易量（股）	交易金额（元）
2017-09-29	6.040	6.060	6.000	5.960	137529592	825599597

续表

日期	开盘价（元）	最高价（元）	收盘价（元）	最低价（元）	交易量（股）	交易金额（元）
2017-09-28	6.000	6.060	6.050	5.950	140886800	845388054
2017-09-27	6.050	6.060	6.020	5.980	170251744	1023715524
2017-09-26	6.090	6.130	6.070	6.070	129564418	790098460
2017-09-25	5.950	6.140	6.110	5.950	208888584	1262477863
2017-09-22	5.940	6.050	5.980	5.930	175178547	1049237628
2017-09-21	5.780	5.960	5.950	5.770	239030148	1410591951
2017-09-20	5.750	5.810	5.790	5.720	120030200	693451293
2017-09-19	5.750	5.790	5.780	5.670	212680945	1219244260
2017-09-18	5.800	5.810	5.760	5.730	127689033	736307003
2017-09-15	5.860	5.860	5.770	5.750	202403542	1172719620
2017-09-14	5.920	5.970	5.880	5.860	176281176	1044554338
2017-09-13	5.910	5.960	5.930	5.900	121844498	723510862
2017-09-12	5.880	5.940	5.930	5.830	144631718	849024158
2017-09-11	5.920	5.980	5.890	5.880	175642889	1041184834
2017-09-08	5.870	5.940	5.900	5.850	108732818	640112794
2017-09-07	5.900	5.910	5.880	5.840	115894472	679893182
2017-09-06	5.930	5.970	5.900	5.880	123343230	728517833
2017-09-05	5.870	6.000	5.950	5.860	233924165	1393241003
2017-09-04	5.770	5.890	5.880	5.760	211666394	1238614676
2017-09-01	5.860	5.920	5.790	5.760	339965742	1987960684
2017-08-31	5.950	5.980	5.900	5.840	253155276	1493536355
2017-08-30	6.080	6.110	5.970	5.890	262925061	1577121146
2017-08-29	6.030	6.080	6.080	5.980	171271879	1036639115
2017-08-28	6.140	6.180	6.050	6.000	350736230	2133696964
2017-08-25	5.900	6.180	6.160	5.900	271353319	1648923607
2017-08-24	5.880	5.950	5.920	5.830	148216336	875386355
2017-08-23	5.680	5.860	5.850	5.670	202140259	1170020925
2017-08-22	5.620	5.700	5.690	5.600	86319066	488014186
2017-08-21	5.590	5.650	5.630	5.560	74464483	416956132
2017-08-18	5.590	5.660	5.620	5.550	91504708	512952158
2017-08-17	5.630	5.660	5.620	5.580	60567130	340043653
2017-08-16	5.610	5.700	5.630	5.550	145172010	818380832
2017-08-15	5.490	5.700	5.610	5.490	260186392	1465479916
2017-08-14	5.500	5.550	5.490	5.440	146266383	802259124
2017-08-11	5.460	5.570	5.550	5.390	222530160	1215122180
2017-08-10	5.540	5.570	5.520	5.430	155640428	854624699

续表

日期	开盘价（元）	最高价（元）	收盘价（元）	最低价（元）	交易量（股）	交易金额（元）
2017-08-09	5.650	5.670	5.540	5.520	138563730	774263820
2017-08-08	5.630	5.710	5.680	5.560	118299803	667331920
2017-08-07	5.640	5.680	5.660	5.560	110553683	623270422
2017-08-04	5.630	5.680	5.670	5.610	113675380	642953154
2017-08-03	5.700	5.780	5.660	5.610	160567260	912529257
2017-08-02	5.560	5.700	5.700	5.550	220963054	1251334053
2017-08-01	5.510	5.560	5.560	5.510	139179506	770611801
2017-07-31	5.530	5.590	5.510	5.500	122622128	680532268
2017-07-28	5.510	5.600	5.550	5.420	147287262	813887749
2017-07-27	5.570	5.590	5.530	5.480	182652326	1009318855
2017-07-26	5.480	5.660	5.600	5.460	224449400	1252080193
2017-07-25	5.400	5.580	5.480	5.400	244455684	1343183304
2017-07-24	5.320	5.440	5.390	5.320	171122778	923957625
2017-07-21	5.280	5.360	5.330	5.270	126338183	672091115
2017-07-20	5.270	5.300	5.290	5.220	175480490	923684742
2017-07-19	5.270	5.350	5.270	5.230	240727881	1272124086
2017-07-18	5.290	5.380	5.280	5.250	184737254	980266595
2017-07-17	5.190	5.370	5.340	5.170	317888285	1679932657
2017-07-14	5.170	5.190	5.170	5.140	91906757	474780292
2017-07-13	5.100	5.190	5.160	5.090	210364710	1080716841
2017-07-12	5.060	5.150	5.080	5.050	219835288	1122631870
2017-07-11	5.000	5.080	5.060	4.970	248928284	1249932391
2017-07-10	5.210	5.240	5.230	5.180	139879018	729039119
2017-07-07	5.230	5.230	5.210	5.190	162110054	844999124
2017-07-06	5.210	5.260	5.230	5.210	107456856	562347817
2017-07-05	5.240	5.250	5.230	5.200	104258199	544623294
2017-07-04	5.240	5.280	5.250	5.180	135732005	709171868
2017-07-03	5.240	5.270	5.240	5.220	99661565	521850457

将以上数据表复制粘贴到 Excel 并保存为 GSYH. xlsx，在 Exclink 集成环境下以 ICBC 命名并将其推送到 MATLAB（见图 2-5-2、图 2-5-3）。

（三）数据预处理

由于获取的原始数据并非严格的时间序列数据，故需要对其进行预处理，主要包括原始数据的时序化、矩阵化，常用的命令及调用格式如表 2-5-2 所示。

图 2-5-2　推送 Excel 数据表到 MATLAB

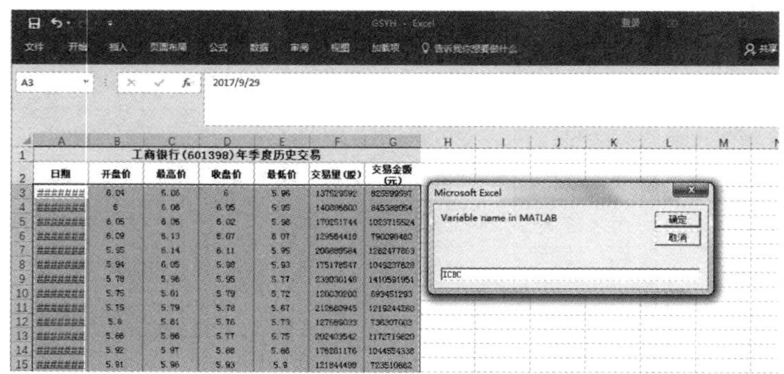

图 2-5-3　命名 MATLAB 接收变量

表 2-5-2　股票数据预处理常用命令及调用格式

命令	调用格式	功能描述
fints	fints（dates，data）	以 dates 为时间，对 data 进行时序化
	fints（ data）	以 data 中默认列为时间，对 data 进行时序化
fts2mat	DATA = fts2mat（datas）	将时间序列数据转换为矩阵形式，不包含第一列时间数据
	DATA = fts2mat（datas，1）	将时间序列数据转换为矩阵形式，包含第一列时间数据

四、MACD 分析

移动平均线是由著名的美国投资专家葛兰碧于 20 世纪中期提出来的。均线理论是当今应用较普遍的技术指标之一，它能帮助交易者确认股票现有趋势、预判股票未来趋势。

借助“十日均线理论”及“金叉”“死叉”关键节点理论，就可以进行有价值的均线分析，做出较为理性的操作判断。

（一）指数移动平均线（EMA）分析

下面给出指数移动平均线的计算及展示函数 EMA，建立 EMA. m 文件，并将其置于 MATLAB 的默认路径下：

```
% 指数移动平均线(EMA)函数主程序
```

```
function EMAvalue=EMA(Price,len,coef)
% EMA.m 引用自李洋,郑志勇．量化投资:以 MATLAB 为工具
%% 输入参数检查
error(nargchk(1,3,nargin))
if nargin < 3
        coef=[];
end
if nargin< 2
        len=2;
end
%% 指定 EMA 系数
if isempty(coef)
        k=2/(len + 1);
else
        k=coef;
end
%% 计算 EMAvalue
EMAvalue=zeros(length(Price),1);
EMAvalue(1:len-1)=Price(1:len-1);
for i=len:length(Price)
        EMAvalue(i)=k*( Price(i)-EMAvalue(i-1) ) + EMAvalue(i-1);
end
```

借助案例四中给出的自定义 K 线函数 Kplot 及指数移动平均线 EMA 函数就可在 K 线图上分别展示中国工商银行（601398. SH）2017 年第三季度股票交易数据的 5 日、10 日、20 日均线，Notebook 环境下的程序代码如下：

```
%% 指数移动平均线(EMA)的 Matlab 实现
% 分别展示了 5 日、10 日、20 日均线
data=ICBC;
datas=fints(data);        % 创建时间序列数据
DATA=fts2mat(datas,1); % 将时间序列数据 datas 转换为矩阵形式 DATA,包含
第一列时间数据 data;
F=DATA;
Data=F(:,4);
scrsz=get(0,'ScreenSize');
figure('Position',[scrsz(3)*1/4 scrsz(4)*1/6 scrsz(3)*4/5 scrsz
(4)]*3/4);
S=5;
M=10;
```

```
L=20;
EMA5=EMA(Data,S);
EMA10=EMA(Data,M);
EMA20=EMA(Data,L);
O=DATA(:,2);              % 开盘价格
H=DATA(:,3);              % 最高价
C=DATA(:,4);              % 收盘价
L=DATA(:,5);              % 最低价
OHCL=DATA(:,2:5);
    Kplot(O,H,L,C,0,'r','g','k');
xlim([1,length( OHCL )]);
hold on;
H1=plot(EMA5,'k','LineWidth',1.5);
H2=plot(EMA10,'b','LineWidth',1.5);
H3=plot(EMA20,'--r','LineWidth',1.5);
title('中国工商银行指数移动平均线(EMA)','FontWeight','Bold','FontSize',
15);
P={'EMA5';'EMA10';'EMA20'};
legend([H1,H2,H3],P);
```

运行结果如图 2-5-4 所示。

从图 2-5-4 可以看出，在椭圆所示区域，短期均线与长期均线形成金叉，适合买入，而在矩形所示区域形成死叉，卖出较为稳妥。金叉主要指股票行情指标的短期线向上穿越长期线的交叉；反之，行情指标的短期线向下穿越长期线的交叉，则为死叉。

（二）指数平滑异同移动平均线（MACD）

MACD（Moving Average Convergence Divergence）称为指数平滑异同平均线均线，是技术分析领域应用较广泛的指标之一，包含两个参数，分别是离差值（DIFF），离差值的指数移动平均线（DEA）。MACD 以计算两条不同速度（长期与中期）的指数平滑移动平均线（EMA）的差离状况为研判行情的基础。DIFF 为 12 周期均值与 26 周期均值之差，DEA 为 DIFF 的 9 周期均值，而 MACD 则为 DIF 与 DEA 差值的两倍。

由 MACD 的定义，可通过 EMA 函数分别计算 DIFF 和 DEA，进而计算 MACD 的值。Notebook 环境下计算 MACD 的程序代码如下：

```
%% 指数平滑异同移动平均线(MACD)的 Matlab 实现
clf
data=ICBC;
datas=fints(data);        % 创建时间序列数据
DATA=fts2mat(datas,1);  % 将时间序列数据 datas 转换为矩阵形式 DATA,包含
第一列时间数据 data;
```

```
F=DATA;
Data=F(:,4);
S=12;
L=26;
EMA1=EMA(Data,S);
EMA2=EMA(Data,L);
DIFF=EMA1-EMA2;
DIFF(1:L-1)=0;
M=9;
DEA=EMA(DIFF,M);
MACD=2*(DIFF-DEA);
MACD_p=MACD;
MACD_n=MACD;
MACD_p(MACD_p<0)=0;
MACD_n(MACD_n>0)=0;
bar(MACD_p,'r','EdgeColor','r');
hold on;
bar(MACD_n,'g','EdgeColor','g');
H1=plot(DIFF,'--b','LineWidth',1.5);
H2=plot(DEA,'k','LineWidth',1.5);
xlim([1,length(Data)]);
title('中国工商银行指数平滑异同移动平均线(MACD)','FontWeight','Bold',
'FontSize',15);
P={'DIFF';'DEA'};
legend([H1,H2],P);
```

运行结果如图 2-5-5 所示。

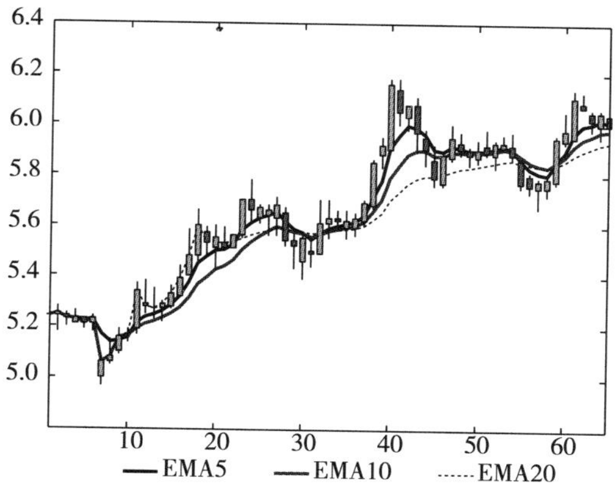

图 2-5-4　中国工商银行指数移动平均线

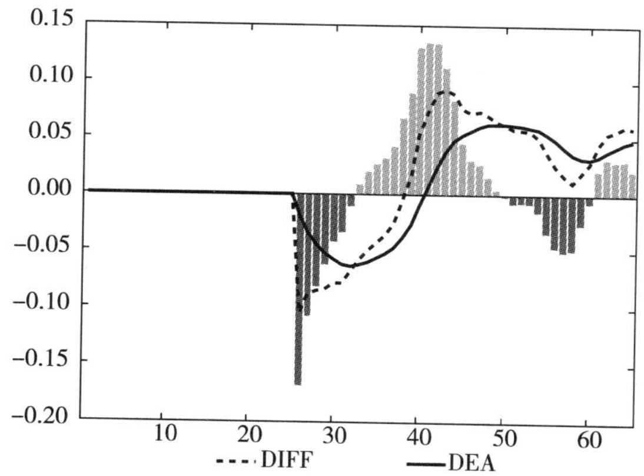

图 2-5-5　中国工商银行指数平滑异同移动平均线

MACD 投资者通常具有如下共识：①MACD 绿转红即 MACD 值由负变正，市场由空头转为多头；②MACD 由红转绿即 MACD 值由正变负，市场由多头转为空头；③当 DIF 和 DEA 处于 0 轴以上时，属于多头市场，否则为空头市场；④当 DIFF 线自下而上穿越 DEA 线时是买入信号，反之是卖出信号。

从图 2-5-5 可以看出，在椭圆形所示区域，形成 MACD 金叉，即 DIFF 由下向上突破 DEA，适宜买入，而在矩形所示区域，形成 MACD 死叉，DIFF 由上向下突破 DEA，建议适时卖出。

（三）MACD 与 K 线复合分析

要探寻更加精准的操作时机，还可以让多种技术分析方法“强强联合”。其中，把均线分析与 K 线分析相结合，就是一种简单易行且信号明确的方法。下面就给出中国工商银行（601398. SH）2017 年第三季度股票交易数据的 MACD 与 K 线的复合图形，Notebook 环境下的程序代码如下：

```
%% K 线图及 MACD 的 Matlab 实现
clf
data=ICBC;
datas=fints(data);          % 创建时间序列数据
DATA=fts2mat(datas,1);  % 将时间序列数据 datas 转换为矩阵形式 DATA,包含第一列时间数据 data;
F=DATA;
Data=F(:,4);
subplot(2,1,1);
O=DATA(:,2);                % 开盘价格
H=DATA(:,3);                % 最高价
C=DATA(:,4);                % 收盘价
L=DATA(:,5);                % 最低价
OHCL=DATA(:,2:5);
Kplot(O,H,L,C,0,'r','g','k');
xlim([1,length( OHCL )]);
title('中国工商银行日交易数据 K 线图','FontWeight','Bold','FontSize',15);
subplot(2,1,2);
S=12;
L=26;
EMA1=EMA(Data,S);
EMA2=EMA(Data,L);
DIFF=EMA1-EMA2;
DIFF(1:L-1)=0;
M=10;
```

```
DEA=EMA(DIFF,M);
MACD=2* (DIFF-DEA);
MACD_p=MACD;
MACD_n=MACD;
MACD_p(MACD_p<0)=0;
MACD_n(MACD_n>0)=0;
bar(MACD_p,'r','EdgeColor','r');
hold on;
bar(MACD_n,'b','EdgeColor','b');
H1=plot(DIFF,'b','LineWidth',1.5);
H2=plot(DEA,'--r','LineWidth',1.5);
xlim([1,length( OHCL )]);
title('中国工商银行指数平滑异同移动平均线(MACD)','FontWeight','Bold',
'FontSize',15);
P={'DIFF';'DEA'};
legend([H1,H2],P);
```

运行结果如图 2-5-6 所示。

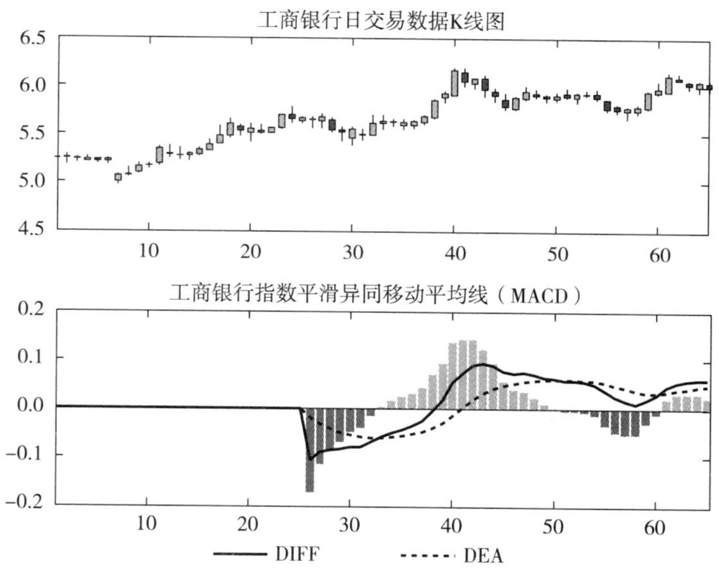

图 2-5-6　中国工商银行 K 线及 MACD 复合图

通常 DEA 线与 K 线发生背离，行情将发生反转。具体而言，就是当一只股票经历了一个长期下降趋势，并出现 MACD 指标与股价走势背离后形成一个底部形态时，若 K 线组合是一个看涨的组合，且当 MACD 保持多头排列状态，股价一旦有效放量突破底部形态的颈线就可介入操作；当一只股票处于上升趋势运行时，股价走势与 MACD 指标呈现顶背离状态后，走出一个较明显的顶部形态，若该顶部形态得到更大周期的确认后，投资者就应该注意规避风险，股价一旦跌破这个顶部形态的颈线就要卖出股票。

“技术分析永远是正确的，错的只是使用技术分析的人。”那么，我们在进行技术分析的时候，要尽量使用自己所了解和擅长的分析方法和指标，这样才能减少错误，正确操作。

五、小结

本案例借助 MATLAB 强大的绘图功能，实现了中国工商银行（601398. SH）2017 年第三季度股票交易数据的指数移动平均线（EMA）及指数平滑异同移动平均线（MACD）的可视化分析，拓宽了读者运用数学知识及数学软件解决实际问题的方法和思路。但囿于篇幅及手工获取的数据，没能在更大时间范围内进行深入的探讨，另外也已注意到在进行 MACD 分析时，DEA 在盘整局面时失误率较高，如果能配合相对强弱指标（RSI）及随机指标（KDJ），可进一步提高判断的准确性，这些问题将在后续的研究中进行深入探讨。

案例六

噪声引起的双稳态切换动力学

在生物系统中，物种间相互作用形成了基因调控网络，其中包括了许多耦合的正负反馈回路。这些回路会使系统有双稳态的动力学特性，即在不同初始值下，确定的模型会达到不同的稳定稳态。然而，由于外界环境的变化及生物系统内部的分子数目较少，所以生物系统不可避免地存在噪声，本案例研究噪声引起的系统双稳态切换的动力学。

一、问题背景

生物系统的一个重要特性是它会对不同的信号做出相应的反应，针对不同的信号切换到不同的稳定稳态。这种切换行为在许多生物过程中起到重要的作用，比如细胞分化和细胞周期。了解哪些因素可以引起双稳态的切换是很重要的。

正反馈回路是关键的调控网络，尤其是耦合正反馈回路在许多生物过程中存在，比如哺乳动物中钙信号的传输，大脑神经元中突触连接的长时程的形成和增强等过程。

本案例讨论从许多现实生物环路中抽象出来的一个耦合正反馈回路。考虑到噪声是不可避免的，典型的是外界环境的变化使系统中的参数产生波动，因此本案例在一个参数上引进随机波动，来探讨噪声强度对双稳态切换的影响。

二、问题陈述

在一定的环境下，单个正反馈回路可以产生双稳态的切换。然而许多生物系统并不只有一个正反馈回路，而是由许多正反馈回路构成的。本案例考虑的正反馈回路如图 2-6-1 所示。其中，带箭头的线表示激活作用，S 为外部刺激，S 与物种 A 之间的箭头表示刺激 S 促进物种 A 的产生。由图 2-6-1 可知，外界刺激 S 增加物种 A 和 B 的产生，A 和 B 合作促进输出物种 C 的产生，而 C 又反过来分别促进物种 A 和 B 的产生，涉及两个正反馈回路：A 促进 C，C 促进 A 形成一个正反馈回路；B 促进 C，C 促进 B 形成另一个正反馈回路。其中，物种 A 和 B 之间存在一个正反馈回路。因此，本案例考虑的是由三个正反馈回路构成的基因调控网络。

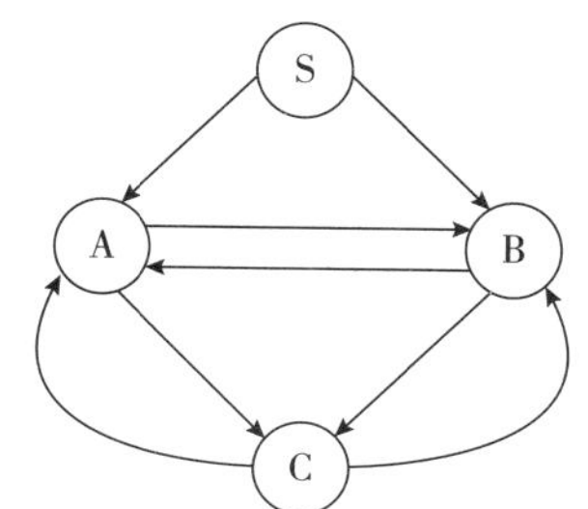

图 2-6-1 耦合正反馈回路图示

单参数噪声可以在速率方程的参数中考虑加性或者乘性的随机项。本案例考虑了物种

A 和 B 之间的正反馈强度的随机波动，即物种 A 和 B 物种之间的正反馈强度 k_3 变为：

$$k_3 = k_3 + \xi(t)$$

其中，$\xi(t)$ 为高斯白噪声，满足：

$$<\xi(t)> = 0, \quad <\xi(t)\xi(t')> = 2D\delta(t - t')$$

其中，D 是噪声强度。

探讨噪声强度 D 对输出物 C 浓度改变有重要意义，是本案例主要讨论的问题。

三、数学建模

根据图 2-6-1 中各物种间的相互作用以及 Michaelis-Menten 动力学，耦合正反馈的数学模型为方程（21-1）、方程（21-2）、方程（21-3）：

$$\tau_a \frac{\mathrm{d}a}{\mathrm{d}t} = \left(k_1 s + k_2 \frac{c^n}{c^n + K^n} + k_3 \frac{b^m}{b^m + K^m}\right)(1 - a) - a + k_{\min} + (1 - a)\frac{b^m}{b^m + K^m}\xi(t) \tag{21-1}$$

$$\tau_b \frac{\mathrm{d}b}{\mathrm{d}t} = \left(k_1 s + k_2 \frac{c^n}{c^n + K^n} + k_3 \frac{a^m}{a^m + K^m}\right)(1 - b) - b + k_{\min} + (1 - b)\frac{a^m}{a^m + K^m}\xi(t) \tag{21-2}$$

$$\frac{\mathrm{d}c}{\mathrm{d}t} = k_{on}(a + b)(1 - c) - k_{off}c + k_{minout} \tag{21-3}$$

其中，a、b、c 分别是物种 A、B、C 的浓度，s 表示刺激强度，k_1、k_2 分别是刺激 S 对物种 A 和 B 的反馈强度，k_3 是物种 A 和 B 间反馈强度的确定部分；时间常数 $\tau_a = 2\mathrm{s}$，$\tau_b = 100s$ 说明回路的快慢，时间常数小表示快回路；本底速率常数 $k_{\min} = 0.01\mu\mathrm{M}$，$k_{minout} = 0.003\mu\mathrm{Ms}^{-1}$，物种 A 和 B 的结合速率是 $k_{on} = 1\ \mu\mathrm{M}^{-1}s^{-1}$，C 的分解速率是 $k_{off} = 0.3\ \mathrm{s}^{-1}$；其他标准参数为 $k_1 = 0.1$，$k_2 = 0.3$，$K = 0.5\mu\mathrm{M}$，$n = 4$，$m = 2$。这些参数的取值在一定生物意义范围内，而且可使系统出现双稳态。

四、模型求解

基于以上模型，利用随机微分方程的一阶算法来模拟这个方程的数值解；主要探讨物种 A 和 B 间反馈强度 k_3 的随机波动，探讨一定噪声强度 D 对输出物种 C 的浓度的影响；在噪声强度 $D = 1.2$ 的情况下，针对不同初始条件、不同反馈强度 k_3，给出输出物种 C 的浓度 c 的时间历程图。

取 k_3 为三个不同的值，分别为 0.02、1.02、2.26，而且它们都在系统的双稳态区间。也就是说，在这三个参数下，系统达到的稳定的稳态取决于系统的初始状态，当初始状态为低值时，系统达到低稳态；当初始状态为高值时，系统达到高稳态。

但是考虑随机噪声因素的时候，在一定噪声强度下，本案例取 $D=1.2$，对于小的反馈强度 $k_3=0.02$，无论是高的还是低的初始值，系统都会达到低稳态，也就是说，在一定噪声强度下，会发生从高稳态到低稳态的转迁［见图 2-6-2（a）］；对于大的反馈强度 $k_3=2.26$，无论何种初值，系统都会达到高稳态，也就是说，在一定噪声强度下，会发生从低稳态到高稳态的转迁［见图 2-6-2（c）］；对于中度大小的反馈强度，比如 $k_3=1.02$，系统依然保持双稳态特性，系统达到的稳定稳态取决于其初始值，初始值大达到高稳态，初始值小则达到低稳态［见图 2-6-2（b）］。

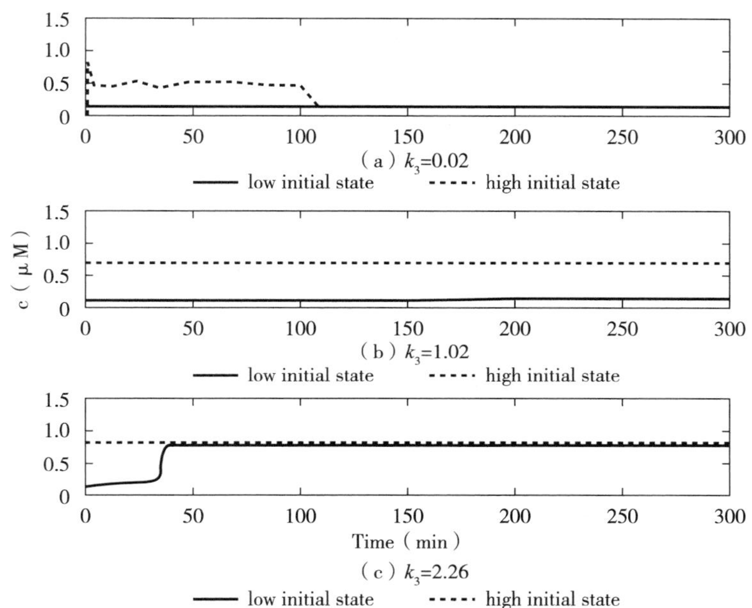

图 2-6-2　在噪声强度 $D=1.2$ 的情况下，$k_3=0.02$、1.02、2.26 时，输出物 C 的浓度 c 的时间历程图

实现图 2-6-2 的 MATLAB 程序为 SDE. m 和 Drawthreecout. m。其中，SDE. m 用来得到在不同条件下 c 的时间历程图，物种 A、B、C 的初始值 caint、cbint、ctint 和噪声强度 d，刺激强度 s_0，反馈强度 k_3 都作为输入参数传进来，在不同的参数值下，可以得到 c 的时间序列。

首先，利用 SDE. m 程序，在 $D=1.2$，$k_3=0.02$、1，02、 2.26，以及两种初始值，一共六种情况下，得到 c 的时间序列，保存数据。

其次，基于这些数据，利用程序 Drawthreecout. m 将所有的结果画出来，如图 2-6-2 所示。

执行随机微分方程的程序：

```
function [cout,ca,cb]=SDE(delt,tfinal,ctint,caint,cbint,d,s0,k3)
% SDE.m-------stochastical differential equation ,we get its solution with one order
     difference algorithm
```

```
    % tfinal------the last modeling time,unit(second)
    % ctinitial,cainitial,cbinitial---------C ,A,B's initial value
    % d-----noise strength
    % s0------stimulus strength
    % k3-------feedback strength between A and B
    %  save input parameters
    save k3;
    save d;
    save tfinal;
    save delt;
    save caint;
    %  standard parameters
    k1=0.1;k2=0.3;kmin=0.01;koff=0.3;kon=1;koutmin=0.003;n=4;ec50=
0.5;m=2;taoa=2;taob=100;
    tnum=tfinal/delt+1;
    cout=zeros(1,tnum);  % record cout's concentration
    ca=zeros(1,tnum);    % record ca's concentration
    cb=zeros(1,tnum);    % record cb's concentration
    delw=zeros(1,tnum);  % record winnar's increasement
    cout(1)=ctint;       %  set cout's initial value
    ca(1)=caint;         % set ca's initial value
    cb(1)=cbint;         % set cb's initial value
    for i=1:(tnum-1)% get solutions
        delw(i)=sqrt(delt).* guassrand(1);% give winnar increament
        y1=ca(i)+bone(ca(i),cb(i),m,ec50,taoa,d)* (delw(i).^2-delt);
        y2=cb(i)+btwo(cb(i),ca(i),m,ec50,taob,d)* (delw(i).^2-delt);
    ca(i+1)=ca(i)+aone(taoa,k1,s0,k2,cout(i),n,ec50,k3,cb(i),m,ca
(i),kmin)* delt+bone(ca(i),cb(i),m,ec50,taoa,d)* delw(i)+1./2* (bone
(y1,y2,m,ec50,taoa,d)-bone(ca(i),cb(i),m,ec50,taoa,d));
    cb(i+1)=cb(i)+atwo(taob,k1,s0,k2,cout(i),n,ec50,k3,ca(i),m,cb
(i),kmin)* delt+btwo(cb(i),ca(i),m,ec50,taob,d)* delw(i)+1./2* (btwo
(y2,y1,m,ec50,taob,d)-btwo(cb(i),ca(i),m,ec50,taob,d));
    cout(i+1)=delt* (kon* (ca(i)+cb(i))* (1-cout(i))-koff* cout(i)+
koutmin)+cout(i);
    end
    %  save data
    x=0:delt:tfinal;%
    save x x;
```

```
save cout cout;
save ca ca;
save cb cb;
end
% subfunctions
function [aonevalue] = aone (taoa, k1, s0, k2, couti, n, ec50, k3, cbi, m,
cai, kmin)
% cai=ca(i),couti=cout(i),cbi=cb(i)
aonevalue=1/taoa*((k1*s0+k2*couti^n/(couti^n+ec50^n)+k3*cbi^m/
(cbi^m+ec50^m))*(1-cai)-cai+kmin);
end
function [bonevalue]=bone(cai,cbi,m,ec50,taoa,d)
% cai=ca(i),couti=cout(i),cbi=cb(i)
bonevalue=((1-cai).*cbi^m./(cbi^m+ec50^m))*sqrt(2*d)/taoa;
end
function [atwovalue] = atwo (taob, k1, s0, k2, couti, n, ec50, k3, cai, m,
cbi, kmin)
atwovalue=1/taob.*((k1*s0+k2*couti^n/(couti^n+ec50^n)+k3.*cai.^
m./(cai.^m+ec50.^m))*(1-cbi)-cbi+kmin);
end
function [btwovalue]=btwo(cbi,cai,m,ec50,taob,d)
btwovalue=((1-cbi).*cai.^m./(cai.^m+ec50.^m)).*sqrt(2*d)/taob;
end
```

画图程序如下：

```
function drawcoutthree()
% drawcoutthree.m----draw cout for different k3
set(gcf,'unit','centimeters','position',[5 1 20 18]) % % set figure
size,length=20cnm
width=15
% k3=0.02
subplot(311)
load x ;
x=x/60;
load coutlow002;
plot(x,cout,'k-','linewidth',3);
hold on
load couthigh002;
plot(x,cout,'r--','linewidth',2.5);
```

```
ga=legend( 'low initial state','high initial state',1 );
po=get( ga,'Position');
set( ga,'FontSize',20,'Position',[po(1)-0.2,po(2)-0.01,po(3),po
(4)] );
legend('boxoff');
xlabel('Time(min)','fontsize',20)
ylabel('c(\muM)','fontsize',20)
text(245,1.05,'k_3=0.02','fontsize',20)
text(-30,1.6,'a','fontsize',25,'fontweight','bold')
xlim([0 300])
ylim([0 1.3])
set(gca,'FontName','Helvetica','FontSize',20)
% k3=1.02
subplot(312)
load x ;
x=x/60;
load coutlow102;
plot(x,cout,'k-','linewidth',3);
hold on;
load couthigh102;
plot(x,cout,'r--','linewidth',2.5);
ylim([0 1.4])
xlim([0 300])
xlabel('Time(min)','fontsize',20)
ylabel('c(\muM)','fontsize',20)
text(245,1.1,'k_3=1.02','fontsize',20)
text(-30,1.6,'b','fontsize',25,'fontweight','bold')
set(gca,'FontName','Helvetica','FontSize',20)
% k3=2.26
subplot(313)
load x ;
x=x/60;
load coutlow226;
plot(x,cout,'k-','linewidth',3);
hold on;
load couthigh226;
plot(x,cout,'r--','linewidth',2.5);
xlim([0 300])
```

```
ylim([0 1.3])
xlabel('Time(min)','fontsize',20)
ylabel('c(\muM)','fontsize',20)
text(245,1.05,'k_3=2.26','fontsize',20)
text(-30,1.6,'c','fontsize',25,'fontweight','bold')
set(gca,'FontName','Helvetica','FontSize',20)
end
```

五、结果分析

具有双稳态的系统可以在连续的刺激下切换到不连续的状态，即双稳态的转迁。耦合正反馈回路是产生双稳态的重要模块。本案例考虑了从许多生物系统中抽象出的经典耦合正反馈回路，主要考虑物种 A 和 B 之间的反馈强度，在此反馈强度上加上高斯白噪声，探讨了噪声强度引起的双稳态切换动力学。在一定噪声强度下，当反馈强度大小适中时，系统保持双稳态特性，但是当反馈强度较小或较大时，系统都会发生稳态间的转迁。

六、小结

在确定性模型中考虑随机因素，可以更加全面地了解系统的动力学。在某一参数上考虑高斯白噪声只是其中的一个方面，还可以考虑色噪声等情况。除了考虑参数噪声外，还可以考虑内噪声。总之，系统中的随机因素是不可避免且重要的。

案例七
利用时滞微分方程模拟 p53 动力学

在生物系统中，某些物种间的相互作用存在时滞。因此，在系统中考虑时滞的作用是有必要的。本案例中，基于以 p53 为核心的基因调控网络，考虑其中物种间的时滞作用，利用时滞微分方程描述它们之间的相互作用，之后利用数值方法模拟出 p53 的动力学。

一、问题背景

生物系统中的某些蛋白质的动力学可以决定细胞命运。p53 蛋白质是著名的肿瘤抑制子，在一定的压力下，它的不同的动力学会产生不同的细胞命运。在没有压力的情况下，p53 的表达水平较低。在有压力的情况下，p53 表现出振荡或者高表达的水平。p53 的振荡与细胞周期阻滞相关。细胞针对不同的压力信号进行修复，修复好后，继续进行细胞周期。p53 的高表达水平与细胞凋亡密切相关。因此，有必要研究 p53 的动力学。

许多模型都可以用来探讨 p53 的动力学，本案例选取一个以 p53 为核心的基因调控网络，包括 mRNA 和蛋白质，而蛋白质对 mRNA 的调控存在时滞，利用数学模型描述这个网络则会用到时滞微分方程。利用数值方法求得时滞微分方程的数值解，进而可得到 p53 的动力学。

二、问题陈述

本案例考虑的模型（见图 2-7-1），包含了 p53 网络中必要的反馈回路，包含 12 个物种和 31 个反应，对于 p53、MDM2、p21 和 Wip1，我们分别考虑了它们的 mRNA 和蛋白质。其中，DSB 表示由于双链断裂引起的 DNA 损失，小写字母表示 mRNA，大写字母表示蛋白质；p53p 表示磷酸化的 p53；p53a 表示乙酰化的 p53；箭头表示促进作用；Φ 表示降解物。

三、数学建模

根据图 2-7-1 中各物种间的相互作用以及 Michaelis-Menten 动力学，利用时滞微分方程模拟 p53 动力学的数学模型如下：

$$\frac{\mathrm{d}p53}{\mathrm{d}t}=s_{p53}-\delta_{p53}\cdot p53$$

$$\frac{\mathrm{d}mdm2}{\mathrm{d}t}=s_{mdm2}-\delta_{mdm2}\cdot mdm2+e_1\cdot\frac{(P53p(t-\tau_1)+P53a(t-\tau_1))^4}{(P53p(t-\tau_1)+P53a(t-\tau_1))^4+K_m^4}$$

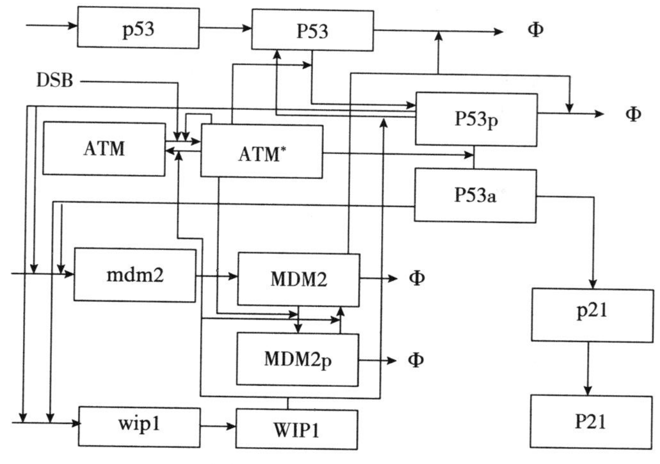

图 2-7-1　模型示意图

$$\frac{\mathrm{d}wip1}{\mathrm{d}t}=s_{wip1}-\delta_{wip1}\cdot wip1+e_2\cdot\frac{(P53p\ (t-\tau_2)\ +P53a\ (t-\tau_2)\ )^4}{(P53p\ (t-\tau_2)\ +P53a\ (t-\tau_2)\ )^4+K_m^4}$$

$$\frac{\mathrm{d}P53}{\mathrm{d}t}=r_{p53}\cdot p53-\mu\,P53\cdot P53-k_1\cdot MDM2\cdot P53-k_{atm1}\cdot ATM^*\cdot P53+k_{WIP1}\cdot P53p\cdot WIP1$$

$$\frac{\mathrm{d}P53p}{\mathrm{d}t}=k_{atm1}\cdot ATM*\cdot P53-k_{WIP1}\cdot P53p\cdot WIP1-k_2\cdot MDM2\cdot P53p-k_{atm3}\cdot P53p+k_{deact}\cdot P53a$$

其中，τ_1、τ_2、τ_3、τ_4、τ_5、τ_6 为时滞。

四、模型求解

基于以上模型，利用时滞微分方程的差分格式来模拟这个方程的数值解，进而可得到 p53 各种形式的时间历程图（见图 2-7-2）。

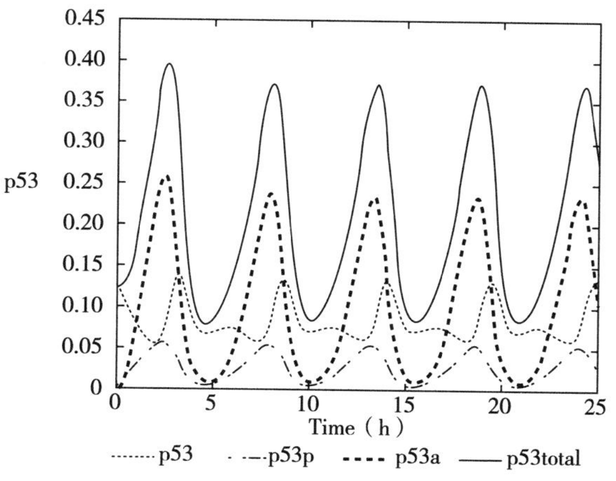

图 2-7-2　p53 不同形式的时间历程

执行时滞微分方程的程序:

```
function p53delay()
%%  DDE equations for  p53 system
tfinal=100;  % the last time
delt=0.1;  % time step
nodenum=tfinal/delt+1;  % node number
p53mr=zeros(1,nodenum);
mdm2mr=zeros(1,nodenum);
wip1mr=zeros(1,nodenum);
p53=zeros(1,nodenum);
p53p=zeros(1,nodenum);
p53a=zeros(1,nodenum);
p53total=zeros(1,nodenum);
mdm2=zeros(1,nodenum);
mdm2p=zeros(1,nodenum);
wip1=zeros(1,nodenum);
atmstar=zeros(1,nodenum);
p21mr=zeros(1,nodenum);
p21=zeros(1,nodenum);
%% parameter values
sp53=0.0005;smdm2=0.0001;swip1=0.002;deltap53=0.01;deltamdm2=0.02;deltawip1=0.05;
deltap21=0.002;rp53=0.1;rmdm2=0.02;rwip1=0.02;rp21=0.01;miup53=0.035;miumdm2=0.035;
miumdm2p=0.14;miuwip1=0.035;miup21=0.003;e1=0.014;e2=0.014;e3=0.2;k1=0.2;k2=0.01;
katm1=1.8;katm2=0.01;katm3pie=0.3;kdeact=0.05;kwip1=1.5;kwip2=0.5;kdsbpie=0.0005;
kauto=0.06;kwip4=1.5;kbasal=0.02;km=0.2;kw=0.2;kp=0.01;kdsb=200;tao1=30;tao2=30;
tao3=30;tao4=10;tao5=10;tao6=10;dsb=300;
%%%%%%%%%%%%% save delay value
p53pdl=zeros(1,nodenum);
p53adl=zeros(1,nodenum);
mdm2mrdl=zeros(1,nodenum);
wip1mrdl=zeros(1,nodenum);
p21mrdl=zeros(1,nodenum);
%% give delay initial value
```

```
    ndprotein=tao1/delt;
    p53pdlintvalue=0;
    p53adlintvalue=0;
    for i=1:ndprotein
        p53pdl(i)=p53pdlintvalue;
        p53adl(i)=p53adlintvalue;
    end
    ndmr=tao4/delt;
    mdm2mrdlintvalue=0;
    wip1mrdlintvalue=0;
    p21mrdlintvalue=0;
    for i=1:ndmr
        mdm2mrdl(i)=mdm2mrdlintvalue;
        wip1mrdl(i)=wip1mrdlintvalue;
        p21mrdl(i)=p21mrdlintvalue;
    end
    for i=1:(nodenum-1)
        p53mr(i+1)=(sp53-deltap53*p53mr(i))*delt+p53mr(i);
        %%%%
        if i>ndprotein
            p53pdl(i)=p53p(i-ndprotein);
            p53adl(i)=p53a(i-ndprotein);
        end
    mdm2mr(i+1)=mdm2mr(i)+(smdm2-deltamdm2*mdm2mr(i)+e1*(p53pdl(i)+
p53adl(i))^4/((p53pdl(i)+p53adl(i))^4+km^4))*delt;

    wip1mr(i+1)=wip1mr(i)+(swip1-deltawip1*wip1mr(i)+e2*(p53pdl(i)+
p53adl(i))^4/((p53pdl(i)+p53adl(i))^4+kw^4))*delt;
    %%
    p53(i+1)=p53(i)+(rp53*p53(i)-miup53*p53(i)-k1*mdm2(i)*p53(i)-
katm1*atmstar(i)*p53(i)+kwip1*p53p(i)*wip1(i))*delt;
    %%
    p53p(i+1)= p53p(i)+(katm1*atmstar(i)*p53(i)-kwip1*p53p(i)*wip1
(i)-k2*mdm2(i)*p53p(i)-katm3(atmstar(i),katm3pie,kp)*p53p(i)+kdeact
*p53a (i))*delt;
        %%
        p53a(i+1)=p53a(i)+(katm3(atmstar(i),katm3pie,kp)*p53p(i)-
kdeact*
```

```
p53a(i))*delt;
        if i>ndmr
            mdm2mrdl(i)=mdm2mr(i-ndmr);
        end
    mdm2(i+1)=mdm2(i)+(rmdm2*mdm2mrdl(i)-miumdm2*mdm2(i)-katm2*mdm2
(i)*atmstar(i)+kwip1*mdm2p(i)*wip1(i))*delt;

    mdm2p(i+1)=mdm2p(i)+(katm2*mdm2(i)*atmstar(i)-kwip1*mdm2p
(i)*wip1(i)-miumdm2p*mdm2p(i))*delt;
        if i>ndmr
            wip1mrdl(i)=wip1mr(i-ndmr);
            p21mrdl(i+1)=p21mr(i-ndmr);
        end
        wip1(i+1)= wip1(i)+(rwip1*wip1mrdl(i)-miuwip1*wip1(i))*delt;
    atmstar(i+1)=atmstar(i)+(kdsbf(kdsbpie,dsb,kdsb)*(1-atmstar(i))+
kauto*atmstar(i)*(1-atmstar(i))-kwip2*wip1(i)*atmstar(i)-kbasal*at-
mstar(i))*delt;
        %%
        p21mr(i+1)=
    p21mr(i)+(e3*p53adl(i)^4/(p53adl(i)^4+kp^4)-deltap21*
p21mr(i))*delt;
        p21(i+1)= p21(i)+(rp21*p21mrdl(i)-miup21*p21(i))*delt;
    end
    %% give total p53
    p53total=p53+p53p+p53a;
    save p53mr p53mr;
    save  mdm2mr mdm2mr;
    save wip1mr wip1mr;
    save p53 p53;
    save p53p p53p;
    save p53a p53a;
    save p53total p53total;
    save mdm2 mdm2;
    save mdm2p mdm2p;
    save wip1 wip1;
    save atmstar atmstar;
    save p21mr p21mr;
    save p21 p21;
```

```
plot(p53);
hold on;
plot(p53p);
hold on;
plot(p53a);
hold on
plot(p53total)
end
function [katm3value]=katm3(atms,katm3pie,kp)
    katm3value=katm3pie*atms/(atms+kp);
end
function  kdsbvalue=kdsbf(kdsbpie,dsb,kdsb)
         kdsbvalue=kdsbpie*dsb/(dsb+kdsb);
end
```

五、结果分析

利用时滞微分方程，本案例讨论了一个 p53 基因调控网络中 p53 的动力学变化，进而通过 p53 的动力学可以了解细胞命运。

六、小结

本案例针对一个生物实例，利用时滞微分方程描述其中的关键物质的浓度变化，通过了解时滞微分方程的数值，得到物质浓度的时间历程图。案例中用到的算法，适合于其他时滞微分方程，可为更多算例提供参考。

案例八
传输线方程数学模型

除了弦振动问题之外，还有很多物理现象都服从波动方程，一个典型的例子是高频传输线问题。与普通传输线不同，高频电流通过传输线时，不仅有导线电阻和电路电漏的存在，而且还有分布电容、分布电感，因此高频传输线上的电压与电流不仅随空间变化，而且随时间推移也变化。与普通传输线相同，对于高频传输线也是从传输线划出一个微元 Δx，不过它的等效电路更为复杂，如图 2-8-1 所示。其中，R、L、C 和 G 分别是单位长度的电阻、电感、电容和电漏，由于微元足够小，每个元件的尺度均为 Δx。

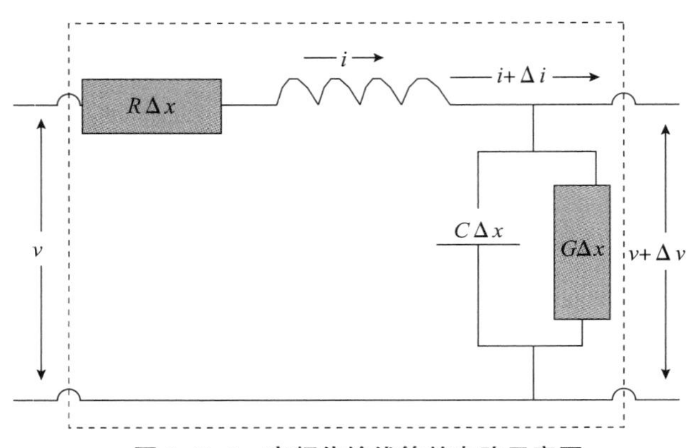

图 2-8-1　高频传输线等效电路示意图

一、基本假设

基本假设如下：

（1）传输线是均匀的。

（2）对于直流电或低频的交流电，电流和电压应满足基尔霍夫（Kirchhoff）定律；但对于较高频率的电流（指频率还没有高到能显著地辐射电磁波的情况），电路中导线的自感和电容的效应不可忽略，因而同一支路中电流未必相等。

（3）高频传输线应满足分布参数的导体。

（4）假定电压 v 与电流 i 都是二次连续可微的。

二、建立模型

考虑一来一往的高频传输线，它被当作具有分布参数的导体（见图 2-8-1），我们来研究这种导体内电流流动的规律。在具有分布参数的导体中，电流通过的情况，可以用电流密度 i 与电压 v 来描述，此处 i 与 v 都是 x，t 的函数，记作 $i\ (x,\ t)$ 与 $v\ (x,\ t)$。以 R、L、C 和 G 分别表示：每一回路单位的串联电阻，每一回路单位的串联电感，每单位长度的分路电容，每单位长度的分路电导。

根据基尔霍夫电压定律（基尔霍夫第二定律），在长度 Δx 的传输线中，电压降应等于导线电阻 $R\Delta x$ 上的电压降和两线之间的电感 $L\Delta x$ 上的感生电动势之和：

$$v-(v+\Delta v)=R\Delta x\cdot i+L\Delta x\cdot\frac{\partial i}{\partial t}$$

由此可得：

$$\frac{\partial v}{\partial x}=-Ri-L\frac{\partial i}{\partial t} \tag{23-1}$$

另外，由基尔霍夫电流定律（基尔霍夫第一定律），流入节点的电流应等于流出该节点的电流：

$$i=(i+\Delta i)+C\Delta x\cdot\frac{\partial v}{\partial t}+G\Delta x\cdot v$$

其中，右端第二项为两线间的漏电流。由此式得：

$$\frac{\partial i}{\partial x}=-C\frac{\partial v}{\partial t}-Gv \tag{23-2}$$

将方程（23-1）和方程（23-2）合并，得 i 和 v 应满足如下方程组：

$$\begin{cases}\dfrac{\partial i}{\partial x}+C\dfrac{\partial v}{\partial t}+Gv=0\\[2ex]\dfrac{\partial v}{\partial x}+Ri-L\dfrac{\partial i}{\partial t}=0\end{cases}$$

假定 v 与 i 对 x 和 t 都是二次连续可微的，则方程（23-1）和方程（23-2）中消去 i 或 v，可得：

$$\frac{\partial^2 i}{\partial x^2}=LC\frac{\partial^2 i}{\partial t^2}+(RC+GL)\frac{\partial i}{\partial t}+GRi \tag{23-3}$$

$$\frac{\partial^2 v}{\partial x^2}=LC\frac{\partial^2 v}{\partial t^2}+(RC+GL)\frac{\partial v}{\partial t}+GRv \tag{23-4}$$

方程（23-3）或方程（23-4）称为传输线方程（也称电报方程）。

三、模型简化

根据不同的情况，对参数 R、L、C、G 进行不同的假定，就可以得到传输线方程的各种特殊形式。例如，在高频传输的情况下（理想的传输线），电导与电阻所产生的效应可以忽略不计，即可令 $G=R=0$，此时方程（23-3）和方程（23-4）可简化为：

$$\frac{\partial^2 i}{\partial t^2}=\frac{1}{LC}\frac{\partial^2 i}{\partial x^2}$$

$$\frac{\partial^2 v}{\partial t^2}=\frac{1}{LC}\frac{\partial^2 v}{\partial x^2}$$

这两个方程称为高频传输线方程。令 $a^2=\dfrac{1}{LC}$，这两个方程跟一维波动方程完全相同。由此可见，同一个方程可以用来描述不同的物理现象。

四、具体问题

把高频电线充电到具有电压 E，然后一端短路封闭，另一端仍保持断开，求以后的电压分布。

设输电线长度为 l，把高频输电线充电到各处具有电压 E 之后，$x=0$ 端短路，$x=l$ 端始终开启。之后，传输线上的电压随空间和时间变化，设为 $u(x, t)$。传输线上的初始电压为 E（常数），因此系统的初始条件为：

$$u\mid_{t=0}=E,\ u_t\mid_{t=0}=0$$

传输线的 $x=0$ 端短路，则电压为零：

$$u\mid_{x=0}=0$$

传输线的 $x=l$ 端开路，则电流为零：

$$u_x\mid_{x=l}=0$$

故定解问题为：

$$\begin{cases}\dfrac{\partial^2 u}{\partial t^2}=a^2\dfrac{\partial^2 u}{\partial x^2}\\ u\mid_{x=0}=0,\ u_x\mid_{x=l}=0\\ u\mid_{t=0}=E,\ u_t\mid_{t=0}=0\end{cases}\tag{23-5}$$

方程组（23-5）的精确解为：

$$u(x, t)=\sum_{n=0}^{\infty}\frac{4E}{(2n+1)\pi}\cos\left[\frac{(2n+1)a\pi}{2l}t\right]\sin\left[\frac{(2n+1)\pi}{2l}x\right]$$

五、计算程序

以上解的计算程序如下：

```
%%%%%%%%%%%%%%%%%%%%%%%%%%%%%%%%%%%%%%%%%%
% 问题      u_tt=a^2* u_xx                       %
% 边界      u(0,t)=0,u_x(L,t)=0,t>0              %
% 初始      u(x,0)=E,0<x<L                       %
%           u_t(x,0)=0,0<x<L                     %
%           CTCS 显格式                           %
%%%%%%%%%%%%%%%%%%%%%%%%%%%%%%%%%%%%%%%%%%
    clc;
```

```
clearall;
options={'输电线长度L','空间步长△x','计算时间节点(1~9某几个时间节点)',
'波的相速度a',...
    '初始电压E','稳定条件的值r(取值必须小于等于0.5)'};
topic='seting';
lines=1;
def={'8','0.01','[1,2,3,4,5]','1','1','1'};
p=inputdlg(options,topic,lines,def);
L=eval(p{1});
dx=eval(p{2});
t1=eval(p{3});
a=eval(p{4});
E=eval(p{5});
r=eval(p{6});% r的值必须小于等于0.5
dt=r*dx/a;
x=0:dx:L;
x_len=length(x);
Cor_num={'b-';'m:';'c--';'g.-';'k-.';'b.-';'m.';'c.-';'g.-'};
Cor_al={'b<';'m<';'c<';'g<';'k<';'b<';'m<';'c<';'g<'};
for tnum=1:length(t1)
    t=t1(tnum);
    u=0;
    for n=0:1000
        u=u+1/(2*n+1)*cos(0.5*(2*n+1)*pi*a*t/L)*sin(0.5*(2*n+
1)*pi*x/L);
    end
    u=4*E/pi*u;
    plot(x(1:20:x_len),u(1:20:x_len),Cor_al{tnum,1},'LineWidth',
2,'MarkerSize',4);
    holdon
end% 解析解
for tnum=1:length(t1)
    t=t1(tnum);
    U=zeros(3,x_len);
    U(1,:)=E;
    U(2,:)=U(1,:);
    text_t(tnum)=num2str(t1(tnum),2);
    text(tnum,:)=strcat('t=  ',text_t(tnum));
```

```
        for num=1:t/dt

    U(3,2:end-1)=r^2*U(2,3:end)+2*(1-r^2)*U(2,2:end-1)+r^2*U(2,1:end-
2)-U(1,2:end-1);
            U(3,end)=U(3,end-1);
            U(1,:)=U(2,:);
            U(2,:)=U(3,:);
        end
        UU=U(3,:);
        plot(x,UU,Cor_num{tnum,1},'LineWidth',2,'MarkerSize',4);
    end% 数值解
    switch  length(t1)
        case 1
            legend(text(1,:))
        case 2
            legend(text(1,:),text(2,:))
        case 3
            legend(text(1,:),text(2,:),text(3,:))
        case 4
            legend(text(1,:),text(2,:),text(3,:),text(4,:))
        case 5
            legend (text (1,:), text (2,:), text (3,:), text (4,:), text
(5,:))
        case 6
            legend (text (1,:), text (2,:), text (3,:), text (4,:), text
(5,:),text(6,:))
        case 7
            legend (text (1,:), text (2,:), text (3,:), text (4,:), text
(5,:),text(6,:),text(7,:))
        case 8
    legend(text (1,:), text (2,:), text (3,:), text (4,:), text (5,:), text
(6,:),text(7,:),text(8,:))
    otherwise

    legend(text (1,:), text (2,:), text (3,:), text (4,:), text (5,:), text
(6,:),text(7,:),text(8,:),text(9,:))
    end
    text_a=num2str(a,2);
```

```
    Text= strcat('a=  ',text_a);
    title(Text,'FontSize',14,'FontWeight','bold','FontName','Times New Romann','Color','r')
    xlabel('\it x','FontWeight','bold','FontName','Times New Romann','Color','r')
    ylabel('\it u(x,t)','FontSize',14,'FontWeight','bold','FontName','Times New Romann','Color','r');
    legendboxoff
    set(gca,'FontSize',14)
```

六、结论与总结

按“run”运行时（Notebook 环境下，按 Ctrl+Enter），弹出窗口［见图 2-8-2（a）］，将图框中的相关数据更改为图 2-8-2（b）和图 2-8-2（c）所示的数据，并点击图框中的“确定”按钮，在“command window”中输出结果，解析解（用不同颜色的右三角形表示）与数值解（用不同颜色的线表示）在图形上显示出不同时间、不同位置的传输线波传播位移（见图 2-8-3）。

结合图 2-8-3 和问题很容易知，解析解和数值解都存在 Gibss 现象，原因是初始条件和边界条件不满足相容性条件。较短的时间内解析解和数值解的振荡较小；较长的时间和较大的波相速度下解析解和数值解有较大的振荡。更详细的图形，请读者自己运行修改参数查看。

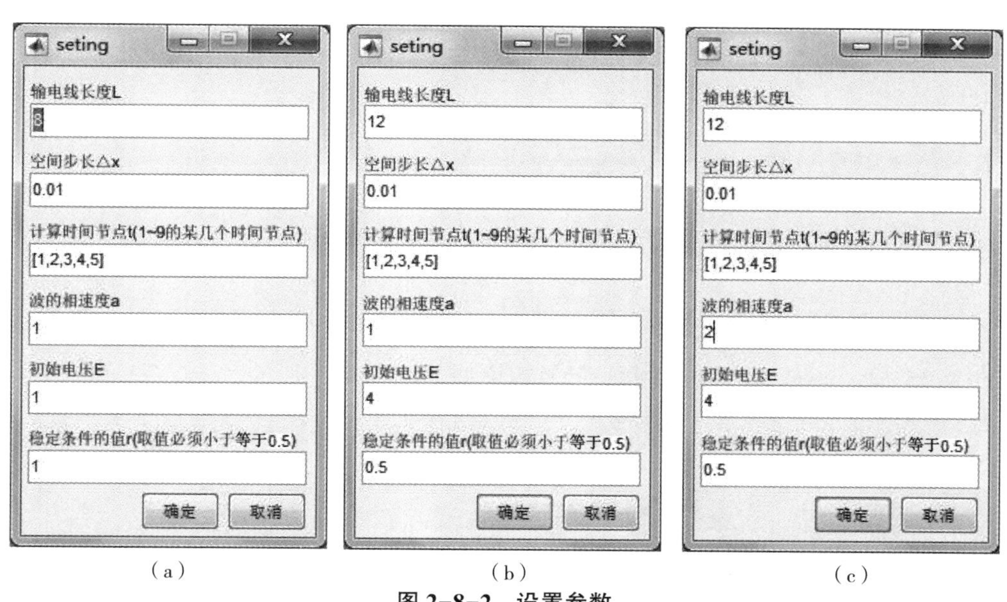

（a）　　（b）　　（c）

图 2-8-2　设置参数

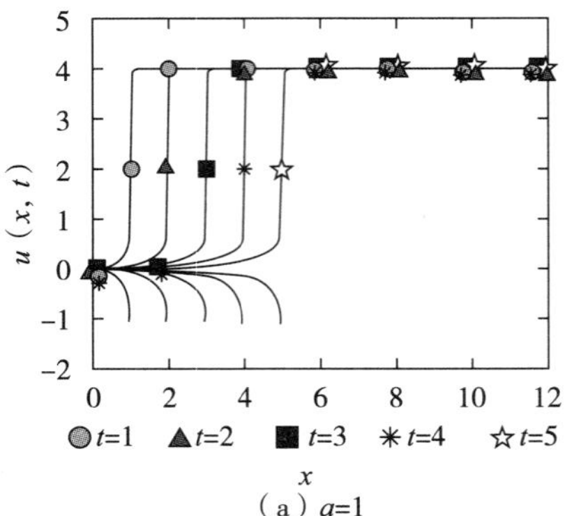

（a）a=1

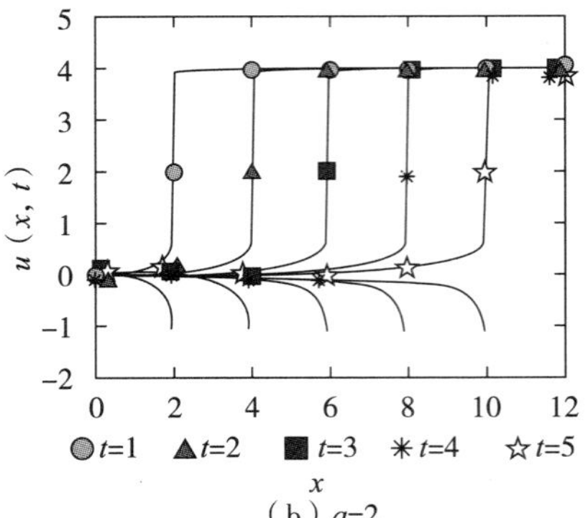

（b）a=2

图 2-8-3 运行结果

七、一般的问题模型

一般的问题模型为：

$$\begin{cases} a^2\dfrac{\partial^2 u}{\partial x^2}=\dfrac{\partial^2 u}{\partial t^2}+2b\dfrac{\partial u}{\partial t}+cu(0<x<l,t>0,a,b,c>0) \\ u\mid_{x=0}=0,u_x\mid_{x=l}=0(t>0) \\ u\mid_{t=0}=\varphi(x),u_t\mid_{t=0}=\psi(x)(0\leqslant x\leqslant l) \end{cases} \tag{23-6}$$

方程组（23-6）的精确解为：

$$u(x,t)=\sum_{n=0}^{\infty}T_n(t)\sin\frac{(2n+1)\pi}{2l}x$$

其中：

$$T''_n(t)+2bT'_n(t)+\{c+[\frac{(2n+1)a\pi}{2l}]^2\}T_n(t)=0$$

$$\sum_{n=0}^{\infty}T_n(0)\sin\frac{(2n+1)\pi}{2l}x=\varphi(x)$$

$$\sum_{n=0}^{\infty}T'_n(0)\sin\frac{(2n+1)\pi}{2l}x=\psi(x)$$

（1）当 $\phi(x)=E$，$\psi(x)=0$ 时，计算程序如下：

```
%%%%%%%%%%%%%%%%%%%%%%%%%%%%%%%%%%%%%%%%%%%%%
%  问题    a^2*u_xx=u_tt+2*b*u_t+c*u             %
%  边界    u(0,t)=0,u_x(L,t)=0,t>0              %
%  初始    u(x,0)=E,0<x<L                        %
%          u_t(x,0)=0,0<x<L                      %
%          CTCS 显格式                            %
%%%%%%%%%%%%%%%%%%%%%%%%%%%%%%%%%%%%%%%%%%%%%
clc;
clearall;
```

```
options={'输电线长度L','空间步长△x','计算时间节点t(1~9的某几个时间节点)','波的相速度a',…
     '阻尼系数b(b>0)','系数c(c>0)','初始电压E','稳定条件的值r(取值必须小于等于0.5)'};
topic='seting';
lines=1;
def={'8','0.01','[1,2,3,4,5]','1','0','0','1','1'};
p=inputdlg(options,topic,lines,def);
L=eval(p{1});
dx=eval(p{2});
t1=eval(p{3});
a=eval(p{4});
b=eval(p{5});
c=eval(p{6});
E=eval(p{7});
r=eval(p{8});% r取值必须小于等于0.5
dt=r*dx/a;
x=0:dx:L;
x_len=length(x);
Cor_num={'b-';'m:';'c--';'g.-';'k-.';'b.-';'m.';'c.-';'g.-';'k-.'};
Cor_al={'b<';'m<';'c<';'g<';'k<';'b<';'m<';'c<';'g<';'k<'};
for tnum=1:length(t1)
    t=t1(tnum);
    u=0;
    for n=0:1000
        Delta=b^2-c-((n+0.5)*pi*a/L)^2;
        if Delta>0
            lambda1=-b+sqrt(Delta);
            lambda2=-b-sqrt(Delta);
            Cn=4*E/pi*lambda2/(2*n+1)/(lambda2-lambda1);
            Dn=-lambda1/lambda2*Cn;
            Tn=Cn*exp(lambda1*t)+Dn*exp(lambda2*t);
        elseif Delta<0
            lambda3=sqrt((((n+0.5)*pi*a/L)^2+c)-b^2);
            Cn=4*E/(2*n+1)/pi;
            Dn=b/lambda3*Cn;
            Tn=exp(-b*t).*(Cn*cos(lambda3*t)+Dn*cos(lambda3*t));
        else
```

```
                Cn=4*E/(2*n+1)/pi;
                Dn=b*Cn;
                Tn=(Cn+Dn*t).*exp(-b*t);
            end
            u=u+Tn*sin(0.5*(2*n+1)*pi*x/L);
        end
        plot(x(1:40:x_len),u(1:40:x_len),Cor_al{tnum,1},'LineWidth',
2,'MarkerSize',4);
        hold on
    end
    for tnum=1:length(t1)
        t=t1(tnum);
        U=zeros(3,x_len);
        U(1,:)=E;
        U(2,:)=U(1,:);
        text_t(tnum)=num2str(t1(tnum),2);
        text(tnum,:)=strcat('t=  ',text_t(tnum));
        for num=1:t/dt
    U(3,2:end-1)=(r^2*U(2,3:end)+(2-2*r^2-c*dt^2)*U(2,2:end-1)+
r^2*U(2,1:end-2)-(1-b*dt)*U(1,2:end-1))/(1+b*dt);
            U(3,end)=U(3,end-1);
            U(1,:)=U(2,:);
            U(2,:)=U(3,:);
        end
        UU=U(3,:);
        plot(x,UU,Cor_num{tnum,1},'LineWidth',2,'MarkerSize',5);
    end
    switch  length(t1)
        case 1
            legend(text(1,:))
        case 2
            legend(text(1,:),text(2,:))
        case 3
            legend(text(1,:),text(2,:),text(3,:))
        case 4
            legend(text(1,:),text(2,:),text(3,:),text(4,:))
        case 5
            legend(text(1,:),text(2,:),text(3,:),text(4,:),text(5,:))
```

```
            case 6
                legend(text(1,:),text(2,:),text(3,:),text(4,:),text
(5,:),text(6,:))
            case 7
                legend(text(1,:),text(2,:),text(3,:),text(4,:),text
(5,:),text(6,:),text(7,:))
            case 8

        legend(text(1,:),text(2,:),text(3,:),text(4,:),text(5,:),text
(6,:),text(7,:),text(8,:))
            otherwise
        legend(text(1,:),text(2,:),text(3,:),text(4,:),text(5,:),text
(6,:),text(7,:),text(8,:),text(9,:))
        end
        text_a=num2str(a,2);
        text_b=num2str(b,2);
        text_c=num2str(c,2);
        Text= strcat('a=  ',text_a,',b=  ',text_b,',c=  ',text_c);
        title(Text,'FontWeight','bold','FontName','Times New Romann',
'Color','r')
        xlabel('\it x','FontSize',14,'FontWeight','bold','FontName',
'Times New Romann','Color','r')
        ylabel('\it u(x,t)','FontSize',14,'FontWeight','bold','FontName',
'Times New Romann','Color','r');
        legend boxoff
        set(gca,'FontSize',14)
```

(2)当 $\phi(x)=E\sin(x)$，$\psi(x)=0$ 时，计算程序如下：

```
%%%%%%%%%%%%%%%%%%%%%%%%%%%%%%%%%%%%%%%%
% 问题    a^2*u_xx=u_tt+2*b*u_t+c*u                        %
% 边界    u(0,t)=0,u_x(L,t)=0,t>0                          %
% 初始    u(x,0)=E*sin(x),0<x<L                            %
%         u_t(x,0)=0,0<x<L                                 %
%         CTCS 显格式                                       %
%%%%%%%%%%%%%%%%%%%%%%%%%%%%%%%%%%%%%%%
  clc;
  clearall;
  options= {'输电线长度L', '空间步长△x', '计算时间节点t', '波的相速度a', …
      '阻尼系数b (b>0)', '系数c (c>0)', '初始电压振幅E', '稳定条件的值r
```

```
(取值必须小于等于 0.5)'};
    topic='seting';
    lines=1;
    def={'8','0.01','[0:0.1:3]','1','0','0','1','1'};
    p=inputdlg(options,topic,lines,def);
    L=eval(p{1});
    dx=eval(p{2});
    t1=eval(p{3});
    a=eval(p{4});
    b=eval(p{5});
    c=eval(p{6});
    E=eval(p{7});
    r=eval(p{8});% r 取值必须小于等于 0.5
    dt=r* dx/a;
    x=0:dx:L;
    x_len=length(x);
    for tnum=1:length(t1)
        t=t1(tnum);
        u=0;
        for n=0:1000
            Delta=b^2-c-((n+0.5)* pi* a/L)^2;
            if Delta>0
                lambda1=-b+sqrt(Delta);
                lambda2=-b-sqrt(Delta);
    Cn=E*(sin(L-n*pi-0.5*pi)/(L-(n+0.5)*pi)-sin(L+n*pi+0.5*pi)/(L+
(n+0.5)*pi))*lambda2/(lambda2-lambda1);
                 Dn=-lambda1/lambda2*Cn;
                 Tn=Cn*exp(lambda1*t)+Dn*exp(lambda2*t);
            elseif Delta<0
                 lambda3=sqrt((((n+0.5)*pi*a/L)^2+c)-b^2);
    Cn=E*(sin(L-n*pi-0.5*pi)/(L-(n+0.5)*pi)-sin(L+n*pi+0.5*pi)/(L+(n+
0.5)*pi));
                 Dn=b/lambda3*Cn;
                 Tn=exp(-b*t).**(Cn*cos(lambda3*t)+Dn*cos(lambda3*t));
            else
    Cn=E*(sin(L-n*pi-0.5*pi)/(L-(n+0.5)*pi)-sin(L+n*pi+0.5*pi)/(L+
(n+0.5)*pi));
                 Dn=b*Cn;
```

```
                Tn=(Cn+Dn*t).*exp(-b*t);
            end
            u=u+Tn*sin(0.5*(2*n+1)*pi*x/L);
        end
        plot(x,u,'LineWidth',2,'MarkerSize',4);
        hold on
    end
    for tnum=1:length(t1)
        t=t1(tnum);
        U=zeros(3,x_len);
        U(1,:)=E*sin(x);
        U(2,:)=U(1,:);
        for num=1:t/dt
    U(3,2:end-1)=(r^2*U(2,3:end)+(2-2*r^2-c*dt^2)*U(2,2:end-1)+r^2*U
(2,1:end-2)-(1-b*dt)*U(1,2:end-1))/(1+b*dt);
            U(3,end)=U(3,end-1);
            U(1,:)=U(2,:);
            U(2,:)=U(3,:);
        end
        UU=U(3,:);

    plot(x(1:30:x_len),UU(1:30:x_len),'bo','LineWidth',2,'MarkerSize',
5,'MarkerEdgeColor','k','MarkerFaceColor','g');
    end
    text_a=num2str(a,2);
    text_b=num2str(b,2);
    text_c=num2str(c,2);
    Text= strcat('a=  ',text_a,',b=  ',text_b,',c=  ',text_c);
    title(Text,'FontWeight','bold','FontName','Times New Romann','Color',
'r')
    xlabel('\it x','FontSize',14,'FontWeight','bold','FontName','Times
New Romann','Color','r')
    ylabel('\it u(x,t)','FontSize',14,'FontWeight','bold','FontName',
'Times New Romann','Color','r');
    legend boxoff
    set(gca,'FontSize',14)
```

八、一般问题模型的结论与总结

（一）$\phi(x)=E$，$\psi(x)=0$ 时的运行结果

按“run”运行时（Notebook 环境下，按 Ctrl+Enter），弹出窗口［见图 2-8-4（a）］，将图框中的相关数据更改为图 2-8-4（b）~（e）所示的数据，并单击图框中的“确定”按钮，在“command window”中输出结果，解析解（用不同颜色的右三角形表示）与数值解（用不同颜色的线表示）在图形上显示出不同时间、不同位置的传输线波传播位移（见图 2-8-5）。

（a）　　（b）　　（c）　　（d）　　（e）

图 2-8-4　一般问题模型参数设置（1）

结合图 2-8-5 和问题可知，对于较大的阻尼系数和时间，解析解和数值解很吻合，反之，有一定的误差，是时间或空间的导数用近似二阶代数和的有限差分的误差导致。对于较大的阻尼系数 b 和系数 c，误差趋近于零。对于较大的阻尼系数，初始条件和边界条件不满足相容性条件的影响不大，传输线的波动方程依然连续地传播。无论阻尼系数大还是小，随着时间的推移传输线右端冲到电压 E 后慢慢耗散到零，这也跟现实吻合。实际上，电压的损失不能忽略。更详细的图形，请读者自己运行修改参数查看。

（二）$\phi(x)=Esin(x)$，$\psi(x)=0$ 时的运行结果

按“run”运行时（NoteBook 环境下，按 Ctrl+Enter），弹出窗口［见图 2-8-6（a）］，将图框中的相关数据更改为图 2-8-6（b）~（e）所示的数据，并点击图框中的“确定”按钮，在“command window”中输出结果，解析解（用不同颜色的线表示）与数值解（用不同颜色的圆圈表示）在图形上显示出不同时间、不同位置的传输线波传播位移（见图 2-8-7）。

结合图 2-8-7 和问题可知，任意给定阻尼系数和时间，解析解和数值解都很吻合，对

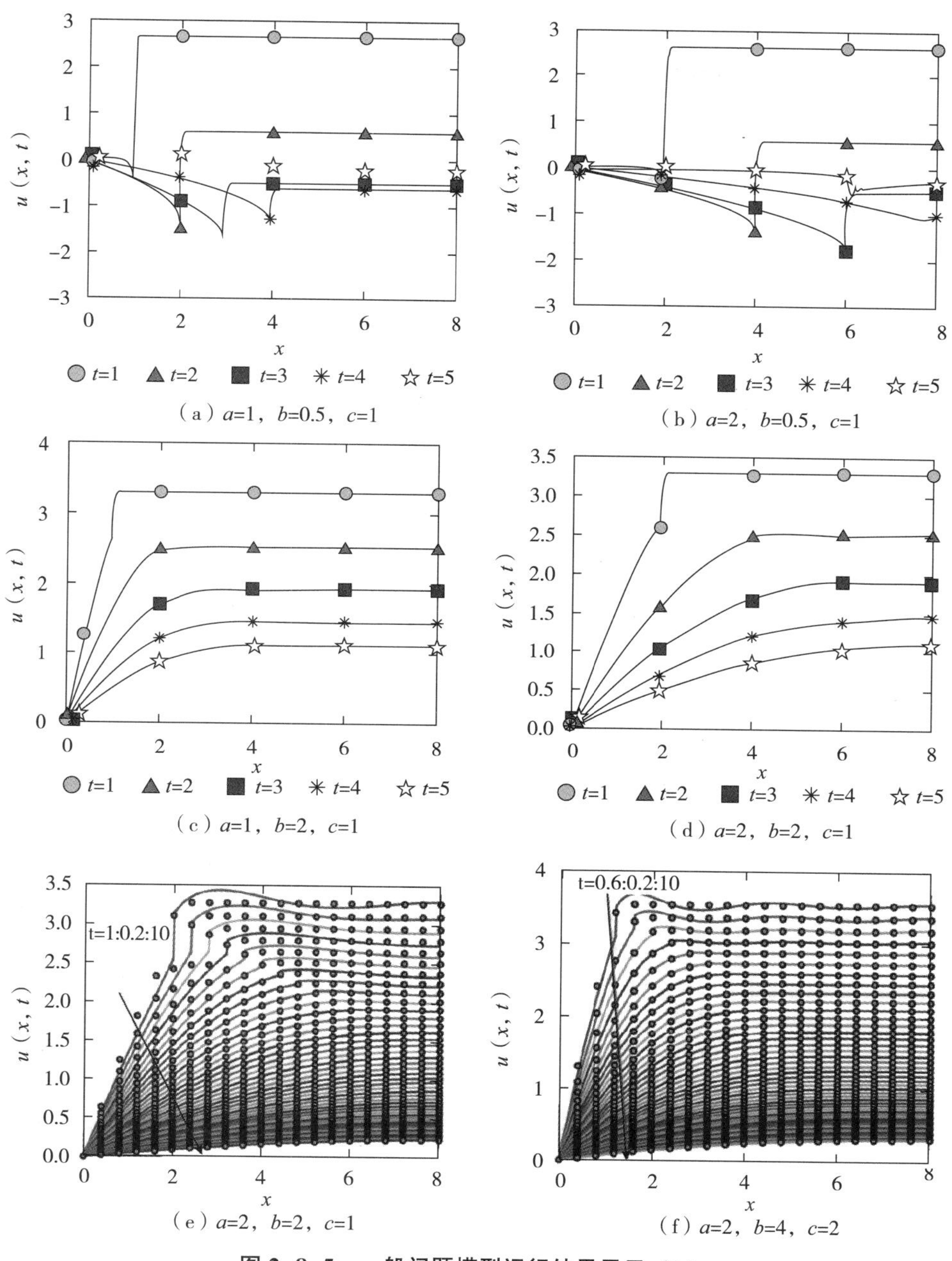

（a）a=1，b=0.5，c=1
（b）a=2，b=0.5，c=1
（c）a=1，b=2，c=1
（d）a=2，b=2，c=1
（e）a=2，b=2，c=1
（f）a=2，b=4，c=2

图 2-8-5　一般问题模型运行结果显示（1）

于较大的阻尼系数，初始条件和边界条件不满足相容性条件的影响不大，传输线的波动方程依然连续传播。无论阻尼系数大还是小，随着时间的推移传输线右端冲到电压振幅为 E 的简谐波慢慢耗散到零，系数 c 等于零的情况下尤其明显。现实生活中，电压的损失不能忽略，因此传输线都采用不同频率的高压传输，不使用低压传输。更详细的图形，请读者自己运行修改参数查看。

（a）　（b）　（c）　（d）　（e）

图 2-8-6　一般问题模型参数设置

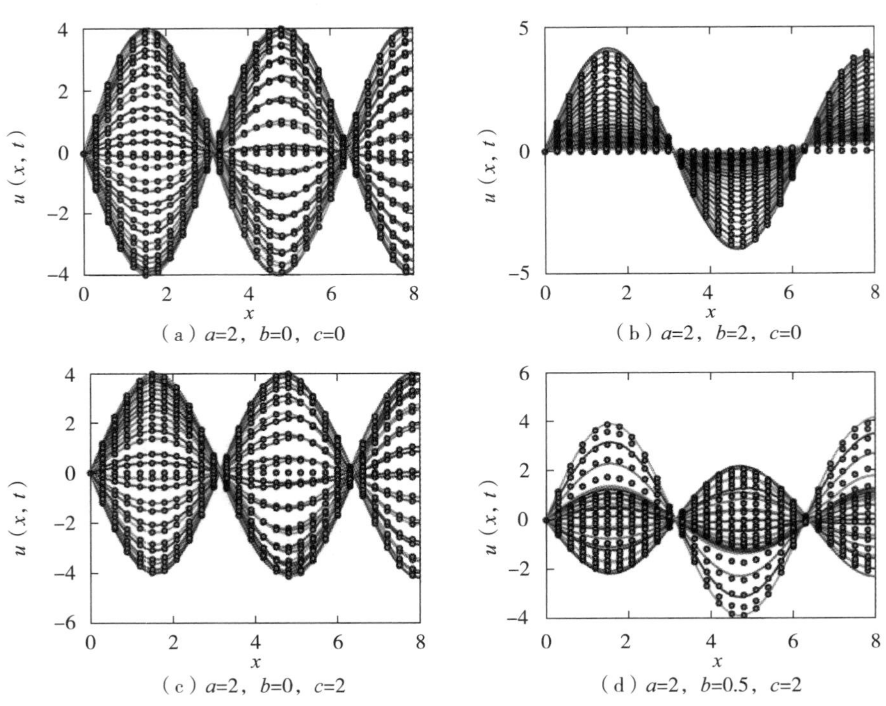

（a）a=2，b=0，c=0　（b）a=2，b=2，c=0

（c）a=2，b=0，c=2　（d）a=2，b=0.5，c=2

图 2-8-7　一般问题模型运行结果显示

附录
MATLAB 的常用命令和函数

A a

abs：绝对值、模、字符的 ASCII 码值
acos：反余弦
acosh：反双曲余弦
acot：反余切
acoth：反双曲余切
acsc：反余割
acsch：反双曲余割
angle：相角
ans：表达式计算结果的缺省变量名
area：区域图
asec：反正割
asech：反双曲正割
asin：反正弦
asinh：反双曲正弦
assignin：向变量赋值
atan：反正切
atanh：反双曲正切
autumn：红黄调秋色图阵
axes：创建轴对象的低层指令
axis：控制轴刻度和风格的高层指令

B b

bar：二维直方图
bar3：三维直方图
bar3h：三维水平直方图
barh：二维水平直方图
base2dec：X 进制转换为十进制
bin2dec：二进制转换为十进制
blanks：创建空格串
bone：蓝色调黑白色图阵
box：框状坐标轴
brighten：亮度控制

C c

capture：捕获当前图形
cart2pol：直角坐标变为极或柱坐标
cart2sph：直角坐标变为球坐标
caxis：色标尺刻度
cd：指定当前目录
cdedit：启动用户菜单、控件回调函数设计工具
cdf2rdf：复数特征值对角阵转为实数块对角阵
ceil：向正无穷取整
cell：创建元胞数组
cell2struct：元胞数组转换为构架数组
celldisp：显示元胞数组内容
cellplot：元胞数组内部结构图示
char：把数值、符号、内联类转换为字符对象
chi2cdf：分布累计概率函数
chi2inv：分布逆累计概率函数
chi2pdf：分布概率密度函数
chi2rnd：分布随机数发生器
chol Cholesky：分解
clabel：等位线标识
cla：清除当前轴
class：获知对象类别或创建对象
clc：清除指令窗
clear：清除内存变量和函数
clf：清除图对象

colorcube：三浓淡多彩交叉色图矩阵
colordef：设置色彩缺省值
colormap：色图
close：关闭指定窗口
colperm：列排序置换向量
comet：彗星状轨迹图
comet3：三维彗星轨迹图
compass：射线图
compose：求复合函数
cond：（逆）条件数
condeig：计算特征值、特征向量同时给出条件数
condest：1-范数的条件数估计
conj：复数共轭
contour：等位线
contourf：填色等位线
contour3：三维等位线
contourslice：四维切片等位线图
conv：多项式乘、卷积
cool：青紫调冷色图
copper：古铜调色图
cos：余弦
cosh：双曲余弦
cot：余切
coth：双曲余切
cplxpair：复数共轭成对排列
csc：余割
csch：双曲余割
cumsum：元素累计和
cumtrapz：累计梯形积分
cylinder：创建圆柱

D d

dblquad：二重数值积分
dec2base：十进制转换为 X 进制
dec2bin：十进制转换为二进制
dec2hex：十进制转换为十六进制
deconv：多项式除、解卷
delaunay Delaunay：三角剖分
del2：离散 Laplacian 差分
demo：MATLAB 演示
det：行列式
diag：矩阵对角元素提取、创建对角阵
diary：MATLAB 指令窗文本内容记录
diff：数值差分、符号微分
digits：符号计算中设置符号数值的精度
dir：目录列表
disp：显示数组
display：显示对象内容的重载函数
dlinmod：离散系统的线性化模型
dmperm：矩阵 Dulmage-Mendelsohn 分解
dos：执行 DOS 指令并返回结果
double：把其他类型对象转换为双精度数值
drawnow：更新事件队列强迫 MATLAB 刷新屏幕
dsolve：符号计算解微分方程

E e

echo M：文件被执行指令的显示
edit：启动 M 文件编辑器
eig：求特征值和特征向量
eigs：求指定的几个特征值
end：控制流 FOR 等结构体的结尾元素下标
eps：浮点相对精度
error：显示出错信息并中断执行
errortrap：错误发生后程序是否继续执行的控制
erf：误差函数
erfc：误差补函数
erfcx：刻度误差补函数
erfinv：逆误差函数
errorbar：带误差限的曲线图
etreeplot：画消去树
eval：串演算指令
evalin：跨空间串演算指令
exist：检查变量或函数是否已定义

exit：退出 MATLAB 环境
exp：指数函数
expand：符号计算中的展开操作
expint：指数积分函数
expm：常用矩阵指数函数
expm1：Pade 法求矩阵指数
expm2：Taylor 法求矩阵指数
expm3：特征值分解法求矩阵指数
eye：单位阵
ezcontour：画等位线的简捷指令
ezcontourf：画填色等位线的简捷指令
ezgraph3：画表面图的通用简捷指令
ezmesh：画网线图的简捷指令
ezmeshc：画带等位线的网线图的简捷指令
ezplot：画二维曲线的简捷指令
ezplot3：画三维曲线的简捷指令
ezpolar：画极坐标图的简捷指令
ezsurf：画表面图的简捷指令
ezsurfc：画带等位线的表面图的简捷指令

F f

factor：符号计算的因式分解
feather：羽毛图
feedback：反馈连接
feval：执行由串指定的函数
fft：离散 Fourier 变换
fft2：二维离散 Fourier 变换
fftn：高维离散 Fourier 变换
fftshift：直流分量对中的谱
fieldnames：构架域名
figure：创建图形窗
fill3：三维多边形填色图
find：寻找非零元素下标
findobj：寻找具有指定属性的对象图柄
findstr：寻找短串的起始字符下标
findsym：机器确定内存中的符号变量
finverse：符号计算中求反函数
fix：向零取整
flag：红白蓝黑交错色图阵
fliplr：矩阵的左右翻转
flipud：矩阵的上下翻转
flipdim：矩阵沿指定维翻转
floor：向负无穷取整
flops：浮点运算次数
flow：MATLAB 提供的演示数据
fminbnd：求单变量非线性函数极小值点
fminunc：拟牛顿法求多变量函数极小值点
fminsearch：单纯形法求多变量函数极小值点
fnder：对样条函数求导
fnint：利用样条函数求积分
fnval：计算样条函数区间内任意一点的值
fnplt：绘制样条函数图形
fopen：打开外部文件
format：设置输出格式
fourier Fourier：变换
fplot：返回绘图指令
fprintf：设置显示格式
fread：从文件读二进制数据
fsolve：求多元函数的零点
full：把稀疏矩阵转换为非稀疏矩阵
funm：计算一般矩阵函数
funtool：函数计算器图形用户界面
fzero：求单变量非线性函数的零点

G g

gamma：函数
gammainc：不完全函数
gammaln：函数的对数
gca：获得当前轴句柄
gcbo：获得正执行“回调”的对象句柄
gcf：获得当前图对象句柄
gco：获得当前对象句柄
geomean：几何平均值
get：获知对象属性
getfield：获知构架数组的域
getframe：获取影片的帧画面

ginput：从图形窗获取数据
global：定义全局变量
gplot：依图论法则画图
gradient：近似梯度
gray：黑白灰度
grid：绘制分格线
griddata：规则化数据和曲面拟合
gtext：由鼠标放置注释文字
guide：启动图形用户界面交互设计工具

H h

harmmean：调和平均值
help：在线帮助
helpwin：交互式在线帮助
helpdesk：打开超文本形式用户指南
hex2dec：十六进制转换为十进制
hex2num：十六进制转换为浮点数
hidden：透视和消隐开关
hilb Hilbert：矩阵
hist：频数计算或频数直方图
histc：端点定位频数直方图
histfit：带正态拟合的频数直方图
hold：当前图上重画的切换开关
horner：分解成嵌套形式
hot：黑红黄白色图
hsv：饱和色图

I i

i，j：缺省的“虚单元”变量
ilaplace Laplace：反变换
imag：复数虚部
image：显示图像
imagesc：显示亮度图像
imfinfo：获取图形文件信息
imread：从文件读取图像
imwrite：把图像写成文件
ind2sub：单下标转变为多下标
inf：无穷大
inline：构造内联函数对象
inmem：列出内存中的函数名
input：提示用户输入
int：符号积分
int2str：把整数数组转换为串数组
interp1：一维插值
interp2：二维插值
interp3：三维插值
interpn：N 维插值
interpft：利用 FFT 插值
intro：MATLAB 自带的入门引导
inv：求矩阵逆
invhilb Hilbert：矩阵的准确逆
ipermute：广义反转置
isa：检测是否给定类的对象
iztrans：符号计算 Z 反变换

J j

jacobian：符号计算中求 Jacobian 矩阵
jet：蓝头红尾饱和色
jordan：符号计算中获得 Jordan 标准型

K k

keyboard：键盘获得控制权
kron Kronecker：乘法规则产生的数组

L l

laplace Laplace：变换
legend：图形图例
lighting：照明模式
line：创建线对象
lines：采用 plot 画线色
linmod：获连续系统的线性化模型
linmod2：获连续系统的线性化精良模型
linprog：求解线性规划
linspace：线性等分向量
ln：矩阵自然对数
load：从 MAT 文件读取变量
log：自然对数
log10：常用对数
log2：底为 2 的对数
loglog：双对数刻度图形
logm：矩阵对数

logspace：对数分度向量
lookfor：按关键字搜索 M 文件
lower：转换为小写字母
lsqnonlin：解非线性最小二乘问题
lu：LU 分解

M m

mad：平均绝对值偏差
magic：魔方阵
maple：运作 Maple 格式指令
mat2str：把数值数组转换成输入形态串数组
material：材料反射模式
max：找向量中最大元素
mbuild：产生 EXE 文件编译环境的预设置指令
mcc：创建 MEX 或 EXE 文件的编译指令
mean：求向量元素的平均值
median：求中位数
menuedit：启动设计用户菜单的交互式编辑工具
mesh：网线图
meshz：垂帘网线图
meshgrid：产生“格点”矩阵
methods：获知对指定类定义的所有方法函数
mex：产生 MEX 文件编译环境的预设置指令
mfunlis：能被 mfun 计算的 MAPLE 经典函数列表
mhelp：引出 Maple 的在线帮助
min：找向量中最小元素
mkdir：创建目录
mkpp：逐段多项式数据的明晰化
mod：模运算
more：指令窗中内容的分页显示
movie：放映影片动画
moviein：影片帧画面的内存预置
mtaylor：符号计算多变量 Taylor 级数展开

N n

ndims：求数组维数
NaN：非数（预定义）变量
nargchk：输入宗量数验证
nargin：函数输入宗量数
nargout：函数输出宗量数
ndgrid：产生高维格点矩阵
newplot：准备新的缺省图、轴
nextpow2：取最接近的较大 2 次幂
nnz：矩阵的非零元素总数
nonzeros：矩阵的非零元素
norm：矩阵或向量范数
normcdf：正态分布累计概率密度函数
normest：估计矩阵 2 范数
norminv：正态分布逆累计概率密度函数
normpdf：正态分布概率密度函数
normrnd：正态随机数发生器
notebook：启动 MATLAB 和 Word 的集成环境
null：零空间
num2str：把非整数数组转换为串
numden：获取最小公分母和相应的分子表达式
nzmax：指定存放非零元素所需内存

O o

ode1：非 Stiff 微分方程变步长解算器
ode15s：Stiff 微分方程变步长解算器
ode23t：适度 Stiff 微分方程解算器
ode23tb：Stiff 微分方程解算器
ode45：非 Stiff 微分方程变步长解算器
odefile：ODE 文件模板
odeget：获知 ODE 选项设置参数
odephas2：ODE 输出函数的二维相平面图
odephas3：ODE 输出函数的三维相空间图
odeplot：ODE 输出函数的时间轨迹图
odeprint：在 MATLAB 指令窗显示结果
odeset：创建或改写 ODE 选项构架参数值
ones：全 1 数组

optimset：创建或改写优化泛函指令的选项参数值
orient：设定图形的排放方式
orth：值空间正交化

P p

pack：收集 MATLAB 内存碎块扩大内存
pagedlg：调出图形排版对话框
patch：创建块对象
path：设置 MATLAB 搜索路径的指令
pathtool：搜索路径管理器
pause：暂停
pcode：创建预解译 P 码文件
pcolor：伪彩图
peaks：MATLAB 提供的典型三维曲面
permute：广义转置
pi：（预定义变量）圆周率
pie：二维饼图
pie3：三维饼图
pink：粉红色图矩阵
pinv：伪逆
plot：平面线图
plot3：三维线图
plotmatrix：矩阵的散点图
plotyy：双纵坐标图
poissinv：泊松分布逆累计概率分布函数
poissrnd：泊松分布随机数发生器
pol2cart：极或柱坐标变为直角坐标
polar：极坐标图
poly：矩阵的特征多项式、根集对应的多项式
poly2str：以习惯方式显示多项式
poly2sym：双精度多项式系数转变为向量符号多项式
polyder：多项式导数
polyfit：数据的多项式拟合
polyval：计算多项式的值
polyvalm：计算矩阵多项式
pow2：2 的幂
ppval：计算分段多项式
pretty：以习惯方式显示符号表达式
print：打印图形或 SIMULINK 模型
printsys：以习惯方式显示有理分式
prism：光谱色图矩阵
procread：向 MAPLE 输送计算程序
profile：函数文件性能评估器
propedit：图形对象属性编辑器
pwd：显示当前工作目录

Q q

quad：低阶法计算数值积分
quad8：高阶法计算数值积分（QUADL）
quit：退出 MATLAB 环境
quiver：二维方向箭头图
quiver3：三维方向箭头图

R r

rand：产生均匀分布随机数
randn：产生正态分布随机数
randperm：随机置换向量
range：样本极差
rank：矩阵的秩
rats：有理输出
rcond：矩阵倒条件数估计
real：复数的实部
reallog：在实数域内计算自然对数
realpow：在实数域内计算乘方
realsqrt：在实数域内计算平方根
realmax：最大正浮点数
realmin：最小正浮点数
rectangle：画"长方框"
rem：求余数
repmat：铺放模块数组
reshape：改变数组维数、大小
residue：部分分式展开
return：返回
ribbon：把二维曲线画成三维彩带图
rmfield：删去构架的域
roots：求多项式的根

rose：数扇形图
rot90：矩阵旋转90°
rotate：指定的原点和方向旋转
rotate3d：启动三维图形视角的交互设置功能
round：向最近整数圆整
rref：简化矩阵为梯形形式
rsf2csf：实数块对角阵转为复数特征值对角阵
rsums：Riemann和

S s

save：把内存变量保存为文件
scatter：散点图
scatter3：三维散点图
sec：正割
sech：双曲正割
semilogx：X轴对数刻度坐标图
semilogy：Y轴对数刻度坐标图
series：串联连接
set：设置图形对象属性
setfield：设置构架数组的域
setstr：将ASCII码转换为字符的旧版指令
sign：根据符号取值函数
signum：符号计算中的符号取值函数
sim：运行SIMULINK模型
simget：获取SIMULINK模型设置的仿真参数
simple：寻找最短形式的符号解
simplify：符号计算中进行简化操作
simset：对SIMULINK模型的仿真参数进行设置
simulink：启动SIMULINK模块库浏览器
sin：正弦
sinh：双曲正弦
size：矩阵的大小
slice：立体切片图
solve：求代数方程的符号解
spalloc：为非零元素配置内存
sparse：创建稀疏矩阵
spconvert：把外部数据转换为稀疏矩阵
spdiags：稀疏对角阵
spfun：求非零元素的函数值
sph2cart：球坐标变为直角坐标
sphere：产生球面
spinmap：色图彩色的周期变化
spline：样条插值
spones：用1置换非零元素
sprandsym：稀疏随机对称阵
sprank：结构秩
spring：紫黄调春色图
sprintf：把格式数据写成串
spy：画稀疏结构图
sqrt：平方根
sqrtm：方根矩阵
squeeze：删去大小为1的"孤维"
sscanf：按指定格式读串
stairs：阶梯图
std：标准差
stem：二维杆图
step：阶跃响应指令
str2double：串转换为双精度值
str2mat：创建多行串数组
str2num：串转换为数
strcat：接成长串
strcmp：串比较
strjust：串对齐
strmatch：搜索指定串
strncmp：串中前若干字符比较
strrep：串替换
strtok：寻找第一间隔符前的内容
struct：创建构架数组
struct2cell：把构架转换为元胞数组
strvcat：创建多行串数组
sub2ind：多下标转换为单下标
subexpr：通过子表达式重写符号对象
subplot：创建子图
subs：符号计算中的符号变量置换
subspace：两子空间夹角

sum：元素和
summer：绿黄调夏色图
superiorto：设定优先级
surf：三维着色表面图
surface：创建面对象
surfc：带等位线的表面图
surfl：带光照的三维表面图
surfnorm：空间表面的法线
svd：奇异值分解
svds：求指定的若干奇异值
switch-case-otherwise：多分支结构
sym2poly：符号多项式转变为双精度多项式系数向量
symmmd：对称最小度排序
symrcm：反向 Cuthill-McKee 排序
syms：创建多个符号对象

T t

tan：正切
tanh：双曲正切
taylortool：进行 Taylor 逼近分析的交互界面
text：文字注释
tf：创建传递函数对象
tic：启动计时器
title：图名
toc：关闭计时器
trapz：梯形法数值积分
treelayout：展开树、林
treeplot：画树图
tril：下三角阵
trim：求系统平衡点
trimesh：不规则格点网线图
trisurf：不规则格点表面图
triu：上三角阵
try-catch：控制流中的 try-catch 结构
type：显示 M 文件

U u

uicontextmenu：创建现场菜单
uicontrol：创建用户控件
uimenu：创建用户菜单
unmkpp：逐段多项式数据的反明晰化
unwrap：自然态相角
upper：转换为大写字母

V v

var：方差
varargin：变长度输入宗量
varargout：变长度输出宗量
vectorize：使串表达式或内联函数适于数组运算
ver：版本信息的获取
view：三维图形的视角控制
voronoi：Voronoi 多边形
vpa：任意精度（符号类）数值

W w

warning：显示警告信息
what：列出当前目录上的文件
whatsnew：显示 MATLAB 中 Readme 文件的内容
which：确定函数、文件的位置
while：控制流中的 While 环结构
white：全白色图矩阵
whitebg：指定轴的背景色
who：列出内存中的变量名
whos：列出内存中变量的详细信息
winter：蓝绿调冬色图
workspace：启动内存浏览器

X x

xlabel：X 轴名
xor：或非逻辑

Y y

yesinput：智能输入指令
ylabel：Y 轴名

Z z

zeros：全零数组
zlabel：Z 轴名
zoom：图形的变焦放大和缩小
ztrans：符号计算 Z 变换

参考文献

[1] Bi Y. H. , Yang Z. Q. , Meng X. Y. , Lu Q. S. Noise-induced bistable switching dynamics through a potential energy landscape [J]. Acta Mech Sin, 2015, 31 (2): 216-222.

[2] Black F. Scholes M. S. The pricing of options and corporate liabilities [J]. Journal of Political Eco) nomics, 1973, 81 (81): 637-659.

[3] Abrieu A, Dorée M. , Fisher D. The interplay between cyclin-B-Cdc2 kinase (MPF) and MAP kinase during maturation of oocytes [J]. Journal of Cell Science, 2001, 114 (2): 257-267.

[4] Erić Dejan, Andjelic Goran, Redžepagić Srdjan. Application of MACD and RVI indicators as functions of investment strategy optimization on the financial market [J]. Zbornik Radova Ekonomskog Fakulteta V Rijeci asopis Za Ekonomsku Teoriju I Praksu, 2009, 27 (1): 35-36.

[5] Lei J. Z. Systems biology-modeling, analysis, simulation [M]. Shanghai: Shanghai Science and Technology Press, 2010.

[6] Lewis R. S. Calcium signaling mechanisms in lymphocytes [J]. Annual Review of Immunology, 2001, 19 (1): 497-521.

[7] Liu R. Y. , Diasinou F. , Shreyansh S. , et al. cAMP response element - binding protein 1 feedback loop is necessary for consolidation of long-term synaptic facilitation in aplysia [J]. Journal of Neuroscience, 2008, 28 (8): 1970-1976.

[8] Ng W. K. Technical analysis and the London stock exchange: Testing the MACD and RSI rules using the FT30 [J]. Applied Economics Letters, 2008, 15 (14): 1111-1114.

[9] Pomerening J. R. , Sontag E. D. , Ferrell J. E. Building a cell cycle oscillator: Hysteresis and bistability in the activation of Cdc2 [J]. Nature Cell Biology, 2003 (5): 346-351.

[10] Sun T. , Yang W. , Liu J. , et al. Modeling the basal dynamics of P53 system [J]. Plos One, 2011, 6 (11): e27882.

[11] The MathWorks, Inc. Partial differential equation toolbox user's guide[EB/OL]. https: //www. docin. com/-79056656. html, 2010-09-10.

[12] Wedlich - Soldner R. , Wai S. C. , Schmidt T. , et al. Robust cell polarity is a dynamic state established by coupling transport and GTPase signaling [J]. The Journal of Cell Biology, 2004, 166 (6): 889-900.

[13] Xiong W. , Ferrell J. E. A positive-feedback-based bistable "memory module" that governs a cell fate decision [J]. Nature, 2003, 426 (6965): 460-465.

[14] 艾冬梅，李艳晴，张丽静等 . MATLAB 与数学实验 [M]. 北京：机械工业出版

社，2010.

［15］蔡光兴，金裕红．大学数学实验［M］．北京：科学出版社，2007.

［16］蔡茂蓉，林茂松．Notebook 与 Word 的通信及其在教学中的应用［J］．MODERN COMPUTER，2007（1）：103-105.

［17］陈杰．MATLAB 宝典［M］．北京：电子工业出版社，2007.

［18］陈明．MATLAB 神经网络原理与实例精解［M］．北京：清华大学出版社，2013.

［19］陈荣达，肖德云．外汇期权敏感性分析［J］．武汉理工大学学报，2006（2）：140-142.

［20］陈勇，刘霞．在 Microsoft Word 中使用和操作 MATLAB［J］．自动化技术与应用，2004，23（2）：62-64.

［21］邓留保，李柏年，杨桂元．Matlab 与金融模型分析［M］．合肥：合肥工业大学出版社，2007.

［22］电子科技大学数学科学学院．数学实验方法［M］．北京：中国铁道出版社，2013.

［23］堵秀凤，张水胜，丁永胜，张睿智．数学实验［M］．北京：科学出版社，2009.

［24］冯勤超，赖欣．算术亚式期权价格的敏感性参数估计［J］．系统工程学报，2010（3）：334-339.

［25］冯有前，袁修久，李炳杰等．数学实验［M］．北京：国防工业出版社，2008.

［26］冯元珍，屠小明．基于 MATLAB 的微分方程数值解法［J］．科技信息（学术研究），2006（12）：413-415.

［27］龚纯，王正林．精通 MATLAB 最优化计算［M］．北京：电子工业出版社，2009.

［28］顾樵．数学物理方法［M］．北京：科学出版社，2012.

［29］郭科．数学实验：数学软件教程［M］．北京：高等教育出版社，2010.

［30］韩明，王家宝，李林．数学实验：MATLAB 版［M］．上海：同济大学出版社，2012.

［31］韩文忠，刘官厅，李秀兰等．概率论与数理统计［M］．北京：高等教育出版社，2015.

［32］韩西安，黄希利．数学实验［M］．北京：国防工业出版社，2003.

［33］何双．MATLAB 在常微分方程初值问题的应用［J］．长春师范学院学报，2005（7）：17-19.

［34］何选森．随机过程［M］．北京：人民邮电出版社，2009.

［35］胡良剑，孙晓君．MATLAB 数学实验［M］．北京：高等教育出版社，2006.

［36］胡蓉．MATLAB 软件与数学实验［M］．北京：经济科学出版社，2010.

［37］胡素敏．MATLAB 引入金融数学教学初探［J］．湖北成人教育学院学报，2011（6）：144-146.

［38］黄雍检，赖明勇．MATLAB 语言在运筹学中的应用［M］．长沙：湖南大学出版社，2005.

[39] 姜健飞，吴笑千，胡良剑．数值分析及其 MATLAB 实验［M］．北京：清华大学出版社，2015.

[40] 姜启源，谢金星，邢文训等．大学数学实验（第 2 版）［M］．北京：清华大学出版社，2010.

[41] 金龙，王正林．精通 MATLAB 金融计算［M］．北京：电子工业出版社，2009.

[42] 金斯伯格，王正林．问道量化投资：用 MATLAB 来敲门［M］．北京：电子工业出版社，2012.

[43] 雷锦志．系统生物学：建模，分析，模拟［M］．上海：上海科学技术出版社，2010.

[44] 李锋．数学实验［M］．北京：科学出版社，2012.

[45] 李好，杨天春，王齐仁．基于 MATLAB 7.0 PDE 工具箱求解数学物理方程［J］．电脑开发与应用，2009，22（1）：26-27.

[46] 李红艳，王雅宣．数学实验［M］．北京：清华大学出版社，2007.

[47] 李继成，朱旭，李萍．数学实验［M］．北京：高等教育出版社，2006.

[48] 李明．偏微分方程的 MATLAB 解法［J］．湖南农机，2010，37（3）：89-91.

[49] 李庆扬，王能超，易大义．数值分析［M］．武汉：华中科技大学出版社，2006.

[50] 李仕群．期权定价的敏感性分析［J］．沿海企业与科技，2009（1）：119-123.

[51] 李涛，贺勇军，刘志俭．MATLAB 工具箱应用指南：应用数学篇［M］．北京：电子工业出版社，2000.

[52] 李卫国．高等数学实验课［M］．北京：高等教育出版社，2001.

[53] 李秀珍，庞常词．数学实验［M］．北京：机械工业出版社，2008.

[54] 李洋，郑志勇．量化投资：以 MATLAB 为工具［M］．北京：电子工业出版社，2015.

[55] 刘海媛．几何亚式期权价格敏感性参数估计［J］．徐州工程学院学报，2006（3）：48-53.

[56] 刘俊材，林若．基于 MATLAB 的欧式期权定价与隐含波动率应用［J］．商场现代化，2010（26）：192.

[57] 刘启宽，郑丰华．大学数学实验基础［M］．北京：科学出版社，2010.

[58] 罗成汉，张富忠．MATLAB 在自动控制原理课程教学中的应用［J］．电气电子教学学报，2003，25（3）：53-55.

[59] 罗琰．期权定价理论及其 Matlab 实现过程［J］．合作经济与科技，2012（12）：68-69.

[60] 吕喜明，李明远．最小二乘曲线拟合的 MATLAB 实现［J］．内蒙古民族大学学报（自然科学版），2009（2）：125-127.

[61] 吕喜明，刘春艳．Matlab 在 Word 中的嵌入及其在软件教学中的应用［J］．内蒙古财经学院学报（综合版），2009（5）：116-119.

[62] 马莉．MATLAB 数学实验与建模［M］．北京：清华大学出版社，2010.

[63] 彭丽华，王建华．美式期权定价的数值方法及敏感性分析［J］．统计与决策，2006（7）：64-65.

[64] 任玉杰. 数值分析及其 MATLAB 实现 [M]. 北京：高等教育出版社，2007.

[65] 宋世德，郭满才. 数学实验 [M]. 北京：高等教育出版社，2002.

[66] 苏金明，阮沈勇. MATLAB6.1 实用指南（下册）[M]. 北京：电子工业出版社，2002.

[67] 苏金明，张莲花，刘波. MATLAB 工具箱应用 [M]. 北京：电子工业出版社，2004.

[68] 孙兆林. MATLAB 6.x 图像处理 [M]. 北京：清华大学出版社，2002.

[69] 万福永. 数学实验教程 [M]. 北京：科学出版社，2003.

[70] 王来英，薛亚宏. 一类基于 MATLAB 的微分方程边值问题数值解的算法研究 [J]. 中国西部科技，2012（8）：48-50.

[71] 王宪杰，侯仁民，赵旭强. 高等数学典型应用实例与模型 [M]. 北京：科学出版社，2005.

[72] 王小川，史峰，郁磊，李洋. MATLAB 神经网络 43 个案例分析 [M]. 北京：北京航空航天大学出版社，2013.

[73] 王岩，隋思涟，王爱青. 数理统计与 MATLAB 工程数据分析 [M]. 北京：清华大学出版社，2006.

[74] 王翼，王歆明. MATLAB 在动态经济学中的应用 [M]. 北京：机械工业出版社，2006.

[75] 王正林，龚纯，何倩. 精通 MATLAB 科学计算 [M]. 北京：电子工业出版社，2007.

[76] 魏光辉. 基于人工神经网络模型的地下水水位动态变化模拟 [J]. 西北水电，2015（3）：6-10.

[77] 魏巍. MATLAB 应用数学工具箱技术手册 [M]. 北京：国防工业出版社，2004.

[78] 闻新，李新，张兴旺. 应用 MATLAB 实现神经网络 [M]. 北京：国防工业出版社，2015.

[79] 翁之望. Microsoft Word 与 Matlab Notebook 的链接及其在化学研究中的应用 [J]. 新疆师范大学学报（自然科学版），2003，22（3）：51-53.

[80] 吴德林. 常微分方程教学中的 Matlab [J]. 科技信息，2011（10）：118.

[81] 吴莉萍. 地下水位的预测方法及预测系统研究 [D]. 石家庄：河北工程大学，2012.

[82] 吴祈宗，郑志勇，邓伟等. 运筹学与最优化 MATLAB 编程 [M]. 北京：机械工业出版社，2009.

[83] 线加玲. 基于 MATLAB 的金融工程模型计算 [J]. 重庆文理学院学报（自然科学版），2008（3）：58-61.

[84] 肖海军. 数学实验初步 [M]. 北京：科学出版社，2007.

[85] 萧树铁，姜启源，张立平等. 大学数学数学实验（第二版）[M]. 北京：高等教育出版社，1999.

[86] 谢传锋. 动力学 [M]. 北京：高等教育出版社，2004.

[87] 熊静，张薇. MATLAB PDE-tool 在热传导问题中的应用 [J]. 工业加热，2009，38（4）：42-44.

[88] 闫金亮 . Matlab 在常微分方程教学中的应用 [J]. 武夷学院学报，2012，31（2）：95-99.

[89] 姚津 . 股票期权估值敏感性分析 [J]. 财会通讯，2009（29）：47-48.

[90] 余胜威 . MATLAB 数学建模经典案例实战 [M]. 北京：清华大学出版社，2015.

[91] 云文在 . 二阶线性微分方程边值问题的 MATLAB 求解 [J]. 阴山学刊（自然科学版），2012（1）：23-24.

[92] 张存静，神龙涉，纪富强，于丽丽 . MATLAB PDE 工具箱在 Stokes 第一问题中的应用 [J]. 辽宁石油化工大学学报，2012，32（4）：45-47.

[93] 张德丰 . MATLAB 实用数值分析 [M]. 北京：清华大学出版社，2012.

[94] 张圣勤 . MATLAB 7.0 实用教程 [M]. 北京：机械工业出版社，2006.

[95] 张树德 . 金融计算教程：MATLAB 金融工具箱的应用 [M]. 北京：清华大学出版社，2007.

[96] 张树德 . 金融数量方法教程 [M]. 北京：经济科学出版社，2010.

[97] 张志涌 . 精通 MATLAB R2011a [M]. 北京：北京航空航天大学出版社，2011.

[98] 章栋恩，马玉兰，徐美萍等 . MATLAB 高等数学实验 [M]. 北京：电子工业出版社，2008.

[99] 郑丽 . 公司价值利用 Black-Scholes 公式定价股票 [J]. 中国乡镇企业会计，2008（5）：14-15.

[100] 郑振龙 . 衍生产品 [M]. 武汉：武汉大学出版社，2005.

[101] 周天寿 . 生物系统的随机动力学 [M]. 北京：科学出版社，2009.

[102] 朱旭，李换琴，籍万新 . MATLAB 软件与基础数学实验 [M]. 西安：西安交通大学出版社，2008.

[103] 卓金武，周英 . 量化投资：数据挖掘技术与实践（MATLAB 版）[M]. 北京：电子工业出版社，2015.

[104] 卓金武，李必文，魏永生，秦健 . MATLAB 在数学建模中的应用 [M]. 北京：北京航空航天大学出版社，2014.